国家出版基金项目
NATIONAL PUBLICATION FOUNDATION

"十四五"时期
国家重点出版物出版专项规划项目

航天先进技术
研究与应用系列

王子才　总主编

新型宇航电磁通信器件的设计与应用

Design and Application of Novel Aerospace Electromagnetic Communication Devices

章海锋　著

U0211743

哈尔滨工业大学出版社
HITP　HARBIN INSTITUTE OF TECHNOLOGY PRESS

内 容 简 介

宇航电磁通信器件是人类研发宇宙飞行器的过程中必然涉及的关键性器件,它不仅包含一般电磁信息系统的集成,还表征了新物理特性、新实现手段和新调控机制。如何高效和准确地设计能够应用于特殊电磁环境和表征特殊电磁特性的电磁器件已经成为新兴的研究热点,逐渐成为材料科学、电子科学和信息科学的一个交叉研究领域。本书基于此,提出了一些新型电磁通信器件的设计方法。本书主要包含五个部分的内容:第一部分介绍了新特异性材料的基本概念、分类和发展现状(第 1 ~ 2 章);第二部分主要对新型宇航电磁通信元件的设计进行了介绍(第 3 ~ 5 章);第三部分是新型可调控技术在宇航电磁通信元件/系统设计中的应用(第 6 ~ 8 章);第四部分是新型宇航电磁通信系统的设计与应用(第 9 ~ 10 章);第五部分是新理论、技术和材料在宇航电磁通信元件/系统的设计与应用(第 11 ~ 13 章)。

本书可供微波技术、计算电磁学、光学、光电信息科学与工程、通信工程、电子科学与技术、应用物理和凝聚态物理等领域研究和开发的科技人员参考,也可以作为高等院校相关专业的高年级本科生、研究生和教师的参考书。

图书在版编目(CIP)数据

新型宇航电磁通信器件的设计与应用/章海锋著
. —哈尔滨:哈尔滨工业大学出版社,2024.9
(航天先进技术研究与应用系列)
ISBN 978 - 7 - 5767 - 1194 - 3

Ⅰ.①新…　Ⅱ.①章…　Ⅲ.①航空设备-元器件-设计-研究　Ⅳ.①V241

中国国家版本馆 CIP 数据核字(2024)第 029702 号

新型宇航电磁通信器件的设计与应用
XINXING YUHANG DIANCI TONGXIN QIJIAN DE SHEJI YU YINGYONG

策划编辑　王桂芝
责任编辑　林均豫　陈雪巍　王　丹　周轩毅　李长波
出版发行　哈尔滨工业大学出版社
社　　址　哈尔滨市南岗区复华四道街 10 号　邮编 150006
传　　真　0451-86414749
网　　址　http://hitpress.hit.edu.cn
印　　刷　哈尔滨博奇印刷有限公司
开　　本　720 mm×1 000 mm　1/16　印张 26.5　字数 520 千字
版　　次　2024 年 9 月第 1 版　2024 年 9 月第 1 次印刷
书　　号　ISBN 978 - 7 - 5767 - 1194 - 3
定　　价　129.00 元

前　言

　　随着人类科技的发展,探索宇宙成为一种必然的需求,是人类向更高级文明进化的象征。航天器成为人类实现探索的不二工具。作为航天器中非常重要的一个部分,宇航电磁通信元件/系统的设计成为一个研究热点。为了实现航天器的长期、稳定工作,宇航电磁通信元件/系统必然具有可靠性极高、多功能和自适应等特点,以应对太空苛刻的条件。基于传统的设计技术已经很难满足该需求(如宇航电磁通信元件/系统的可调谐性、抗干扰性及小型化)。为了解决现有技术面对的问题,人们不得不采用一些新的技术,于是基于新特异性材料的设计技术被提到议事日程上。如何系统地实现并完成宇航电磁通信元件/系统的设计与应用成了一个不可回避的问题。宇航电磁通信元件/系统的设计逐渐成为一个交叉学科问题,是包含材料科学、信息科学、电子科学、光学、物理学、数学和计算科学等学科的科学性问题。

　　作者撰写本书的初衷主要包含以下几个方面:①希望研究一个较为前沿而且全新的领域——基于新型特异性材料的宇航电磁通信元件/系统的设计与应用,与传统设计相比,将新特异性材料、新型多物理场可调控技术和新物理效应(如量子光学效应)集中于一体,为设计宇航电磁通信元件/系统服务。涉及的技术还能直接服务于民用和军用的通信系统,有非常广阔的应用前景。②对新型特异性材料进行充分利用,而不是将目光简单停留在传统的超材料或者光子晶体上,对问题的分析和考虑也不局限在空间中等离子体上,而是更为广泛地采用新型材料来应对航天器通信器件更为苛刻的要求。③系统地给出更新颖、更适合航天器的多物理场调控手段,如引力场调控、温度场调控和光照场调控等。④首次系统地对新型宇航电磁通信元件/系统设计进行介绍,如调控的电磁吸收器、极化转换器、非互易器件、新型天线系统和天线罩系统等。⑤对磁性新特异性材料的电磁性进行系统的研究,重点探讨其三维结构的电磁特性,系统地分析各个不同外部调控参数、结构参数和不同磁光效应下对其色散特性的影响,研究影响其非线性特性和非互易性的关键性因素。⑥对新特异性材料的非线性特性和类量子光学效应进行研究,通过对新特异性材料物理特性的研究,得到不同拓扑结构的新特异性材料在磁性、非线性、各向异性等情况下呈现的新的电磁特性,并探讨等离子体超材料非线性和量子光学效应在新型宇航电磁通信元件/系统设计方面的应用。作者撰写此书的目的是将最近几年从事宇航电磁通信元件/系统设计与应用研究的一些研究成果,以及国内外同行的一些相关工作展现出来,供在微波技术、计算电磁学、光学和光通信、电子科学与技术、应用物理、材料科学和凝聚态物理等领域研究和开发的科技人员参考,起到一个抛砖引玉的作用。

全书共分为 13 章,内容涉及五大部分:第一部分介绍了新特异性材料的基本概念、分类和发展现状,并对主要涉及的新的物理特性和相关的技术进行了概述,尤其强调了计算方法和设计技术(第 1 ~ 2 章),内容涉及等离子体、固态等离子体、超导体、石墨烯、二氧化钒、InSb 等相关技术;第二部分主要对新型宇航电磁通信元件的设计进行了介绍(第 3 ~ 5 章),内容涉及新型电磁吸波器的设计、新型极化转换器的设计、新型频率选择表面设计、新型天线罩设计、新型圆极化天线设计等;第三部分是新型可调控技术在宇航电磁通信元件/系统设计中的应用(第 6 ~ 8 章),内容包括引力场调控技术、温变调控技术、液态技术调控技术、编程调控技术、光敏调控技术等;第四部分是新型宇航电磁通信系统设计与应用(第 9 ~ 10 章),内容主要包括天线系统设计、电磁屏蔽系统设计、能量采集系统设计、电磁抗干扰系统设计;第五部分为新理论、技术和材料在宇航电磁通信元件/系统的设计与应用(第 11 ~ 13 章),内容主要包含非线性材料、磁性介质的引入,以及非线性研究、量子光学效应在宇航电磁通信元件/系统的设计与应用。

书中部分彩图以二维码的形式随文编排,如有需要可扫码阅读。

　　本书内容主要取材于作者章海锋教授在其课题组的相关研究工作。还要感谢参与本书撰写的众多同行、研究生和本科生;感谢南京邮电大学电子与光学工程学院、微电子学院各级领导和同仁的帮助;感谢国家出版基金对本书的资助。最后感谢一切参与本书出版工作的人们。

　　新型特异性材料的宇航电磁通信元件/系统的设计与应用涉及诸多的科学性问题,正逐渐成为学界的研究热点,其本身也是材料科学、信息科学、电子科学、光学、物理学、数学和计算科学等专业的交叉学科,为将来实现面对未来的宇航电磁通信元件/系统奠定了理论基础。限于作者水平,本书还有很大的局限性,内容也不可能涵盖问题的全部方面,书中的疏漏之处难免,也请读者不吝斧正。

作　者

2024 年 5 月

于南京邮电大学光电学科楼 A 楼

目录

第 1 章

电磁通信器件发展基本概况及新兴技术

1.1 电磁吸波器概述

电磁吸波器是一种能够吸收电磁波能量的人工构建的器件,它拥有类似"黑洞"的功能,能够对电磁波进行"捕捉",其应用非常广泛。在民用上,电磁吸波器能够作为屏蔽装置和通信系统中的解耦及隔离组件,还能成为特定频段的电磁吸收材料。在军用上,电磁吸波器可以构建电磁隐身装置和抗电磁干扰设备,如雷达罩、天线雷达散射截面(radar cross section,RCS)缩减装置等。在航空∕航天应用上,电磁吸波器可以作为屏蔽装置、能量采集和无线输能装置等。总之,电磁吸波器应用广泛。经过数年的研究,电磁吸波器的发展已经逐渐趋向成熟,基于电磁超材料的电磁吸波器的设计成为最近学界的一个新兴研究热点。众所周知,电磁超材料的研究重点从理论发展到理论与应用并重,涉及隐身、天线、微波器件等多个领域。与此同时,电磁超材料的研究也与多项学科交叉融合,如电磁学、光学、量子力学、粒子物理、物理化学等,基于电磁超材料的电磁吸波器作为电磁超材料研究的一个重要分支,在近些年引起了国内外学者广泛的关注,研究者们提出了各式各样的电磁吸波器,电磁吸波器的功能也由最初的单一化朝着多元化发展。宽带吸波器可以在一个宽的频率范围内减少入射电磁波的反射和散射,可用于提高光伏器件的效率,也可以使得物体无法被电磁波探测到;同时,电磁吸波器的可调谐性已然成为科研人员研究的重点,可以动态调控的吸波器在太赫兹隐身技术、热辐射和波谱探测等方面有着广阔的应用前景。

1.1.1 电磁超材料概述

电磁超材料作为一种新兴的人工电磁材料或复合结构,由亚波长单元结构周期性排列组合而成,通过在结构上对电磁超材料进行有序的设计,可以实现对入射电磁波的控制,从而实现自然界中的物质所不具备的异常物理特性,如负折射率、电磁隐身及逆向多普勒效应等。广义上的超材料包括左手材料、电超材料和磁超材料。光子晶体通过有效介质理论研究超材料的电磁特性,根据材料介电常数 ε 和磁导率 μ 数值的不同,理论上可以将材料分为四大类,如图 1.1 所示,第一象限中的材料称为右手材料,该种材料的介电常数 ε 和磁导率 μ 均为正值($\varepsilon > 0, \mu > 0$),主要包含的是自然界中常见的物质;第二象限的材料称为单负材料(也称为电负材料),其介电常数为负值,磁导率为正值($\varepsilon < 0, \mu > 0$),代表物质是等离子体;第三象限的材料是自然界中不存在的材料,称为左手材料(也称为双负材料),其介电常数 ε 和磁导率 μ 均为负值($\varepsilon < 0, \mu < 0$);第四象限的材料称为磁负材料,其介电常数为正值,磁导率为负值($\varepsilon > 0, \mu < 0$),代表物质是铁氧体。

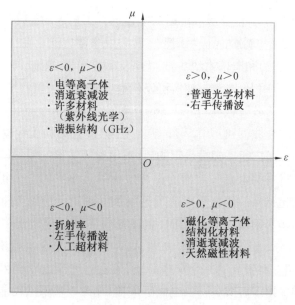

图 1.1 电磁材料分类

电磁超材料的奇异特性在于其具备自然界中的材料所不具备的电磁特性，这些奇异的电磁特性使得超材料具有潜在的应用价值。电磁超材料具有一些超常的物理特性，如负折射率、负介电常数、负磁导率等，而构成电磁超材料的亚波长结构单元是电磁超材料这些奇异物理特性的决定性因素。电磁超材料是一种单元结构远小于其工作波长的亚波长结构，而且其单元结构的尺寸越小，其结构特性越接近于均质材料，对于单元尺寸极小的微纳结构电磁超材料来说，其结构特性与均质材料几乎相同。对于电磁超材料，由于其亚波长的单元结构性质，研究人员常使用等效介质理论来描述其物理性质和材料参数，等效介电常数和等效磁导率是设计和应用电磁超材料进行电磁波调控的最重要的材料参数。这些奇异的电磁特性为设计超常物理特性的材料提供了很大的灵活性。

起初，电磁超材料的相关研究工作是在左手材料的理论和实验基础上开展的。1968 年，苏联科学家 V. G. Veselago 发现了一种介电常数和磁导率均为负值的介质并将其命名为左手材料，且从理论上系统地研究了左手材料的电磁特性，提出并分析了左手材料所具有的负折射率现象。负折射率的首次实验证明是由 Pendry 等人的理论工作推动的，其首次提出的人工磁学概念为实现负折射率材料提供了可能性。Pendry 等人提出假设，人们可以通过创造"人工原子"（即人工设计的亚波长结构），从而构造出具有有效介电常数和磁导率的人工材料。2000 年，杜克大学的 D. R. Smith 等人提出了一种基于非磁性开口谐振环和连续导线的周期性结构的复合介质，通过数值模拟和实验证明，在微波波段的一个频率范围内，该结构的磁导率和介电常数均为负值。2001 年，R. A. Shelby 等人在实验中证明了负折射率现象的存在，在之后的十年中，利用电磁超材料实现负折射率现象成了学者们研究的热点。

2004 年，S. Linden 等人设计了一种能够在 100 THz 波段实现负磁导率的单个非磁性开口谐振环，如图 1.2 所示，该结构通过入射光的电场与电容的耦合激发电感电容（inductance capacitance，LC）共振从而产生磁谐振。

2005 年，K. Aydin 等人提出并研究了一种二维复合材料结构的传输特性，通过实验证实，该二维复合超材料在 3.73 ~ 4.05 GHz 频率范围内能够产生负折射率现象。2009 年，Zhang 等人在太赫兹波段提出了一种手性超材料，其单元结构和实验结果如图 1.3 所示。实验结果表明，该结构在 1.06 ~ 1.27 THz 频率范围内折射率为负值，且折射率的最小值低于 - 5。

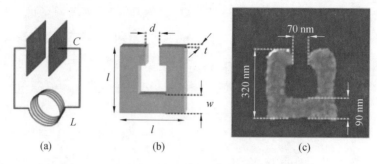

(a)　　　　　　　(b)　　　　　　　(c)

图 1.2　S. Linden 等人设计的非磁性开口谐振环

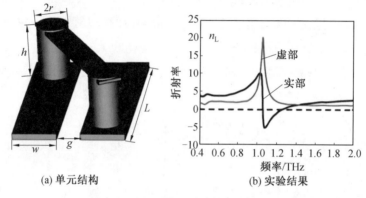

(a) 单元结构　　　　　　(b) 实验结果

图 1.3　Zhang 等人提出的手性超材料

对于光学频率范围,尚未发现自然存在的负折射率材料,因此有必要设计出能够产生负折射率现象的人工材料,可以通过设计光子晶体、复合左右手传输线等产生负折射率现象。2005 年,V. M. Shalaev 等人设计了一种成对平行的金纳米棒,如图 1.4 所示,该结构在 1 500 nm 的光通信波长下,可以实现 $n = -0.3$ 的负折射率。

2005 年,Zhang 等人提出了一种近红外负折射率超材料,如图 1.5 所示,该材料由金属－介质－金属多层结构组成,实验结果表明,该超材料在波长 2 μm 处附近可以产生负折射率现象。2007 年,G. Dolling 等人提出了一种工作在 780 nm 波段的负折射率超材料。

随着近年来科学技术的发展及对超材料研究的不断深入,人们对超材料的探索也从最初的负折射率扩展到超透镜、光学完美吸收、亚波长成像、开关效应等诸多方面,超材料的研究频域也从之前单一的微波波段拓展到太赫兹、近红外、远红外和可见光波段。此外,超材料也逐渐朝着平面化、可调谐、柔性等多功能方向发展。

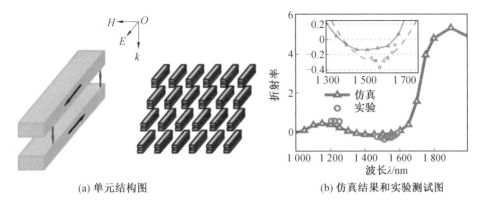

(a) 单元结构图　　　　　　　　(b) 仿真结果和实验测试图

图 1.4　V. M. Shalaev 等人设计的平行金纳米棒

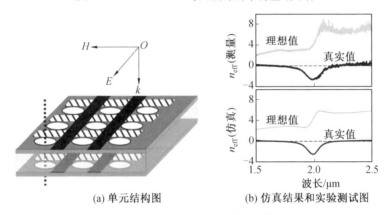

(a) 单元结构图　　　　　　　　(b) 仿真结果和实验测试图

图 1.5　Zhang 等人提出的近红外负折射率超材料

1.1.2　电磁吸波器研究进展及现状

电磁吸波器是电磁超材料研究领域迅速发展的一个重要分支,在电磁兼容、隐身技术、消除电磁干扰等方面有着光明的前景。由于其可以产生一些奇特的物理特性,因此引起了人们的广泛关注。超材料吸波器一般由谐振单元和介质基板构成,通过结构本身对入射电磁波的损耗实现吸波,以及把电磁波转化成其他形式的能量消耗掉,从而吸收电磁波。超材料吸波器也具有很多独特的优点,例如:超材料吸波器比传统吸波材料厚度更薄,吸收效果更强,质量更轻,可动态调控电磁参数等。

2006 年,F. Bilotti 从理论上提出了一种由开环谐振单元阵列构成的微波吸波器,通过采用阻值为 377 Ω 的电阻板与自由空间相匹配,从而有效减少入射电磁波的反射,在频率 2 GHz 处整个结构的回波损耗与插入损耗均达到最小值。自从 2008 年 N. I. Landy 等人提出一种三层结构的超材料吸波器之后,研究人员对超材料吸波器的需求也日益增长,各种各样的电磁吸波器被设计出来,电磁吸波器的工作频段也由微波波段扩展到太赫兹波段、红外波段和可见光波段。目前,电磁吸波器广泛应用于隐身技术、波谱探测、电磁保护及减少一些大型设备如汽船、微波暗室中的反射。

随着许多仪器设备对电磁吸波器性能需求的提高,一方面,对于宽带吸波器的需求越来越大,性能要求也越来越高,所以目前超材料电磁吸波器的一个研究热点是所设计的吸波器在实现高吸收率的同时扩展了工作频带。对于单频点或多频点的吸波器来说,吸收带宽较窄,而且容易产生频偏,因此其在实际应用中存在较多的缺陷,迫切需要发展低密度、宽频、可调谐的超材料吸波器。随着超材料吸波器的发展,可以通过增加谐振单元、多层结构的堆叠、加载集总电阻、利用高阻表面吸收等方法实现吸波器的宽带吸收。另一方面,电磁吸波器的可调谐吸收已然成为科研人员研究的热点,目前,大部分可调谐超材料吸波器可以分为两类。一类是将中间层的介电材料替换成半导体、铁电体等性质可调控的材料;另一类则是将传统的吸波器单元结构进行改善,与可调谐材料(如石墨烯、液晶、二氧化钒相变材料等)相结合。

超材料电磁吸波器作为电磁超材料研究的一个重点分支,已经受到众多研究者的广泛关注,目前,对于超材料吸波器的探索已有大量的研究成果。2008年,Landy等人首次设计出一种有着近乎完美吸收特性的超材料吸波器,如图1.6所示。该吸波器采用典型的三层结构,上下两层分别为开口环形金属谐振单元和金属线,中间为介质基板。仿真结果表明,该吸波器在11.6 GHz频点处的吸收率高于0.96。自此以后,各式各样的吸波器被设计出来,吸波器的吸收性能也进一步提高,由最初的单频点吸波器发展到多频点吸波器、窄带吸波器和宽带吸波器。

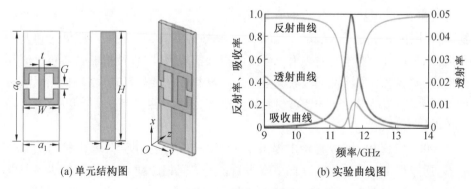

(a) 单元结构图　　　　　　　　　(b) 实验曲线图

图1.6　基于开口环结构的"完美"吸波器

2011 年,X. P. Shen 等人提出了一种极化不敏感的三频超材料吸波器,该吸波器的顶层采用三个嵌套的封闭方环谐振单元,底层为金属反射板,两层之间是介质基板。仿真和实验结果表明,该吸波器在 4.06 GHz、6.73 GHz 和 9.22 GHz 频点处具有 3 个明显的吸收峰,吸收率分别为 0.99、0.93 和 0.95,如图 1.7 所示。使用封闭的环形谐振单元使得该吸波器具有非常简单的几何结构,容易实现单频、双频、三频甚至多频吸收,具有较好的灵活性。该研究可用于爆炸物检测、辐射热测量计、热探测器、光谱成像等高性能吸波器的设计。

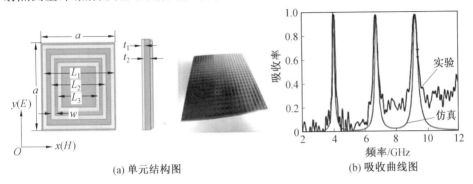

(a) 单元结构图　　　　　　　　　(b) 吸收曲线图

图 1.7　基于多个方环嵌套结构的三频吸波器

2015 年,G. Z. Wang 等人提出了一种基于四间隙梳状形的多频吸波器,如图 1.8 所示,其吸收频谱中位于 0.919 GHz、1.58 GHz、2.2 GHz、2.67 GHz 和 3.33 GHz 处有 5 个吸收率较高的吸收频点,其平均吸收率高于 0.98。该设计在检测、成像、传感和选择性热发射器中具有潜在的应用空间。

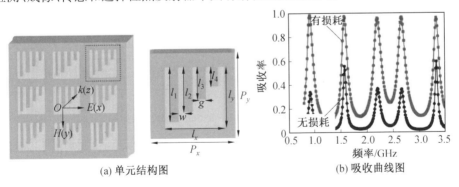

(a) 单元结构图　　　　　　　　　(b) 吸收曲线图

图 1.8　基于四间隙梳状形的多频吸波器

宽带电磁吸波器作为电磁超材料吸波器的研究热点之一,无论是在微波波段、太赫兹波段还是可见光波段,实现吸波器的宽带吸收都有利于吸波材料在实际中的应用。通过大量的实验探索,科研人员提出了不同的设计方法,实现了电磁吸波器的宽带吸收,目前在微波波段、太赫兹波段、可见光波段等工作波段,已经有许多新颖的设计值得借鉴。

1. 采用多种谐振单元

2012 年,Y. H. Liu 等人提出了一种基于多圆片结构的宽带吸波器,如图 1.9 所示,根据仿真结果可以明显看出,随着圆形贴片也就是谐振单元的增加,吸波器的吸收带宽逐渐增大。

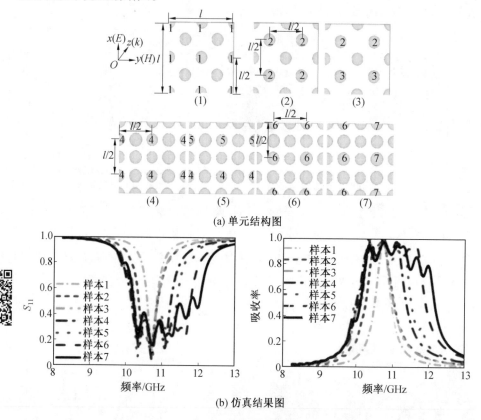

图 1.9　基于多圆片结构的宽带吸波器

2013 年,G. D. Wang 等人提出了一种基于多圆片结构的超薄太赫兹宽带吸波器,如图 1.10 所示。可以看出,通过采用多个圆形谐振单元共同谐振的方法,进一步拓展了吸波器的吸收带宽,进而实现吸波器的宽带吸收。

值得注意的是,在宽带超材料吸波器的设计中,增加谐振单元这个方法虽然可以进一步拓展吸波器的吸收带宽,但增加的带宽较窄;同时,随着谐振单元的增加,所设计吸波器的单元结构愈加复杂,并且吸收性能会随着带宽的增加而有所恶化。

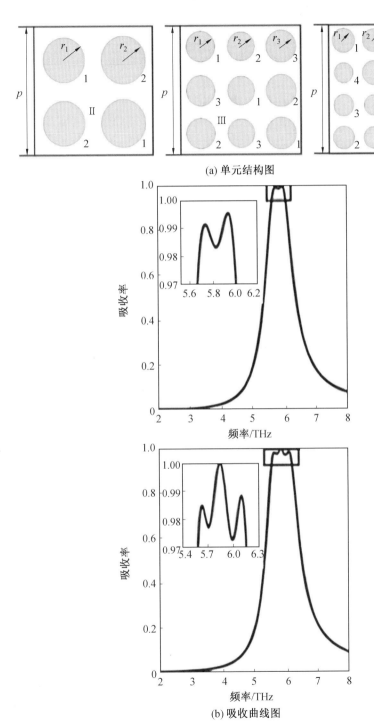

(a) 单元结构图

(b) 吸收曲线图

图 1.10　基于多圆片结构的超薄太赫兹宽带吸波器

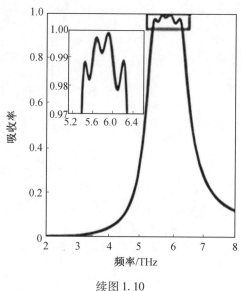

续图 1.10

2. 采用多层堆叠结构

2010 年,Y. Q. Ye 等人在太赫兹波段提出了一种极化不敏感的宽带吸波器,通过采用多层结构展宽吸波器的吸收带宽,实现了吸波器的宽带吸收,基于多层十字形宽带吸波器如图1.11 所示。该吸波器由7层结构组成,包括3层不同尺寸的金属十字贴片、3层聚酰亚胺介质层,以及最底层的金属反射板。从图1.11 中可以看出,在4.44 ~ 5.47 THz 频域范围内,该吸波器实现了平均吸收率高于0.97 的宽带吸收,同时,该多层结构的厚度依然很薄(不超过 1/15 工作波长)。由于金属十字的线宽影响超材料吸波器的吸收性能,因此通过调整不同层的十字结构尺寸、优化不同介质层的厚度,可以实现吸波器的宽带吸收。

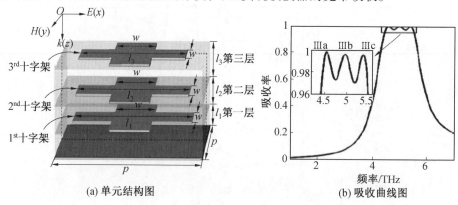

图 1.11   基于多层十字形宽带吸波器

2012 年, F. Ding 等人设计了一种工作在微波波段的极化不敏感的超材料吸波器, 即基于多层四角锥台形宽带吸波器, 如图 1.12 所示。该吸波器的结构由周期性的金属 – 电介质多层四角锥台金字塔阵列组成。这种金字塔形结构在多频率下具有共振吸收模式, 多层结构的堆叠使得入射电磁波在超宽频域内被吸收。结果表明, 在 7.8 ~ 14.7 GHz 的频率范围内, 该吸波器的吸收率高于 0.90, 并且该吸波器有着较好的角度特性。

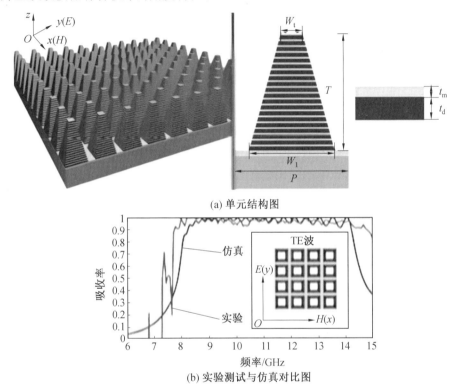

(a) 单元结构图

(b) 实验测试与仿真对比图

图 1.12　基于多层四角锥台形宽带吸波器

2017 年, Y. Y. Liu 等人利用多层堆叠方式在可见光波段提出了一种基于钨基各向异性超材料的超宽带吸波器, 如图 1.13 所示, 放置在反射基板顶部的钨 / 锗各向异性纳米锥形阵列可以吸收 0.3 ~ 9 μm 波长范围内的光, 平均吸收率接近 0.98。研究发现, 锥形有损耗材料的抗反射效应可以在较短的波长下产生近乎完美的吸收, 该吸波器在太阳能收集和热发射器领域有着潜在的应用。

虽然多层结构堆叠的方式可以扩宽吸收带宽, 同时可以实现吸波器的超宽带吸收, 但是多层结构较为复杂, 而且制作困难, 在实际应用中受到很多限制。

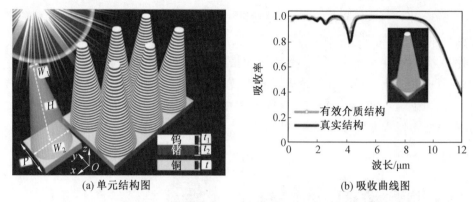

(a) 单元结构图   (b) 吸收曲线图

图 1.13   基于钨基各向异性超材料的超宽带吸波器

3. 加载集总元件

通过在所设计的超材料吸波器的结构上加载集总元件(电阻或电容),可以将电磁谐振问题转换成电路谐振问题,以便明确频带展宽的方法,通过在吸波器上加载的集总元件实现对空间入射电磁波的有效损耗。2012 年,Y. Z. Cheng 等人提出了一种基于分裂硬币形加载集总元件的宽带吸波器,如图 1.14 所示,在所设计吸波器的结构上同时加载电阻和电容,从图中可以看出,该吸波器吸收率高于 0.9 的吸收带宽约为 2.5 GHz;同时,当电磁波入射角从 0° 增加到 45° 时,该吸波器的吸收性能保持稳定。

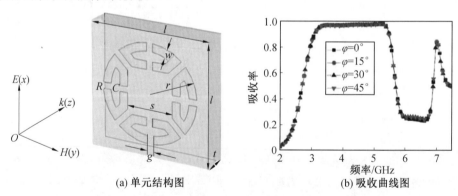

(a) 单元结构图   (b) 吸收曲线图

图 1.14   基于分裂硬币形加载集总元件的宽带吸波器

2015 年,J. F. Chen 等人提出了一种基于集总电阻的圆环形超材料吸波器,如图 1.15 所示。该吸波器结构单元中两个被截断的分立圆环上分别加载阻值不同的电阻,当吸波器未加载电阻时,仅有一个较好的吸收频点,通过加载集总电阻,实现了吸波器的宽带吸收。从图中可以看出,该吸波器的吸收率高于 0.9 的吸收带宽为 7.6 GHz(8.87 ～ 16.47 GHz)。

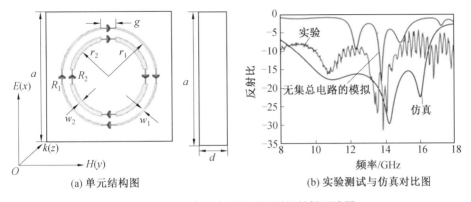

(a) 单元结构图　　　　　　　　　　　(b) 实验测试与仿真对比图

图 1.15　　基于集总电阻的圆环形超材料吸波器

通过加载集总元件的方法实现吸波器的宽带吸收相较于前两种方法更加方便,结构更为简单,而且吸收率更高,相对带宽也更宽,但是加载集总元件的设计方法只适用于微波波段宽带吸波器的设计;而在太赫兹波段和可见光波段若要实现吸波器的宽带吸收,需要进一步掌握工作在太赫兹波段和可见光波段宽带吸波器的设计方法。

4. 利用高阻表面吸收

2010 年,F. Costa 等人设计了一种基于高阻表面的超材料吸波器,如图 1.16所示,通过将高阻表面设计在泡沫基板上,用简单的方环结构实现了吸波器的宽带吸收。从图中可以看出,该吸波器在 7 ～ 20 GHz 频域范围内的反射系数低于- 15 dB,相对带宽为 96% 。

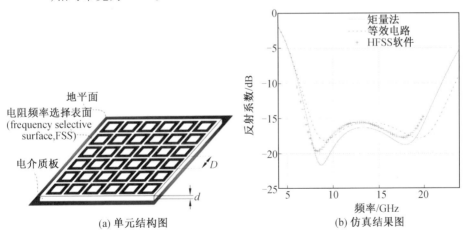

(a) 单元结构图　　　　　　　　　　　(b) 仿真结果图

图 1.16　　基于高阻表面的超材料吸波器

2015 年,J. F. Chen 等人提出了一种基于高阻表面的八边环形超材料宽带吸波器,如图 1.17 所示,顶层为八边环形电阻贴片,中间为介质基板,底层为金属反射板。研究结果表明,该吸波器在 3.65 ~ 13.93 GHz 频率范围内的吸收率超过0.9。

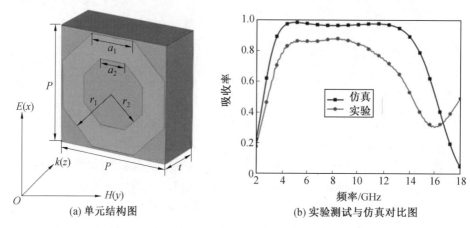

(a) 单元结构图　　　　　　　　　(b) 实验测试与仿真对比图

图 1.17　基于高阻表面的八边环形超材料宽带吸波器

利用高阻表面设计的吸波器相对带宽较宽,吸收率也比较高,但是其介质基板一般都是泡沫,设计的超材料吸波器厚度通常比较大。

随着超材料吸波器研究的进一步深入,可调谐的超材料吸波器越来越受到研究者的重视。研究发现,电磁特性可以动态调谐的超材料在某些需要特定频率的领域有着潜在的应用,而且在传感、调制、频率选择及窄带滤波等方面也得到了很好的发展。

5. 太赫兹可调吸波器

2015 年,Z. C. Xu 等人在太赫兹波段提出了一种光电可切换的超材料吸波器,即基于光控硅的超材料吸波器,如图 1.18 所示,该超材料吸波器包括周期性的金属开口环谐振单元阵列(所设计吸波器谐振单元之间的缝隙用半导体(硅)填充),以及中间层的介质基板和底层的反射板,改变硅的导电性的泵浦光束容易改变其光学响应。因此,可以通过改变外部泵浦功率来调节该吸波器的谐振频率和吸收特性,从而实现工作在太赫兹波段的超材料吸波器的可调谐吸收。

2017 年,J. F. Yang 等人提出了一种基于二氧化钒(VO_2)相变材料的双频带可调谐超材料吸波器,如图 1.19 所示,该吸波器在结构单元的设计中采用金属与二氧化钒相变材料相结合,由于二氧化钒薄膜在高温时表现出类金属特性,因此可以通过温度调控二氧化钒谐振单元,使得该吸波器的双频带吸收变为单频带吸收。

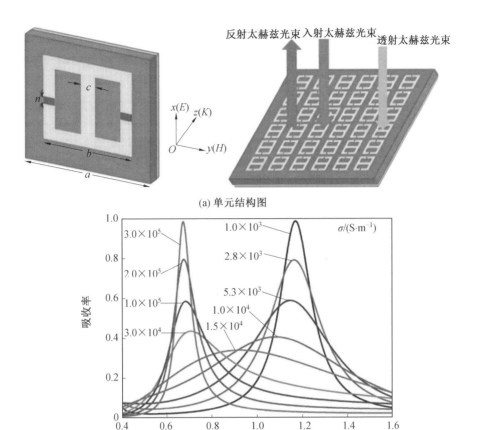

(a) 单元结构图

(b) 磁导电性变化的吸收曲线图

图 1.18　基于光控硅的超材料吸波器

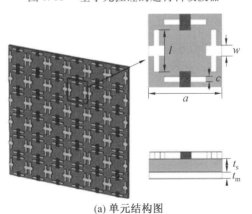

(a) 单元结构图

图 1.19　基于二氧化钒相变材料的双频带可调谐超材料吸波器

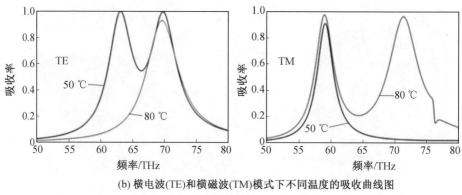

(b) 横电波(TE)和横磁波(TM)模式下不同温度的吸收曲线图

续图 1.19

6. 基于重力场(引力场)调控技术的吸波器的设计

在日常生活当中,重力场作为基本场无处不在,相较于传统可调极化转换器,利用重力场来设计可调控超材料极化转换器优势巨大,它的调控手段简单而且便捷性很高,同时没有其他调控方式的副作用。综观现有的研究,利用重力场进行极化转换器设计的报道十分罕见,是暂时鲜有人涉及的研究领域,显然,重力场调控技术在可调控极化转换器方面的作用被忽视了。该设计理念有一定的创新和实用性,可以在将来运用到诸多实际情况之中。

2019 年,Tian Xingliang 等人创新式地提出了重力场调控的超材料的想法,通过结合液体介质油和水,该研究团队设计了一款基于重力场调控的锁形吸波器。由于油和水的密度不同,通过翻折的方式,可形成两种吸波状态,单元结构图和仿真曲线分别如图 1.20(a) 和图 1.20(b) 所示。两种状态总覆盖频带范围可达 5.5 GHz,且两种状态的工作频带几乎没有重叠,调控效果明显。该设计方法有着低耗、机理简单、节约空间资源等优势,设计理念不仅仅局限于吸波器,还可延伸至极化转换器、光子晶体、天线等众多领域,有着巨大的潜在应用价值。

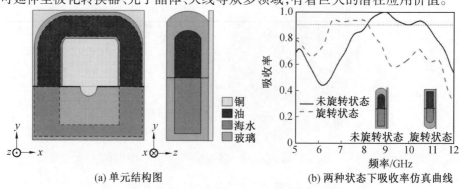

(a) 单元结构图   (b) 两种状态下吸收率仿真曲线

图 1.20 基于重力场调控的锁形吸波器

1.2　极化转换器概述

在电磁通信系统中的天线系统综合设计中,电磁波的极化特性是人们格外关注的一个重点。电磁波极化是指在空间任意给定点上电磁波的电场大小和方向随时间变化的方式,与电磁波的周期、频率、振幅、相位一样都是表征电磁波特性的基本物理量。作为天线远区辐射场中一个很重要的参数,有时也通过极化这个参数来对天线进行设计、分类和衡量,电磁波的极化直接关系到天线的工作环境、工作效率等。因此,为了更高效地实现对电磁波极化的调制,对极化转换器的研究成了人们格外关注的一个重点。电磁波根据极化类型可分为线极化波、圆极化波和椭圆极化波,根据人们不同的需求被广泛运用于各领域。其中,线极化波和圆极化波由于自身的特殊性,更被研究人员所青睐。

线极化波是指在传播过程中,电场矢量矢端轨迹为一条直线的波,通常可分为水平极化波和垂直极化波。线极化天线只能接收与其辐射电磁波相同极化的信号波,这在电子对抗、电磁干扰和抗干扰等领域有着重要意义。例如,由于大多数工业电磁干扰是垂直极化波,所以大多数短波广播和调频广播的辐射信号采用水平极化波,以尽可能地减少相互之间的信号串扰。这种使用工作在水平极化波的天线来抑制垂直极化波干扰的方法被广泛地运用在许多军用和民用领域。

圆极化波是指在传播过程中,电场矢量矢端轨迹为一个圆的波,通常采用轴比(axial ratio,AR)作为衡量圆极化波的纯度指标。在现实电磁环境中,线极化波常受到诸多环境因素的限制,如雨、雾、高大建筑物、电离层及多径效应等,所以线极化天线或雷达通常难以在雨季工作。这时就是圆极化天线或雷达大显身手的时候了。当圆极化波穿过雨区时,极化电磁波的电场方向不断旋转,难以与椭圆雨滴(受重力影响,多呈椭圆状)感应产生电磁吸收,所以圆极化雷达常被称为全天候雷达。圆极化波在无线通信、航天卫星、电子对抗、电子干扰与反干扰等领域中有着广泛的应用,尤其适用于高速运动甚至剧烈摆动或滚动的物体上(如航天器、飞机、舰艇、汽车等),也可用于干扰和侦察敌方的各种线极化及椭圆极化的无线电波,所以线 – 圆极化转换器无论是在军事方面还是在民用方面都有着更高的研究价值。

如何根据人们意愿来获取所需要的线极化波和圆极化波,或者能否将现有的极化波自由转换成需要的极化波? 如何在信号干扰比较大、环境比较复杂的情况下,根据收发天线的极化特性,将无线电磁波信号转变为最佳的接收发射状态? 极化转换器成了研究人员一条新的研究路线,尤其是线 – 线极化转换器和线 – 圆极化转换器。

极化转换器是具有控制电磁波极化方向功能的器件,而且在电磁波传播的应用中是一种非常重要的器件,尤其在纳米光子器件和先进传感器等领域具有重要的应用价值。除此之外,在微波波段,极化转换器在圆极化天线及雷达天线罩的设计方面也起着至关重要的作用。传统的极化转换器通常是采用自然界双折射材料进行设计,如双色性固态晶体向列液晶。1991 年,Shimuzi 课题组首次提出了一种对表面发射激光器的极化调控方法,随后很多学者在此基础上对极化转换器展开了一系列的研究。1993 年,Chavez - Pirson 等人研究了以 $(Al_{0.5}Ga_{0.5}As)_{1/2}(GaAs)_{1/2}$ 分数层超晶格为各向异性增益介质的垂直腔面发射激光器的偏振特性,通过对腔谐振波长的调谐,实现了两个正交线性偏振态之间的高对比度切换,如图 1.21(a) 所示。2000 年,Min 等人提出了基于光电双折射的垂直腔面发射激光器,如图 1.21(b) 所示。

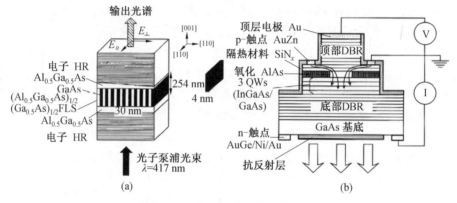

图 1.21　传统极化转换器结构图

1.2.1　极化转换器的发展趋势

传统的极化调控器件设计过程较为复杂,整体庞大、笨重,对材料和加工工艺的要求过高,所能达到的效果往往不尽人意,极化转换效率不高、损耗较大等缺点都成为限制极化转换器发展的重要因素。显然,随着时代的发展,普通的材料已经难以满足极化转换器件在高性能、高效率、高集成度等方面的要求。现阶段,如何实现高转换效率、稳定性好、质量轻、厚度薄的极化转换器已经成为研究重点和热门。而电磁超材料的出现完美地解决了这一问题。相比于传统的极化转换器,电磁超材料极化转换器不仅大大减小了设计难度,而且具有体积小、厚度薄、易于集成、设计灵活度高、材料的电磁参数可设计等优势。

电磁超材料极化转换器作为电磁超材料众多研究领域中的一个重要分支,为极化调制提供了新的手段和方法。通过设计表面谐振单元结构形状和排布方式,人们可以按照具体环境条件和功能需要自由设计和制造具有特殊性能的极化转换器来对电磁波的传播方向和极化方向进行调控,这大大推动了各向异性介质的研究和发展。与传统设计方式相比,电磁超材料极化转换器体积更小、厚度更薄、设计更为简单灵活,经过特定设计,还能在宽带和可重构方面大有作为,在科技飞速发展的今天,很好地满足了高性能、高效率、高集成度等需求。

使用电磁超材料构建极化转换器这一设计思路一经提出,便在国内外学术界引起了巨大反响。电磁超材料极化转换器在雷达、通信、传感、航天、成像等领域,对于检测、目标识别都发挥着很大的作用,越来越受到人们的关注。由此可见,在信息化时代的浪潮中,电磁超材料极化转换器在各个领域都拥有潜在的应用价值,具有较高的研究价值。

1.2.2 极化转换器的研究概述

自电磁超材料极化转换器这一设计概念被提出以来,国内外对电磁超材料极化转换器的研究热情日益高涨,电磁超材料极化转换器进入了快速发展时期,从线－线极化转换器到线－圆极化转换器,从反射式极化转换器到透射式极化转换器,从简单的单频点极化转换到多频点极化转换,从窄带极化转换到超宽带极化转换,从微波波段到太赫兹波段等。电磁超材料极化转换器的发展取得了巨大进步,同时也说明电磁超材料极化转换器具有巨大的研究价值,应用前景好。

目前对于电磁超材料极化转换器的研究主要集中在线－线极化转换器上。2007 年,Hao Jiaming 课题组设计了一款工字形结构的电磁超材料极化转换器,该电磁超材料由周期排列的斜 45° 工字形金属层、介质层及金属反射地板构成。其单元结构与仿真结果如图 1.22 所示(图中,PCR 为极化转换效率(polarization conversion rate)),当线极化波垂直照射该电磁超材料时,在频率为 6.8 GHz 和

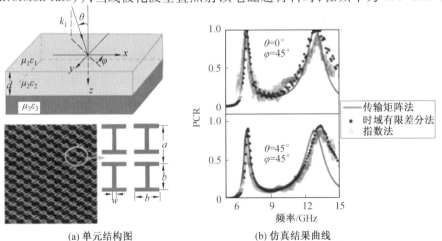

(a) 单元结构图　　　　　(b) 仿真结果曲线

图 1.22　工字形线－线极化转换器

12.86 GHz 时反射电磁波会被转换为交叉极化的线极化波。同时还加工了实物进行测试,测试结果验证了理论设计的可行性。但带宽较窄也是该线－线极化转换器较为明显的一个短板,这导致实际应用范围受限。

2015 年,Kong Xiangkun 课题组采用圆盘和不对称分裂环的组合,实现了超宽带交叉极化转换。该极化转换器的单元结构如图 1.23 所示。极化转换率(polarization conversion ratio, PCR)大于0.9的范围为11.3 ~ 20.2 GHz,相对带宽大于56%。同时,不对称分裂环的设计使得整体结构具有较好的大角度稳定性,当入射角达到45°时仍具有较好的极化转换性能,适用于曲面柔性设计。实验结果与数值模拟结果吻合较好,与已发表的设计相比,该极化转换器具有带宽较宽、入射角稳定性好等优势。

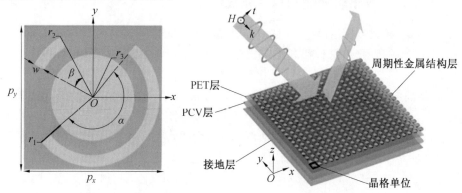

图 1.23　基于圆盘和不对称分裂环的交叉极化转换器

2016 年,Zhang Linbo 课题组提出了一种基于分裂环设计的反射式与透射式交叉极化转换器,如图 1.24 所示,在电磁波垂直入射情况下,线偏振入射波在8.6 ~ 18.6 GHz 范围内的交叉偏振转换反射率可达到0.84 以上,实验结果与数值仿真结果相吻合,均表现出宽频带特性。此外,基于该分裂环的设计理念,该课题组进一步提出了一种改进的多层电磁超材料结构,用于实现非对称传输效应。理论分析结果表明,在两个分立的频率区内,该电磁超材料对两个互相正交的线极化波可分别实现宽带宽、高效率的透射式交叉极化转换。这种非对称传输现象可以通过改变入射波的偏振态来实现双频选择性极化滤波器的功能,这两种结构将有助于设计偏振控制和选择性传输转换器。

但是线极化波在实际应用中常受到许多环境限制。当电磁波穿过雨区时,如果线极化平面波的极化方向(即电场方向)与雨滴椭球(受重力影响,雨滴通常呈椭球形)的长轴一致,在雨滴中将会产生感应电流,导致电磁能转变为热能,这种不可逆的能量转换使电磁波受到强烈的衰减。所以线极化雷达通常难以在雨季中工作。这时就轮到圆极化雷达大显身手了,圆极化电磁波的电场方向不断旋转,因此不能始终与椭球雨滴的长轴一致。当电场方向垂直于椭球雨滴的长轴时,不会产生感应电流,电磁波不会受到衰减。因此圆极化雷达在穿过雨区时不会遭受强烈的吸收,常被称为全天候雷达。

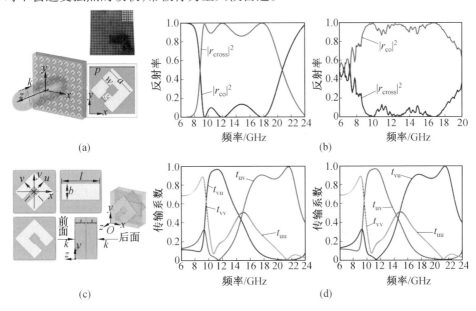

图 1.24　基于分裂环设计的反射式与透射式交叉极化转换器和对应的仿真、实验结果

　　2011 年,Andrea Alu 等人利用具有双折射性能的单元结构构建了具有四分之一波片性能的超薄表面,如图 1.25 所示,使得入射透过的两种偏振光的相位差为 π/2 或者 π/2 的奇数倍,从而实现了透射电磁波的线 – 圆极化转换。同年,Ren Lishi 课题组利用两层大小不同的“T”字形谐振单元设计了一款反射型的双层反射式线 – 圆极化转换器,如图 1.26 所示。这种双层递进型的结构能够有效

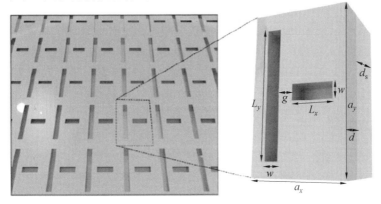

图 1.25　具有四分之一波片性能的超薄表面

地拓宽工作频带,使该电磁超材料对入射电磁波的极化调控带宽达到30%。同时,Ren 等人采用 balanced antipodal vivaldi 天线进行实验测试,从实测曲线发现,天线的增益得到明显改善,其增益可达到19.5 dB,天线的3 dB轴比带宽达到28%。这种极化转换器与天线的结合应用在近年来也广受关注。

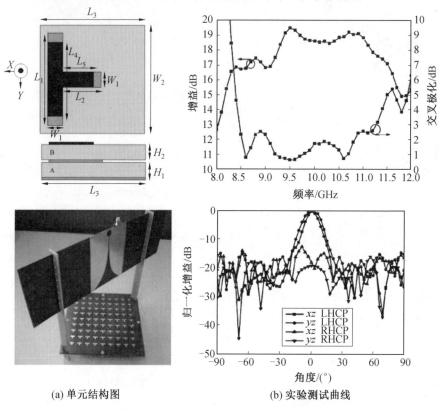

(a) 单元结构图　　　　　　(b) 实验测试曲线

图 1.26　双层反射式线 – 圆极化转换器

　　2017 年,Jiang Yannan 课题组基于双分裂谐振方环设计了一款处在太赫兹波段的超表面线 – 圆极化转换器,分裂谐振方环形线 – 圆极化转换器如图1.27 所示,在 0.60 ~ 1.41 THz 的频率范围内,反射系数的幅值达到0.7,反射波的两个正交电场分量之间的相位差接近90°或 – 270°。仿真结果表明,相对带宽达到80%,从而实现了超宽带高效线 – 圆极化转换。

　　2018 年,Zhang Xiaofei 课题组设计并实验验证了一种基于单层超薄超表面的反射式太赫兹线 – 圆极化转换器,该转换器由两种不同尺寸的矩形超薄超表面结构组成,通过组合两个分离的线 – 圆偏振转换频率及不同尺寸的矩形之间的耦合,在 0.832 ~ 1.036 THz 内实现了线 – 圆极化转换,相对带宽为21.8%,计算结果与实验结果较为吻合,双矩形反射式太赫兹线 – 圆极化转换器如图1.28 所示。

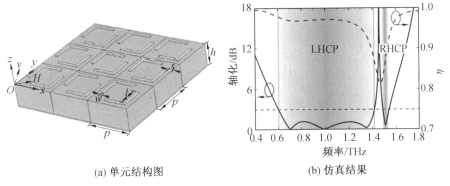

(a) 单元结构图　　　　　　　(b) 仿真结果

图 1.27　分裂谐振方环形线 – 圆极化转换器

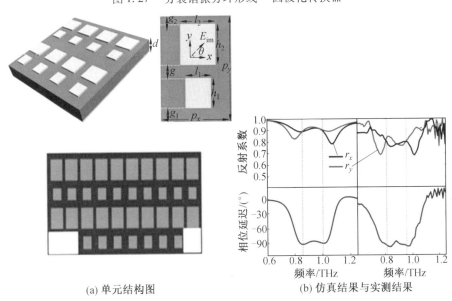

(a) 单元结构图　　　　　　　(b) 仿真结果与实测结果

图 1.28　双矩形反射式太赫兹线 – 圆极化转换器

　　以上所提及的均是反射型极化转化器,单元结构模式都是上层为人工微结构、下层为金属地平面及中间为介质层,从本质上讲,都是上层特殊的金属结构起极化作用,并与下层的金属地构成类法布里 – 珀罗谐振腔,增强了极化转化的效果,但它不可避免地面临一个问题,那就是经过极化调控的反射波往往会与未受极化调控的入射波之间发生干扰。相比上面介绍的反射式极化器,还有许多应用都要求在透射模式下进行极化转换,并且透射式极化转换器在实验中的测试也方便很多,所以透射式极化转换器也是未来发展的一大方向,诸多学者在透射式极化转换器方面也进行了深入的研究。但对于透射式极化转换器来说,如何在不同极化方向的透射波间产生一定相位差的同时,还能保证它们透过的振幅尽可能大且满足需求,如何在实现宽带的同时保证轻薄的厚度,也是目前学术界在超材料极化转换器的研究过程中设法攻克的一道难关,所以目前对于轻薄高效宽带的透射式极化转换器的报道还较为少见。

中国科学院大学的马晓亮课题组在 2012 年设计了一种三频点透射式极化转换器,其结构图和仿真结果如图 1.29 所示,其结构包括 2 层介质基板和 3 条分别印刷在不同层上的金属弧线,3 条金属弧线均匀分布,具有相同的圆心角,并且每两条金属线之间的夹角均为 120°。仿真和实验结果表明,在 13.33 GHz、15.56 GHz 和 16.75 GHz 3 个频点处,入射波将被转化为圆极化反射波,但是整体极化转换的效率不高。

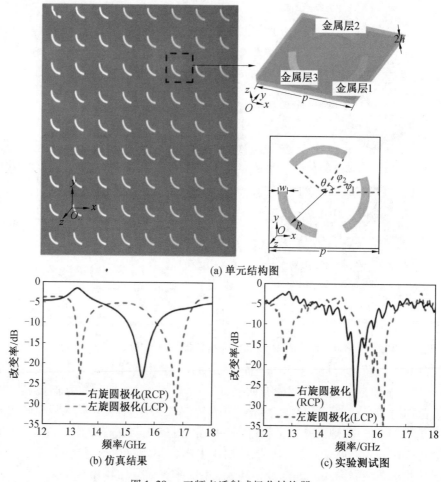

图 1.29　三频点透射式极化转换器

2015 年,Li Yongfeng 课题组采用一种超薄透射式超表面的设计,上下表面贴敷倾斜拐杖形谐振单元,当线极化电磁波垂直入射时,经过该极化转换器的作用,在其背面可以接收到相对较纯的圆极化,工作频带为 11.0 ~ 18.3 GHz,同极化与交叉极化透射幅值均大于 0.6,线 – 圆极化转换效率高于 0.9,其结构图、仿真与实验结果如图 1.30 所示。从图中可以看出,实验测试结果与仿真结果较为吻合,该极化转换器具有效率高、频带宽、结构简单等优点。

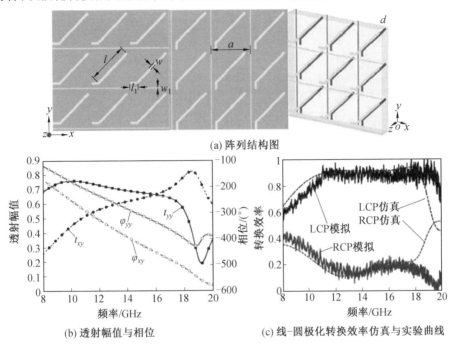

(a) 阵列结构图

(b) 透射幅值与相位

(c) 线-圆极化转换效率仿真与实验曲线

图 1.30　斜拐杖形超薄透射式极化转换器

2016 年,Cheng Yongzhi 研究团队提出了一种多层结构宽带透射式交叉极化转换器,如图 1.31 所示,该极化转换器由一个分瓣结构阵列和上下两层正交金属光栅组成,并在太赫兹区域进行了建模仿真,仿真结果表明在 0.23 ~ 1.17 THz

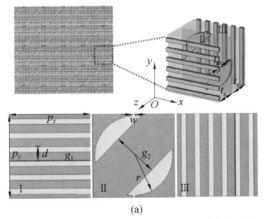

(a)

图 1.31　多层结构宽带透射式交叉极化转换器

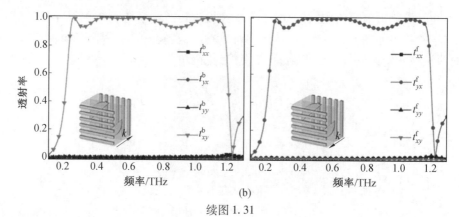

续图1.31

的范围内,交叉极化转换透射系数大于0.9,相对带宽高达134.3%。该极化转换器具有高效、宽带宽等优点,在电磁波隔离器、微波平板或其他电磁极化控制装置上有着很高的潜在应用价值。

1.2.3 可调极化转换器的研究概述

电磁超材料的发展已经逐渐趋向成熟,研究重点也从理论逐步延伸至理论与应用并重,涉及电磁学、光学、量子力学、粒子物理、物理化学等多个学科的交叉融合。而电磁超材料极化转换器作为其中极为重要的一项分支,在天线系统、通信系统、光学器件、导航、雷达、制导等高科技领域有着广泛的应用,例如:选择电磁波的极化是电子对抗中干扰和抗干扰问题的核心;结合不同极化形式的电磁波与收发天线的极化特性可以使天线信号达到最佳接收和发射状态。综上所述,电磁超材料极化转换器在现在和未来的科技发展中有十分重要的意义。然而,随着电磁超材料极化转换器的发展,人们对电磁超材料极化转换器的实际应用要求也在日益增长,如动态波束调控、宽频段极化响应等。由于大部分电磁超材料极化转换器的结构一旦设计好后,其性质就很难发生变化,因此其只能在预先设定好的频段或谐振频点附近工作。

可调谐电磁超材料器件的出现很好地解决了这一问题。调控手段多样,实现功能丰富,可调谐超材料器件能对更加复杂多样的电磁环境做出更充分的响应。发掘新型可调谐超材料,并使其智能化和应用化成为一项重要的研究课题。可调谐电磁超材料的本质是使其单元结构的等效介电常数或等效磁导率在空间上的分布得到改变,从而改变电磁波的传输特性,进而对谐振频率实现动态、实时的操控。它在一定程度上能拓展器件的工作频率带宽和选择性,极大地丰富了电磁超材料对电磁波的响应方式。

近几年的热门可调谐材料(如固态等离子体、二氧化钒、石墨烯等)和新提出的重力场调控技术,在可调性方面展现了一系列引人注目的特殊物理特性,正逐渐引起各个行业的密切关注,国内外学者纷纷展开这些可调控手段在极化转换器设计中的应用研究。这些新材质新理念所构成的电磁超材料极化转换器不断被设计出来,为新奇器件的设计与实现提供了有力的工具,已然成为电子科技领域新的革命趋势。总体来说,实现可调谐性的常用方法主要有以下几种。

1. 加载有源元件

Xu Hexiu 课题组在 2016 年设计了基于有源二极管调控的极化转换器,通过控制嵌入二极管上的偏置电压,该器件可以实现两种不同的工作状态,该极化转换器与仿真结果如图 1.32 所示,但此方法需要人工焊接有源器件,加工较为复杂。

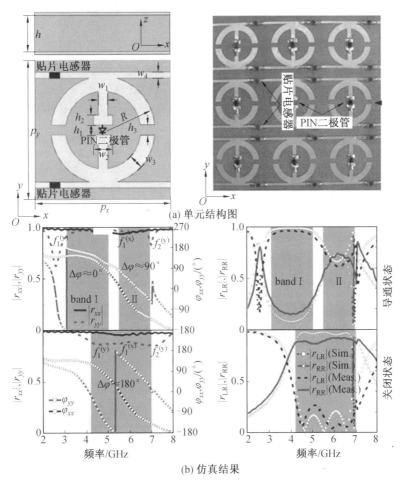

图 1.32　基于有源二极管调控的极化转换器

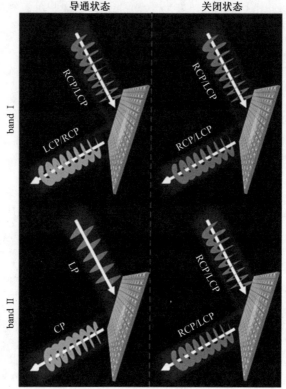

(c) 两种状态示意图

续图 1.32

2. 基于固态等离子体调控技术

通常把物质的第四态,即由电离气体构成的等离子体称为气态等离子体,而固体中的荷电载流子所产生的集体效应,用等离子体物理的术语来说,就是固体中的等离子体效应。当固态等离子体单元中的自由电荷浓度较小时,单元处于未激发的本征状态,此时不具有传输电磁波信号的能力,即相当于介质。当固态等离子体单元中的自由电荷浓度增加到一定值时,单元表现为类金属特性,因此通过控制电压来有选择性地激励不同位置的单元,从而改变产品的结构,能够实现可重构特性。同时,固态等离子体具有集成度高的优点,在器件不断集成化、芯片化、多功能化的今天,固态等离子体有着越来越广泛的应用前景。

2020 年,作者课题组提出了一种基于固态等离子体表面的多功能极化转换器,如图 1.33 所示。其特点在于通过改变固态等离子体的激励区域形成不同形制的单元结构,共可形成三种工作状态,从而实现交叉极化转换和线 – 圆极化转换之间功能的转换,以及在交叉极化转换状态下频带之间的转移。工作状态 1 可实现线 – 圆极化转换, – 3 dB 轴比频带为 6.12 ~ 9.50 GHz(相对带宽为

43.3%），如图1.33（b）所示。工作状态2和工作状态3可实现交叉极化转换，极化转换率（PCR）大于0.9的范围分别为4.62～8.34 GHz（相对带宽57.4%）和7.92～10.34 GHz（相对带宽26.5%），如图1.33（c）所示。这种多功能器件可自由切换极化转换形式和带宽，在近些年广受关注，对可重构天线、动态成像、偏振转换等领域有着重要的研究意义。

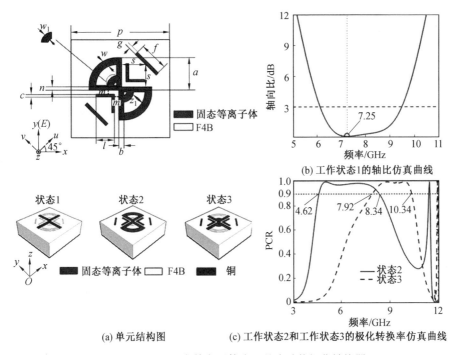

（a）单元结构图　（b）工作状态1的轴比仿真曲线　（c）工作状态2和工作状态3的极化转换率仿真曲线

图1.33　基于固态等离子体表面的多功能极化转换器

3.基于石墨烯调控技术

石墨烯（graphene）是一种二维蜂窝状结构晶体。从物理化学角度讲，它是由单层碳原子紧密堆积而成的。它的性质独特，其中电磁特性独特、机械性能强和拥有独特的光电性能最为著名。石墨烯的电导率具有可调性，能够通过外加电压等方式改变石墨烯等离子体谐振特性，进而实现对超材料工作状态的动态调控。由于石墨烯超表面具有局域能力强、动态可调性、单元结构设计灵活等特点，因此将石墨烯材料运用于超材料极化转换器的研究可以很好地实现动态调控电磁波的振幅、相位或者同时调控振幅和相位等特定的功能。

Yu Xingyang 课题组基于石墨烯电磁超材料提出了一款宽带可调控极化转换器，仿真结果表明，通过调节石墨烯的费米能级，该极化转换器的功能可以在线－线极化转换、线－圆极化转换和线－椭圆极化转换之间动态切换，如图1.34所示。这一调控方法在灵敏度要求较高的探测，中、高分辨率的成像，以及高速无线通信等方面都有很高的应用价值,在太赫兹通信、传感和光谱等方面有巨大的潜在应用价值。

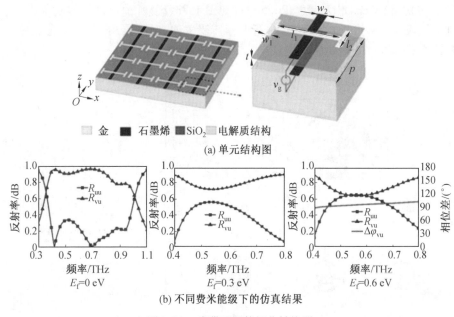

(a) 单元结构图

(b) 不同费米能级下的仿真结果

图 1.34　宽带可调控极化转换器

2018 年,Qin Yuwei 等人基于石墨烯的电可调性,提出了一种中红外波段的可调反射式线 – 圆极化转换器,该极化转换器是基于一个不对称的交叉纳米天线设计的,由两个具有相同馈电间隙的正交金属偶极子组成,基于正交金属偶极子的石墨烯极化转换器如图 1.35 所示,当静电掺杂使化学势增加到 1 eV 时,其谐振波长在中红外范围内蓝移了 500 nm,在原来获取圆极化波的波长处,实现交叉极化转换,轴比变化超过 8 dB。该设计为高速电可控光电子器件的发展提供了新的可能。

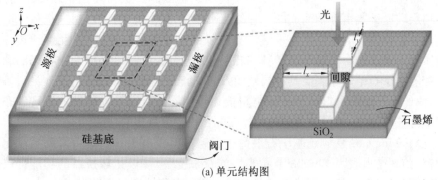

(a) 单元结构图

图 1.35　基于正交金属偶极子的石墨烯极化转换器

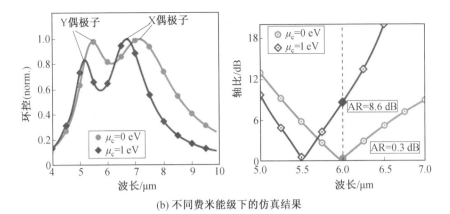

(b) 不同费米能级下的仿真结果

续图 1.35

4. 基于温度场调控技术

二氧化钒是一种具有绝缘体 – 金属态相变特性的热致相变固体材料,随着温度升高,在温度高于 68 ℃ 的情况下,会从单斜绝缘体态(高阻态)向四方金属态(低阻态)转变,其介电常数、磁导率等参数,以及微波、光学甚至太赫兹波特性都会随着相变过程发生显著的可逆性变化。

2015 年,D. Wang 等人提出了图 1.36 所示的基于二氧化钒的可切换超薄四分之一波片,通过相变材料二氧化钒实现频率可调,当温度处于低温状态时(300 K),在 0.468 THz 处实现线极化到圆极化的转换,当温度升高至高温状态时(400 K),在 0.502 THz 处实现线极化到圆极化的转换。该极化转换器件能够切换工作频率,但是转换效率还有进一步提升的空间,然而这种非接触性调控方式避免了与器件的直接碰触,降低了机械磨损,延长了器件寿命,可长距离调控,有着重要的研究价值。

光敏电阻器是利用半导体的光电导效应制成的一种电阻值随入射光的强弱而改变的电阻器,又称为光电导探测器。光敏电阻对光线十分敏感,光照越强,阻值就越低,随着光照强度的增加,电阻值迅速降低,亮电阻值可降至 1 kΩ 以下,暗电阻值一般可达 1.5 MΩ。光敏电阻器一般用于光的测量、光的控制和光电转换(将光的变化转换为电的变化)。常用的制作材料为硫化镉,另外还有硒、硫化铝、硫化铅和硫化铋等。这些制作材料具有在特定波长的光照射下,阻值迅速减小的特性。光敏电阻器对光的敏感性(即光谱特性)与人眼对可见光(0.4 ~ 0.76 μm)的响应很接近,只要是人眼可感受的光,都会引起它的阻值变化。光敏电阻除了具有灵敏度高、反应速度快、光谱特性及阻值一致性好等特点外,在高温或湿度大的恶劣环境下,还能保持高度的稳定性和可靠性,可广泛应用于照相机、太阳能庭院灯、验钞机、光声控开关、路灯自动开关及光自动开关控制等方面。

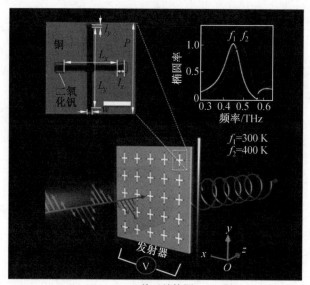

(a) 单元结构图

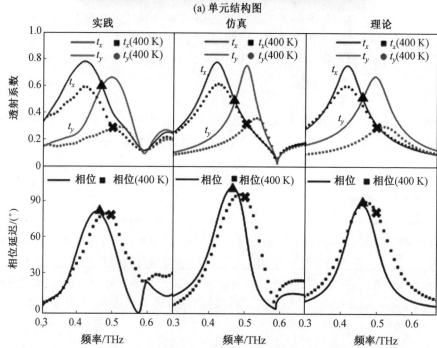

(b) 透射系数幅值以及相位延迟曲线的实验、仿真和理论结果

图 1.36　基于二氧化钒的可切换超薄四分之一波片

2018 年,Zhao Jingcheng 等人提出了一款基于光敏电阻的可调节交叉极化转换器,如图 1.37 所示。该极化转化器的谐振单元由金属圆盘、金属分裂环和半导

体光导硅组成。通过调节不同光功率的泵浦光束来激励光导硅,可以产生不同的电磁响应。仿真结果表明,无泵浦光束时,该极化转换器的极化转换率在 $0.65 \sim 1.58$ THz 内大于 80% ,其中分别在 0.69 THz、1.01 THz、1.42 THz 的谐振点处极化转换率达到了 90% 以上。数值仿真结果与基于干涉理论的计算结果吻合较好。通过调整泵浦光功率,宽带 PCR 可以随着硅导电性的变化而连续调谐。该设计可以拓展许多领域的潜在应用,如远程传感器、折射天线和太赫兹区域的辐射计等。

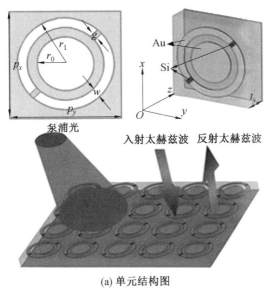

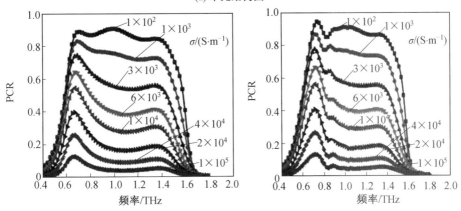

(a) 单元结构图

(b) 仿真计算结果

图 1.37　基于光敏电阻的可调谐交叉极化转换器

1.3　圆极化天线发展概述

天线是无线通信和设备交互不可或缺的一部分。它本身是一种互易的设备,既可以用来发射信号,又可以用来接收电磁波,以实现电磁信号任意交互。从 20 世纪初的单点对点通信到现在覆盖全球的卫星通信系统,天线技术无疑承担了最基本、最前端的作用。它在社会生活中发挥着不可替代的作用,现已成为通信时代不可或缺的一部分。随着空间探测技术、航空宇航技术和 5G 技术的发展,当前人们对不同波段的信号需求越来越多,传统天线仅能在某个频段或频点工作,这大大限制了天线对大众的服务,且占用了大量的资源和空间,所以让天线变得多频化已然成为天线研究方向的主流。人们通过改进材料、改变天线结构、合成等方法初步实现了天线的多频,这也在很大程度上节约了通信的信道资源并且提升了利用率。传统的线极化天线有着较大的损耗,对方向性要求较高,制造成本相对较高,而且其结构设计并不总是符合天线工作空间要求,而圆极化天线相较于线极化天线正是目前实现高性能、低成本的最佳选择。此外,圆极化天线在抗干扰方面也具有很大的优势,例如:在雷达中使用的极化形式为圆极化的天线,它可以使所传输的信号变得更加稳定,可以使雷达系统对空气中的微小球形分子或颗粒有更好的抗干扰能力;将圆极化天线应用在远距离测量,或者卫星对地面的通信设施或者导弹的制导当中,可以减小来自大气电离层的法拉第旋转效应所产生的极化性能的恶化。因此,本节将对圆极化天线进行相关介绍。

1.3.1　圆极化天线的发展趋势

天线作为接收和辐射电磁波的重要元件,其性能会直接影响通信系统的性能。因此,在无线数据传输爆炸式增长的现代社会,人们对天线的性能提出了更高的要求,对于天线的研究朝着小型化、宽带化、智能化的方向发展。

不同于传统的点对点通信的定向性天线,全向性天线的辐射方向图是全向均匀辐射的,可以覆盖水平面上 360° 的范围,实现点对多点的稳定传输电磁波,适用于通信设备多、通信位置不固定的情况。因此,全向天线广泛应用于空间卫星通信、移动基站系统、广播传媒系统等方面。与线极化天线相比,圆极化天线具有显著的抑制极化失配损耗和多径失真的特性。由于圆极化天线可以接收任何极化形式的电磁波,同时圆极化波可以被任何极化形式的天线接收,这减少了极化形式不同而导致的电磁波能量损耗,因此圆极化天线具有抑制极化失配损耗的特点。同时,圆极化波在被云、雨等物体反射之后,左/右旋圆极化波的旋向会发生反转,由于旋向的正交性,反射回来的圆极化波不能被天线接收,这抑制了多径反射造成的信号失真。因此,圆极化天线广泛应用于卫星遥感、微波毫米波通信、雷达侦察等需要高质量信号传输的系统。全向圆极化天线作为兼具全向性天线和圆极化天线优点的高性能天线,具备辐射覆盖范围广、传输稳定、抑制极化失配损耗和抗多径失真能力强等优点,适用于以上所提及的应用场景,且可以表现出更为出色的辐射传播特性。

随着人们对硬件智能化需求的日益提高,天线的智能化成为现在的热点研究问题,而可重构天线的动态调控特性符合天线智能化的发展趋势。不同于传统天线制成后便无法改变辐射性能的特性,可重构天线可以实现对天线工作频率、极化形式、辐射方向图的适应式调控,使得单个天线便可以满足无线通信系统的不同需求,因此可以减少无线通信系统中搭载的天线数量,简化电磁环境,降低系统成本。总体来说,可重构天线通过改变参与辐射的谐振单元的结构,实现多种形式的可重构。随着可重构天线的研究发展,目前有以下几种实现可重构的方式:基于 PIN 二极管的电调控方式;基于电导率可变固体材料(如固态等离子体、二氧化钒、石墨烯等)的调控方式;基于液体材料的调控方式;基于光开关的调控方式。

综上所述,将可重构技术应用于全向圆极化天线,可实现频率／极化／方向图可重构的全向圆极化天线。这种新型的天线不仅具备良好的电磁波辐射性能(全向辐射圆极化波),而且可以根据通信系统的不同需求,动态调控其性能参数。对于可重构全向圆极化天线的进一步研究,可以推动相应无线通信系统的智能化发展,具有广阔的应用前景和应用价值。

1.3.2　圆极化天线的研究概述

经过多年的研究,全向圆极化天线的实现技术已经日渐成熟。目前实现全向圆极化天线的方法主要分为以下三种:

(1)先设计出符合性能要求的圆极化天线,并设计相应的馈电网络结构,将几个圆极化天线共形在馈电网络周围,由馈电网络对其馈电。由于每个圆极化天线可以覆盖一定的角度,所以多个圆极化天线共同工作,可以实现水平面上的全向辐射,从而得到全向圆极化天线。

2013 年,X. L. Quan 等人采用这种原理设计了一款宽带全向圆极化天线,首先设计了一种基于矩形环结构的圆极化贴片天线和一分四的馈电网络,将 4 个圆极化贴片天线共形在圆柱形介质板上,馈电网络对其进行等幅馈电,并且内部加入了用于减少相互辐射干扰的反射柱,天线具体结构及仿真和实验结果如图 1.38 所示。 该天线实现了 - 10 dB 阻抗匹配带宽为 45%(1.58 ~ 2.5 GHz),3 dB 轴比带宽为 41%(1.65 ~ 2.5 GHz),且全向辐射性能良好。

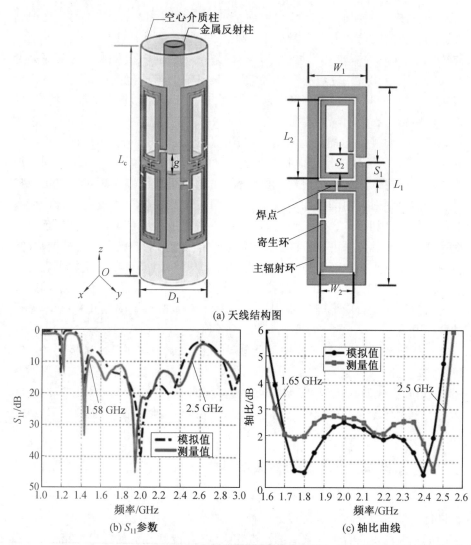

(a) 天线结构图

(b) S_{11} 参数

(c) 轴比曲线

图 1.38　宽带全向圆极化天线

（2）先设计出符合要求的全向性天线，该天线一般为全向水平极化天线或全向垂直极化天线，然后在该天线周围加载线－圆极化转换装置，使得全向辐射的线极化电磁波经过转换后变为圆极化波，从而实现圆极化波的全向辐射，但是由于全向的透射型线－圆极化转换器较难实现，因此相关研究成果较少。

2013 年，Y. M. Pan 等人基于这一原理，提出了一款基于鸟巢形结构的宽带全向圆极化介质天线。该天线利用一个馈电探针作为全向辐射源，周围倾斜放置多个介质构成的平行六面体，组合成类似鸟巢形的结构作为线－圆极化转换装置，如图 1.39 所示。倾斜的介质六面体可以实现将垂直极化波分解为等幅、正交、相位差为 90° 的两个极化波,从而在远场合成圆极化波,实现将全向垂直极化转换为全向圆极化。实验和仿真结果表明,该天线的 – 10 dB 阻抗匹配带宽为 42.5%(4.20 ~ 6.47 GHz),轴比带宽为 57.7%(3.70 ~ 6.70 GHz),表现出宽带特性且保持了良好的全向圆极化辐射性能。

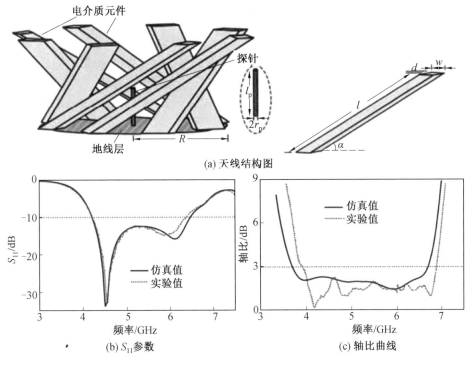

图 1.39   基于鸟巢形结构的宽带全向圆极化介质天线

(3) 基于环天线 – 偶极子模型的原理,设计能分别辐射全向水平极化波和全向垂直极化波的天线单元,调节辐射结构的参数,使得两种极化波达到等幅度的效果,利用在远场全向水平极化波和全向垂直极化波自然形成 90° 相位差的特点,实现全向圆极化天线。

2014 年,Y. M. Pan 等人基于环天线 – 偶极子模型,设计了一款宽带低剖面全向圆极化贴片天线,如图 1.40 所示。该天线由顶层的圆形金属贴片、底层加载有环形枝节的地板、15 个金属通孔组成,采用同轴馈电方式。环形枝节辐射全向水平极化波,金属通孔辐射全向垂直极化波,在远场合成全向圆极化波。实验和仿真结果表明,该天线的 – 10 dB 阻抗带宽为 19.8%(2.27 ~ 2.77 GHz),轴比带宽为 19.3%(2.25 ~ 2.73 GHz),剖面宽度为 $0.024\lambda_0$。

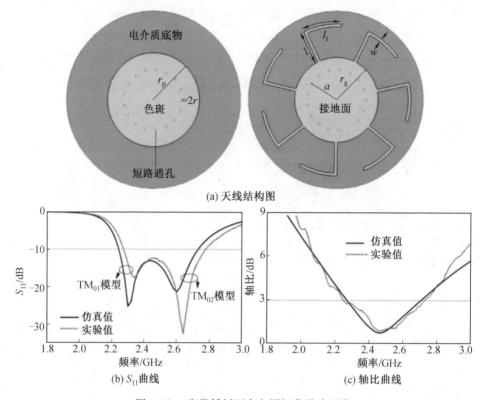

(a) 天线结构图

(b) S_{11}曲线　　　　(c) 轴比曲线

图1.40　宽带低剖面全向圆极化贴片天线

近年来,作为可以动态调控其性能属性、自适应系统需求的新一代天线,人们对可重构天线的实现方法进行了大量的研究,实现了多种形式的可重构,包括工作频率、极化形式、辐射方向图的可重构,以及三者的混合可重构。目前,已有多种实现可重构的方法被提出,具体方法主要包括以下几类:

1. 利用PIN二极管实现可重构

2016年,Y. M. Cai等人提出了一款低剖面极化可重构的宽带全向圆极化天线,如图1.41所示,该天线由辐射全向垂直极化波的金属通孔、辐射全向水平极化波的底板水平槽,以及狭缝中的PIN二极管组成。通过外部控制电路,改变PIN二极管导通／断开的工作状态,天线的地平面上缝隙的有效方向发生反转,使天线的极化方式在左旋圆极化和右旋圆极化之间发生变化。该天线具有19.8%的工作带宽(2.09～2.55 GHz)、紧凑的结构设计,但二极管数量较多,结构较复杂。

2015年,Y. Fan等人提出了一款基于倾斜振子的极化可重构全向圆极化天线,如图1.42所示,该天线的主要结构包括由左右两边倾斜振子构成的交叉振

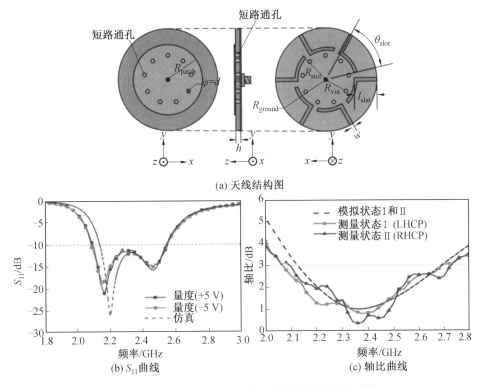

(a) 天线结构图

(b) S_{11} 曲线

(c) 轴比曲线

图 1.41　低剖面极化可重构的宽带全向圆极化天线

子、连接各倾斜振子的 PIN 二极管、内部的馈电结构及外部的控制电路。通过外部控制电路实现不同二极管的通断,从而改变参与辐射的倾斜振子的朝向,实现全向左旋圆极化和全向右旋圆极化之间的转换。仿真和实验结果表明,该天线在两种极化形式下,阻抗匹配带宽为 24%(1.83 ~ 2.33 GHz),轴比带宽为 22%(1.85 ~ 2.31 GHz),且两种状态下全向辐射性能都良好。

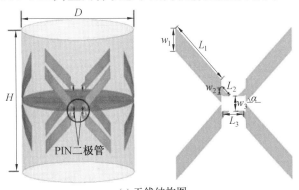

(a) 天线结构图

图 1.42　基于倾斜振子的极化可重构全向圆极化天线

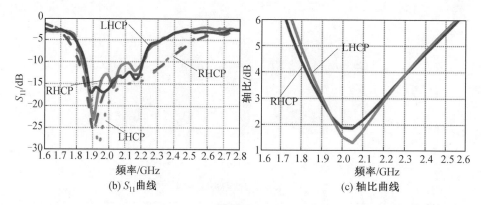

(b) S_{11}曲线   (c) 轴比曲线

续图 1.42

2016 年，Y. Fan 等人设计了一款基于矩形环的可重构全向圆极化天线，相应曲线如图 1.43 所示，该天线包括共形在圆柱上的 4 个开口矩形环、矩形环开口处的二极管、馈电结构及内部的反射柱。由于开口矩形环辐射圆极化波的旋向和开口方向有关，因此通过改变不同开口处的二极管的通断，可以实现天线在全向左旋／右旋圆极化之间的改变。该天线在 2.4 ~ 2.48 GHz 的有效带宽范围内实现极化可重构，且结构较为简单，但是工作带宽较窄。

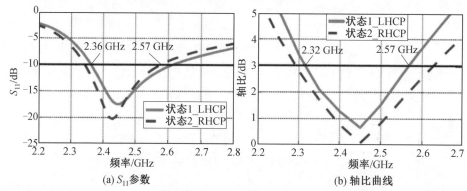

(a) S_{11}参数   (b) 轴比曲线

图 1.43　基于矩形环的可重构全向圆极化天线相应曲线

2. 利用液体材料实现可重构

2014 年，Z. X. Hu 等人提出了一款基于周期性排列水槽的方向图可重构的漏波天线，如图 1.44 所示。天线结构主要包括作为辐射源的同轴探针、弧形的反射板、金属底板及数个周期性排列的水槽。同轴探针辐射的全向垂直极化波经过反射板反射后，穿过周期性排列的水槽结构，通过动态改变水槽的宽度和深度，可以实现天线方向图的可重构。该天线的 – 10 dB 阻抗带宽为 46.7%（4.1 ~ 6.6 GHz），且可以实现天线最大辐射方向在 – 32° ~ 18° 间动态调控。

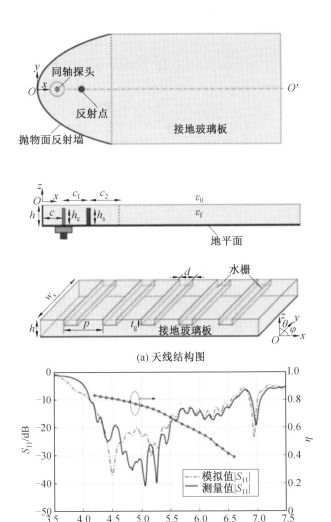

(a) 天线结构图

(b) S_{11} 参数

图 1.44　基于周期性排列水槽的方向图可重构的漏波天线

3. 利用可调控材料实现可重构

2018 年，T. Huang 等人设计了一款基于可调控材料固态等离子体的频率可重构的波导圆极化天线，如图 1.45 所示，该天线包括顶层的扇形金属辐射贴片、FR - 4 介质板及金属地板，其中顶层的辐射贴片加载了固态等离子体调控枝节，通过激励不同的固态等离子体枝节，实现了工作带宽的调控。由图 1.45 可以看出，该圆极化天线在 2 ～ 3.3 GHz 范围内实现了频率可重构，覆盖了 WLAN 和 WiMAX 波段，并保持了良好的圆极化性能。

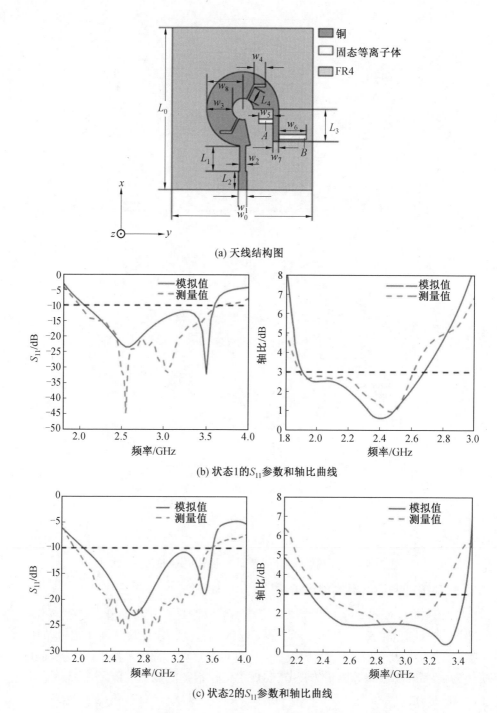

(a) 天线结构图

(b) 状态1的 S_{11} 参数和轴比曲线

(c) 状态2的 S_{11} 参数和轴比曲线

图1.45　基于可调控材料固态等离子体的频率可重构的波导圆极化天线

　　2017 年,Y. B. Luo 等人提出了一款基于石墨烯的方向图可重构的太赫兹天线,如图 1.46(a) 所示。该天线的辐射源为多个由可调控材料石墨烯构成的偶极子天线,周围是起到反射或引导作用的金属和石墨烯的混合枝节。通过改变石墨烯枝节的两端偏压,控制其化学势,从而改变其电导率,实现多波束的方向图可重构天线。图 1.46(b) 为该天线各个模式下的 3D 方向图,可以看出各个模式下的最大波束方向存在明显的偏转,且各个模式的辐射性能保持统一。

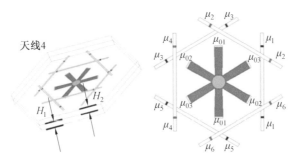

(a) 天线结构图

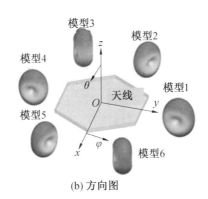

(b) 方向图

图 1.46　基于石墨烯的方向图可重构的太赫兹天线

　　2018 年,G. Varshney 等人提出了一种工作在太赫兹波段的基于临近耦合的宽带频率可重构天线,如图 1.47 所示。该天线结构包括顶层的石墨烯辐射贴片、两层介质板、介质板间的馈电线及金属底板。该天线采用馈电线和辐射贴片之间的临近耦合进行馈电,这种馈电形式可以实现宽频带的阻抗匹配。通过控制石墨烯的化学势,改变贴片的电导率,该天线在太赫兹波段实现了宽频带的频率可重构,并且该天线的阻抗匹配带宽覆盖了 0.8 ~ 3.34 THz。

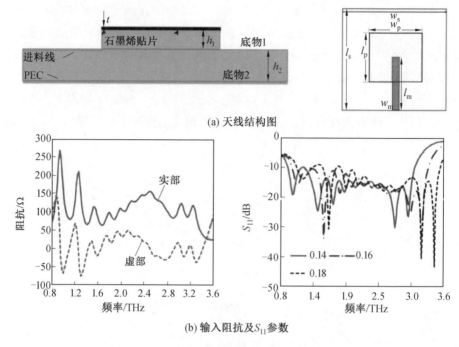

(a) 天线结构图

(b) 输入阻抗及 S_{11} 参数

图 1.47 　基于临近耦合的宽带频率可重构天线

1.4　平面反射阵列天线发展概述

现代通信技术的快速发展是现代社会进步的体现,而现代信息的交换与传递主要依靠无线通信和有线通信两种方式。其中无线通信主要有卫星、移动通信和各种军/民用雷达等,天线系统是支撑无线通信的关键部分。随着科技的日新月异,人们对无线通信的要求日益提高,不仅需要将无线通信的性能提高,还需要降低成本。因此,人们对天线性能的要求也越来越高。传统的高增益天线主要包括阵列天线和抛物面天线。抛物面天线体积庞大、笨重且不利于快速方便地使用,天线的大型特殊曲面结构较难加工和维护,并且这类天线实现主波束扫描的方法是改变初级馈源的位置,这种方式可实现的扫描角度范围很有限,极大地限制了其在实际生活中的应用。而以相控阵为主的大型阵列天线,可以通过对整个馈电网络灵活调控来实现波束扫描,精确控制每一个阵列单元上的相位和幅度信息,使该类天线满足波束扫描角度较宽且具有较好的远场波束赋形能力的要求。但天线本身的高损耗发射/接收组件和加载功率的馈电网络,使微波在毫米波段范围内的信号在发射和接收的过程中有很大的传输损耗,导致工作效率变低。除此之外,相控阵列天线中大量使用了移相器和放大模块,增加了加工的成本。

平面反射阵列天线是综合了阵列天线和抛物面天线这两类天线的部分优势后提出来的,平面微带的结构使加工和维护更方便,这类天线还采用相对便宜的有源电路代替了昂贵的移相器等组件,从而大大降低了天线的成本。这类天线的阵元不直接传输高功率的信号,这在很大程度上提高了系统最大功率的容量。微带反射阵列天线已经成为当前研究的热点。除此之外,在军用方面还需考虑国防安全,需要尽可能地减少天线的雷达散射截面来避免敌方雷达的侦查。由此,现在军／民用天线发展的关键问题是天线的隐身技术和可重构性。

"可重构天线"的概念一经提出就受到了极大的关注,这类天线可以全方位地满足人们的通信需求,一方面使天线对整个通信系统的制约减少,另一方面还使天线实现了更多的功能。这类天线可以在一些特定条件下改变天线表面的电流,从而使天线的性能发生改变。半导体本征层通过电或光激励的方式可以形成固态等离子体,当它的载流子达到一定浓度时,其导电性可以与金属相比拟。固态等离子体天线的辐射体和馈电网络是使用固态等离子体构成的,当其未激发为等离子体时,表现出来的性质就是半导体材料的特性,对电磁波无响应且具有低 RCS 特性,可以实现天线的隐身性能;当激励为固态等离子体时,其表现为类金属特性,激励不同区域的等离子体可以使天线的辐射体与馈电网络重构,从而实现天线的可重构性,进而实现天线主波束的动态扫描。此外,半导体成本低、工艺成熟,能够大批量生产。因此,固态等离子体天线在无线通信系统中有很广阔的应用前景。

1.4.1 平面反射／反射型空馈阵列天线

平面反射阵列天线的概念最早于20世纪60年代由 Berry、Malech 和 Kennedy 等人首次提出并加以实验验证,该类型天线采用终端短路波导作为阵列单元,通过单元尺寸的变化进行相位调制,从而形成相位相同的反射波束。Berry 等人设计的波导反射型阵列天线实验模型如图 1.48 所示。从图 1.48 中可以看出,该天线阵列纵向剖面高,结构复杂,质量较大,操作比较困难,这也是制约早期反射型空馈阵列天线发展的重要原因。

图 1.48 波导反射型阵列天线实验模型

20世纪70年代中叶，Phelan提出了一种螺旋相位反射型圆极化空馈阵列天线，该天线主要用于当时的脉冲雷达跟踪系统，通过阵列单元的旋转和加载在阵列单元上的二极管开关来实现相位调制和C波段宽波束扫描。该天线仍然存在尺寸庞大、操作复杂、效率较低等问题，并没有引起学界的关注。

　　20世纪70年代末80年代初，随着微带天线的发展，反射型空馈阵列天线与平面微带辐射单元的结合为反射型平面空馈阵列天线的发展带来了全新的可能。1977年，Malagisi首次将微带贴片单元应用到反射阵列天线设计当中，通过微带反射单元的简单旋转进行相位补偿，组成了含有61个微带反射阵列单元的圆极化反射阵列天线。1978年，Montgometry对Malagisi的工作进行深入研究，利用积分方程对自由空间内的无限多微带单元进行分析，通过自动网络分析仪获得精确相位和振幅数据，并对阵列进行综合相位补偿。自此，平面印刷微带单元被广泛应用到反射阵列天线的设计中，基于这种方法设计而成的反射型平面空馈阵列天线具有结构简单、质量较轻、成本极低等优点，在学术界得到了广泛应用。从20世纪80年代初到90年代末，不同结构的印刷微带天线层出不穷；到了20世纪末，随着通信技术的不断发展，反射型平面空馈阵列天线工作频段较窄的劣势逐渐暴露出来，新时期的研究者们致力于研究各种新形式的微带结构以拓展天线工作带宽，丰富反射型平面空馈阵列天线的功能。1992年，D. C. Chang等人提出了一款加载相位延迟线的反射阵列单元，由该单元组成的反射型平面空馈阵列天线的中心工作频点为900 MHz，共含有32个反射阵列单元，其贴片单元结构如图1.49所示。

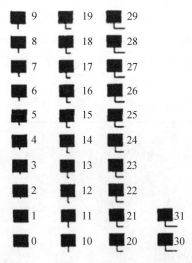

图1.49　加载相位延迟线的反射阵列单元

2003 年,南京理工大学的戴新峰等人研制了一款基于柱形卡塞格伦结构的微带反射型平面空馈阵列天线,并提出了一种针对微带反射阵列单元进行相位电控的实现方法。同年,Jose 等人提出了一种多层结构的反射阵列单元,通过改变矩形贴片的尺寸大小实现反射阵列表面的相位调节,其单元结构如图 1.50 所示,馈源天线的入射波照射在反射阵列天线表面,电磁能量在贴片中传输,被贴片的开路或短路终端反射回空气中,其工作示意图如图 1.51 所示。

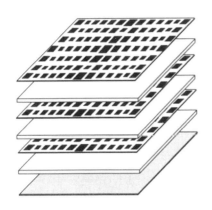
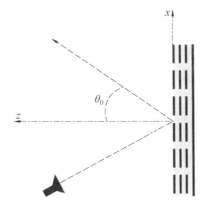

图 1.50　多层结构反射阵列单元　　　图 1.51　多层结构反射型平面空馈
　　　　　结构　　　　　　　　　　　　　　　　阵列天线工作示意图

2006 年,R. Chahamir 等人将印刷偶极子引入反射型平面空馈阵列天线设计,通过调节偶极子的长度对反射阵列单元进行相位调节,设计了一款工作在 Ka 波段的双频圆极化反射型阵列天线。2008 年,东南大学的陈红辉等人设计了一款基于三层微带贴片结构的宽频带反射型平面空馈阵列天线,该天线工作在 X 波段,在宽带范围内同时实现了波束反射与极化转换两种功能。2015 年,西安电子科技大学的陈阳等人设计了一款双频圆极化反射型平面空馈阵列天线,该阵列天线采用两种工作在不同频段的天线表面单元(multilayer frequency selective surface,M - FSS) 作为反射阵列单元,通过旋转相位调制技术进行相位补偿,合理设置单元间距以减小单元互耦,实现了高低频单元之间的良好隔离。反射型平面空馈阵列天线单元的设计关键在于补偿由馈源到每个阵列单元的空间距离不等而引起的相位延迟,目前主流的反射型平面空馈阵列单元的设计方案有以下三种:(1) 改变单元尺寸进行相位调节;(2) 加载相位延迟线;(3) 采用旋转相位调制技术进行相位补偿。通过回顾上述反射型平面空馈阵列天线的发展历程,可以发现反射型平面空馈阵列天线是向着小型化、多极化、多频点、宽频段、可重构等方向发展。

1.4.2　波束扫描阵列天线

相对传统定向波束的阵列天线,具有波束扫描特性的阵列天线具备更高的发展需求。1977 年,H. R. Phelan 首次提出了波束扫描这一概念,当时实现波束扫描的方式主要是通过使用机械使单元的旋转取向变化,但这与波导管技术相似,过大的体积和尺寸限制了它的应用。之后的几年,人们又相继提出了很多利用机械方式实现波束扫描的实例。与这种物理控制波束的方法相比,电控波束扫描的方法具有一定的灵活性和实用性。目前,世界上用于电控扫描的微波器件主要包括 MEMS 开关、压电晶体、变容二极管、数字相移和铁电薄膜等。

电控波束扫描主要是用改变有源电路工作状态的方式来实现电路本身对电磁波信号的影响,从而实现反射相位的连续变化。之后对所有单元进行宏观调控,使其实现预期相位的分布,进而能够实现阵列天线主波束辐射方向的变化。通常有源电路对单元反射相位的控制包括两大类:相位连续变化型和相位分段变化型。

① 相位连续变化型。有源电路被当作反射阵元的工作和组成部分,电路性能会直接影响单元反射特性,在特殊的结构下能够实现满足 360° 的反射相位连续变化的过程,这类器件主要包括变容二极管等。

② 相位分段变化型。通过选取阵列单元不同的工作状态,并在各个状态下都能分别实现反射相位的值在不同范围内的变化,这样在整个范围内就能满足 360° 的反射相位调控,这类器件主要包括 MEMS 开关、移相器等。

2009 年,亚利桑达州立大学的 Chin - Chieh Cheng 实现了阵列单元的四种工作模式,如图 1.52 所示,实现的方法是使用两个 MEMS 开关完成的,其在 H 面和 E 面波束扫描的范围达到了 80° 左右。2010 年,Caner Guclu 通过在 MEMS 开关对开口谐振环 (split resonant ring,SRR) 结构上的开口位置进行调控,实现了一个频率上的双向圆极化,并且相位分布是准线性的,与 J. Huang 的方形旋转圆极化的结构相比,应用范围和设计精度更高。

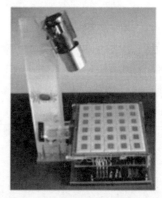

图 1.52　C 波段基于缝隙耦合的电控波束扫描反射型微带阵列天线

2011 年,Hirokazu Kamoda 团队提出了一种基于变容二极管的天线单元,偏置利用移相器来控制的反射阵列天线,这样做的好处是可以更加精准地控制阵列单元的反射相位。

2002 年,Daniel F. Sievenpiper 首次提出了使用 Mushroom 型的高阻抗表面来实现天线的漏波特性,机械可调阻抗表面如图 1.53 所示。机械可调阻抗表面由两个印刷电路板组成,即高阻抗接地层和单独的调谐层。调谐层在固定的高阻抗表面上移动,以改变重叠板之间的电容并调节表面的谐振频率。之后又把高阻抗表面缝隙间加载的变容二极管作为电控扫描单元,实现了 −45° ~ 45° 范围内波束扫描的性能。此外,由 Sean V. Hum 提出的在微带贴片之间加载变容二极管,也可以实现对远场主波束辐射方向的扫描和控制。

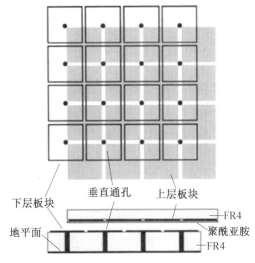

图 1.53　机械可调阻抗表面

改进的 Mushroom 型波束扫描反射型阵列天线及其偏置电路如图 1.54 所示。2007 年,Mathieu Riel 通过多层介质板结构之间的耦合,即上层贴片与底层变容二极管相连接的多段传输线,实现了满足最大 400° 的相移变化,并加工实现了 C 波段内至少 70° 范围内的主波束扫描。之后 P. Ratajczak 又改进了传统的 Mushroom 型单元的设计,加强了单元之间的耦合效应,使得单元更加完善和独立,从而能够有效地提升天线工作效率,但是这种阵列单元使用的有源器件数量较多,致使天线的偏置网络设计过于复杂,实现相对困难。

图 1.54　改进的 Mushroom 型波束扫描反射型阵列天线及其偏置电路

1.4.3　可重构天线

1983 年,D. Schaubert 首次在专利中提出"可重构天线"这一概念,之后便受到美国国防部的高度重视,并在 1999 年实行了名为"可重构孔径"的研究计划。可重构天线主要实现的是极化可重构、方向图可重构、频率可重构,以及上述两种或两种以上的混合可重构,分别是指在天线辐射的电磁波极化类型、主波束的多个辐射方向、不同的谐振点上的变换。改变天线辐射体表面的电流主要可以通过四类方法实现:电控、机械控制、光控和智能材料。

电控可重构天线主要是利用微电子器件控制天线辐射体表面的电流,主要有可变电容器、PIN 二极管和 RF – MEMS 器件等。2006 年,ChangWon Jung 等人设计了一款基于 RF – MEMS 器件的可重构天线,如图 1.55 所示。该天线主要由三层结构组成,分别是表面的辐射体、中间的介质层和最底层的地板,其馈电方式使用同轴馈电,通过控制 RF – MEMS 器件的通断来改变螺旋线的长度,从而实现天线辐射方向图和频率的混合重构。

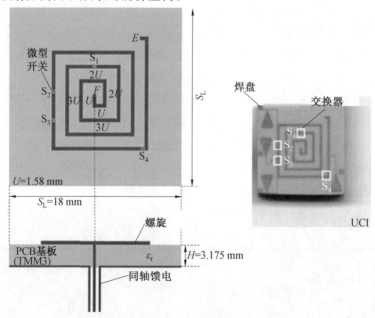

图 1.55　基于 RF – MEMS 器件的可重构天线

之后,在 2013 年,Y. Tawk 等人设计并制作了一款基于 PIN 二极管的可重构天线,如图 1.56 所示。天线使用两个倾斜的印刷单极子的形式。PIN 二极管开关的通断能够实现多个频率的主波束在不同方向上辐射的变化,如图 1.56(b)所示,辐射面上 4 个不同位置的 PIN 开关在不同通断状态下,天线的方向图和回波损耗都发生了改变。

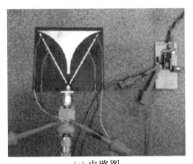

(a) 电路图

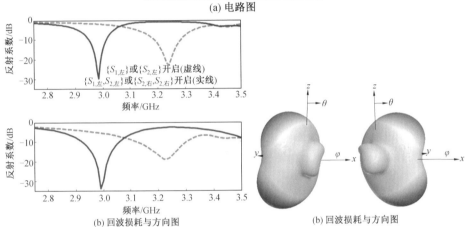

(b) 回波损耗与方向图

(b) 回波损耗与方向图

图 1.56　基于 PIN 二极管的可重构天线

　　机械控制可重构天线是通过机械手段来实现对天线辐射结构的改变,没有电子器件参与,避免了偏置电路对天线辐射特性的影响。如图 1.57 所示,2011年,S. Jalali Mazlouman 等人使用机械调控方式设计了一款可重构天线,实现了方向图重构的特性,同轴馈电的环形贴片中有可以改变高度的方形寄生贴片,两者大小一致。可以通过机械控制的方式改变寄生贴片与环形贴片之间的高度差,在阻抗匹配合理时的 3 个高度差实现了天线主波束辐射方向的变化。

　　光控可重构天线主要是利用激光照射半导体材料的光开关,使其导通状态发生变化而改变天线表面的电流路径。2010 年,Y. Tawk 与 A. R. Albrecht 等人在天线的设计中使用光敏开关实现了可重构天线,如图 1.58 所示。这款天线的正面由间距为 1 mm 的一个内圆和一个外圆组成,两者通过两个光敏开关连接;反面有两个直径为 1 mm 的圆孔,与光纤夹具相连。当光敏开关没有被激发导通时,天线有两个在 18 GHz 和 19 GHz 附近的谐振频点;当光敏开关被激发工作时,天线多出一个在 12 GHz 附近的谐振频点。通过控制光敏电阻的通断状态,这款天线实现了频率可重构。

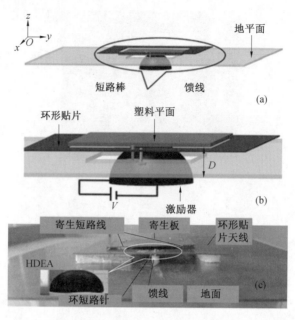

图 1.57　机械控制方向图重构天线

　　基于智能材料的可重构天线在设计时一般使用一些物理特性能够在某种条件下发生变化的材料,从而使天线实现可重构的功能。2007 年,W. Hu 等人设计并制作了一款基于液晶分子设计的可重构天线,如图 1.59 所示。通过改变液晶分子两端施加的电压可以改变其基本特性,材料的介电常数也会随之发生改变,从而天线的方向图和谐振频点都会发生变化,天线实现了可重构特性。

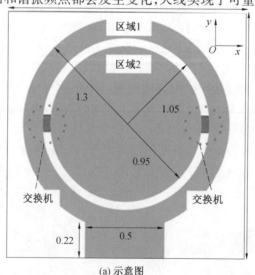

(a) 示意图

图 1.58　光控可重构天线(单位:cm)

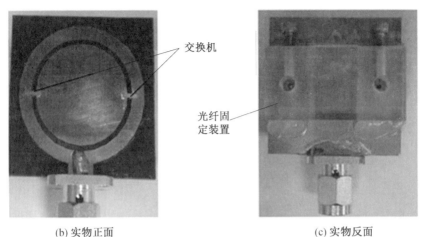

(b) 实物正面　　　　　　　　　　　　　(c) 实物反面

续图 1.58

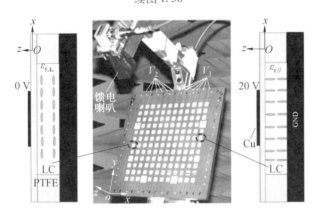

图 1.59　基于液晶分子设计的可重构天线

1.4.4　固态等离子体天线

1973 年,J. R. Vail 和 D. A. Tidman 在一项专利中提出了"等离子体隐身天线"这一概念。随着理论的完善,1998 年成功研制出了等离子体隐身天线(即 U 形等离子体天线),如图 1.60(a) 所示。该天线是美国田纳西大学研制出的一款辐射器采用充满气态的等离子体双电极 U 形管的天线。U 形管中的气态等离子体是由放电激励管中的惰性气体形成的,气体被激发为等离子体时可以表现为类金属的特性,能够用来发射或接收电磁波,可作为天线的辐射体。 如图 1.60(b) 所示,2000 年,澳大利亚国立大学的 G. G. Borg 等人设计并制作了一款谐振频点可重构的单极子等离子体天线。

(a) U形等离子体天线

(b) 单极子等离子体天线

图 1.60 气态等离子体天线

在研究气态等离子体天线的过程中,人们发现气态等离子体具有密度小、难以满足高频段工作且电磁干扰严重、在工程上应用难度大等难以克服的缺陷,因此能够工作在高频段、体积小且易于集成的固态等离子体天线的研究便逐渐发展为热门课题。

1987 年,Masayuki Mastumoto 通过对具有光诱导的周期性介质的辐射特性进行研究,从理论上验证了利用固态等离子设计天线的可行性。1995 年,V. A. Manasson 设计了一款基于光诱导等离子体光栅(photo – induced plasma grating, PIPG) 的光控毫米波天线,该天线实现方向图可重构的方法是利用不同的光束照射介质基板上的一层半导体,使其激发形成固态等离子体,使天线实现 ±15° 的波束扫描。

2006 年,Mohammad Reza Chaharmir 等人设计了一种基于固态等离子体的光控反射面天线,这种天线通过调控光栅间距改变其工作频率,实现了天线的频率可重构。基于固态等离子体的光控天线通常需要用光源来激励固态等离子体,而在天线主波束的辐射方向上的遮光板与光源都会对天线的辐射性能产生一定影响。之后,R. E. Harper 在一项专利中首次提出了"电控固态等离子体天线"这一概念,其中天线的辐射体由一层离散的半导体硅片组成,当用一定电压激发半导体硅片时会形成具有类金属特性的高浓度固态等离子体。

2003 年,Aly E. Fathy 提出了一种硅基可重构天线,电控固态等离子体天线如图 1.61 所示,硅基半导体构成了天线的辐射体,这些硅基的 PIN 单元通过背板上的控制电路进行激发,激发的单元可以人为控制,进而改变天线的辐射单元,使天线的辐射性能受到影响。利用这种方式还可以降低电控可重构天线中的微电子器件对天线辐射性能造成的影响,并且固态等离子体是由电激励硅基半导体形成的,在一定程度上降低了天线的成本。

近年来,英国的 Plasma Antennas 公司设计并研制了一种固态等离子体天线的原理样机,这种天线主要由硅基半导体构成。其中,圆形天线可实现 360° 的波束扫描,方形的天线可实现 ±60°的波束扫描,且在理论上可以在1 ~ 100 GHz频段内工作,具有很广阔的应用前景。

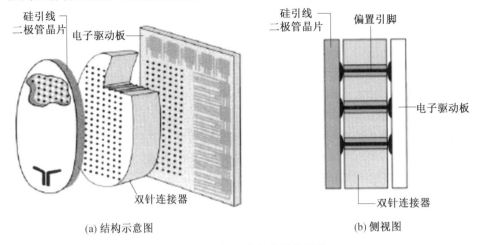

(a) 结构示意图　　　　　　　　　　　　(b) 侧视图

图 1.61　电控固态等离子体天线

1.5　磁性与非线性介质的应用与发展状况

随着人们对电磁通信系统在性能上的新要求,传统的材料用于设计通信系统中功能性器件已经很难满足人们的需求,磁性与非线性介质越来越多地被用于设计功能性器件。众所周知,零折射率带隙和零折射率超材料在全向性滤波和电磁隐身方面有广泛的应用。但对于传统超材料和光子晶体而言,很难在较宽频带范围内实现零折射率带隙和零折射率超材料,而且实现频率可调谐较难。而等离子体型材料(等离子体型材料不仅仅特指等离子体,也包括其他类似的频变类型介质,如超导体、石墨烯和半导体等,其最大的特点是介电常数能够表示成频率的函数。为了便于说明问题,下面提及的等离子体型材料就用等离子体为代表来说明,因为等离子体的介电常数不仅能用 Drude 模型表示,而且等离子体本身还是一种磁光介质,具有代表性) 与磁性介质组成的等离子体型超材料能很好地解决这个难题。另外,等离子体与磁性介质的物理特性都能被外加磁场所调谐,而且电磁波在其中传播时都存在着丰富的电磁模式。因此,含磁性介质的等离子体超材料有更为广泛的应用前景。尤其值得一提的是,当两种或多种不同磁性材料在空间中周期性排列时,能得到一种新的人工材料 —— 磁振子晶体,其主要特点是自旋波在这种周期性的调制下传播会产生自旋波带隙(spin – wave band gap),处于带隙中的波不能在该晶体内传播。磁介光子晶体与磁振子晶体本身也具有较为丰富的物理特性,如可调谐性、磁光效应及和频率与差频效应。磁光效应中,法拉第旋光效应和磁光克尔效应用于制造磁光隔离器、磁光开关和磁光调制器等功能器件;其非线性特性——和频率与差频效应可以用来设计频率转换器。

磁介光子晶体与磁振子晶体本身就是学界的研究热点。2009 年,Wang 等人用磁性材料钴(Co)和镍铁合金(Permalloy)在实验室内制备出了一维多层结构,并在实验和理论上分析了光子禁带(photonic band gap, PBGs)与外加磁场的关系。2011 年,Vala 等人分析了二维磁介光子晶体中的水平带特性,并发现水平带将会出现在磁表面等离子激元频率附近(magnetic surface plasmon frequency)。人们还对一维结构的磁介光子晶体的 PBGs 特性进行了研究。类似的论文还有很多,在此不一一列举。而关于磁振子晶体的研究,新加坡的王智魁课题组、法国的 Vasseur 课题组、英国的 Kruglyak 课题组和美国的 Tiwar 课题组等都做出了杰出的贡献。国内,内蒙古师范大学的云国宏与曹永军教授的课题组也进行了大量的工作。从现有的文献来看,研究磁介光子晶体和磁振子晶体主要集中在简单的一维和二维结构,三维结构还未见报道,尤其是关于含磁性(磁光)介质的等离子体超材料的色散特性、磁光效应和非线性方面的工作还是空白。关于介质的非线性和色散特性对于含磁性(磁光)介质的等离子体超材料电磁特性的影响也未见报道。因此,有针对性地开展对上述问题的研究有助于了解等离子体超材料的新特性,为等离子体超材料的未来应用奠定基础,这也是本书想呈现的重要内容之一。

在自然界中不仅磁性介质(如反铁磁体)可以视为非线性介质,严格意义上说所有介质都是非线性的,线性介质只是在特定条件下的人为近似。所以,研究等离子体超材料的非线性特性是一个不可回避的问题。对于超材料而言,当将非线性介质引入其中后,可以得到许多有趣的现象,如光学双稳态、频带漂移、高次谐波产生和四波混频等。这些有趣的特性可以用来设计光控二极管、微波隔离器和吸波器等器件。但是随着应用场合的复杂化和加工的需求,传统非线性材料(如 LiB_3O_5、$KTiPO_4$ 等)已经很难满足需求,人为地构建非线性材料成为一种必然的选择。1999 年,Pendry 在讨论裂环超材料的光学性质中首次提出了非线性超材料的概念。Zheludev 和 Klein 等人延续了他的工作,采用类似的非线性超材料的设计方式,用高次谐波的产生实现了激光频率的转换。2007 年,澳大利亚学者 Shadrivov 等人用开口谐振环(split ring resonator, SRR)环间并接变容二极管的方式实现了可调谐的非线性材料。人工非线性材料不仅仅用于频率变化,还能用于局域场增强。2009 年,美国学者 Cho 和 Dani 等人分别对双层渔网结构超材料的非线性进行了研究,发现非线性响应的幅度得到了明显增强。2011 年,Wurtz 等人报道了利用金纳米柱阵列(gold nanorod)内增强的非线性非局域响应实现在 10 GW/cm^2 的峰值功率下达到 80% 的透射率调制度。国内,2013

年,同济大学的波尔实验室用类似的方式对 Tamm 态、光的隧穿效应和非互易的电磁诱导透明等问题进行研究。国内从事人工非线性材料的研究单位还不多,仅有同济大学、南开大学、中科院和武汉大学等几家单位。有关用等离子体超材料如何构建人工"非线性"材料的报道还比较罕见,有关等离子体超材料的非线性特性的相关研究成果也比较少,非线性特性中的高次谐波的产生与局域场增强能够用来设计许多有价值的器件,如混频器、移频器和吸波器等。显然,等离子体超材料的非线性特性研究是一个重要的发展方向。

非线性效应的另一个应用是对光角动量的精准控制,如涡旋光,而传统方法产生涡旋光的方式非常复杂且不利于集成。最近,人们用一种人工周期性介质结构"超表面(metasurface)"实现了这个功能。这为人们设计新型功能器件带来了新的思路,超表面也逐渐成为一个新的研究热点,为研究非线性效应提供了新的思路。超表面最大的特点是能对入射电磁波进行波前调控从而获得新的物理学特性。超表面本身可以分为均匀型和梯度型,其中均匀型能够被用来设计成高阻表面、偏振调控器等;而梯度型可以被用来设计成平面光学透镜、涡旋光和表面波耦合等应用。作为一个新兴的研究热点,全世界从事相关研究的课题组很多,他们的工作主要还是集中在用超表面实现波前调控,从而实现对反射或透射波相位的精准调控,以此来设计相关器件。其中较具代表性的课题组为 Capasso 课题组。国内,复旦大学的周磊课题组、南京大学的周波课题组、东南大学的刘少课题组、空军工程大学的屈绍波课题组等也都是较具代表性的课题组。从现有的报道来看,大部分工作还是基于传统超材料实现的,有关等离子体超材料波前调控及其在非线性效应中的应用还未见报道。对于超表面中介质的非线性和色散特性带来的新特性方面的研究工作还比较少。尤其对于等离子体超材料而言,在等离子体非线性模型下的电磁特性报道也比较罕见。因此,充分研究等离子体超材料的波前调控方面的应用,是了解其非线性特性及应用的有力保障,也是探索等离子体超材料新的应用领域的必要保障。

从上述介绍可知,基于磁性和非线性材料的功能性材料的设计还处于起步阶段,其中有大量的空白工作点,从现有的研究成果来看,将等离子体型材料和非线性介质、磁性介质相结合的设计技术是未来的发展方向。

1.6 新型电磁超材料中的类量子光学效应

自进入高速发展的信息社会以来,半导体器件的集成度快速增加,但是能量的过度消耗、信息传输速率的降低已成为半导体集成技术不得不面对的问题,光子晶体的出现在很大程度上缓解了这些问题。新型材料和新的物理原理用于设计通信系统的功能性器件成为新的发展趋势,如等离子体光子晶体、类量子光学效应。类量子光学效应中的电磁非互易和电磁诱导透明技术是现在的研究重点。

光子晶体由周期性排列的电介质组成,当电磁波通过光子晶体时,一部分电磁波通过布拉格(Bragg)散射被散射掉,从而形成光子禁带,利用光子晶体的禁带特性可以制作光学反射器或带通滤波器。然而,传统光子晶体受到拓扑结构的限制,其禁带是不可调谐的。为了解决这一问题,许多研究者在光子晶体中引入了特殊材料,如等离子体、超导体、石墨烯等。其中,等离子体光子晶体的概念首先由日本学者 Hojo 和 Mase 提出,他们从麦克斯韦(Maxwell)方程推导得到了一维等离子体光子晶体的色散关系,发现等离子体光子晶体不仅可以产生禁带,而且禁带的位置可以通过等离子体密度进行调节。印度学者 Shiveshwari 等人通过传递矩阵法研究了等离子体光子晶体的特性,也观察到了类似的现象。此外,等离子体本身是一种耗散介质,当频率大于等离子体频率的电磁波通过等离子体传播时,等离子体会吸收入射电磁波的能量,转换成其内部能量,这意味着等离子体光子晶体可以吸收某些频带中的电磁波,并产生一定的吸收带宽,所以等离子体光子晶体可用作光学吸波器件或光开关。

由于等离子体本身属于磁性电介质,通过施加磁场可以产生等离子体回旋频率,使其表现出强烈的各向异性,因此,磁化等离子体光子晶体具有比非磁化等离子体光子晶体更复杂的电磁特性,可用于制造某些功能性器件。例如,磁场的出现使得等离子体光子晶体实现了时间上的不对称,如果空间结构的对称性也被破坏,那么当电磁波在等离子体光子晶体中传输时,将产生非互易和单向传输现象,即前向和后向传播的光谱是不同的。而光隔离器作为未来集成光子电路必不可少的部件,常用于消除光通信系统中的自耦合效应,其特征在于前向和后向传播性能是不同的,因此,磁化等离子体光子晶体可以用作光学隔离器。另外,在磁光 Voigt 效应下,对于横电波(TE 波),电场的方向平行于所施加磁场的方向,所以 TE 波不受所施加磁场的影响;对于横磁波(TM 波),电场垂直于施加的磁场,由于洛伦兹力的作用,TM 波在通过等离子体层传播时会受到外部磁场的影响,因而两种极化波在通过磁化等离子体光子晶体时将表现出不同的特性,可以在结构中被分离,从而磁化等离子体光子晶体可以起到光分束器的作用。

总之,等离子体光子晶体相比传统光子晶体拥有更多的特殊性质,利用这些特殊性质可以制作一些功能性较强的光学器件,如果在单个系统中可以实现不同的功能,系统的集成将得到改善且可以节省资源。此外,每个功能的实现与传播方向相关的这种设备在应用中具有更高的价值。本小节将重点介绍等离子体光子晶体的非互易特性的研究概况和类量子光学效应。

1.6.1　等离子体光子晶体中的非互易特性的研究概况

光子晶体的概念最早在 1987 年由 E. Yablonovitch 和 S. John 提出,此后受到了广泛关注,在光子晶体的研究领域已经取得了许多重大进展,包括理论研究和器件设计。然而,传统光子晶体禁带的性质取决于它们的拓扑结构,禁带范围是不可调谐的。为了解决这个问题,2004 年日本学者 Hojo 和 Mase 将等离子体引入光子晶体。他们发现,等离子体光子晶体不仅可以产生禁带,而且禁带的位置可以通过等离子体密度进行调整。同年,清华大学的李伟也发表了类似的文章,文中计算了等离子体光子晶体的色散关系,同时给出了等离子体光子晶体的概念,得到了明显的通带和禁带的图,并发现了等离子体参数对色散关系有调谐作用。从此,等离子体光子晶体成为一个新的研究重点。

2010 年,亓丽梅等人研究了一维磁化等离子体光子晶体斜入射电磁波的特性。他们基于一维等离子体光子晶体中电磁波的连续边界条件,推导了传递矩阵方程和横向磁极化的色散方程,分别研究了入射角、外部磁场、碰撞频率和介质的介电常数对色散和传输关系的影响。结果表明,通过调整外部磁场和入射角可以有效地控制禁带的位置和宽度;增加碰撞频率对禁带宽度的影响很小;而电介质的介电常数越大,禁带越宽。外磁场对传输关系的影响如图 1.62 所示。

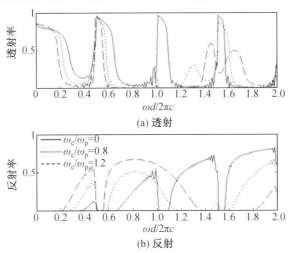

(a) 透射

(b) 反射

图 1.62　外磁场对传输关系的影响

为了实现电磁波的单向传输,2013 年,Jamshidighaleh 等人提出了一种具有介电缺陷层的介质/金属光子晶体,研究了入射角和偏振态对反共振模式单向吸收行为的影响。结果表明,从左向右传播的垂直入射电磁波完全被允许穿透到结构中;但是,在相同的波长下,从右到左的传播被完全反射。并发现随着入射角的增加,反共振模式转移到较低波长处并且强度降低;同时,具有反向单向特性的另一反共振模式出现在较高波长处。不同方向传输时吸收率频谱图如图 1.63 所示。

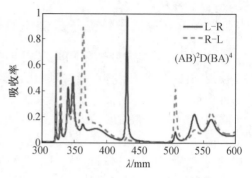

图 1.63　不同方向传输时吸收率频谱图

为了实现电磁波的非互易传播,2014 年,Ardakani 等人提出了一维三元磁化等离子体光子晶体,不同外加磁场大小下透射率频谱图如图 1.64 所示,他们采用传输矩阵的方法,计算了在周期性结构中传输的电磁波透射光谱。结果表明,在两个相反方向上的电磁波的透射率之间存在鲜明的对比,这意味着该结构存在非互易效应,并且观察到非互易性传输的带宽取决于外部磁场。除此之外还研究了入射角和基本单元数对非互易行为的影响。要实现非互易或单向传输,一方面可以通过打破光子晶体空间结构的对称性来实现,另一方面也可以通过打破时间对称性来实现。从 Jamshidighaleh 等人和 Ardakani 等人的工作来看,他们都采用了不对称的结构,一个是三元周期性排布,另一个是左右不对称,都实现了一定的非互易和单向吸收性能。

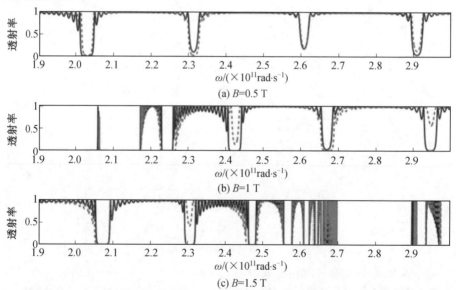

图 1.64　不同外加磁场大小下透射率频谱图

2015 年,方云团等人提出了一种非互易微腔模式的光学隔离器,研究了一个两侧镀金属薄膜的一维磁光光子晶体的传输特性。在耦合共振的条件下,该设计呈现出单向传输特性,可以通过改变微腔、入射角度和金属薄膜的厚度来调节结构的性能。打破空间结构的对称性比较容易,而打破时间的对称性比较困难,一般是采用磁性材料,如利用磁光效应可以打破时间对称性,但是这样利用磁场的系统就会变得复杂。不同入射角下前向和后向透射率频谱图如图1.65所示。

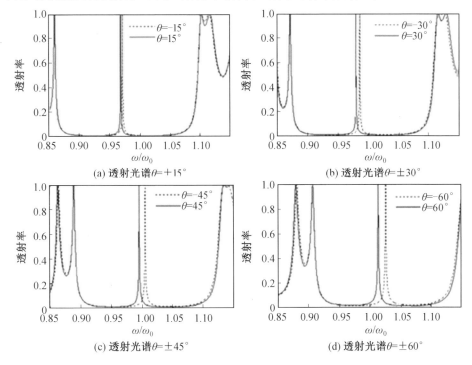

图1.65　不同入射角下前向和后向透射率频谱图

Chang 等人在 2017 年提出了一种新的方法来打破时间对称性,即采用超导体来实现。超导体具有优越的特性,金属电介质中的金属损耗或磁介电光子晶体中的磁损耗可以忽略不计。他们提出的含超导体的光子晶体能够产生单向吸收且与极化无关,通过调节厚度和温度可获得最佳的单向吸收。TM 波在不同入射角度下的吸收谱图如图1.66所示。

利用光子晶体进行极化分束也是目前的研究热点。2018 年,King 等人从理论上研究了两种一维缺陷不对称光子晶体的单向吸收。研究结果表明,设计的两种结构存在明显的单向吸收,还观察到了缺陷层的数量决定了单向吸收峰的数量。此外,还介绍了 TE 和 TM 波的入射角对单向吸收的影响。在大入射角时,TE 波几乎全部被反射,而 TM 波被部分吸收,即此时光子晶体可用于极化分束器。

从现有发表的文献来看,超材料光子晶体的非互易和单向特性是一个比较

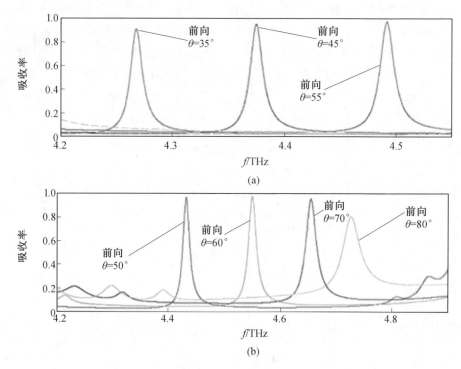

图1.66　TM波在不同入射角度下的吸收谱图

新的研究领域,并且多数的研究结果都是针对单频点或者窄带,其利用的结构大多是简单的不对称或者三元周期性结构。但是,完美的透射需要对称结构,而单向光传输是基于非对称结构的,因此很难同时实现高透射率和大的传输对比度;而如果利用分型结构,就可以在小的程度上打破空间对称性,保证了一定程度的透射的同时实现单向和非互易传输。所以利用分形结构和等离子体材料来实现可重构超宽带的非互易传输、超宽带的单向吸波与偏振分束是学界的研究热点。

1.6.2　类量子光学效应及其在超材料中应用

对于新型电磁超材料而言,除了非线性效应外,类量子光学效应也是一个非常重要的研究领域。类量子光学效应最具代表性的是拓扑绝缘体和电磁诱导透明(electromagnetic induced transparency,EIT)。拓扑绝缘体由于单向传输边界态的出现,在一般的磁介光子晶体中能够得到。换句话说,用含磁性(磁光)介质的等离子体超材料也能实现拓扑绝缘体,利用这个特性可以设计隔离器、单向传播波导等。关于拓扑绝缘体的研究可以追溯到21世纪初。2005年,普林斯顿大学的Haldane等人证明了时间反演对称性的三角或六角旋电光子晶体中,存在着手性边缘态。这种情况下,电磁波只能沿着一个方向传播,其后向散射完全被抑制。这是因为光子晶体中具有非零拓扑陈数的能带,时间反演对称性破缺使光子晶体简并的狄拉克(Dirac)点劈裂后出现了这种能带结构。2008 年,麻省理工学院的 Wang 等人发现正方形晶格的磁介光子晶体中的二次型简并附近也有类似的单通现象出现。2009 年,Ao 等人采用石墨烯的结构在理论上构建了一个磁介光子晶体,并证明了手性边缘态的存在。不久,南京大学伍瑞新课题组用实验证明了 Ao 等人的观点。2008 年,Yu 等人用表面等离子体激元的单向电磁传输进行证明。国内,南京大学的陈延峰课题组、中国科学院物理所的李志远课题组和上海交通大学的姜淳课题组都做出了出色的工作。相关研究工作还有很多,在此不一一列举。总之,利用单向传输边界态给实现波导能量100% 传输提供了解决方案,摆脱了传统波导中衰减和散射等问题的困扰,也给改善传统功能性器件的指标创造了条件,如天线、波导和谐振腔等。但是从现有的报道来看,所研究拓扑结构主要还是一维结构,对于更为复杂的二维结构还未开展研究,显然这不具有普适性。一般通过外在调控变量来破坏时空对称性,如磁场。这显然不利于设计实用器件。有关破坏空间对称性获得非互易特性的报道还比较少见。有关用新型电磁超材料实现时空对称性破坏的报道也较少见。关于介质的色散模型对单向传输边界态的影响也需深入研究,分析新型电磁超材料非线性效应对单向传输边界态特性的影响更需要进一步研究。因此,研究新型电磁超材料的单向传输边界态特性和其在改善器件性能方面的应用有着非常重要的意义。

EIT 则是类量子光学效应的另外一个重要的研究领域,通过人为构建周期性的介质可以得到类似量子力学中的 EIT 现象。2008 年,Zhang 等人首次用超材料在太赫兹波段实现了等离子体激元诱导透明,当明模和暗模的谐振频率相同或两者的频率之差远小于谐振频率时,电谐振和磁谐振相互干涉,产生一个很窄的透射峰,同时伴随着强的相位色散(非线性效应)和高的群速度(慢光特性)。从此,基于超材料的 EIT 现象成为一个研究热点,得到了众多学者的关注。不久,Meng 等人把电磁诱导透明的工作频段拓展到微波波段,通过开口谐振环(明模)和螺旋谐振器(暗模)干涉,形成一个 EIT。在光波波段,Jin 等人利用两根银带线实现了 EIT。EIT 在向全波段应用拓展的同时,也向极化不敏感、多频带、宽频带和可调谐等实际应用方面发展。2012 年,Zhu 等人使用三根长度不同的截断线来实现双峰传输,随后,He 等人和 Yu 等人分别提出了双峰和多峰电磁诱导透明结构,这些多峰电磁诱导透明结构在传感器和多频滤波器上存在潜在应用价值。2013 年,Han 等人使用"工"字型的结构实现宽带 EIT,带宽能达到 8 GHz。2010 年,Lu 等人利用入射电磁波与 EIT 单元结构平面的夹角来调谐 EIT 现象。随后,研究人员引入各种可调谐的方式来调谐 EIT,如在超材料中加入光硅、离子注入硅和铌(Nb)超导薄膜。对 EIT 产生机理的研究是另外一个重要的研究方向。Zhang 等人利用对入射电磁波电谐振的明模,通过近场耦合产生磁谐振(暗模),两个谐振相互干涉产生 EIT。Papasimakis 等人利用入射电磁波产生的两个电谐振干涉产生 EIT,其中,低 Q 值的电谐振作为暗模,高 Q 值的电谐振作为明模。Cao 等人利用入射电磁波产生的两个磁谐振干涉产生 EIT,其中低 Q 值的电谐振作为暗模,高 Q 值的电谐振作为明模。当然,有关 EIT 的工作还有很多,如用表面等离子体激元干涉产生 EIT 等,在此不一一列举。但是从现有的报道来看,大部分学者对 EIT 的研究都是基于传统电磁超材料的,基于新型电磁超材料的报道还很少见。实现可调控的 EIT 时要在超材料中额外引入调控介质,如超导体等,代价比较大,实现条件比较苛刻。但是等离子体型超材料在实现上较为简单而且成本比较低,尤其没有探讨介质的磁光效应和非线性效应对 EIT 的影响。因此,全面地研究基于新型超材料(如等离子体型超材料)的 EIT 特性是非常有意义的。在普适性条件下,分析新型超材料自身的物理属性对 EIT 产生机制的影响,可为设计新型器件提供思路。

 **第2章**

功能性器件的理论分析基础

2.1 电磁吸波器的基本分析理论

2.1.1 电磁吸波器的吸波特性

吸收率是评价电磁吸波器性能优劣的主要指标,吸收率越接近于1,证明该电磁吸波器的吸收性能越好。电磁吸波器的吸收率表示如下:

$$A(\omega) = 1 - T(\omega) - R(\omega) \qquad (2.1)$$

式中,$A(\omega)$ 为吸收率;$T(\omega)$ 为透射率;$R(\omega)$ 为反射率。

如图2.1所示,当电磁波从端口1入射,从端口2透射时,根据S参数的定义,$R(\omega)$ 和 $T(\omega)$ 分别可以表示为

$$R(\omega) = |S_{11}|^2 \qquad (2.2)$$

$$T(\omega) = |S_{21}|^2 \qquad (2.3)$$

所以吸收率可以表示为

$$A(\omega) = 1 - |S_{11}|^2 - |S_{21}|^2 \qquad (2.4)$$

假设超材料的厚度为 d,S_{21} 主要与材料的负折射率 n 和材料的复阻抗 Z 有关,其中 $n = n_1 + \mathrm{i}n_2$,$Z = Z_1 + \mathrm{i}Z_2$,则 S_{21} 表示为

$$S_{21}^{-1} = \left[\sin nkd - \frac{\mathrm{i}}{2}\left(Z + \frac{1}{Z}\right) \cos nkd \right] \mathrm{e}^{\mathrm{i}kd} \qquad (2.5)$$

式中,k 为传播波速,$k = \omega/c$;c 为真空中的光速。

图 2.1　电磁吸波器的 S 参数示意图

当所设计电磁吸波器的复阻抗与自由空间中的阻抗相匹配,即 $Z(\omega) = 1$ 时,可得电磁吸波器的反射率和透射率为

$$\lim_{Z(\omega) = 1} R(\omega) = |\, S_{11}\, |^2 = \left[\frac{Z(\omega) - 1}{Z(\omega) + 1}\right]^2 = 0 \tag{2.6}$$

$$\lim_{n_2 \to \infty} T(\omega) = |\, S_{21}\, |^2 = \lim_{n_2} \mathrm{e}^{-\mathrm{i}(n_1-1)kd}\, \mathrm{e}^{n_2 kd} = \lim_{n_2 \to \infty} \mathrm{e}^{-2n_2 kd} = 0 \tag{2.7}$$

此时吸波器的吸收率 $A(\omega) = 1$。

从以上分析可知,所设计的电磁吸波器结构如果想要有很明显的吸收效果,需要满足如下两个条件:

(1) 电磁吸波器结构的阻抗要尽可能与自由空间的阻抗相匹配,这种情况下入射电磁波才可以最大限度地进入吸波器的内部。

(2) 电磁吸波器本身对电磁波的损耗性能要尽可能大,这种情况下入射电磁波的能量才会以热能等其他形式的能量损耗掉。

2.1.2　电磁吸波器的基本分析理论

1. 阻抗匹配理论

实现电磁吸波器与自由空间的阻抗匹配是实现对入射电磁波高效吸收的前提,由此看来,阻抗匹配在电磁吸波器的设计方面显得尤为重要。

对于一块厚度为 d 的介质基板,其介电常数 ε 和磁导率 μ 可表示为

$$\varepsilon(\omega) = \varepsilon_0 \varepsilon_{\mathrm{r}}(\omega) \tag{2.8}$$

$$\mu(\omega) = \mu_0 \mu_{\mathrm{r}}(\omega) \tag{2.9}$$

式中,ε_0 和 ε_{r} 分别为真空中的介电常数和材料的相对介电常数;μ_0 和 μ_{r} 分别为真空中的磁导率和材料的相对磁导率。当电磁波入射到均匀介质表面时,TE 模式和 TM 模式下的反射率可表示为

$$R_{\mathrm{TE}} = |\, r_{\mathrm{TE}}\, |^2 = \left|\frac{\cos\theta - \mu_{\mathrm{r}}^{-1}\sqrt{n_2 - \sin^2\theta}}{\cos\theta + \mu_{\mathrm{r}}^{-1}\sqrt{n_2 - \sin^2\theta}}\right|^2 \tag{2.10}$$

$$R_{\mathrm{TM}} = |\, r_{\mathrm{TM}}\, |^2 = \left|\frac{\varepsilon_{\mathrm{r}}\cos\theta - \sqrt{n^2 - \sin^2\theta}}{\varepsilon_{\mathrm{r}}\cos\theta + \sqrt{n^2 - \sin^2\theta}}\right|^2 \tag{2.11}$$

式中,θ 为电磁波的入射角,当 $\theta = 0°$ 时

$$R = \left| \frac{Z - Z_0}{Z + Z_0} \right| \tag{2.12}$$

式中,Z 为介质的波阻抗;Z_0 为自由空间的波阻抗。

通过以上分析可知,介质的波阻抗越接近自由空间的波阻抗,反射率 $R(\omega)$ 越小,吸波结构的吸收性能越好。可以通过调节电磁吸波器的结构参数来实现其与自由空间的阻抗匹配。如果要使得电磁吸波器实现完美吸波,那么电磁吸波器的阻抗与自由空间的阻抗必须相匹配,这里,自由空间阻抗和输入阻抗分别表示为 Z_0 和 Z_i。如果电磁吸波器的阻抗和自由空间的阻抗相匹配时

$$Z_0 = \sqrt{\frac{\mu}{\varepsilon}} = Z_i = \sqrt{\frac{\mu_i}{\varepsilon_i}} \approx 377 \ \Omega \tag{2.13}$$

则反射系数 $R = \dfrac{Z_0 - Z_i}{Z_0 + Z_i} = 0$,若电磁吸波器的透射率同时为 0,那就实现了电磁吸波器的完美吸收。

2. 等效介质理论

以对称互易电磁超材料为例,其 S 参数满足 $S_{11} = S_{22}$,$S_{21} = S_{12}$。定义传输矩阵 $\boldsymbol{T}$ 为

$$\boldsymbol{F}' = \boldsymbol{T}\boldsymbol{F} \tag{2.14}$$

式中

$$\boldsymbol{F} = \frac{E}{H} \tag{2.15}$$

E、H 分别表示电场和磁场,则传输矩阵 $\boldsymbol{T}$ 为

$$\boldsymbol{T} = \begin{pmatrix} \cos nkd & -\dfrac{z}{k}\sin nkd \\ -\dfrac{z}{k}\sin nkd & \cos nkd \end{pmatrix} \tag{2.16}$$

由此得到超材料的 S 参数为

$$S_{21} = S_{12} = \frac{1}{\cos nkd - \dfrac{\mathrm{i}}{2}\left(Z + \dfrac{1}{Z}\right)\sin nkd} \tag{2.17}$$

$$S_{11} = S_{22} = \frac{\mathrm{i}}{2}\left(\frac{1}{Z} - Z\right)\sin nkd \tag{2.18}$$

进一步得到折射率 n、阻抗 Z、散射参数 S 的关系为

$$n = \frac{1}{kd}\arccos\left[\frac{1}{2S_{21}}\left(1 - S_{11}^2 + S_{21}^2\right)\right] \tag{2.19}$$

$$z = \pm \sqrt{\frac{(1 + S_{11})^2 - S_{21}^2}{(1 - S_{11})^2 - S_{21}^2}} \tag{2.20}$$

由于电磁超材料是无源惰性材料,所以其阻抗实部和折射率的虚部均不小于 0,即

$$\mathrm{Re}(z) \geqslant 0, \quad \mathrm{Im}(n) \geqslant 0 \tag{2.21}$$

结合前面关系式可以得出等效介电常数和磁导率与 S 参数的关系。式(2.19)和式(2.20)只适用于有透射率情况下的参数反演,而电磁吸波器结构的背面为全金属背板,致使该结构不存在透射率($S_{21} = 0$)。2013 年,Y. Z. Cheng 等人提出可以在金属背板上挖出 4 个很小的方形孔,且方形孔的位置远离所对应结构上表面的金属结构,在保证该结构有很少透射的前提下,又几乎不影响原结构的反射特性,从而使得电磁吸波器也能利用式(2.19)和式(2.20)进行反演得到等效的介电常数和磁导率。

3. 传输线理论

2009 年,Q. Y. Wen 等人提出了传输线理论模型,如图 2.2 所示,并通过此理论模型解释电磁吸波器的吸波特性。图 2.2 中,R_1、L_1、C_1 与 R_2、L_2、C_2 分别表示电谐振的 RLC 共振与偶极共振,M 表示两共振间的耦合,R_3、L_3、C_3 表示金属线的共振,TL 表示介质层,Z_i 和 Z_o 分别表示整个系统的输入和输出阻抗。提出两个假设:(1)超材料结构中的两层金属之间的电感耦合和电容耦合忽略不计,即可以分别单独仿真这两个金属层;(2)入射电磁波是垂直入射到超材料表面的。以这两个假设为基础,则可以将超材料的响应等效为传输线模型。其顶层电谐振环层、中间介质层和底部金属线层的传输矩阵分别为

$$\begin{pmatrix} A_{\mathrm{front}} & B_{\mathrm{front}} \\ C_{\mathrm{front}} & D_{\mathrm{front}} \end{pmatrix} = \begin{pmatrix} 1 & 0 \\ \dfrac{X_1 X_2}{X_1 + X_2} & 1 \end{pmatrix} \tag{2.22}$$

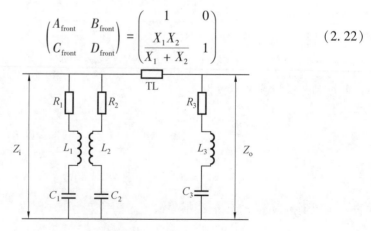

图 2.2　电磁吸波器的传输线理论模型

$$\begin{pmatrix} A_{\text{iso}} & B_{\text{iso}} \\ C_{\text{iso}} & D_{\text{iso}} \end{pmatrix} = \begin{pmatrix} \cos kt & iZ_c \sin kt \\ \dfrac{i\sin kt}{Z_c} & \cos kt \end{pmatrix} \tag{2.23}$$

$$\begin{pmatrix} A_{\text{bottom}} & B_{\text{bottom}} \\ C_{\text{bottom}} & D_{\text{bottom}} \end{pmatrix} = \begin{pmatrix} 1 & 0 \\ \dfrac{1}{X_3} & 1 \end{pmatrix} \tag{2.24}$$

式中

$$X_1 = \frac{1}{i\omega C_1} + R_1 + i\omega(L_1 - M) \tag{2.25}$$

$$X_2 = \frac{1}{i\omega C_2} + R_2 + i\omega(L_2 - M) \tag{2.26}$$

$$X_3 = \frac{1}{i\omega C_3} + R_3 + i\omega L_3 \tag{2.27}$$

式(2.23)中,k 为 TEM 波的波矢量;t 为介质层厚度;Z_c 为介质层阻抗。那么超材料结构的传输矩阵即为

$$\begin{pmatrix} A & B \\ C & D \end{pmatrix} = \begin{pmatrix} A_{\text{front}} & B_{\text{front}} \\ C_{\text{front}} & D_{\text{front}} \end{pmatrix} \begin{pmatrix} A_{\text{iso}} & B_{\text{iso}} \\ C_{\text{iso}} & D_{\text{iso}} \end{pmatrix} \begin{pmatrix} A_{\text{bottom}} & B_{\text{bottom}} \\ C_{\text{bottom}} & D_{\text{bottom}} \end{pmatrix}$$

$$= \begin{bmatrix} \cos kt + \dfrac{iZ_c \sin kt}{X_3} & iZ_c \sin kt \\ \left(\dfrac{1}{\dfrac{X_1 X_2}{X_1 + X_2} + M} + \dfrac{1}{X_3} \right) \cos kt + \dfrac{i\sin kt}{X_3 Z_c}\left(X_3 + \dfrac{Z_c^2}{\dfrac{X_1 X_2}{X_1 + X_2} + M} \right) & \cos kt + \dfrac{iZ_c \sin kt}{\dfrac{X_1 X_2}{X_1 + X_2} + M} \end{bmatrix}$$

$$\tag{2.28}$$

4. 多反射干涉理论

电磁超材料多反射干涉模型如图 2.3 所示,当电磁波以一定入射角度 α 入射至界面一上时,一部分电磁波发生反射,即 $S_{11} e^{i\theta_{11}}$,而另一部分电磁波将穿过分界面,在空间二中继续传播,即 $S_{21} e^{i\theta_{21}}$,当该部分电磁波到达界面二时,其透射分量会存在一个传播相位 β,全金属的背板会发生全反射,即 $S_{23} = -1$。对于背板反射回来的波到达界面一时,同样会产生一个传播相位 β,在该界面会再次发生电磁波的反射与透射。这种分析方法有 3 个优点:(1)可定量分析电磁超材料的性能;(2)可定量研究结构内部金属层间的相互作用;(3)适用于结构复杂、电磁波倾斜入射的情况。

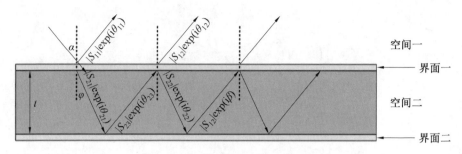

图 2.3　电磁超材料多反射干涉模型

所以,对于空间一来说,其电磁波是多个反射波的叠加,于是我们可以得到整个电磁超材料结构的反射:

$$
\begin{aligned}
S_{11\text{total}} &= S_{11} + S_{21}\,\mathrm{e}^{i\beta}S_{12} + S_{21}\,\mathrm{e}^{i\beta}S_{23}\,\mathrm{e}^{i\beta}S_{22}\,\mathrm{e}^{i\beta}S_{23}\,\mathrm{e}^{i\beta}S_{12} + \\
&\quad S_{21}\,\mathrm{e}^{i\beta}S_{23}\,\mathrm{e}^{i\beta}\,(S_{22}\,\mathrm{e}^{i\beta}S_{23}\,\mathrm{e}^{i\beta})^2S_{12} + S_{21}\,\mathrm{e}^{i\beta}S_{23}\,\mathrm{e}^{i\beta}\,(S_{22}\,\mathrm{e}^{i\beta}S_{23}\,\mathrm{e}^{i\beta})^3S_{12} + \cdots \\
&= S_{11} + S_{12}S_{21}S_{23}\,\mathrm{e}^{i2\beta}\sum_{n=0}^{\infty}(S_{22}S_{23}\,\mathrm{e}^{i2\beta})^n \\
&= S_{11} + \frac{S_{12}S_{21}S_{23}\,\mathrm{e}^{i2\beta}}{1 - S_{22}S_{23}\,\mathrm{e}^{i2\beta}}
\end{aligned}
\tag{2.29}
$$

假设界面二为连续的金属薄膜,式(2.29)可以简化为

$$
S_{11\text{total}} = S_{11} + \frac{S_{12}\,\mathrm{e}^{i2\beta}}{1 - S_{22}\,\mathrm{e}^{i2\beta}}
\tag{2.30}
$$

式中,S_{11} 为界面一上的反射系数;S_{22} 与 S_{21} 为界面一上的透射系数;S_{23} 为界面二上的反射系数;β 为传播相位;k 为介质中的传播数;d 为介质中的传播距离;t 为空间二的厚度。则有

$$
k = \frac{2\pi}{\lambda} = 2\pi\sqrt{\varepsilon_2\mu_2}\,\frac{f}{c_0}
\tag{2.31}
$$

$$
d = \frac{t}{\cos\beta} = \frac{t}{\cos(\arcsin(\sin\alpha/\sqrt{\varepsilon_2\mu_2/\varepsilon_1\mu_1}))}
\tag{2.32}
$$

$$
\beta = kd = \frac{2\pi\sqrt{\varepsilon_2\mu_2}ft}{\cos(\arcsin(\sin\alpha/\sqrt{\varepsilon_2\mu_2/\varepsilon_1\mu_1}))c_0}
\tag{2.33}
$$

假设空间一为空气,空间二为 FR - 4 介质基板,则上式 β 可以简化为

$$
\beta = kd = \frac{2\pi\sqrt{\varepsilon_2}ft}{\cos(\arcsin(\sin\alpha/\sqrt{\varepsilon_2}))c_0}
\tag{2.34}
$$

当电磁波垂直入射时,可以进一步简化为

$$
\beta = kd = \frac{2\pi\sqrt{\varepsilon_2\mu_2}ft}{\cos(\arcsin(\sin\alpha/\sqrt{\varepsilon_2\mu_2/\varepsilon_1\mu_1}))c_0}
\tag{2.35}
$$

2.2　极化转换器的基本分析理论

2.2.1　电磁波极化形式

电磁波极化,是指在空间任意给定点上电磁波的电场大小和方向随时间变化的方式,与电磁波的周期、频率、振幅、相位一样都是表征电磁波特性的基本物理量。电磁波根据极化类型可分为线极化波、圆极化波和椭圆极化波,根据人们不同的需求被广泛地运用于各个领域。其中,线极化波和圆极化波为两种特殊情况。

任意电场矢量 $\boldsymbol{E}$ 可以在 x 轴和 y 轴上分解成两个相互正交的分量 E_x 和 E_y

$$E_x = E_{xm}\cos(\omega t - kz + \varphi_x) \tag{2.36}$$

$$E_y = E_{ym}\cos(\omega t - kz + \varphi_y) \tag{2.37}$$

式中,φ_x,φ_y 分别表示 E_x 和 E_y 对应的相位。

当 $\Delta\varphi = \varphi_y - \varphi_x = 0$ 且初始相位为 0 时,合成电场矢量 $\boldsymbol{E}$ 的大小可表示为

$$E = \sqrt{E_x^2 + E_y^2} = \sqrt{E_{xm}^2 + E_{ym}^2}\cos\omega t \tag{2.38}$$

极化角 α(与 x 轴的夹角)为

$$\alpha = \arctan\frac{E_y}{E_x} = \arctan\frac{E_{ym}}{E_{xm}} = 常数 > 0 \tag{2.39}$$

当 $\Delta\varphi = \varphi_y - \varphi_x = \pi$ 且初始相位为 0 时,则合成电场矢量 $\boldsymbol{E}$ 的大小与式(2.38)一致,极化角为

$$\alpha = \arctan\frac{E_y}{E_x} = \arctan\frac{E_{ym}}{E_{xm}} = 常数 < 0 \tag{2.40}$$

所以由式(2.38)~(2.40)可知,合成场强的大小随 t 正弦变化,而其方向(即极化角)始终保持恒定,此时的电磁波就是线极化波,如图 2.4 所示。

对于线极化波,若合成电场矢量只在水平方向变化,则称之为水平极化波;同理,若合成电场矢量只在垂直方向变化,则称之为垂直极化波。

当表示 E_x 和 E_y 振幅相等,即 $E_{xm} = E_{ym} = E_m$ 且相位差 $\Delta\varphi = \pi/2$ 时,E_x 和 E_y 两个方向分量可以分别表示为

$$E_x = E_{xm}\cos(\omega t - kz) \tag{2.41}$$

$$E_y = E_{ym}\cos\left(\omega t - kz - \frac{\pi}{2}\right) = E_{ym}\sin(\omega t - kz) \tag{2.42}$$

进一步可简化为

$$E_x = E_{xm}\cos\omega t = E_m\cos\omega t \tag{2.43}$$

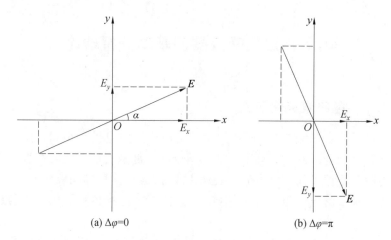

(a) $\Delta\varphi=0$ (b) $\Delta\varphi=\pi$

图 2.4   电场分量相位差为 0 或 π 时的线极化波示意图

$$E_y = E_{ym}\sin \omega t = E_m\sin \omega t \tag{2.44}$$

则合成电场强度与极化角分别为

$$E = \sqrt{E_x^2 + E_y^2} = E_m \tag{2.45}$$

$$\alpha = \arctan \frac{E_y}{E_x} = \omega t \tag{2.46}$$

所以，由图 2.5 可以看出，合成电场强度大小恒定，电场矢量以角速度 ω 逆时针旋转，电磁波为右旋圆极化波；同理，当 E_x 和 E_y 振幅相等，即 $E_{xm} = E_{ym} = E_m$ 且相位差 $\Delta\varphi = -\pi/2$ 时，电磁波为左旋圆极化波。

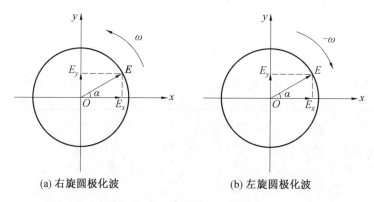

(a) 右旋圆极化波   (b) 左旋圆极化波

图 2.5   圆极化波示意图

而对于 E_x 和 E_y 振幅和相位均不相等的情况，假设 $\varphi_x = 0, \varphi_y = \varphi, E_x$ 和 E_y 两个方向分量可以分别表示为

$$E_x = E_{xm}\cos(\omega t - kz) \tag{2.47}$$

$$E_y = E_{ym}\sin(\omega t - kz + \varphi) \tag{2.48}$$

进而可以得到如下表达式：

$$\left(\frac{E_x}{E_{xm}}\right)^2 - 2\frac{E_x}{E_{xm}}\frac{E_y}{E_{ym}}\cos\varphi + \left(\frac{E_y}{E_{ym}}\right)^2 = \sin^2\varphi \tag{2.49}$$

该方程为椭圆极化波电场矢量的轨迹方程，当 $-\pi < \varphi < 0$ 时，它逆时针旋转，为右旋椭圆极化波；当 $0 < \varphi < \pi$ 时，它顺时针旋转，为左旋椭圆极化波。

2.2.2　电磁波极化转换原理

为了实现极化转换，超材料结构通常是非对称的，这有利于产生改变极化状态的谐振，对于各向同性的介质来说，其本构关系为

$$D = \varepsilon_r\varepsilon_0 E \tag{2.50}$$

$$B = \mu_r\mu_0 H \tag{2.51}$$

若材料是各向异性的介质，其本构关系为

$$D_i = \varepsilon_0 \sum \boldsymbol{\varepsilon}_{ij}E_j \tag{2.52}$$

$$B_i = \mu_0 \sum \boldsymbol{\mu}_{ij}H_j \tag{2.53}$$

式中，ε_0 和 μ_0 分别为真空中的介电常数和磁导率；$\boldsymbol{\varepsilon}_{ij}$ 和 $\boldsymbol{\mu}_{ij}$ 分别为介电常数张量和磁导率张量，分别由 9 个分量组成，$i,j = x,y,z$。根据电磁场守恒定律，可以推导出 $\boldsymbol{\varepsilon}_{ij}$ 和 $\boldsymbol{\mu}_{ij}$ 分别为

$$\boldsymbol{\varepsilon}_{ij} = \begin{pmatrix} \varepsilon_x & & \\ & \varepsilon_y & \\ & & \varepsilon_z \end{pmatrix} \tag{2.54}$$

$$\boldsymbol{\mu}_{ij} = \begin{pmatrix} \mu_x & & \\ & \mu_y & \\ & & \mu_z \end{pmatrix} \tag{2.55}$$

对于一维各向异性超材料，假设层数为 n，可以得出层间的电磁场转移矩阵。第 n 层电磁场为

$$\begin{pmatrix} E^{(n)} \\ H^{(n)} \end{pmatrix} = \sum_{\sigma=1}^{4} E^{(n)}\begin{pmatrix} \hat{\boldsymbol{e}}_\sigma^{(n)} \\ \hat{\boldsymbol{h}}_\sigma^{(n)} \end{pmatrix} \mathrm{e}^{-\mathrm{i}[k_x x + k_y y + \hat{k}_{z\sigma}^{(n)}(z-z_n) - \omega t]} \tag{2.56}$$

式中，$E_1^{(n)}, E_2^{(n)}, E_3^{(n)}, E_4^{(n)}$ 分别为第 n 层电场展开系数；$\hat{k}_{z\sigma}^{(n)}, \hat{\boldsymbol{e}}_\sigma^{(n)}, \hat{\boldsymbol{h}}_\sigma^{(n)}$ 分别为第 n 层的波矢量、电场单位矢量和磁场单位矢量。

由前可知，线极化可以分解为水平极化波和垂直极化波，在光学中，这两种正交的极化波分别称为 p 极化波和 s 极化波。将 n 层各向异性介质置于空气中，用 E_y^x 表示电磁波的复振幅，上标 x 代表入射分量 i、透射分量 t 和反射分量 r，

下标 y 表示 p 极化和 s 极化两种极化方式。当电磁波从空气层中入射时，入射与透射之间的关系可通过转移矩阵 $\boldsymbol{Q}$ 来连接：

$$
\begin{pmatrix} E_s^t \\ 0 \\ E_p^t \\ 0 \end{pmatrix} = \boldsymbol{Q} \begin{pmatrix} E_s^i \\ E_s^r \\ E_p^i \\ E_p^r \end{pmatrix} \tag{2.57}
$$

$$
\boldsymbol{Q} = \boldsymbol{D}_{n+1}^{-1}(\boldsymbol{D}_n \boldsymbol{P}_n \boldsymbol{D}_n^{-1})(\boldsymbol{D}_{n-1}\boldsymbol{P}_{n-1}\boldsymbol{D}_{n-1}^{-1})\cdots(\boldsymbol{D}_2\boldsymbol{P}_1\boldsymbol{D}_2^{-1})(\boldsymbol{D}_1\boldsymbol{P}_0\boldsymbol{D}_1^{-1})\boldsymbol{D}_0 \tag{2.58}
$$

式中，$\boldsymbol{D}_n$、$\boldsymbol{P}_n$ 分别表示动力矩阵和传播矩阵，具体如下：

$$
\boldsymbol{D}_n = \begin{pmatrix} \hat{\boldsymbol{e}}_1^{(n)} \cdot \hat{\boldsymbol{y}} & \hat{\boldsymbol{e}}_2^{(n)} \cdot \hat{\boldsymbol{y}} & \hat{\boldsymbol{e}}_3^{(n)} \cdot \hat{\boldsymbol{y}} & \hat{\boldsymbol{e}}_4^{(n)} \cdot \hat{\boldsymbol{y}} \\ \hat{\boldsymbol{h}}_1^{(n)} \cdot \hat{\boldsymbol{x}} & \hat{\boldsymbol{h}}_2^{(n)} \cdot \hat{\boldsymbol{x}} & \hat{\boldsymbol{h}}_3^{(n)} \cdot \hat{\boldsymbol{x}} & \hat{\boldsymbol{h}}_4^{(n)} \cdot \hat{\boldsymbol{x}} \\ \hat{\boldsymbol{h}}_1^{(n)} \cdot \hat{\boldsymbol{y}} & \hat{\boldsymbol{h}}_2^{(n)} \cdot \hat{\boldsymbol{y}} & \hat{\boldsymbol{h}}_3^{(n)} \cdot \hat{\boldsymbol{y}} & \hat{\boldsymbol{h}}_4^{(n)} \cdot \hat{\boldsymbol{y}} \\ \hat{\boldsymbol{e}}_1^{(n)} \cdot \hat{\boldsymbol{x}} & \hat{\boldsymbol{e}}_2^{(n)} \cdot \hat{\boldsymbol{x}} & \hat{\boldsymbol{e}}_3^{(n)} \cdot \hat{\boldsymbol{x}} & \hat{\boldsymbol{e}}_4^{(n)} \cdot \hat{\boldsymbol{x}} \end{pmatrix} \tag{2.59}
$$

$$
\boldsymbol{P}_n = \begin{pmatrix} \hat{e}^{-ik_{z1}^{(n)}d_n} & & & \\ & \hat{e}^{-ik_{z2}^{(n)}d_n} & & \\ & & \hat{e}^{-ik_{z3}^{(n)}d_n} & \\ & & & \hat{e}^{-ik_{z4}^{(n)}d_n} \end{pmatrix} \tag{2.60}
$$

式中，d_n 表示第 n 层介质厚度。

定义同极化反射系数和交叉极化反射系数分别为 r_{sp} 和 r_{pp}，同极化透射系数和交叉极化透射系数分别为 t_{sp} 和 t_{pp}，下标中第一个角标为电磁波出射时的极化形式，第二个角标为电磁波入射时的极化形式。所以，反射系数和透射系数分别可表示为

$$
r_{ss} = \left.\frac{E_s^r}{E_s^i}\right|_{E_p^i=0} = \frac{Q_{24}Q_{41} - Q_{21}Q_{44}}{Q_{22}Q_{44} - Q_{24}Q_{42}} \tag{2.61}
$$

$$
r_{pp} = \left.\frac{E_p^r}{E_p^i}\right|_{E_s^i=0} = \frac{Q_{23}Q_{42} - Q_{22}Q_{43}}{Q_{22}Q_{44} - Q_{24}Q_{42}} \tag{2.62}
$$

$$
r_{sp} = \left.\frac{E_s^r}{E_p^i}\right|_{E_p^i=0} = \frac{Q_{21}Q_{42} - Q_{22}Q_{41}}{Q_{22}Q_{44} - Q_{24}Q_{42}} \tag{2.63}
$$

$$
r_{ps} = \left.\frac{E_p^r}{E_s^i}\right|_{E_s^i=0} = \frac{Q_{24}Q_{43} - Q_{23}Q_{44}}{Q_{22}Q_{44} - Q_{24}Q_{42}} \tag{2.64}
$$

$$t_{ss} = \frac{E_s^t}{E_s^i}\bigg|_{E_p^i = 0} = Q_{11} + \frac{Q_{12}(Q_{24}Q_{41} - Q_{21}Q_{44}) + Q_{14}(Q_{21}Q_{42} - Q_{22}Q_{41})}{Q_{22}Q_{44} - Q_{24}Q_{42}}$$

$$(2.65)$$

$$t_{pp} = \frac{E_p^t}{E_p^i}\bigg|_{E_s^i = 0} = Q_{33} + \frac{Q_{32}(Q_{24}Q_{43} - Q_{23}Q_{44}) + Q_{34}(Q_{23}Q_{42} - Q_{22}Q_{43})}{Q_{22}Q_{44} - Q_{24}Q_{42}}$$

$$(2.66)$$

$$t_{sp} = \frac{E_s^t}{E_p^i}\bigg|_{E_p^i = 0} = Q_{31} + \frac{Q_{32}(Q_{24}Q_{41} - Q_{21}Q_{44}) + Q_{34}(Q_{21}Q_{42} - Q_{22}Q_{41})}{Q_{22}Q_{44} - Q_{24}Q_{42}}$$

$$(2.67)$$

$$t_{ps} = \frac{E_p^t}{E_s^i}\bigg|_{E_s^i = 0} = Q_{13} + \frac{Q_{12}(Q_{24}Q_{43} - Q_{23}Q_{44}) + Q_{14}(Q_{23}Q_{42} - Q_{22}Q_{43})}{Q_{22}Q_{44} - Q_{24}Q_{42}}$$

$$(2.68)$$

对于线 – 线极化转换器来说，PCR 是最重要最基本的参数指标，它是电磁波从一种极化形式转换到另一种极化形式的比例参数，用于衡量水平极化和交叉极化之间转换效率的优劣，根据式(2.61) 和式(2.62)，可以获得线极化转换率公式，以 p 极化入射波为例，反射极化转换率 PCR_r 和透射极化转换率 PCR_t 分别为

$$PCR_r = \frac{r_{ps}^2}{r_{ps}^2 + r_{ss}^2 + t_{ps}^2 + t_{ss}^2} \tag{2.69}$$

$$PCR_t = \frac{r_{ps}^2}{r_{ps}^2 + r_{ss}^2 + t_{ps}^2 + t_{ss}^2} \tag{2.70}$$

当 $PCR_r = 1$ 或 $PCR_t = 1$ 时，表示线极化波发生了完全反射极化转换或完全透射极化转换。

对于线 – 圆极化转换器来说，轴比(axial ratio, AR) 是人们最关心的指标。任意极化波的轴比被定义成极化椭圆的长轴与短轴之间的比值，表示圆极化的纯度，单位为 dB。当 $AR = 0$ dB 时，为圆极化波；当 $AR \to \infty$ 时，为线极化波；当 $0 < AR < \infty$ 时，为椭圆极化波。工程上定义，当 $AR < 3$ dB 时，就认为该极化波是圆极化波。同样以 p 极化入射波为例，反射轴比 AR_r 如下：

$$\tau = 0.5\arctan(2r_{ps}r_{ss}\cos\Delta\varphi / r_{ps}^2 + r_{ss}^2) \tag{2.71}$$

$$AR' = \frac{(r_{ps}\cos\tau - r_{ss}\cos\Delta\varphi\sin\tau)^2 + r_{ss}^2\sin^2\Delta\varphi\sin^2\tau}{(r_{ps}\sin\tau - r_{ss}\cos\Delta\varphi\cos\tau)^2 + r_{ss}^2\sin^2\Delta\varphi\cos^2\tau} \tag{2.72}$$

$$AR_r = |\ 10\lg AR'\ | \tag{2.73}$$

透射轴比 AR_t 为

$$AR_r = \left(\frac{|\ t_{ss}\ |^2 + |\ t_{ps}\ |^2 + \sqrt{|\ t_{ss}\ |^4 + |\ t_{ps}\ |^4 + 2\ |\ t_{ss}\ |^2\ |\ t_{ps}\ |^2 \cos 2\Delta\varphi}}{|\ t_{ss}\ |^2 + |\ t_{ps}\ |^2 - \sqrt{|\ t_{ss}\ |^4 + |\ t_{ps}\ |^4 + 2\ |\ t_{ss}\ |^2\ |\ t_{ps}\ |^2 \cos 2\Delta\varphi}} \right)^{\frac{1}{2}}$$

$$\tag{2.74}$$

式中,$\Delta\varphi$ 为反射或透射相位差。

2.3 圆极化天线的基本原理和设计分析方法

2.3.1 天线的基本参数

在无线电的通信设施中,常用能进行能量转换的天线来接收和辐射电磁波,因而天线是通信、卫星、雷达导航、广播等无线电通信系统中的关键组成部分。为了方便表达所设计天线的实际性能与技术指标,在本节中将详细给出天线系统的最基本概念,其主要包括天线的方向性、辐射增益、工作带宽和阻抗匹配。

1. 天线的方向性

在空间维度中,天线向外辐射的功率在不同方向上是有所不同的。天线的方向性是指与天线距离相等的条件下,其辐射场的相对值和三维空间方向的关系,即 $f(\theta,\varphi)$。方向图函数归一化后可以表示为函数 $F(\theta,\varphi)$,即

$$F(\theta,\varphi) = \frac{|\ f(\theta,\varphi)\ |}{|\ f(\theta,\varphi)\ |_{max}} = \frac{|\ E(\theta,\varphi)\ |}{|\ E\ |_{max}} \tag{2.75}$$

式中,$E(\theta,\varphi)$ 为 (θ,φ) 方向上相同距离时的电场强度;E_{max} 为主波束辐射方向上的电场强度。

方向图为天线向外辐射能量时,空间中辐射电磁波的分布情况,而方向图的性能是通过方向图的参数进行描述的,其参数主要包括半功率波瓣宽度(half-power beam width,HPBW)、零功率波瓣宽度(beam width between first nulls,BWFN)、副瓣电平及后瓣后比,天线波瓣示意图如图 2.6 所示。HPBW 是指在天线的辐射方向图上,功率是最大值一半的两个点夹角;而 BWFN 是指在天线的辐射方向图上,第一零辐射点夹角。副瓣电平和后瓣后比分别为副瓣与后瓣和主瓣的最大值之比。

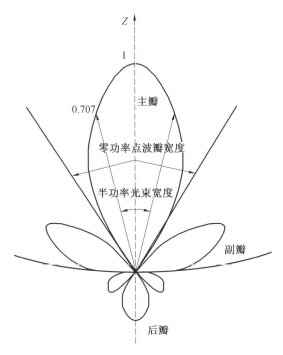

图 2.6　天线波瓣示意图

2. 天线增益系数和天线效率

众所周知,能量在实际转换过程中会有一定的损耗,并不能达到 100% 的转换效率,输入到天线的能量其中一部分以有效电磁波的形式辐射,而另一部分则在传播过程中因为各种外界因素被消耗了。因此天线的功率为辐射功率和输入功率的比值,表达式如下:

$$\eta_A = \frac{P_r}{P_{in}} = \frac{R_r}{R_r + R_1} \tag{2.76}$$

式中,P_r 为辐射功率;P_{in} 为输入功率;R_r 为天线辐射电阻;R_1 为损耗电阻。

天线的增益系数是指在输入功率相同的情况下,某一方向上的一点实际产生的功率密度(S_1 或 E_1^2)与理想条件下电源在相同点产生的功率密度(S_0 或 E_0^2)之比,该值是天线在(θ, φ)方向上的增益系数,用 $G(\theta, \varphi)$ 表征,其表达式为

$$G(\theta, \varphi) = \frac{S_1}{S_0} = \frac{|E_1^2|}{|E_0^2|} \tag{2.77}$$

3. 输入阻抗和回波损耗

输入阻抗是指天线馈线点处输入端口的电压和电流之比,表达式为

$$Z_{in} = \frac{U_{in}}{I_{in}} = R_{in} + jX_{in} \tag{2.78}$$

而天线的回波损耗是指天线的反射效率和入射效率之比,单位为分贝(dB),表达式为

$$R_L = -10\log\frac{P_r}{P_i} = -10\log|\varGamma_{in}|^2 = -20\log|\varGamma_{in}| \qquad (2.79)$$

在阻抗匹配的状态下,天线的反射效率与入射效率相等,$\varGamma_{in} = 0$,而回波损耗 $R_L \to -\infty$。由此可见,回波损耗的值从侧面反映了阻抗匹配的特性是否优良,回波损耗的值越大,端口位置的阻抗匹配特性就越差。

4. 工作带宽

上述参数都是在某一特定的频率上计算的,而在实际情况下设计的天线都有一定的工作频率范围,符合天线规定电参数变化范围内的频率范围为天线的工作带宽,绝对带宽 Δf 表示为

$$\Delta f = f_{max} - f_{min} \qquad (2.80)$$

描述窄带天线的工作带宽一般是使用其相对带宽,为 $\Delta f/f_0 \times 100\%$,$f_0$ 为中心频率。

2.3.2 圆极化天线的分析方法

分析微带圆极化天线的方法有三种。第一种是传输线模型理论,它主要用于矩形贴片;第二种是腔模型理论,可以用于各种规则贴片,但只有当天线的厚度远小于波长时才可使用;最为严格和复杂的是积分方程法,即全波理论,可用于各种结构和任意厚度的微带天线,但受计算模型精度和加工时间的限制。从数学角度看,传输线模型理论将矩形辐射器等同于低阻抗传输线的开路辐射,从而将天线的分析简化为一维传输线问题。腔模型理论发展到基于二维边值问题的解,其原理是辐射器的上下两侧等效于电壁,边缘等效于磁壁的微波腔。全波理论更进一步,可以考虑到三维变化,但计算也比较复杂;另外,在对积分方程法进行简化的基础上,从空腔模型、多终端网络法等方面对格林函数法进行了生成和扩展。上述方法各有优缺点,在实际应用中可以相互补充。近年来,数值技术在微带天线领域得到了广泛的应用。全波理论由于其精度高等优点,越来越受到人们的重视,它通常基于索末菲积分方程和麦克斯韦方程的时域解。著名的数值方法有频域矩量法和有限元法、时域有限差分法和传输线矩阵分析法。根据这些积分方程方法,提出了介质基片是无限大的重要假设。因此,当基片和地平面的长度大于几个波长时,这些方法可以给出更精确的结果。同时,基于上述方法的大量商用,电磁仿真软件也层出不穷。借助这些商业软件,可以对任何形状复杂的天线进行精确的理论分析和仿真,极大地促进了微带天线技术的发展和应用。

2.3.3　圆极化天线的设计技术

圆极化从开始到发展,经历了很多模式的转换,每个模式都具有各自的优势,每一个实现天线圆极化的方法都在逐渐进步,无论是在天线本身的形状,在天线的馈电方式,还是在天线的单元数量等各个方面都具有很大的突破。下面将从 6 个方面一一举例介绍圆极化天线的设计技术和其各种类型及功能方面的优势。

1. 单点馈电激励和多点馈电激励

利用单点馈源实现圆极化的方法主要是通过对贴片结构进行微扰,从而激发出不同相位的电磁波实现圆极化。圆极化天线的单点馈电如图 2.7 所示。其优点显而易见,首先是其构造十分简单,其次就是它无须外部使用功分器和移相网络,但其主要缺点是带宽较窄,这是由其高 Q 值的谐波性质决定的。总体来讲,只要在贴片中激发一对正交等幅的线极化波,就可以很轻易地实现圆极化性能。单点馈电圆极化天线的馈电结构多种多样,可以根据实际需要进行设计。

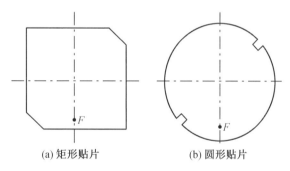

(a) 矩形贴片　　　　　　　　(b) 圆形贴片

图 2.7　圆极化天线的单点馈电(F 点为馈电点)

与单点馈电相比,多点馈电可以获得更宽的圆极化带宽。常用的有两点馈电、三点馈电和四点馈电,圆极化天线的多点馈电如图 2.8 所示。两点馈电法是利用分频器输出等幅90° 相位差的两个支路信号进行馈电,从而激发两个正交的工作模式,实现圆极化。四点馈电法又称顺序螺旋馈电法,主要是利用不同的相位差进行补偿,以提高阻抗带宽和圆极化轴比带宽,抑制交叉极化;但由于引入了附加馈电网络,一般天线结构更复杂、体积更大,不利于集成。三点馈电法和四点馈电法相类似,此处不赘述。

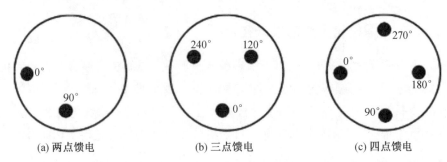

| (a) 两点馈电 | (b) 三点馈电 | (c) 四点馈电 |

图 2.8　圆极化天线的多点馈电(黑色圆点为馈电点)

2. 圆极化单元阵列

在此方法中,通常使用多个线性或圆形偏振器来调整它们之间的位置和相位实现圆极化辐射。圆极化天线阵列的基本原理与多点馈电法相似,不同之处在于每个馈入点分别馈入一个辐射元件。一般来说,这种方法可以获得较好的圆极化性能。如何合理安排辐射单元的位置是其关键所在。与多馈源点法相比,该馈源网络简单、增益高,但结构复杂、成本较高。图 2.9(a) 所示是二元贴片,在 $\theta = 0°$ 方向,二元贴片的辐射场强度振幅相等、相位差为 90° 且偏振方向正交,可以激发圆极化辐射。然而,在偏离 $\theta = 0°$ 方向上,两个贴片之间的波程差引起的相位差使得轴比波束非常窄,主模形成高交叉极化波瓣。图 2.9(b) 所示是四元贴片,相邻两块波程差的相移与相邻另两块波程差的相移正好相反,因此,这种效应可以相互抵消,有效地拓宽了轴比波束宽度,改善了圆极化性能。

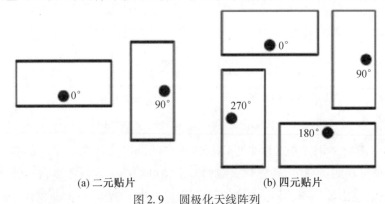

| (a) 二元贴片 | (b) 四元贴片 |

图 2.9　圆极化天线阵列

3. 缝隙天线

2019 年,中国西南电子技术研究所的傅强之提出了一种宽带圆极化数字型缝隙天线,如图 2.10 所示,该天线由宽的数字"0"型缝隙、共面波导馈线和微带馈电网络组成,前两者都是在介质板上表面的金属上开缝完成,后者则在介质板的另一面布线完成。利用对馈电网络巧妙的设计,使得它在给天线馈电时产生一个奇数模和一个偶数模,也同时实现了 90° 的相位差。通过此微带与共面波导之间的转换电路给缝隙天线馈电,从而实现宽带圆极化天线。详细研究了圆极化天线的机理和各个参数对它的影响,通过仿真验证 3 dB 轴比带宽可以达到 29%,10 dB 回波损耗带宽为 53%。

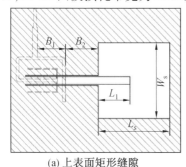

(a) 上表面矩形缝隙　　　　　　　(b) 下表面微带馈电网络

图 2.10　宽带圆极化数字型缝隙天线结构图

4. 基片集成波导(substrate integrated waveguide,SIW) 天线

由于大部分的圆极化天线增益过低,而 SIW 天线利用过孔减少了电磁波的损耗,从而最大限度地提高了天线的增益。

如图 2.11 所示,该设计提出了在基片集成波导顶层开交叉缝隙的结构,并采用金属柱加扰的方法展宽了天线的工作频带。进行优化之后,得到 4 个交叉缝隙阵元的圆极化 SIW 缝隙天线。在所需频点的天线增益为 8.6 dBic,很显然天线增益得到了显著的提升。

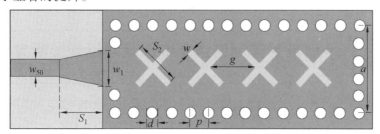

图 2.11　SIW 天线结构图

5. 螺旋天线

任冬梅等人提出了一种新型的全向螺旋圆极化天线,如图 2.12 所示,该天线无须采用复杂的馈电网络,仅采用同轴线直接馈电,即同轴电缆的内、外导体依次交替馈电至天线的 4 个螺旋臂,巧妙实现四臂螺旋的馈电相位要求(0° ~ 180°);为了提高天线的辐射效率,螺旋线采用线宽捷变技术;为了保持天线的圆极化特性,螺旋线末端加载吸收导线。仿真和测试的结果吻合,天线的实测增益为 10.5 dBic、轴比为 1.3 dB。

6. 共面波导天线

共面波导技术以其低阻抗、高集成度和灵活性而被广泛应用于天线设计。如图 2.13 所示,这种新型的共面波导馈电宽带圆极化天线结构简单,通过在对角添加两个 E 形槽,加载很多 L 形缝隙和矩形缝隙,并加载横条金属带,使得天线的轴比在较宽的频率范围内都能满足要求,最终实现天线在 1.74 ~ 2.59 GHz 时 3 dB 轴比带宽达到 39.26%,阻抗带宽为 63.29%,主极化方向的最大增益为 3.56 dB。

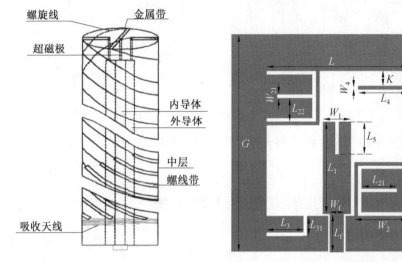

图 2.12　全向螺旋圆极化天线结构图　　图 2.13　共面波导馈电宽带圆极化天线结构图

2.4　平面反射阵列天线基本原理和设计分析方法

2.4.1　阵元的相位补偿

由于所涉及的天线反射面为平面结构,反射型微带平面阵列天线上的各单元到馈源的距离都不相等,因此,为了得到波束集中的反射波束,需要对每个单元进行相应的补偿。如图 2.14 所示,通过不一样的传播途径所产生的相位差可表示为

$$\Delta\phi = \Delta S \times 2\pi/\lambda_0 \tag{2.81}$$

如图 2.15 所示,根据微带反射阵列天线的原理,反射型阵列天线的主波束辐射方向是 (θ_0, φ_0) 时的阵元相位为

$$\phi(x_i, y_i) = -k_0 \sin\theta_0 \cos\varphi_0 x_i - k_0 \sin\theta_0 \cos\varphi_0 y_i \tag{2.82}$$

式中,k_0 为入射电磁波的真空介电常数;(x_i, y_i) 为第 i 个阵列单元的中心位置坐标。

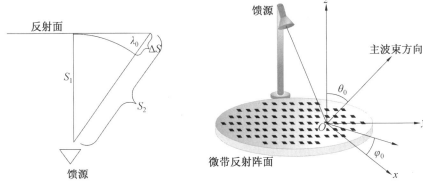

图 2.14　传播途径不同所产生的相位差　　图 2.15　微带反射阵列天线示意图

除此之外,各阵列单元的相位还需加上本身引入的补偿相位,表示为

$$\phi(x_i, y_i) = -k_0 d_i + \phi_R(x_i, y_i) \tag{2.83}$$

式中,d_i 为馈源的中心与第 i 个阵列单元之间的距离;$\phi_R(x_i, y_i)$ 为第 i 个阵列单元反射系数的相位。化简式(2.82)和式(2.83)后,可表示为

$$\phi_R = k_0 \left[d_i - (x_i \cos \varphi_0 + y_i \sin \varphi_0) \sin \theta_0 \right] \tag{2.84}$$

反射型微带阵列天线的主波束辐射方向位置矢量为 r_0,则反射阵列中第 i 个单元需要调控的相位为

$$\varphi_i = -2N\pi + k_0(R_i - r_i \cdot r_0), \quad N = 0, 1, 2, 3, \cdots \tag{2.85}$$

式中,R_i 为馈源到第 i 个阵列单元的位置矢量;r_i 为阵列中心到第 i 个阵列单元的位置矢量。

如图 2.16 所示,根据式(2.85)计算了一个 30×30 的反射型微带阵列天线的相位分布图,该反射阵列的馈源采用偏馈的形式入射,天线工作在 10.5 GHz,主波束指向 15°,在设计的过程中,每一个阵列单元都需要通过调控使其相位补偿满足上述分布。

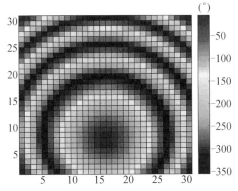

图 2.16　10.5 GHz 偏馈条件下微带反射阵列主波束指向 15° 的相位分布图

2.4.2 典型的移相补偿法

通过对平面反射阵列天线的研究,可以看出怎样使每一个阵列单元的尺寸满足所设计天线参数的相位补偿是反射型微带阵列天线的主要问题。一般来说,每一个阵列单元都需要通过改变其结构参数来引入特定的相移,典型的相移补偿主要有以下 5 种方式。

1. 加载相位延迟线

每个阵列单元都采用边长相等的长方形贴片,其边缘连接着大小不同的终端短路或者开路的传输线,延迟线型天线单元如图 2.17 所示。这里长短不一的传输线就等效于一个移相器,因为电磁波在入射时能量经传输线传输到终端再反射,这样就产生了相位延迟,从而改变了单元贴片的反射相位。

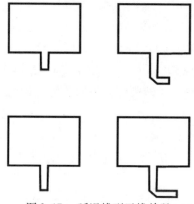

图 2.17 延迟线型天线单元

2. 改变贴片尺寸

微带贴片属于谐振结构,尺寸型天线单元如图 2.18 所示,它的谐振长度受频率的影响,约为介质中波长的一半,改变贴片的尺寸就使单元的反射波相位发生改变。并且,因为微带贴片天线的 Q 值较高,所以只需要对它的尺寸做一些微小的改变就可以产生大范围的反射相位的变化,即单元贴片的相位补偿发生改变。

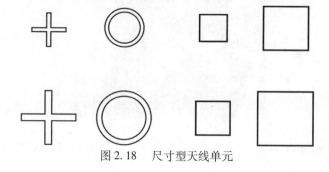

图 2.18 尺寸型天线单元

3. 单元旋转

旋转型天线单元如图 2.19 所示,这种方式适合用在圆极化反射型阵列单元,圆极化的阵列单元旋转不同的角度就可以使单元的相位补偿发生改变。此种调控方式的反射阵列天线包含大部分结构和大小完全相同的圆极化贴片,通过改变每个贴片的旋转角度来获得不同的反射相位,每个单元所反射的电磁波能在预定角度同相叠加形成主波束。这类微带反射阵列天线的加工难度较小,且单元的旋转角度方便调控,因此,这类天线具有良好的可重构性,是实现电磁波波束扫描的一种主要方式。

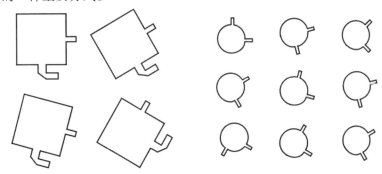

图 2.19　旋转型天线单元

4. 加载缝隙

这种方法是通过在贴片或者接地金属背板上加载缝隙来实现移相的,改变缝隙的长度就可以使反射相位发生改变。在单元贴片上加载缝隙结构会改变电流传播途径,电流途径的长度与缝隙的长度成正比,反射相位也会随之变化。在接地背板上加载缝隙是对每一个单元加载了感性负载,使其反射相位发生改变。改变缝隙的长度会使单元的相位补偿发生改变,合理地设计单元贴片或接地背板的缝隙长度就可以获得指定方向的主波束。

5. 加载变容二极管

变容二极管是半导体 pn 结器件,可通过受控施加的偏置电压提供可变结电容。与相位元件集成,变容二极管可以提供控制元件电容的手段。作为变容二极管调谐反射阵列带宽的改进,在相同的背景下,可调阻抗表面也被证明可以重定向撞击平面波。这里的变容二极管等效于反射阵列单元的终端负载,改变偏置电压的大小就可以使反射波束的相移结果产生相应的改变。这类微带反射阵列天线还可以动态地控制变容二极管两端的直流偏置电压,使其具备方向图动态扫描的性能。

2.5　等离子体型材料的传输矩阵计算方法

2.5.1　传统介质中的传输矩阵法

如图2.20和图2.21所示，界面Ⅰ上方的场矢量分别为E_0和H_0，下方的场矢量分别为$E_Ⅰ$和$H_Ⅰ$；在界面Ⅱ处，介质n_c一侧的场矢量为$E_Ⅱ$和$H_Ⅱ$，在界面Ⅰ处入射、反射和透射电磁波分别表示为E_{i1}、E_{r1}、E_{t1}，以及由界面Ⅱ入射到界面Ⅰ的电磁波E'_{r2}。由电磁场的边界条件可以知道，电场和磁场的切向分量在界面处是连续的，明显有$E_0 = E_Ⅰ$，$H_0 = H_Ⅰ$。首先考虑 TE 波，对于界面Ⅰ

$$\begin{cases} E_Ⅰ = E_{i1} + E_{r1} = E_{t1} + E'_{r2} \\ H_Ⅰ = H_{i1}\cos\theta_{i1} - H_{r1}\cos\theta_{i1} = H_{t1}\cos\theta_{i2} - H'_{r2}\cos\theta_{i2} \end{cases} \tag{2.86}$$

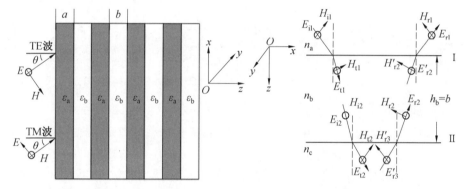

图 2.20　常规一维光子晶体的结构图　　图 2.21　电磁波在介质层的传播情况

同理，对于界面Ⅱ有类似的公式，假设界面Ⅰ的透射场为$E_{t1}(x,y,z=0)$，界面Ⅱ的入射场为$E_{i2}(x,y,z=b)$，则

$$\begin{cases} E_{t1} = E_{t10}\,\mathrm{e}^{-\mathrm{j}(k_x x + k_z z)}\mid_{z=0} \\ E_{i2} = E_{t10}\,\mathrm{e}^{-\mathrm{j}(k_x x + k_z z)}\mid_{z=b} = E_{t1}\,\mathrm{e}^{-\mathrm{j}k_z b} = E_{t1}\,\mathrm{e}^{\mathrm{j}b} \\ \delta_b = -k_z h_b = -\dfrac{\omega}{c}n_b b\cos\theta_b,\ \theta_b = \theta_{t1} = \theta_{i2} \end{cases} \tag{2.87}$$

δ_b表示波矢$\boldsymbol{k}$通过两个界面时的相位差，同理，可得到$E'_{r2} = E_{r2}\,\mathrm{e}^{\mathrm{j}\delta_b}$，又因为

$$H = \sqrt{\frac{\varepsilon}{\mu}}E = \sqrt{\frac{\varepsilon_0}{\mu_0}}E\sqrt{\varepsilon_r} \tag{2.88}$$

将上式化简后可得

$$\begin{cases} E_{\text{I}} = \cos \delta_{\text{b}} E_{\text{II}} - \dfrac{\text{j}}{\eta_{\text{b}}} \sin \delta_{\text{b}} H_{\text{II}} \\[2mm] H_{\text{I}} = -\text{j}\eta_{\text{b}} \sin \delta_{\text{b}} E_{\text{II}} + \cos \delta_{\text{b}} H_{\text{II}} \\[2mm] \eta_{\text{b}} = \sqrt{\dfrac{\varepsilon_0}{\mu_0}} \sqrt{\varepsilon_{\text{b}}} \cos^2 \theta_{\text{b}} \end{cases} \qquad (2.89)$$

上式可以简化为

$$\begin{pmatrix} E_{\text{I}} \\ H_{\text{I}} \end{pmatrix} = \begin{pmatrix} \cos \delta_{\text{b}} & -\dfrac{\text{j}}{\eta_{\text{b}}} \sin \delta_{\text{b}} \\[2mm] -\text{j}\eta_{\text{b}} \sin \delta_{\text{b}} & \cos \delta_{\text{b}} \end{pmatrix} \begin{pmatrix} E_{\text{II}} \\ H_{\text{II}} \end{pmatrix} \qquad (2.90)$$

所以,在 TE 模式下,每个介质层的传输矩阵为

$$\boldsymbol{M}_i = \begin{pmatrix} \cos \delta_i & -\dfrac{\text{j}}{\eta_i} \sin \delta_i \\[2mm] -\text{j}\eta_i \sin \delta_i & \cos \delta_i \end{pmatrix} \qquad (2.91)$$

式中, $\delta_i = -\dfrac{\omega}{c} \sqrt{\varepsilon_i} h_i \cos \theta_i$, $\eta_i = \sqrt{\dfrac{\varepsilon_0}{\mu_0}} \sqrt{\varepsilon_i} \cos^2 \theta_i$,TM 波的传输矩阵同理可以得出,

最终发现两者相同,只是在 TM 模式下有

$$\eta_i = \sqrt{\dfrac{\varepsilon_0}{\mu_0}} \dfrac{\sqrt{\varepsilon_{\text{r}}}}{\cos^2 \theta_i} \qquad (2.92)$$

对于第 N 层介质,假设左侧界面场量分别为 $E_N, H_N, E_{N+1}, H_{N+1}$,则有

$$\begin{pmatrix} E_N \\ H_N \end{pmatrix} = \boldsymbol{M} \begin{pmatrix} E_{N+1} \\ H_{N+1} \end{pmatrix} \qquad (2.93)$$

依此类推,可以得到一维光子晶体的传输矩阵为

$$\begin{pmatrix} E_{\text{I}} \\ H_{\text{I}} \end{pmatrix} = \boldsymbol{M}_1 \boldsymbol{M}_2 \boldsymbol{M}_3 \boldsymbol{M}_N \begin{pmatrix} E_{N+1} \\ H_{N+1} \end{pmatrix} = \begin{pmatrix} A & B \\ C & D \end{pmatrix} \begin{pmatrix} E_{N+1} \\ H_{N+1} \end{pmatrix} \qquad (2.94)$$

假设反射和透射系数分别为 r 和 t ,则

$$r = \dfrac{E_{\text{rl}}}{E_{\text{il}}} = \dfrac{A\eta_0 + B\eta_0 \eta_0 - C - D\eta_0}{A\eta_0 + B\eta_0 \eta_0 + C + D\eta_0} \qquad (2.95)$$

$$t = \dfrac{E_{\text{t}N+1}}{E_{\text{il}}} = \dfrac{2\eta_0}{A\eta_0 + B\eta_0 \eta_0 + C + D\eta_0} \qquad (2.96)$$

式中, $\eta_0 = n_0 / \cos \theta_0$ (TM 波), $\eta_0 = n_0 \cos \theta_0$ (TE 波),则反射率 R 和透射率 T 分别
表示为

$$R = |r|^2 \qquad (2.97)$$

$$T = |t|^2 \qquad (2.98)$$

由此可得到吸收率为

$$A = 1 - R - T \tag{2.99}$$

2.5.2 磁化和非磁化等离子体的传输矩阵

对于非磁化等离子体,其相对介电常数 ε_p 满足 Drude 模型,可表示为

$$\varepsilon_p = 1 - \frac{\omega_p^2}{\omega^2 + j(\nu_c \omega)} \tag{2.100}$$

式中,ω_p 为等离子体频率;ν_c 为等离子体碰撞频率。从上式可以发现每一个入射电磁波频率都有对应确定的 ε_p 值,即相对介电常数只与入射电磁波的频率相关,所以对于非磁化等离子体而言,其传输矩阵的表达形式和常规介质相同。而对于磁化等离子来说,其介电常数还与外加磁场的大小相关,所以对应的传输矩阵有所不同。接下来将给出具体的推导过程。

由已知的研究成果可知,当磁场方向为沿着 y 轴方向时,等离子体的相对介电函数为

$$\hat{\varepsilon}_a = \begin{pmatrix} \varepsilon_1 & 0 & j\varepsilon_2 \\ 0 & \varepsilon_3 & 0 \\ j\varepsilon_2 & 0 & \varepsilon_1 \end{pmatrix} \tag{2.101}$$

式中

$$\varepsilon_1 = 1 - \frac{\omega_p^2(\omega + j\nu)}{\omega[(\omega + j\nu)^2 - \omega_c^2]}, \quad \varepsilon_2 = \frac{-\omega_p^2 \omega_c}{\omega[(\omega + j\nu)^2 - \omega_c^2]}, \quad \varepsilon_3 = 1 - \frac{\omega_p^2}{\omega(\omega + j\nu)}$$

由介质和等离子体构成的一维等离子体光子晶体如图 2.22 和图 2.23 所示,外加磁场方向为 y 轴方向,两种介质的厚度分别为 b 和 a,相对介电常数分别为 ε_b 和 ε_a。

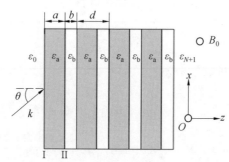

图 2.22 一维磁化等离子体光子晶体的结构图

对于 TE 波的传输矩阵推导,首先从麦克斯韦方程组开始,即

$$\nabla \times \boldsymbol{E} = -\mu_0 \frac{\partial \boldsymbol{H}}{\partial t} \tag{2.102}$$

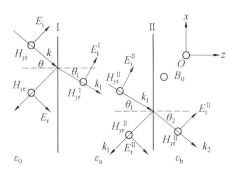

图 2.23　电磁波在等离子体层的传播情况

$$\nabla \times \boldsymbol{H} = -\varepsilon_0 \hat{\varepsilon}_a \frac{\partial \boldsymbol{E}}{\partial t} \tag{2.103}$$

此时,TE 波的电磁场的表达形式为 $\boldsymbol{E} = (0, E_y, 0)\mathrm{e}^{-\mathrm{j}\omega t}$,$\boldsymbol{H} = (H_x, 0, H_z)\mathrm{e}^{-\mathrm{j}\omega t}$,代入式(2.102)和式(2.103)中整理可得

$$\frac{\partial E_y}{\partial z} = -\mathrm{j}\omega\mu_0 H_x \tag{2.104a}$$

$$\frac{\partial E_y}{\partial x} = \mathrm{j}\omega\mu_0 H_z \tag{2.104b}$$

$$\frac{\partial H_z}{\partial x} - \frac{\partial H_x}{\partial z} = \mathrm{j}\omega\varepsilon_0\varepsilon_3 E_y \tag{2.105}$$

将式(2.103)、式(2.104)、式(2.105)联立,去掉 H_x 和 H_z 可得

$$\frac{\partial^2 E_y}{\partial z^2} + \frac{\partial^2 E_y}{\partial x^2} + k^2 E_y = 0 \tag{2.106}$$

$k^2 = \varepsilon_3 \omega^2 / c^2$。因此,TE 波入射时,不受磁场控制。

当 TM 波入射时,电磁场可表示为 $E = (E_x, 0, E_z)\mathrm{e}^{-\mathrm{j}\omega t}$,$H = (0, H_y, 0)\mathrm{e}^{-\mathrm{j}\omega t}$,代入式(2.102)和式(2.103)中整理可得

$$\frac{\partial E_z}{\partial x} - \frac{\partial E_x}{\partial z} = -\mathrm{j}\omega\mu_0 H_y \tag{2.107}$$

$$\frac{\partial H_y}{\partial z} = \mathrm{j}\omega\varepsilon_0(\varepsilon_1 E_x + \mathrm{j}\varepsilon_2 E_z) \tag{2.108}$$

$$\frac{\partial H_y}{\partial x} = \mathrm{j}\omega\varepsilon_0(\mathrm{j}\varepsilon_2 E_x - \varepsilon_1 E_z) \tag{2.109}$$

将式(2.107)、式(2.108)、式(2.109)联立,可得

$$\frac{\partial^2 H_y}{\partial x^2} + \frac{\partial^2 H_y}{\partial z^2} + k^2 H_y = 0 \tag{2.110}$$

$k^2 = \varepsilon_{\mathrm{TE}} \omega^2 / c^2$。因此

$$\varepsilon_{\text{TM}} = \frac{\varepsilon_1^2 - \varepsilon_2^2}{\varepsilon_1} = \frac{[\omega(\omega + j\nu_c) - \omega_p^2]^2 - \omega^2\omega_c^2}{\omega^2[(\omega + j\nu_c)^2 - \omega_c^2] - \omega\omega_p^2(\omega + j\nu_c)} \tag{2.111}$$

由式(2.111)可以看到,等离子体的介电函数受到磁场控制,下面将求解磁化等离子体的传输矩阵。

图2.23给出了TM波入射时介质中的电磁场分布,由图等离子体中磁场分量可表示为

$$H_y^{\text{I}} = (A_+ e^{jk_{1z}z} + A_- e^{-jk_{1z}z}) e^{-j(\omega t - k_{1x}x)} = H_{yt}^{\text{I}} + H_{yr}^{\text{II}} \tag{2.112}$$

式中

$$k_{1x} = k_1\sin\theta_1, \quad k_{1z} = k_1\cos\theta_1$$

$$H_{yt}^{\text{I}} = A_+ e^{jk_{1z}z} e^{-j(\omega t - k_{1x}x)}, \quad H_{yr}^{\text{II}'} = A_- e^{-jk_{1z}z} e^{-j(\omega t - k_{1x}x)}$$

在边界 I 和边界 II 处,E_x、H_y 满足连续条件

$$E_x^{\text{I}} = E_{xt}^{\text{I}} + E_{xr}^{\text{II}'} \tag{2.113}$$

$$E_y^{\text{I}} = E_{yt}^{\text{I}} + E_{yr}^{\text{II}'} \tag{2.114}$$

$$E_x^{\text{II}} = E_{xi}^{\text{II}} + E_{xr}^{\text{II}'} \tag{2.115}$$

$$E_y^{\text{II}} = E_{yi}^{\text{II}} + E_{yr}^{\text{II}'} \tag{2.116}$$

$$\begin{pmatrix} H_{yi}^{\text{II}} \\ H_{yr}^{\text{II}} \end{pmatrix} = \begin{pmatrix} e^{jk_{1z}a} & 0 \\ 0 & e^{-jk_{1z}a} \end{pmatrix} \begin{pmatrix} H_{yt}^{\text{I}} \\ H_{yr}^{\text{I}'} \end{pmatrix} \tag{2.117}$$

通过消除等式中的 E_z、E_x 和 H_y,可以通过传输矩阵 $\boldsymbol{M}_1$ 连接,有

$$\begin{pmatrix} E_x^{\text{I}} \\ H_y^{\text{I}} \end{pmatrix} = \boldsymbol{M}_1 \begin{pmatrix} E_x^{\text{II}} \\ H_y^{\text{II}} \end{pmatrix} \tag{2.118}$$

等离子体层 $\boldsymbol{M}_1$ 可以表示为

$$\boldsymbol{M}_1 = \begin{pmatrix} \cos k_{1z}a + \dfrac{k_{1x}\varepsilon_2}{k_{1z}\varepsilon_1}\sin k_{1z}a & -\dfrac{j}{\eta_1}\left[1 + \left(\dfrac{k_{1x}\varepsilon_2}{k_{1z}\varepsilon_1}\right)^2 \sin k_{1z}a\right] \\ -j\eta_1\sin k_{1z}a & \cos k_{1z}a - \dfrac{k_{1x}\varepsilon_2}{k_{1z}\varepsilon_1}\sin k_{1z}a \end{pmatrix} \tag{2.119}$$

式中

$$\eta_1^2 = \frac{\dfrac{\varepsilon_0}{\mu_0}\varepsilon_{\text{TM}}}{\cos\theta_1^2}$$

$\boldsymbol{M}_1$ 即为磁化等离子体层的传输矩阵,通过与介质矩阵相乘即可得到总的传输矩阵,反射率、透射率和吸收率的计算和前面相同,此处不再赘述。

第3章

新型电磁吸波器的设计与研究

3.1 基于三角形环的等离子体超材料吸波器的设计及研究

3.1.1 三角形环等离子体超材料吸波器设计及分析

1. 等离子体超材料吸波器单元结构设计

所设计的 4 款等离子体超材料吸波器的结构示意图分别如图 3.1 ~ 3.4 所示,均由 3 层结构组成,底层金属反射板材料为铜($\sigma = 5.8 \times 10^7$ S/m)。表面固态等离子体结构单元的介电常数则用 Drude 模型描述,其介电常数表示为 $\varepsilon_p(\omega) = \varepsilon_\infty - \omega_p 2/(\omega^2 + j\omega\omega_c)$,根据参考文献[350-351]中的结果,式中 $\varepsilon_\infty = 12.8$,等离子频率 $\omega_p = 2.9 \times 10^{14}$ rad/s,碰撞频率 $\omega_c = 1.65 \times 10^{13}$ s^{-1}。为保证入射的电磁波不发生透射,结构的背面为全铜覆盖。

图 3.1 给出双频等离子体超材料吸波器结构单元图,该结构单元由底层的完整金属板、金属板上方的介质基板及介质基板表面被截断的三角形环和三角形固态等离子体谐振单元组成,介质基板为 SiO$_2$,其中相对介电常数 $\varepsilon = 2.1 + 0.02i$,介质基板的厚度为 3 mm。

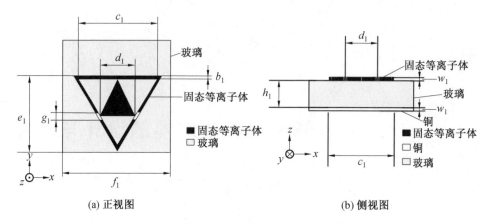

(a) 正视图　　　　　　　　　　　(b) 侧视图

图 3.1　双频等离子体超材料电磁吸波器结构单元图

相关结构参数:$b_1 = 0.8$ mm,$c_1 = 18.23$ mm,$d_1 = 9.11$ mm,$f_1 = 24.23$ mm,$g_1 = 1.6$ mm,

$h_1 = 3$ mm,$w_1 = 0.013\ 8$ mm

　　图 3.2 给出了窄带等离子体超材料电磁吸波器的结构单元图,该结构单元由底层的完整金属板、金属板上方的介质基板及介质基板表面被截断的 2 个三角形环和环中心的三角形固态等离子体谐振单元组成,介质基板是损耗角正切值为 0.025 的 FR – 4(相对介电常数 $\varepsilon_r = 4.3$),介质基板的厚度为 2.9 mm。

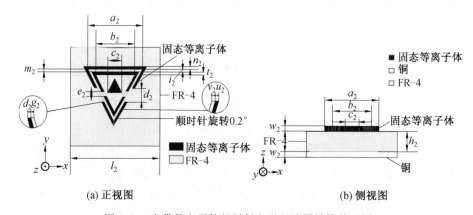

(a) 正视图　　　　　　　　　　　(b) 侧视图

图 3.2　窄带等离子体超材料电磁吸波器结构单元图

相关结构参数:$a_2 = 49.44$ mm,$b_2 = 43.2$ mm,$c_2 = 18.6$ mm,$d_2 = 8.7$ mm,$m_2 = 0.8$ mm,$n_2 = 1.8$ mm,$i_2 = 1.2$ mm,$t_2 = 1$ mm,$l_2 = 72$ mm,$g_2 = 0.9$ mm,$v_2 = 0.9$ mm,$u_2 = 1.2$ mm,$e_2 = 2$ mm,$h_2 = 2.9$ mm,$w_2 = 0.04$ mm

图3.3给出了改进型窄带超材料吸波器(吸收带宽进一步展宽)的结构单元图,该结构单元由底层的完整金属板、金属板上方的介质基板及介质基板表面被截断的3个三角形环和环中心的三角形固态等离子体谐振单元组成,介质基板是FR-4,厚度为2.9 mm。

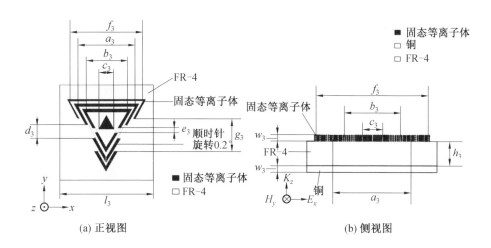

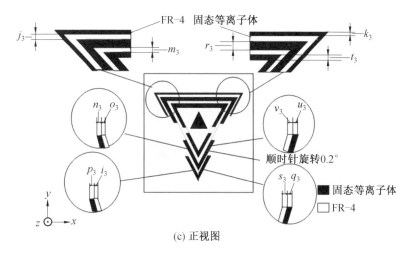

图3.3　改进型窄带等离子体超材料电磁吸波器结构示意图

相关结构参数:$a_3 = 49.44$ mm,$b_3 = 43.2$ mm,$c_3 = 18.6$ mm,$d_3 = 9.11$ mm,$e_3 = 2$ mm,$f_3 = 57.75$ mm,$g_3 = 18.03$ mm,$h_3 = 2.9$ mm,$i_3 = 1$ mm,$j_3 = 0.7$ mm,$k_3 = 0.9$ mm,$l_3 = 72$ mm,$m_3 = 0.8$ mm,$n_3 = 1.2$ mm,$o_3 = 1.1$ mm,$p_3 = 1.2$ mm,$q_3 = 1.5$ mm,$r_3 = 1.7$ mm,$s_3 = 0.5$ mm,$t_3 = 1$ mm,$u_3 = 1.2$ mm,$v_3 = 1$ mm,$w_3 = 0.04$ mm

图 3.4 给出了宽带等离子体超材料电磁吸波器结构单元图,结构单元的底层为金属铜板,介质基板是 FR－4,厚度为 2.9 mm,上层为 4 个被截断的等离子体等边三角形环结构,环形结构的中间是等离子体三角贴片,位于对角线上的等离子体环形结构呈中心对称且尺寸相同,等离子体谐振结构 I 经过顺时针旋转 90° 后得到等离子体谐振结构 II,且谐振结构 I 和谐振结构 II 的尺寸比例为 1∶0.98;同理,经过该种设计方法得到等离子体谐振结构 III 和等离子体谐振结构 IV,该吸波器介质表面的固态等离子体谐振单元通过等离子体柱与底层的反射板连接。

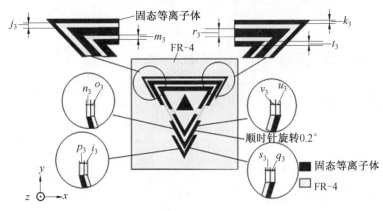

(a) 正视图

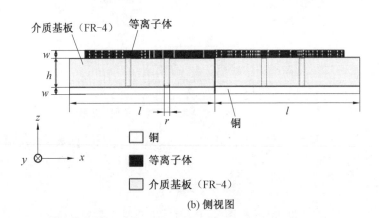

(b) 侧视图

图 3.4　宽带等离子体超材料电磁吸波器结构单元图

相关结构参数:$b = 21.6$ mm,$c = 24.71$ mm,$d = 9.3$ mm,$e = 27.87$ mm,$f = 1$ mm,$g = 9.16$ mm,$h = 2.9$ mm,$i_3 = 0.35$ mm,$j_3 = 0.4$ mm,$l = 18$ mm,$m_3 = 0.5$ mm,$n_3 = 0.04$ mm,$o_3 = 0.6$ mm,$p_3 = 0.55$ mm,$r_3 = 1.5$ mm,$s_3 = 0.75$ mm,$t = 5.15$ mm,$u_3 = 1.1$ mm,$v_3 = 0.25$ mm,$w = 0.1$ mm,$y = 4.6$ mm,$z = 0.98$

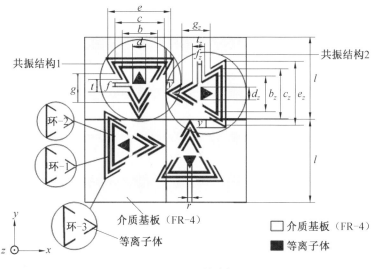

(c) 正视图

续图 3.4

2. 数值仿真结果

在电磁场仿真软件 HFSS(high frequency structure simulator) 中进行数值模拟仿真,极化的电磁波沿着 $-z$ 方向垂直入射到超材料表面,设置主从边界和弗洛奎特(Floquet) 端口,分别模拟周期性边界和电磁波入射。

图 3.5 分别给出了 4 款等离子体超材料电磁吸波器的吸收频谱,双频吸波器的吸收频谱如图 3.5(a) 所示,从图中可以看出,该吸波器在 9.49 GHz 和 10.62 GHz 处有 2 个较强的吸收峰,吸收率分别为 0.999 2 和 0.994。图 3.5(b) 给出了窄带吸波器的吸收频谱,吸收率超过 0.9 的吸收频域为 9.28 ~ 9.45 GHz 和 11.21 ~ 11.37 GHz,在 2 个吸收频点 9.32 GHz 和 9.39 GHz 处的吸收峰值分别为 0.985 2 和 0.984 6,在吸收频点 11.3 GHz 处的吸收峰值为 0.996 9,实现了窄带吸收。图 3.5(c) 给出了带宽展宽的窄带吸波器的吸收频谱,由图可知,该吸波器低频吸收频域的吸收带宽进一步拓宽,在频带 9.28 ~ 9.59 GHz 和频带 11.3 ~ 11.46 GHz 内的反射率低于 −10 dB,吸收率高于 0.9,在 3 个吸收频点 9.32 GHz、9.45 GHz 和 9.56 GHz 处的吸收峰值分别为 0.981 4、0.943 9 和 0.915,位于频点 11.39 GHz 处的吸收峰值为 0.997 7。随着该吸波器嵌套环数的增加,其吸收带宽也随之增加,可以利用这种方法继续嵌套等离子体三角形谐振环,使得该吸波器的带宽进一步展宽。图 3.5(d) 给出了宽带吸波器的吸收频谱,TE 模式电磁波垂直入射时,该吸波器在频带 11.76 ~ 14.43 GHz 的吸收率高于 0.9;TM 模式电磁波垂直入射时,该吸波器在频带 12.21 ~ 14.41 GHz 的吸收率高于 0.9。

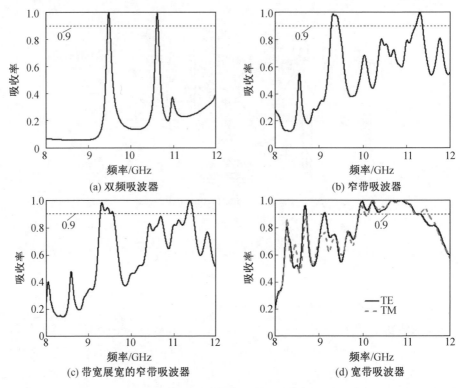

图 3.5 等离子体超材料电磁吸波器吸收频谱

为了进一步说明该等离子体超材料宽带吸波器的可调谐特性,图3.6给出了宽带等离子体超材料电磁吸波器不同状态下的吸收频谱,图3.6(a)是当该吸波器的各谐振结构只有环 – 1谐振单元被激励时的吸收曲线,在频带13 ~ 13.25 GHz内的反射率低于 – 10 dB,吸收率高于0.9,在4个吸收频点10.232 GHz、11.848 GHz、12.224 GHz 和13.112 GHz 处的吸收峰值分别为0.925 4、0.910 3、0.910 3 和0.996 1。图3.6(b)是环 – 1和环 – 2谐振单元被激励时的吸收曲线,在频带11.7 ~12.05 GHz、12.1 ~ 12.4 GHz 和13.03 ~ 14.3 GHz 内的反射率低于 – 10 dB,吸收率高于0.9,在4个吸收频点11.9 GHz、12.3 GHz、13.27 GHz 和14.14 GHz处的吸收峰值分别为0.982 3、0.966 8、0.999 7和0.993 2。图3.6(c)是当该吸波器的所有等离子体谐振单元被激励时的吸收曲线,在频带9.3 ~9.4 GHz、11.76 ~ 14.43 GHz内的反射率低于 – 10 dB,吸收率高于0.9,在6个吸收频点 9.352 GHz、10.256 GHz、11.912 GHz、12.416 GHz、13.281 GHz 和13.736 GHz 处的吸收峰值分别为0.959 4、0.909 9、0.991 8、0.985 9、0.998 1 和0.998 7,达到了宽带吸收的效果。

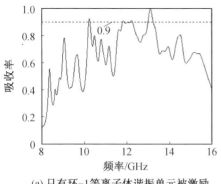

(a) 只有环-1等离子体谐振单元被激励

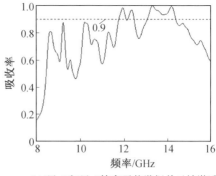

(b) 环-1和环-2等离子体谐振单元被激励

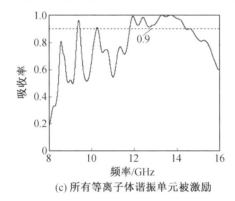

(c) 所有等离子体谐振单元被激励

图 3.6　宽带等离子体超材料电磁吸波器不同状态下的吸收频谱

　　所设计的等离子体超材料宽带吸波器的角度稳定性较好,为了说明这一问题,图 3.7 和图 3.8 给出了 TE 波和 TM 波不同入射角的吸收频谱,从图 3.7 可以看出,对于 TE 波,当入射角从 0° 增加到 60° 时,该吸波器在 12 ～ 15 GHz 频率范围内吸收率基本保持在 0.8 以上。从图 3.8 中可以看出,当入射角小于 30° 时,吸收率超过 0.9 的吸收频域是 11.71 ～ 15.37 GHz;然而,当入射角增大到 60° 时,该吸波器吸收率仅仅超过 0.59。为了进一步说明该吸波器的角度稳定特性,图 3.7 和图 3.8 给出了不同入射角下角度与吸收率的关系图。对于 TE 波来说,当电磁波入射角增大到 70° 时,其在频带 12.5 ～ 15 GHz 频域范围内的吸收率仍能达到 0.7 以上;而对于 TM 波,随着入射角从 40° 增加到 80°,吸收率略有下降。如上所述,可以看出,在所提出的宽带等离子体超材料电磁吸波器中,在 TE 波下可以实现宽入射角的高吸收。

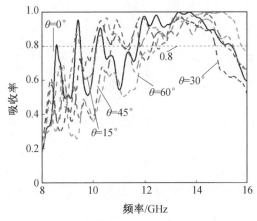

图 3.7 TE 模式不同入射角的吸收频谱

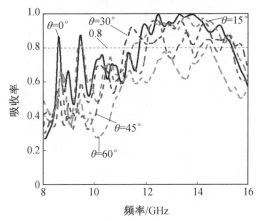

图 3.8 TM 模式不同入射角的吸收频谱

3.1.2 参数讨论和结果分析

1. 参数讨论

所提出的等离子体超材料宽带吸波器的结构参数 r(插入的固态等离子体圆柱的半径,如图 3.4 所示) 和 y 的吸收频谱如图 3.9 所示。从图 3.9(a) 中可以看出,当 r 的值增加时,该吸波器在 12 ~ 14.5 GHz 吸收频域的吸收率基本不变,在频点 $f_1 = 13.04$ GHz 处,该吸波器的吸收率略微减小,其值降低至 0.889($r = 2.1$ mm)。 从图 3.9(b) 中可以看出,当 y 的值从 5.0 mm 变化到 4.4 mm 时,该吸波器的吸收频域明显向高频方向移动;随着 y 的值增加,位于频点 $f_2 = 12.72$ GHz 和 $f_3 = 12.16$ GHz 处的吸收率改变。 从 图 3.9(b) 中还可以看出, 当 $y = 5.0$ mm 时,频点 f_3 处的吸收率将降低到 0.897 1,并且吸收率高于 0.9 的吸收频域变窄。

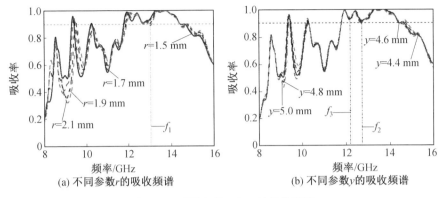

(a) 不同参数 r 的吸收频谱　　　　　　　(b) 不同参数 y 的吸收频谱

图 3.9　　不同参数 r 和 y 的吸收频谱

2. 吸收机理分析

为了理解所提出的等离子体超材料宽带吸波器的物理机制,图 3.10 给出了介质基板厚度为 2.89 mm 的横截面的电场图和金属反射板的表面电流图(位于频点 11.96 GHz 和 13.73 GHz 处)。如图 3.10(a) 和图 3.10(c) 所示,当电磁波入射角为 90° 时的频率分别位于 11.96 GHz 和 13.73 GHz 时,该吸波器的电场主要分布于介质基板中(如图中"○"所示),结果表明,该等离子体超材料电磁吸波器的宽带吸收是介质谐振引起的。当入射电磁波通过介质基板表面的固态等离子体谐振单元传播时,电磁波的能量在介质基板(有损 FR - 4 中)损耗。从图 3.10(a) 中可以看出,电场主要分布于三角形环的边缘和三角形贴片的中间(如图中"○"所示),则该吸波器的上表面可以等效成一个正电荷。如图 3.10(b) 所示,底层反射板上的表面电流沿箭头方向流动,则位于底层的反射板可以等效为一个负电荷。此时,该吸波器的上表面和下表面之间形成磁谐振,从而损耗入射电磁波的能量。同理,由图 3.10(c) 和图 3.10(d) 分析得出,频点 13.73 GHz 与频点 11.96 GHz 处的物理吸收机制相同。因此,该等离子体超材料电磁吸波器的宽带吸收是由介质谐振和磁谐振共同引起的。

为了进一步理解该吸波器的电磁波能量损耗机制,图 3.11 给出了不同频点的能量损耗密度图和介质损耗不同的吸收频谱。图 3.11(a) 和图 3.11(b) 分别给出了该等离子体超材料电磁吸波器在 11.96 GHz 和 13.73 GHz 处的能量损耗密度图。从图 3.11(a) 和图 3.11(b) 中可以看出,入射电磁波的能量损耗主要分布在三角形环谐振单元的边缘,相比频点 11.96 GHz 处的能量损耗密度,频点 13.73 GHz 处的能量损耗较高,这表明该吸波器在高频下消耗更多的电磁波能量。从图 3.11(c) 中可以看出,当介质基板(FR - 4)无损耗时,在 12 ~ 14.5 GHz 频率范围内仅有 4 个吸收峰,显然,该吸波器的吸收性能下降。因此,入射电磁波的能量被介质基板表面的固态等离子体谐振单元和介质基板损耗。

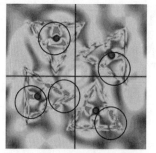

(a) 频点11.96 GHz处的电场图

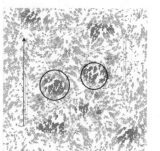

(b) 频点11.96 GHz处的表面电流图

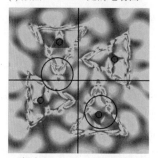

(c) 频点13.73 GHz处的电场图

(d) 频点13.73 GHz处的表面电流图

图 3.10　不同频点的电场图和表面电流图

(a) 频点11.96 GHz处的能量损耗密度图

(b) 频点13.73 GHz处的能量损耗密度图

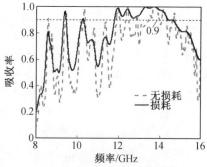

(c) 介质损耗不同的吸收频谱

图 3.11　不同频点的能量损耗密度图和介质损耗不同的吸收频谱

3.2　基于多层支架结构的超宽带吸波器的设计及研究

3.2.1　超宽带吸波器设计及分析

1. 超宽带吸波器单元结构设计

一种多层结构的等离子体超材料超宽带吸波器,其结构单元图如图 3.12 所示。结构单元的底层采用电导率 $\sigma = 5.8 \times 10^7\, \mathrm{S/m}$ 的金属铜板,中间层为介质基板,其相对介电常数 $\varepsilon_{\mathrm{r}} = 4.3$,损耗角正切值为 0.025,固态等离子体结构单元的介电常数则用 Drude 模型描述,其介电常数表示为 $\varepsilon_{\mathrm{p}}(\omega) = \varepsilon_\infty - \omega_{\mathrm{p}}^2 / (\omega^2 + \mathrm{j}\omega\omega_{\mathrm{c}})$,根据参考文献中的结果,式中 $\varepsilon_\infty = 12.8$,等离子频率 $\omega_{\mathrm{p}} = 2.9 \times 10^{14}\, \mathrm{rad/s}$,碰撞频率 $\omega_{\mathrm{c}} = 1.65 \times 10^{13}\, \mathrm{s}^{-1}$。其介质基板中和介质基板上分别设有固态等离子体谐振单元,介质基板中的"Y"型谐振单元分别通过固态等离子体柱与底层反射板和上层谐振单元连接,介质基板上的固态等离子体谐振单元之间通过电阻连接(阻值为 620 Ω)。介质基板上的固态等离子体谐振单元由边长为 11.3 mm、宽度为 0.8 mm 的等边三角形环截成三部分,介质基板中的"Y"型谐振单元各分支的边长为 6.1 mm,宽度为 0.8 mm;"Y"型谐振单元和上层谐振单元间连接的固态等离子体柱的高度均为 2 mm,半径为 0.042 8 mm;"Y"型谐振单元和底层反射板间连接的固态等离子体柱的高度为 0.5 mm,半径为 0.042 8 mm。

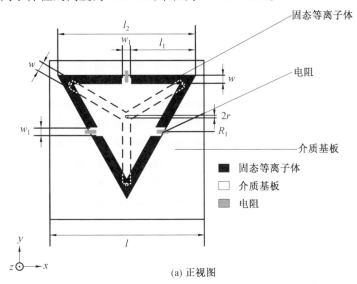

(a) 正视图

图 3.12　多层结构的等离子体超材料超宽带吸波器结构单元图
相关结构参数:$l = 12$ mm,$l_1 = 5.4$ mm,$l_2 = 11.3$ mm,$r = 10/70$ mm,$h = 2.5$ mm,$h_1 = 0.5$ mm,$h_2 = 2$ mm,$p = 0.042\,8$ mm,$w = 0.8$ mm,$w_1 = 0.5$ mm,$R_1 = 620$ Ω

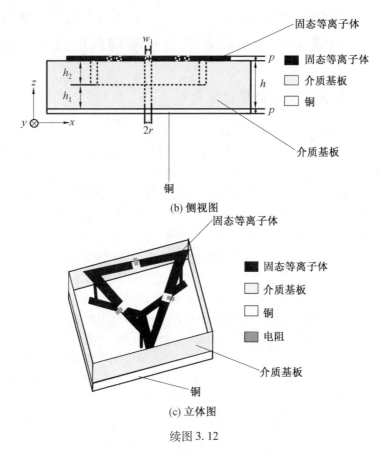

(b) 侧视图

(c) 立体图

续图 3.12

　　为了进一步拓宽该吸波器的吸收带宽,在多层结构的等离子体超材料可调谐超宽带吸波器的表面再增加一层谐振单元,并且加载集总电阻。图 3.13 给出了所设计的一种多层支架结构的可调谐超宽带吸波器的结构单元图,图 3.13(a)和图 3.13(c) 是结构单元的正视图, 图 3.13(b) 是结构单元的侧视图,图 3.13(d) 和图 3.13(e) 分别是该结构单元的外部和内部结构图,该结构单元由底层的完整金属板、金属板上方的介质基板及介质基板上方和介质基板中的等离子体谐振单元组成。介质基板为 FR – 4,介质基板上的等离子体谐振单元分别由边长为 2.5 mm、7 mm 和 8 mm 的方形环各截成两部分组成,介质基板中的上层等离子体谐振单元由边长分别为 7.87 mm 和 10.73 mm,宽度均为 0.05 mm的等边三角形环各截成三部分组成;介质基板中的下层"Y"型固态等离子体谐振单元各分支的边长均为 6.4 mm,宽度均为 0.05 mm;"Y" 型谐振单元与上层三角形环谐振单元连接的等离子体柱的高度为 1.4 mm,半径为 0.285 7 mm;"Y"型谐振单元与底层反射板间连接的等离子体柱的高度为 0.1 mm,半径为0.285 7 mm。

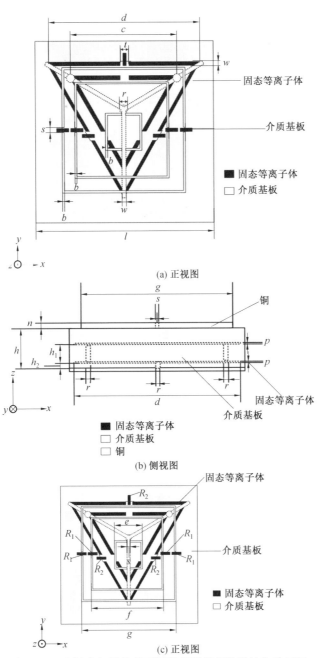

(a) 正视图

(b) 侧视图

(c) 正视图

图 3.13　多层支架结构的可调谐超宽带吸波器结构单元图

相关结构参数:$w = 0.05$ mm,$b = 0.1$ mm,$c = 7.87$ mm,$d = 10.73$ mm,$e = 2.5$ mm,$l = 12$ mm,$g = 8$ mm,$s = 0.2$ mm,$f = 7$ mm,$h = 3.2$ mm,$h_1 = 1.4$ mm,$h_2 = 0.1$ mm,$n = 0.2$ mm,$r = 20/70$ mm,$t = 0.5$ mm,$p = 0.044$ mm,$R_1 = 500$ Ω,$R_2 = 570$ Ω

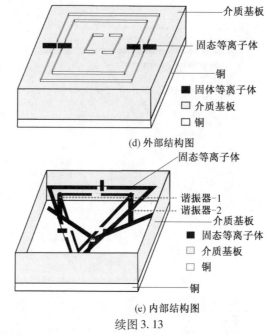

(d) 外部结构图

(e) 内部结构图

续图 3.13

2. 数值仿真结果

一种多层结构的等离子体超材料超宽带吸波器的吸收频谱如图 3.14 所示。由图 3.14 可知,在频带 13.08 ~ 17.6 GHz 的反射率低于 – 10 dB,吸收率高于 0.9,其相对带宽为 29.4%,具有两个较高的吸收峰,分别位于 14.81 GHz 和 16.74 GHz 处,其吸收率分别为 0.998 和 0.999。

进一步,一种多层支架结构的可调谐超宽带吸波器的吸收频谱如图 3.15 所示。当该吸波器结构单元未加载集总电阻时,如图 3.15 所示,具有 3 个较高的吸收峰,分别位于 8.64 GHz、14.91 GHz 和 16.12 GHz 处,其吸收率分别为 0.926、0.999 6 和 0.999 5。当该吸波器结构单元加载集总电阻时,该吸波器吸收率高于 0.9 的吸收频域为 7 ~ 16.25 GHz,其相对带宽为 79.56%,显然,通过加载集总电阻实现了吸波器的超宽带吸收。

多层支架结构的可调谐超宽带吸波器不同状态下的吸收频谱如图 3.16 所示。图 3.16(a) 是"Y"型谐振单元没有通过等离子体柱与介质基板中的上层谐振单元连接(谐振单元 – 1 和谐振单元 – 2 未被激励)时的吸收频谱,在频带 7.04 ~ 10.16 GHz 和频带 12.72 ~ 15.89 GHz 频域范围内吸收率高于 0.9,而且具有两个较高的吸收峰,分别位于 8.16 GHz 和 14.63 GHz,其吸收率分别为 0.980 3 和 0.999 6。图 3.16(b) 是"Y"型谐振单元通过一根等离子体柱与介质基板中的上层谐振单元连接(谐振单元 – 1 被激励)时的吸收频谱,在频带 6.95 ~ 10.65 GHz 和频带 12.16 ~ 16.02 GHz 频域范围内吸收率高于 0.9,而且具有两个较高的吸收峰,分别位于 7.95 GHz 和 14.55 GHz,其吸收率分别为

0.967 6 和 0.998 8。图 3.16(c)是"Y"型谐振单元通过两根等离子体柱与介质
基板中的上层谐振单元连接时(谐振单元 – 1 和谐振单元 – 2 均被激励)的吸收
频谱,在频带 7 ~ 16.25 GHz 的反射率低于 – 10 dB,吸收率高于 0.9,其相对带宽
为 79.56%,具有一个位于 14.45 GHz 的吸收峰,其吸收率为 0.998。所以可以通
过编程方式控制固态等离子体构成的谐振单元的激励区域,选择对不同等离子
体谐振单元进行激励,从而达到对该吸波器进行动态调控的目的。

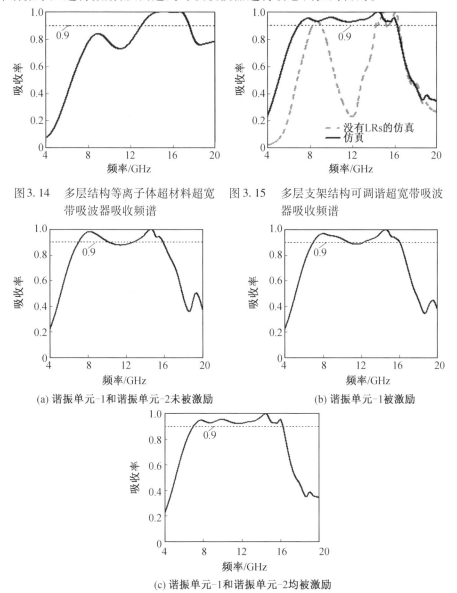

图 3.14 多层结构等离子体超材料超宽 图 3.15 多层支架结构可调谐超宽带吸波
带吸波器吸收频谱 器吸收频谱

(a) 谐振单元-1和谐振单元-2未被激励 (b) 谐振单元-1被激励

(c) 谐振单元-1和谐振单元-2均被激励

图 3.16 多层支架结构可调谐超宽带吸波器不同状态下的吸收频谱

电磁波大角度入射稳定一直以来都是设计超材料吸波器所关注的一个重要指标,图3.17给出了不同入射角的吸收频谱以研究吸波器的角度稳定性。当电磁波入射角从0°增加到40°时,该吸波器的吸收率保持稳定,可以实现良好的吸收性能。当入射角达到40°时,该吸波器在7.48 ~ 15.7 GHz频域范围内吸收率超过0.84。当入射角达到60°时,在7.58 ~ 16.3 GHz频域范围内,该吸波器吸收率保持在0.67以上。入射角继续增大,该吸波器吸收性能逐渐变差。因此可以得出结论:该吸波器在宽入射角下的性能良好。

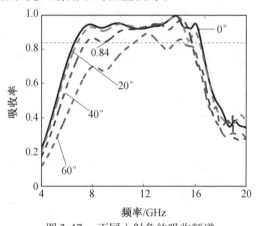

图 3.17   不同入射角的吸收频谱

3.2.2   参数讨论和结果分析

1. 参数讨论

图3.18是不同电阻R_1和R_2的吸收频谱。如图3.18(a)所示,随着R_1从100 Ω增加到500 Ω,该吸波器在7 ~ 11.7 GHz频域范围内的吸收性能逐渐增强;随着电阻R_1阻值的继续增大,该吸波器在10.73 ~ 14.49 GHz频域范围内的吸收率逐渐减小。从图3.18(b)中可以看出,电阻R_2的值主要影响该吸波器的高频吸收频域(14.36 ~ 16.3 GHz)。R_2从170 Ω增加到970 Ω的过程中,该吸波器高频吸收性能逐渐增强。因此可以得出结论:加载在固态等离子体谐振单元上的集总电阻在实现吸波器超宽带吸收中起着至关重要的作用。

图3.19给出了不同结构参数w(等离子体谐振单元宽度)的吸收频谱,由图3.19可知,随着w的增大,该吸波器吸收率高于0.9的吸收带宽明显减小,同时,位于$F_1 = 8.64$ GHz、$F_2 = 10.9$ GHz和$F_3 = 13.31$ GHz 3个频率点处的吸收峰值逐渐减小。从图中进一步可以看出,当w的值从0.05 mm增加到0.45 mm时,该吸波器的吸收频域逐渐产生蓝移,该吸波器的吸收性能同时改变。显然,优化等离子体谐振单元宽度可以使该吸波器的吸收频域进一步拓宽。

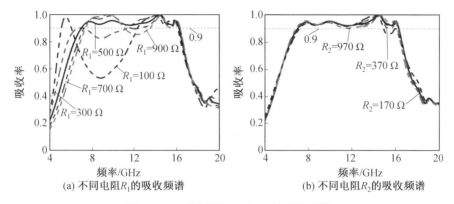

(a) 不同电阻 R_1 的吸收频谱　　　　　　　(b) 不同电阻 R_2 的吸收频谱

图 3.18　　不同电阻 R_1 和 R_2 的吸收频谱

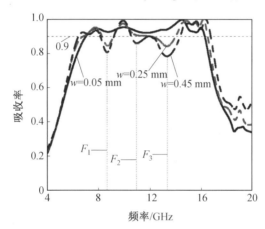

图 3.19　　不同结构参数 w 的吸收频谱

2. 吸收机理分析

为了研究该超材料吸波器的吸收机制,图 3.20 给出了频点 7.75 GHz 处的表面电流分布图。如图 3.20(a) 和图 3.20(b) 所示,结构单元上表面和下表面的电流方向呈反向平行,从而使得结构单元顶层的感应电流和金属背板的感应电流之间形成电流回路,进而产生磁共振。因此,入射到超材料吸波器的电磁波的损耗是由磁谐振引起的。

为了进一步说明该问题,对该吸波器位于频点 7.75 GHz 和 14.44 GHz 处的能量损耗密度进行了计算,不同频点处的能量损耗密度图和介质损耗不同的吸收频谱如图 3.21 所示。由图 3.21(a) 和图 3.21(b) 可知,入射电磁波的能量主要由加载在介质基板表面上的方形谐振单元上的集总电阻损耗。从图 3.21(b)、图 3.21(c)、图 3.21(e)、图 3.21(f) 中可以看出,入射电磁波能量被加载在三角形环谐振单元上的集总电阻和固态等离子体谐振单元损耗。此外,由图 3.21(g)

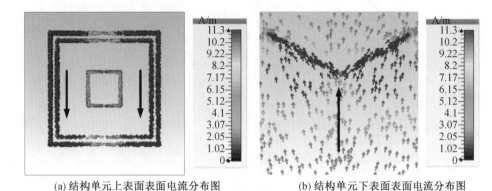

(a) 结构单元上表面表面电流分布图　　　(b) 结构单元下表面表面电流分布图

图 3.20　频点 7.75 GHz 处的表面电流分布图

可知,相比有损介质基板的吸收频谱,当介质基板(FR - 4)无损耗时,该吸波器的吸收性能基本不变,这种现象进一步证实了所提出吸波器的超宽带吸收是由欧姆损耗和固态等离子体谐振单元引起的。显然,结构单元上加载的集总电阻和固态等离子体谐振单元损耗了入射电磁波能量。

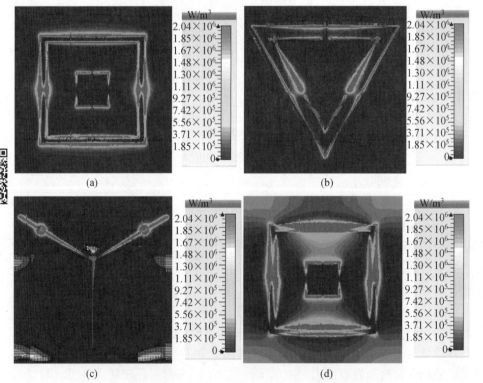

图 3.21　不同频点处的能量损耗密度图和介质损耗不同的吸收频谱

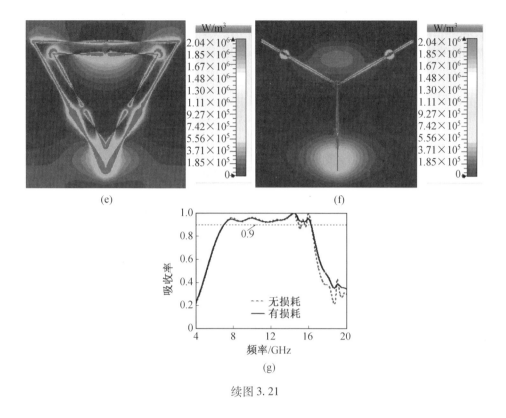

续图 3.21

3.3　基于腔体谐振的超宽带吸波器的设计及研究

3.3.1　基于集总电阻和腔体谐振的超宽带吸波器设计及分析

1. 超宽带吸波器单元结构设计

基于集总电阻和腔体谐振的等离子体超材料超宽带吸波器结构单元图如图 3.22 所示。图 3.22(a) 和图 3.22(b) 分别是吸波器顶层结构单元图和吸波器结构单元侧视图,图 3.22(c) 是该吸波器空气柱阵列示意图。介质基板上的固态等离子体单元由 4 个分立的开口环组成,分立的开口环由被截断的方形环和圆形环组合而成,方形环的边长为 4.53 mm,宽度为 0.5 mm;圆形环的内径为 1.7 mm,外径为 2.1 mm。4 个环分别通过固态等离子体棒连接,外部连接的 4 个固态等离子体棒均被截断,外部连接的被截断的固态等离子体棒的长度均为 3.85 mm,内部连接的等离子体棒的长度均为 2.85 mm。而且 4 个分立的开口环之间及外部被截断的等离子体棒之间通过电阻连接。介质基板的内部插入周期性排列的空气柱,空气柱的直径为 0.5 mm,相邻空气柱的间距为 4 mm。固态等离子体结构单元的介电常数则用 Drude 模型描述,其介电常数表示为 $\varepsilon_p(\omega) = \varepsilon_\infty - \omega_p^2/(\omega^2 + j\omega\omega_c)$,根据参考文献中的结果,式中 $\varepsilon_\infty = 12.8$,等离子频率 $\omega_p = 2.9 \times 10^{14}$ rad/s,碰撞频率 $\omega_c = 1.65 \times 10^{13}$ s^{-1}。为保证入射的电磁波不发生透射,结构的背面为全铜($\sigma = 5.8 \times 10^7$ S/m)覆盖,介质基板(FR $-$ 4)的介电常数为 4.3,损耗角正切值为 0.025。

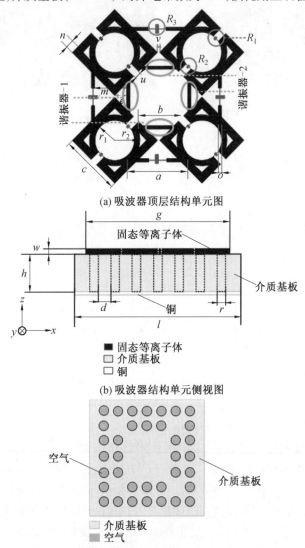

(a) 吸波器顶层结构单元图

(b) 吸波器结构单元侧视图

■ 固态等离子体
□ 介质基板
□ 铜

(c) 空气柱阵列示意图

图 3.22　基于集总电阻和腔体谐振的等离子体超材料超宽带吸波器结构单元图

相关结构参数:$a = 3.85$ mm,$b = 2.85$ mm,$c = 4.53$ mm,$d = 4$ mm,$g = 12.83$ mm,$h = 2.2$ mm,$l = 16$ mm,$m = 2.7$ mm,$n = 0.5$ mm,$o = 0.2$ mm,$r = 0.5$ mm,$r_1 = 1.7$ mm,$r_2 = 2.1$ mm,$u = 0.89$ mm,$v = 0.02$ mm,$w = 0.035$ mm,$R_1 = 300\ \Omega$,$R_2 = 1\ 400\ \Omega$,$R_3 = 300\ \Omega$

2. 数值仿真结果

当固态等离子体谐振单元上未加载集总电阻,同时介质基板中未插入空气柱时,该吸波器的吸收频谱如图 3.23(a)中虚线所示。由图可知,该吸波器在频点 11.47 GHz、13.9 GHz、15.15 GHz 和 20.34 GHz 处有 4 个吸收峰,吸收率分别为 0.913 7、0.989、0.916 4 和 0.982 5。当固态等离子体谐振单元上加载集总电阻,但介质基板中未插入空气柱时,该吸波器的吸收频谱如图 3.23(a)中实线所示,从图中可以看出,该吸波器吸收率超过 0.9 的吸收频域覆盖了 11.94 ~ 19.4 GHz。显然,在固态等离子体谐振单元上加载集总元件能够实现吸波器的超宽带吸收。

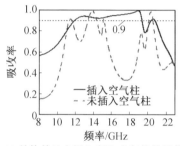
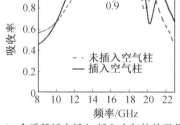

(a) 结构单元未插入/插入空气柱的吸收频谱　(b) 介质基板未插入/插入空气柱的吸收频谱

图 3.23　基于集总电阻和腔体谐振的吸波器吸收频谱

为了进一步展宽吸收频带,图 3.23(b)给出了介质基板中未插入和插入空气柱的吸收频谱。当介质基板中未插入空气柱时,其吸收曲线如图 3.23(b)中虚线所示,在频带 11.94 ~ 19.4 GHz 内的反射率低于 − 10 dB,吸收率高于 0.9,其相对带宽达到47.6%,实现了超宽带吸收,而且具有 2 个较高的吸收峰,分别位于 12.85 GHz 和 18.98 GHz,其吸收率分别为 0.938 8 和 0.992 8。当介质基板中插入空气柱时,其吸收曲线如图 3.23(b)中实线所示,在频带 11.13 ~ 19.81 GHz 内的反射率低于 − 10 dB,吸收率高于 0.9,其相对带宽达到 55.14%,而且具有 3 个较高的吸收峰,分别位于 12.04 GHz、17.03 GHz 和 19.4 GHz,其吸收率分别为 0.989 3、0.997 7 和 0.959 5。显然,在介质基板中插入周期排列的空气柱使得该吸波器的吸收频域分别向低频和高频吸收频域拓展,吸收带宽进一步展宽。

图 3.24(a)、图 3.24(b)分别给出了 TE 波和 TM 波不同入射角的吸收频谱及入射角度与频率的关系图。从图 3.24(a)中可以看出,对于 TE 极化波,当入射角小于 40° 时,该吸波器在 10.58 ~ 20.05 GHz 频域范围内的吸收率仍然保持在 0.75 以上。如图 3.24(b)所示,当入射角从 0° 变为 60° 时,当入射角小于 40° 时,在 10.89 ~ 19.98 GHz 频域范围内吸收率基本保持在 0.8 以上。因此得出结论:所设计的等离子体超材料吸波器能够在较宽的入射角下稳定工作。

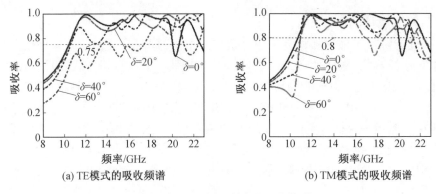

(a) TE模式的吸收频谱　　　　　　(b) TM模式的吸收频谱

图 3.24　不同入射角的吸收频谱

3.3.2　参数讨论和结果分析

1.参数讨论

　　该超材料吸波器通过在结构单元表面的固态等离子体谐振单元上加载集总电阻实现了吸波器的超宽带吸收。为了阐明电阻阻值对该吸波器吸收性能的影响,该吸波器不同电阻的吸收频谱如图 3.25 所示。图 3.25(a) 给出了不同电阻 R_1 的吸收频谱,从图中可以看出,当 R_1 从 100 Ω 增加到 700 Ω 时,该吸波器高频和低频频带范围内的吸收率略有下降;相反,随着 R_1 的增加,该吸波器中频频带范围内的吸收率逐渐增加。图 3.25(b) 给出了不同电阻 R_2 的吸收频谱。由图 3.25(b) 可知,当 R_2 从 200 Ω 增加到 1 000 Ω 时,该吸波器的吸收性能逐渐增强,而随着 R_2 不断增加,该吸波器在工作频率范围内的吸收率基本保持不变;但是,当 R_2 增加到 1 800 Ω 时,该吸波器在频点 F_1 = 14.13 GHz 处的吸收率低于 0.9,同时,随着 R_2 的增加,该吸波器的吸收频谱向低频移动。图 3.25(c) 给出了不同电阻 R_3 的吸收频谱,当 R_3 从 100 Ω 增加到 700 Ω 时,该吸波器较低频频带范围内的吸收率增加,而较高频带范围内的吸收率逐渐减小。如上所述,固态等离子体谐振单元上加载的集总电阻在实现吸波器的超宽带吸收方面起着至关重要的作用。

　　由于在介质基板中插入空气柱进一步展宽了该吸波器的吸收带宽,为了进一步说明这个问题,计算空气柱半径(r) 不同值时的吸收频谱,如图 3.26 所示,从图 3.26 中可以看出,当 r 的值从 0.1 mm 增加到 0.7 mm 时,该吸波器低频和高频频带范围内的吸收性能均得到了改善。然而,频点 F_2 = 15.9 GHz 将随着 r 的增大而向高频方向移动,同时频点 F_2 处的吸收率降至 0.893 2(r = 0.7 mm)。随着 r 的增大,该吸波器的吸收频域逐渐发生蓝移。显然,通过改变介质基板中的空气柱半径可以进一步拓宽吸波器的吸收带宽。

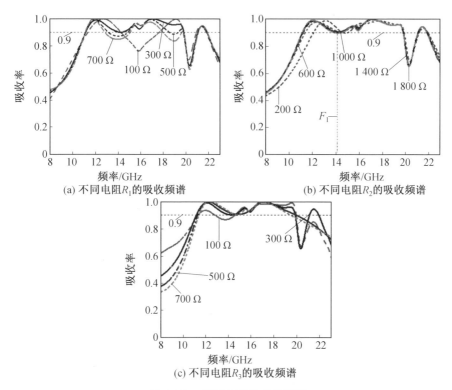

(a) 不同电阻R_1的吸收频谱　　　　　(b) 不同电阻R_2的吸收频谱

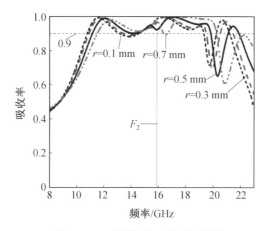

(c) 不同电阻R_3的吸收频谱

图 3.25　不同电阻的吸收频谱

图 3.26　不同参数 r 的吸收频谱

2. 吸收机理分析

为了理解该吸波器实现宽带吸收的物理机制,图 3.27 给出了频点 12 GHz 和 19.5 GHz 处的电场图和表面电流图。该吸波器在频点 12 GHz 处的电场图和表面电流图分别如图 3.27(a) 和图 3.27(b) 所示,从图中可以看出,其电场主要分布于表面固态等离子体谐振单元的边缘,这种物理现象可以等效为介质基板表面存在的一个正电荷;由图 3.27(b) 可知,底层反射板的表面电流沿箭头方向流动,可以等效为该吸波器的金属底板上存在一个负电荷。此时,该吸波器的上下表面可以看成一个电偶极子,将在上下层之间形成磁谐振,这种磁谐振将会和外部入射的电磁波进行耦合,使得入射电磁波的能量在介质基板中被损耗。类似的电场图和表面电流图可以分别在图 3.27(c) 和图 3.27(d) 中看到。结果表明,顶层和底层可以视为能够产生磁谐振的电偶极子,从而损耗入射电磁波的能量。

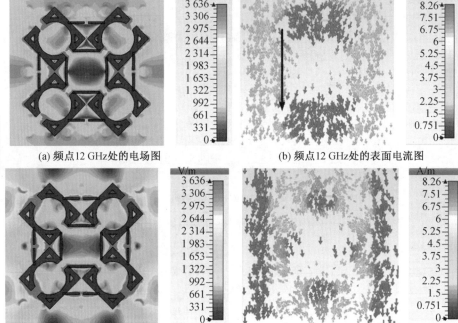

(a) 频点12 GHz处的电场图　　　　　　(b) 频点12 GHz处的表面电流图

(c) 频点19.5 GHz处的电场图　　　　　(d) 频点19.5 GHz处的表面电流图

图 3.27　不同频点处的电场图和表面电流图

为了说明该吸波器的能量损耗机制,还计算了频点 12 GHz 和 19.5 GHz 处入射电磁波不同极化情况下的能量损耗密度,如图 3.28 所示。从图 3.28(a) 和图 3.28(b) 中可以看出,无论对于 TE 波还是 TM 波,电磁波能量损耗主要集中在集总电阻和固态等离子体谐振单元的边缘,这表明电磁波的损耗是由欧姆损耗和固态等离子体本身造成的。由图 3.28(a) 对比图 3.28(c) 结果可知,对于 TE 波,固态等离子体谐振单元在垂直方向的能量损耗密度比水平方向的能量损耗密度大。由图 3.28(b) 对比图 3.28(d) 结果可知,对于 TM 波,固态等离子体谐振单元在水平方向的能量损耗密度要大得多。因此,结果表明,结构单元上加载的集总电阻和固态等离子体谐振单元损耗了入射电磁波能量。

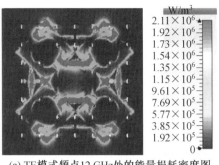

(a) TE模式频点12 GHz处的能量损耗密度图

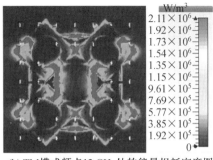

(b) TM模式频点12 GHz处的能量损耗密度图

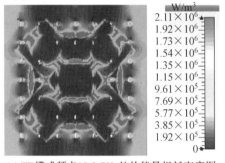

(c) TE模式频点19.5 GHz处的能量损耗密度图

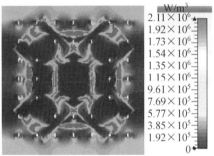

(d) TM模式频点19.5 GHz处的能量损耗密度图

图 3.28　不同频点处的能量损耗密度图

　　为了深入分析该吸波器吸收带宽进一步展宽的物理机制,图 3.29 给出了不同频点(11.17 GHz、12 GHz、17 GHz、19.5 GHz)处的电场图。如图 3.29 所示,电场主要集中分布在介质基板中插入的空气柱上。由图 3.29(b) 和图 3.29(c) 对比图 3.29(a) 和图 3.29(d) 的结果可知,该吸波器在频点 11.17 GHz 和 19.5 GHz 处空气柱的电场比在频点 12 GHz 和 17 GHz 处的电场强。如上所述,该吸波器的吸收带宽分别向低频和高频吸收频域拓展是由腔体谐振引起的。

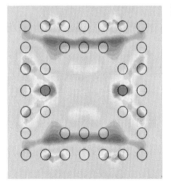

(a) 频点11.17 GHz处的电场图

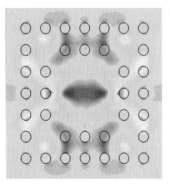

(b) 频点12 GHz处的电场图

图 3.29　不同频点处的电场图

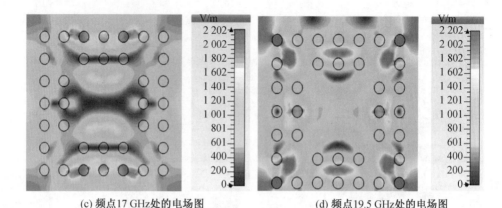

(c) 频点17 GHz处的电场图   (d) 频点19.5 GHz处的电场图

续图 3.29

3.4   基于高阻表面和腔体谐振的太赫兹超宽带吸波器

3.4.1   基于高阻表面和腔体谐振的太赫兹超宽带吸波器设计及分析

1. 超宽带吸波器单元结构设计

设计了一种基于高阻表面和腔体谐振的太赫兹超宽带吸波器,其结构单元图如图 3.30 所示,图 3.30(a) 和图 3.30(b) 分别是该吸波器顶层结构单元图和介质基板中空气柱阵列示意图,图 3.30(c) 是该吸波器结构单元侧视图。吸波器由 3 层结构组成,结构单元的底层采用电导率 $\sigma = 5.8 \times 10^7$ S/m 的金属铜板,中间层为介质基板,其相对介电常数 $\varepsilon_r = 4.3$,损耗角正切值为 0.025,介质基板上的"炫轮"形谐振单元由 8 个"闪电"形谐振单元组合而成,其中包括外层的 6 个"闪电"形谐振单元和里层的 2 个"闪电"形谐振单元。外层的"闪电"形谐振单元和里层的"闪电"形谐振单元的尺寸比例关系是 1 : 0.6。外层的"闪电"形谐振单元的边长为 10 μm,宽度为 5 μm;外层"闪电"形谐振单元和里层"闪电"形谐振单元的间距为 1.1 μm;里层"闪电"形谐振单元间的距离为 3.4 μm。介质基板的内部插入周期性排列的空气柱,空气柱的直径为 2.2 μm,相邻空气柱的间距为 0.6 μm。

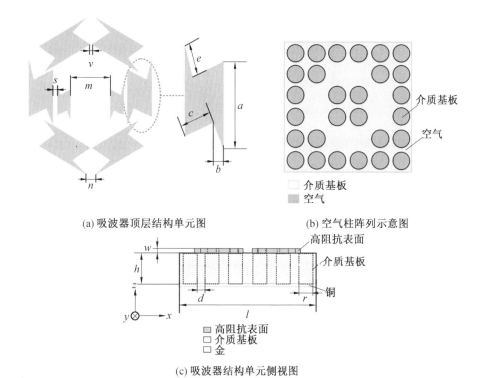

(a) 吸波器顶层结构单元图　　　(b) 空气柱阵列示意图

(c) 吸波器结构单元侧视图

图 3.30　超宽带吸波器结构单元图

相关结构参数:$a = 10\ \mu m$,$b = 1\ \mu m$,$c = 5\ \mu m$,$d = 0.6\ \mu m$,$e = 5.1\ \mu m$,$h = 5\ \mu m$,$l = 30\ \mu m$,$m = 3.4\ \mu m$,$n = 2.6\ \mu m$,$r = 2.2\ \mu m$,$s = 1.1\ \mu m$,$v = 0.98\ \mu m$,$w = 0.1\ \mu m$

2. 数值仿真结果

基于高阻表面和腔体谐振的吸波器吸收频谱如图 3.31 所示。从图 3.31(a)中可以看出,当介质基板中未插入空气柱时,该吸波器在频带 4.65 THz 到 8.86 THz 内的反射率低于 - 10 dB,吸收率高于 0.9,其相对带宽为 62.32%,具有 2 个较高的吸收峰,分别位于 5.2 THz 和 6.98 THz 处,其吸收率分别为 0.984 2 和 0.967 8。 显然,通过在介质表面的谐振单元涂覆高阻表面的方式,可以实现吸波器在 THz 波段的超宽带吸收。图 3.31(b)给出了介质基板中插入空气柱的吸收频谱,如图 3.31(b)中实线所示,当介质基板中插入空气柱时,该吸波器吸收率高于 0.9 的吸收频带为 5.35 ~ 13.08 THz,与图 3.31(b)中虚线(介质基板中未插入空气柱)相比,该吸波器高频频带范围内的吸收带宽进一步拓宽。

对于所设计的超宽带吸波器,角度不敏感特性同样是必须考虑的一个重要指标,入射角从 0° 变化到 60° 的吸收频谱如图 3.32 所示,入射角增加到 40° 时,该吸波器在 5.13 ~ 13.73 THz 频域范围内的吸收率保持在 0.82 以上。但是,当入射角增加到 60° 时,该吸波器工作频域范围内的吸收性能略微降低。为了进一

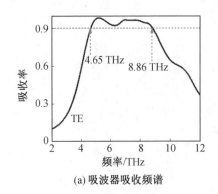
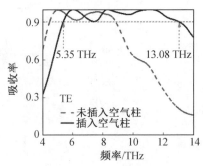

(a) 吸波器吸收频谱 (b) 介质基板中未插入/插入空气柱的吸收频谱

图 3.31   基于高阻表面和腔体谐振的吸波器吸收频谱

步说明该吸波器的大角度特性,图 3.32 给出了吸收率与 θ 之间的关系图。从图 3.32 中可以看出,当入射角 $\theta < 30°$ 时,该吸波器具有较为完美的角度不敏感特性;当入射角 $\theta > 50°$ 时,该吸波器的吸收性能逐渐下降。显然,由图 3.32 的计算结果可知,该吸波器具有较好的宽入射角度特性。

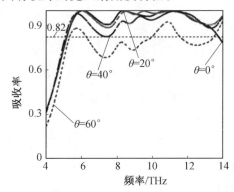

图 3.32   TE 模式不同入射角的吸收频谱

3.4.2 参数讨论和结果分析

1.参数讨论

由于该吸波器超宽带吸收是通过高阻表面实现的,因此,我们研究了该吸波器不同高阻(R)阻值下的吸波性能,吸收频谱如图 3.33 所示。仿真结果表明,随着 R 的增加,该吸波器可以得到最佳吸收带宽($R = 25\ \Omega$ 时为最佳吸收带宽),其工作频域为 5.35 ~ 13.08 THz(吸收率超过 0.9)。随着 R 的值从 25 Ω 增加到 105 Ω,高频和低频频域范围内的吸收性能逐渐变差的同时,该吸波器吸收带宽变窄,而且随着 R 的增大,该吸波器中频频域范围内的吸收率也逐渐降低。显然,高阻表面 R 的阻值在实现超宽带吸收中起着至关重要的作用。

该吸波器介质基板的内部插入周期性排列的空气柱,其高频频带范围内的吸收带宽明显拓宽,为了分析该吸波器频带拓宽的物理机理,绘制不同圆柱半径结构参数 r 的吸收频谱如图 3.34 所示,随着 r 的增大,该吸波器的吸收带宽逐渐变宽,同时,频点 $F = 7.53$ THz 将随着 r 的增大而向高频方向移动,当 $r = 2.2$ mm 时,该吸波器的吸收性能最佳,其工作频域为 5.35 ~ 13.08 THz(吸收率高于 0.9)。如果继续增加 r 的值,则频点 F 处的吸收率低于 0.9。综上所述,可以通过优化空气柱半径的大小获得该吸波器的最佳吸收带宽。

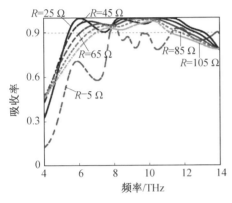

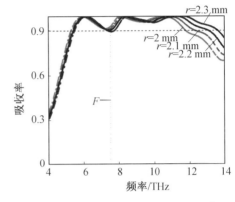

图 3.33　不同高阻阻值的吸收频谱　　　图 3.34　不同结构参数 r 的吸收频谱

2. 吸收机理分析

为了理解该太赫兹吸波器的能量损耗机理,图 3.35 给出了频点 6.04 THz 和 8.32 THz 处的能量损耗密度分布图。从图 3.35(a)和图 3.35(b)中可以清楚地观察到,能量损耗集中在高阻表面。显然,结果表明,该吸波器的超宽带吸收特性主要是由介质基板表面高阻的欧姆损耗引起的。图 3.35(c)给出了该吸波器介质基板不同损耗情况下的吸收频谱,从图中可以看出,无论介质基板(FR - 4)是有损耗还是无损耗,该吸波器的吸收性能基本不变,这与能量损耗密度的分析结果相对应。

为了进一步分析该吸波器的吸收机理,我们还计算了不同频点处的表面电流图,如图 3.36 所示。图 3.36(a)和图 3.36(b)分别是频点 6.04 THz 处该吸波器上表面谐振单元和下表面金属板的表面电流图。由图 3.36(a)可知,上表面电流的方向沿 y 轴负方向(图中箭头所示),该频点处对应的底层金属板表面电流方向沿 y 轴正方向。上下表面电流流向反向且平行,使得上下表面的感应电流形成电流回路,从而产生磁谐振。同理,频点 8.32 THz 处与频点 6.04 THz 处的吸收机理相同。

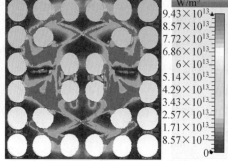

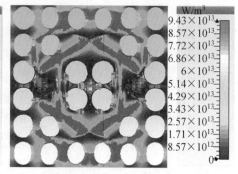

(a) 频点6.04 THz处的能量损耗密度图   (b) 频点8.32 THz处的能量损耗密度图

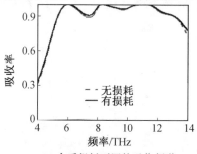

(c) 介质损耗不同的吸收频谱

图3.35   不同频点处的能量损耗密度图和介质损耗不同的吸收频谱

为了深入分析该太赫兹吸波器吸收带宽进一步展宽的物理机制,计算了不同频点处(6.04 THz、8.32 THz 和 11.13 THz)的电场图,如图3.37所示。从图3.37(a)和图3.37(b)中可以看出,该吸波器在频点6.04 THz处空气柱的电场分布远小于频点8.32 THz处空气柱的电场分布,这表明,该吸波器低频频域内的吸收是高阻表面引起的。相反,可以从图3.37(c)中观察到,该吸波器频点11.13 THz处的电场主要集中在空气柱周围。这进一步说明了,该吸波器高频频域内的吸收带宽的进一步拓宽是由腔体谐振引起的。

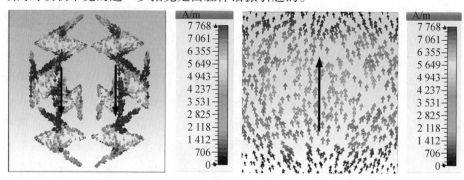

(a) 频点6.04 THz处结构上表面的表面电流图   (b) 频点6.04 THz处结构下表面的表面电流图

图3.36   不同频点处的表面电流图

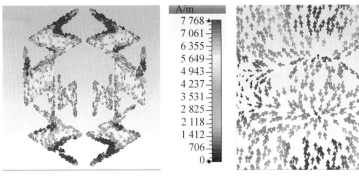

(c) 频点8.32 THz处结构上表面的表面电流图　　　(d) 频点8.32 THz处结构下表面的表面电流图

续图 3.36

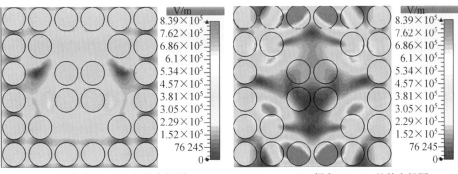

(a) 频点6.04 THz处的电场图　　　　　　　　(b) 频点8.32 THz处的电场图

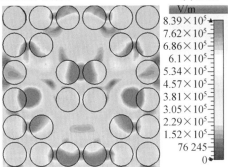

(c) 频点11.13 THz处的电场图

图 3.37　　不同频点的电场图

第4章

新型极化转换器的设计与研究

4.1　基于固态等离子体的反射式超材料线－圆极化转换器

4.1.1　模型结构设计

本小节结合固态等离子体的动态调谐性,设计了一款基于固态等离子体的反射式超材料线－圆极化转换器,其单元结构俯视图、侧视图、立体图分别如图4.1(a)、图4.1(b)和图4.1(c)所示,该线－圆极化转换器由经典的"三明治"结构构成,底层采用铜反射板(电导率为5.8×10^7 S/m)来隔绝电磁波的所有透射分量。介质层材料采用厚度为2 mm 的聚四氟乙烯 F4B,相对介电常数为2.65,损耗角正切值为0.001。顶层由2个U形固态等离子体谐振单元及分别接在U形固态等离子体谐振单元上的4个L形固态等离子体谐振单元组成。详细结构参数见表4.1。

表4.1　基于固态等离子体的反射式超材料线－圆极化转换器结构参数表

参数	a	b	c	d	e	f	g	p	h	w
数值/mm	3.8	0.71	2.3	1.75	0.55	2.31	1.18	10	2	0.05

这里采用 Drude 模型来描述固态等离子体的介电常数,如式(4.1)所示。根据文献,设置高频介电常数 $\varepsilon_\infty = 12.8$,固态等离子体频率 $\omega_p = 2.9 \times 10^{14}$ rad/s,碰撞频率 $\omega_c = 1.65 \times 10^{14}$ s^{-1},ω 为角频率,当固态等离子体单元中的自由电荷浓

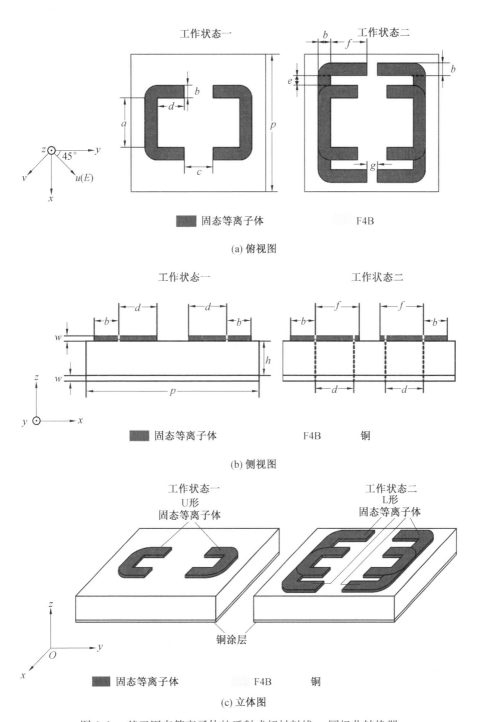

图 4.1　基于固态等离子体的反射式超材料线 – 圆极化转换器

度较小时,单元处于未激发的本征状态,此时不具有传输电磁波信号的能力,即相当于介质。当固态等离子体单元中的自由电荷浓度增加到一定程度时,单元表现为类金属特性。

$$\varepsilon_{\mathrm{p}}(\omega) = \varepsilon_{\infty} - \frac{\omega_{\mathrm{p}}^2}{\omega_{\mathrm{p}}^2 + \mathrm{j}\omega\omega_{\mathrm{c}}} \tag{4.1}$$

仿真时,采用三维电磁仿真软件(HFSS),在 x 轴和 y 轴方向设置 Master/Slave 边界,电场和磁场分别沿 u 轴和 v 轴方向,如图 4.1(a)所示,顶部 z 轴方向设置 Floquet 端口,模拟电磁波垂直入射。

通过选择性地激励固态等离子体区域,该线 – 圆极化转换器可实现2种工作状态,不同状态下其单元结构也不同。当仅激励中心区域的两个 U 形固态等离子体谐振单元时,定义为工作状态一,如图 4.1(c)左侧图所示;在此基础上,进一步激励 4 个角落的 L 形固态等离子体谐振单元后,即可切换到工作状态二,如图 4.1(c)右侧图所示。在进行逻辑阵列控制代码编程时,将工作状态一定义为"0"状态、工作状态二定义为"1"状态。根据极化转换器的不同设计或使用需求,可编辑相应的逻辑阵列控制代码,并将其写入激励控制模块,激励控制模块读取相应指令后控制偏置电压的通断,从而对固态等离子体谐振单元进行激励,实现适应性调控固态等离子体谐振单元工作状态的功能。

4.1.2 数值仿真结果

由于模型底部采用了全覆盖的铜板,在微波波段,铜板的厚度足以隔绝所有透射电磁波,即透射率几乎为 0,所以在数值分析的过程中,仅需要考虑反射分量的电磁响应。图 4.2(a)和图 4.2(b)给出了该超材料线 – 圆极化转换器在工作状态一和工作状态二下的反射幅值和相位差曲线,其中,虚线的结果对应左轴,另两条线的结果对应右轴。图 4.2(a)和图 4.2(b)中正方形符号曲线表示同极化反射系数 r_{uu},即当入射的为 u 极化的电磁波时,接收到的同样是 u 极化的电磁波;三角形符号曲线表示交叉极化反射系数 r_{vu},即当入射的为 u 极化的电磁波时,接收到的为 v 极化的电磁波;虚线表示反射相位差

$$\Delta\varphi = \varphi_{vu} - \varphi_{uu}$$

式中,φ_{vu},φ_{uu} 分别表示对应的同极化反射相位和交叉极化反射相位。 从图 4.2(a)中可以看出,对于工作状态一来说,在 14.22 ~ 19.66 GHz 内,r_{uu} 和 r_{vu} 互相交缠,而在该频率范围内,相位差始终保持为 – 270°,对于 u 极化入射波,其反射波将被转换为左旋圆极化波。对于工作状态二来说,r_{uu} 和 r_{vu} 在 8.77 ~ 14.37 GHz 的频带范围内相互靠近,相位差始终保持为 – 90°,对于 u 极化入射

波,其反射波将被转换为右旋圆极化波。所以,可以初步认为,通过激励不同区域的固态等离子体谐振单元,可以实现工作频带的转移效果,且在两种状态下,该模型均满足线 – 圆极化转换的要求。

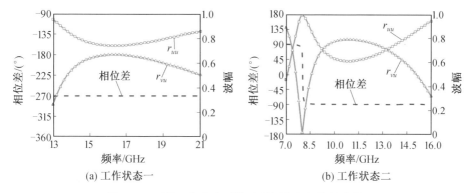

图 4.2　两种工作状态下的反射幅值和相位差曲线

为了更好地展示线 – 圆极化转换器的极化转换性能和可调谐性,图 4.3 给出了该线 – 圆极化转换器在两种工作状态下的轴比曲线,工程上定义当极化波轴比小于 3 dB 时即为圆极化波。图 4.3(a)为工作状态一(仅两个 U 形固态等离子体谐振单元被激励)的轴比曲线,3 dB 轴比频带为 13.01 ~ 17.74 GHz,相对带宽为 30.76% 。图 4.3(b)为工作状态二(所有固态等离子体谐振单元同时被激励)的轴比曲线,3 dB 轴比频带为 7.93 ~ 13.10 GHz,相对带宽为 49.74% 。由此可知,可采用编程的方式来调控该极化转换器的圆极化工作频带动态转移。

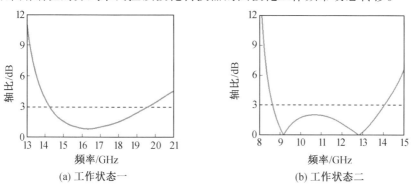

图 4.3　两种工作状态下的轴比曲线

角度稳定性是衡量极化转换性能的重要指标之一,下面给出了两种工作状态下该线 – 圆极化转换器在不同入射角 θ 下的轴比频谱,如图 4.4(a)和图 4.4(b)所示。为了更清楚地显示入射角对线 – 圆极化转换能力的影响,图中用轮廓虚线标注出了 3 dB 轴比频带的范围。对于工作状态一,由图 4.4(a)可知,随着 θ 的增大,3 dB 轴比频带向高频区域有着一定拓展;$\theta = 20°$ 时,工作频带宽度达到最大,随后,3 dB 轴比频带开始收缩,但在 θ 达到 35° 之前一直保持良好的极化转换性能。对于工作状态二,由图4.4(b)可知,在 θ 增大到 28° 之前,3 dB 的轴比频带略有增大,增幅平缓,频带中心区域的轴比同样随之增大,但始终保持在3 dB 以下;而当 θ 继续增大时,轴比小于3 dB 的频带从 10.61 GHz 处开始分裂为两部分,一部分维持在低频区域,另一部分则朝着更高频区域移动。所以,该极化转换器可在一定的入射角(0° ~ 30°)范围内稳定工作。

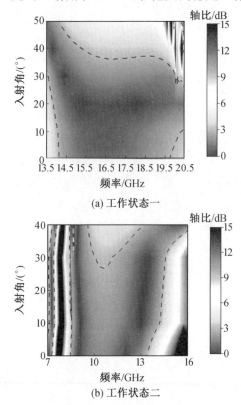

(a) 工作状态一

(b) 工作状态二

图4.4　两种工作状态下不同入射角下的轴比频谱

4.1.3　参数分析

下面进一步讨论两种工作状态下的分裂环缝宽对轴比的影响。对于工作状态一,开口缝宽 c 对形成线 – 圆极化转换有着重要的作用,图4.5(a)给出了工作状态一下不同缝宽 c 的轴比曲线。从图4.5(a)中可以看出,随着缝宽 c 的增大,整体频带朝高频区域产生一定的偏移效应。对于工作状态二,由于新增的一对开口环是频带转移的主要原因,所以着重讨论了新开口缝宽 g 对轴比的影响,

图 4.5(b) 给出了工作状态二下不同缝宽 g 的轴比曲线。如图 4.5(b) 所示,可以看出缝宽 g 是影响高频谐振点的主要因素,随着 g 的增加,高频谐振点发生蓝移现象,并略微拓展轴比带宽,但是频带中部的轴比会有一定程度的增大。在经过对轴比、带宽和两种工作状态下的频带衔接性的综合考虑后,选取 $c = 1.3$ mm 和 $g = 1.18$ mm。

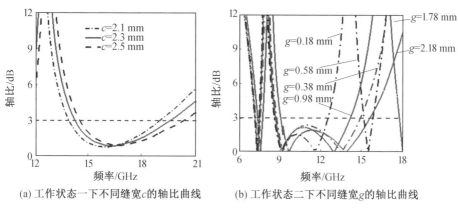

(a) 工作状态一下不同缝宽 c 的轴比曲线　　(b) 工作状态二下不同缝宽 g 的轴比曲线

图 4.5　两种工作状态下的分裂环缝宽对轴比的影响

4.1.4　极化转换机理分析

为了更好地研究该极化转换器的极化转换机制,下面给出两种工作状态下的底层铜反射板和顶层固态等离子体谐振单元上的表面电流分布图进行解释说明。当电场沿 u 轴方向的线极化电磁波垂直入射时,反射电磁波的极化形式将变成圆极化波,因此可将 u 极化入射电磁波分解到 x 和 y 方向上进行解释分析。对于工作状态一,图 4.6(a) 和图 4.6(b) 给出了在 15 GHz 处,当 x 极化波和 y 极化波分别垂直入射时的表面电流分布图。在图 4.6(a) 和图 4.6(b) 中,用箭头标识出了主要电流方向,从图中可以看出,无论是对于 y 极化入射波还是 x 极化入射波,固态等离子体谐振单元表面电流始终与底部铜反射板的表面电流相反,这将在顶层与底层之间形成环路电流,环路电流进一步将产生磁谐振。 类似地,图 4.6(c) 和图 4.6(d) 给出了在 13.1 GHz 处,当 x 极化波和 y 极化波分别垂直入射时的表面电流分布图。可以看出,在 y 极化波或 x 极化波正入射的情况下,顶层和底层的表面电流相反的现象再次出现,从而导致磁谐振的产生。两种工作状态下,该极化转换器对两种极化模式的入射电磁波都能有效地生成磁谐振现象,这是实现超宽带线 - 圆极化转换的主要原因。

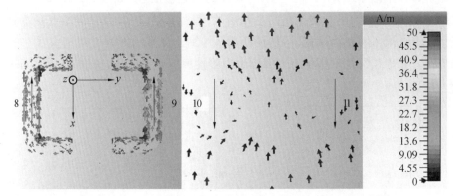

(a) 工作状态一下，15 GHz处，当x极化波垂直入射时的表面电流分布图

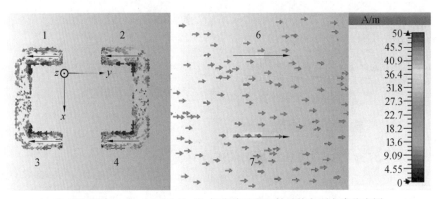

(b) 工作状态一下，15 GHz处，当y极化波垂直入射时的表面电流分布图

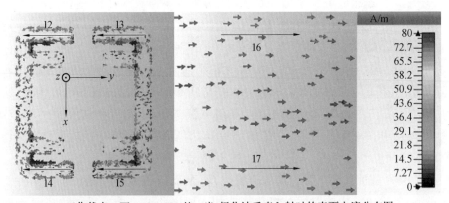

(c) 工作状态二下，13.1 GHz处，当x极化波垂直入射时的表面电流分布图

图4.6　当x极化波与y极化波分别垂直入射时，两种工作状态下，底层铜反射板与顶层固态等离子体谐振单元的表面电流分布图

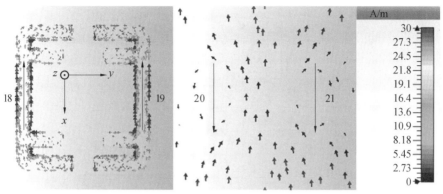

(d) 工作状态二下，13.1 GHz处，当y极化波垂直入射时的表面电流分布图

续图 4.6

4.2　基于石墨烯的频带可拓展的超材料线 – 圆极化转换器

4.2.1　模型结构设计

本小节利用石墨烯的电导率动态可调谐性，设计了一款基于石墨烯的频带可拓展的超材料线 – 圆极化转换器。该极化转换器同样采用反射式设计，底部为全覆盖的金属反射板，材料是电导率为 4.561×10^7 S/m 的铜，金属反射板的厚度为 0.2 μm，该厚度远大于一般典型金属在太赫兹波段的趋肤深度，因此，在太赫兹波段的工作范围内，电磁波无法透射穿过该超材料线 – 圆极化转换器，即透射率为 0，只需考虑分析电磁波的反射分量。底板上方设置有两层介质层，下层介质材料为 Neltec NY9208，介电常数为 2.08，损耗角正切值为 0.000 6；上层介质材料为无损 SiO_2，介电常数为 4。在无损 SiO_2 上方设置有两个 Ⅰ 形谐振单元和一个带状石墨烯贴片，共同组成一个 H 形的结构。石墨烯贴片与 SiO_2 介质层之间加载偏置电压进行激励，并通过调节不同的偏置电压来实现石墨烯贴片的费米能级调控。图 4.7 给出了该超材料线 – 圆极化转换器的俯视图、侧视图和立体图。该极化转换器结构参数见表 4.2。

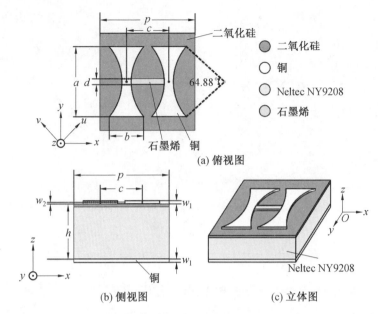

图 4.7　基于石墨烯的频带可拓展的超材料线 – 圆极化转换器

表 4.2　基于石墨烯的频带可拓展的超材料线 – 圆极化转换器结构参数

参数	a	b	c	d	h	p	w_1	w_2
数值 /μm	49.9	28.4	33.2	5.8	33	84	0.2	0.000 34

电导率常用来描述物质中电荷流动难易程度,所以本节采用表面电导率模型来描述石墨烯的动态电磁响应特性。通常来说,石墨烯的表面电导率可分为带内和带间两部分,在不考虑电偏置和磁偏置的情况下,石墨烯表面电导率可运用久保(Kubo) 公式来模拟得到,即

$$\delta_{\mathrm{s}} = \delta_{\mathrm{intra}}(\omega,\mu_{\mathrm{c}},\Gamma,T) + \delta_{\mathrm{inter}}(\omega,\mu_{\mathrm{c}},\Gamma,T) \tag{4.2}$$

$$\delta_{\mathrm{intra}}(\omega,\mu_{\mathrm{c}},\Gamma,T) = -\,\mathrm{j}\,\frac{e^2 k_{\mathrm{B}} T}{\pi^2(\omega - \mathrm{j}2\Gamma)}\left(\frac{\mu_{\mathrm{c}}}{k_{\mathrm{B}} T} + 2\ln(\mathrm{e}^{-\frac{\mu_{\mathrm{c}}}{k_{\mathrm{B}} T}} + 1)\right) \tag{4.3}$$

$$\delta_{\mathrm{inter}}(\omega,\mu_{\mathrm{c}},\Gamma,T) = \frac{\mathrm{je}^2}{4\pi^2 \hbar}\ln\left(\frac{2\mid\mu_{\mathrm{c}}\mid - (\omega + \mathrm{j}2\Gamma)}{2\mid\mu_{\mathrm{c}}\mid + (\omega + \mathrm{j}2\Gamma)}\right) \tag{4.4}$$

式中,$\hbar$、k_{B}、T、Γ、μ_{c} 和 e 分别代表约化普朗克常数、玻尔兹曼常数、温度、载流子散射率、化学势(即费米能级 E_{f}) 和电子电荷。其中,温度 T 和载流子散射率 Γ 分别为 300 K 和 0.43 meV。由于所设计的超材料线 – 圆极化转换器工作在太赫兹波段,所以需要同时考虑带内和带间的影响。使用数据分析软件 Matlab 进行数值运算,得到了石墨烯的电导率实部和虚部随费米能级的变化响应图。图 4.8 给出了石墨烯贴片在费米能级 E_{f} 为 0.4 eV、0.6 eV、0.8 eV、1.0 eV、1.2 eV 时电导率

实部和虚部随频率的变化曲线。从图4.8中可以看出,石墨烯是一种具有色散特性的材料,当 E_f 增大时,石墨烯电导率的实部和虚部的值均增大,且有着向高频段频移的现象。同时,由于石墨烯电导率的实部和虚部均为正值,石墨烯在 0.6 ~ 3.0 THz 的频率范围内呈现金属特性。

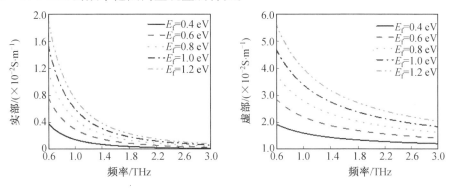

图4.8　石墨烯贴片在费米能级 E_f 为 0.4 eV、0.6 eV、0.8 eV、1.0 eV、1.2 eV 时电导率实部和虚部随频率的变化曲线

由于石墨烯的厚度极薄,仅为单层碳原子厚度,所以给仿真软件的建模和计算带来了较大的困难。为了能精确研究石墨烯的物理特性和对极化转换器的调控性能,在仿真软件中建立石墨烯介电常数模型。石墨烯是一种二维材料,其介电常数无法直接由表面电导率得出,根据文献,首先通过式(4.5)将表面电导率转换为体电导率,其中 g 为石墨烯厚度,在本节中,石墨烯厚度 g 设置为 0.034 nm。然后通过式(4.6)即可得到石墨烯的介电常数,其中,ε_0 代表真空中的介电常数。

$$\delta_v = \frac{\delta_s}{g} \tag{4.5}$$

$$\varepsilon_{eq} = 1 + j\frac{\delta_v}{\varepsilon_0 \omega g} \tag{4.6}$$

图4.9为石墨烯贴片在费米能级 E_f 为 0.4 eV、0.6 eV、0.8 eV、1.0 eV、1.2 eV 时相对介电常数实部和虚部随频率的变化曲线。从图4.9中可以看出,在 0.6 ~ 3.0 THz 内,石墨烯介电常数实部为负值,虚部为正值,随着费米能级的增大,实部和虚部同样呈现增大趋势。

该石墨烯建模方法具有简单直观的优点,适用于尺寸在微米量级的模型结构,但通常仿真时间较长,对计算机性能要求较高。仿真时,采用三维电磁仿真软件 HFSS,在 x 轴和 y 轴方向设置 Master/Slave 边界,电场和磁场分别沿 u 轴和 v 轴方向,如图 4.7(c) 所示,顶部 z 轴方向设置 Floquet 端口,模拟电磁波垂直入射。

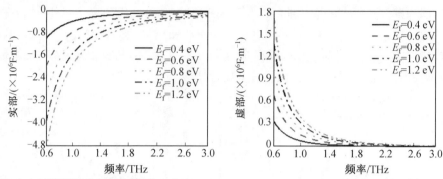

图 4.9　石墨烯贴片在费米能级 E_f 为 0.4 eV、0.6 eV、0.8 eV、1.0 eV、1.2 eV 时相对介电
　　　　常数实部和虚部随频率的变化曲线

4.2.2　数值仿真结果

图 4.10 给出了不同 E_f 下的同极化反射幅值 r_{uu}、交叉极化反射幅值 r_{vu} 和相位
差 $\Delta\varphi$。当 E_f 为 1.2 eV 时，r_{uu} 整体在 0.9 上下波动，r_{vu} 则维持在 0.4 左右，两者在

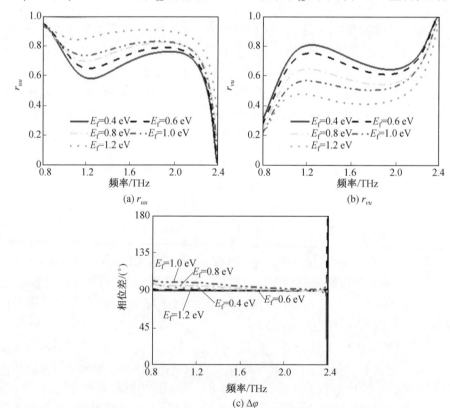

图 4.10　不同 E_f 下的同极化反射幅值 r_{uu}、交叉极化反射幅值 r_{vu} 和相位差 $\Delta\varphi$

2.3 THz 处幅值相等。随着 E_f 的降低，r_{uu} 和 r_{vu} 两条曲线逐渐靠拢，最终在 E_f 为 0.4 eV 时，r_{uu} 和 r_{vu} 都在 0.7 上下波动，幅值大致相等。而在 E_f 变化的过程中，反射相位差 $\Delta\varphi = \varphi_{vu} - \varphi_{uu}$ 在 E_f 增大时略有增大，但始终保持在 90° 左右。所以，可以初步证明该极化转换器可以实现线 – 圆极化转换，且当石墨烯贴片的 E_f 减小时，其圆极化工作频带可以向低频频段拓展。

为了更直观地展示该石墨烯超材料线 – 圆极化转换器的工作性能和可调谐特性，图 4.11 给出了该石墨烯材料线 – 圆极化转换器不同 E_f 下的轴比曲线。当 E_f 为 1.2 eV 时，轴比曲线在 2.22 ~ 2.33 THz 内小于 3 dB，相对带宽为 4.84%，整体频带较窄，但在 2.3 THz 处轴比为 0 dB，表现出单频点线 – 圆极化转换的现象。随着 E_f 的逐渐降低，计算频率范围内（0.8 ~ 2.4 THz）的轴比值大幅度降低，小于 3 dB 的轴比带宽显著增大；当 E_f 降到 0.4 eV 时，3 dB 轴比频带为 0.924 8 ~ 2.288 0 THz，相对带宽为 84.86%，实现了超宽带线 – 圆极化转换。

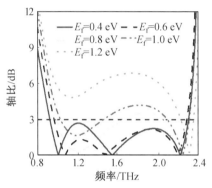

图 4.11   不同 E_f 下的轴比曲线

4.2.3   参数分析

下面进一步讨论结构参数对该超材料线 – 圆极化转换器性能的影响。图 4.12 给出了当 E_f 为 0.4 eV 且其他参数保持不变时，不同结构参数的轴比曲线。从图 4.12(a) 中可以看出，对于 I 形金属谐振单元的长度 a，当 $a = 47.9$ μm 时，在较高频率区域轴比大于 3 dB，随着 a 的增大，高频区域的轴比逐渐减小，但当 a 达到 51.9 μm 时，部分低频区域的轴比已经大于 3 dB，所以选取 $a = 49.9$ μm 作为最优值。对于 I 形金属谐振单元的宽度 b，如图 4.12(b) 所示，轴比变化趋势与 a 恰好相反，当 b 较小时，低频区域轴比不满足条件；而当 b 较大时，高频区域轴比不满足条件，经过综合考虑，选取 $b = 28.4$ μm 作为最优值。对于两个 I 形金属谐振单元之间的距离 c，c 的变化会略微影响高频区域的轴比，但对整体频带的影响不大，可以看出，结构参数 a 和 b 对 3 dB 轴比带宽的影响比 c 更为显著，所以对结构参数 c 的选取更为自由，经过参数优化后，本节选择 $c = 33.2$ μm。最终，

当 E_f 为 0.4 eV 时,3 dB 轴比频带被确定为 0.924 8 ~ 2.288 0 THz,相对带宽为 84.86%,实现了超宽带线 – 圆极化转换。

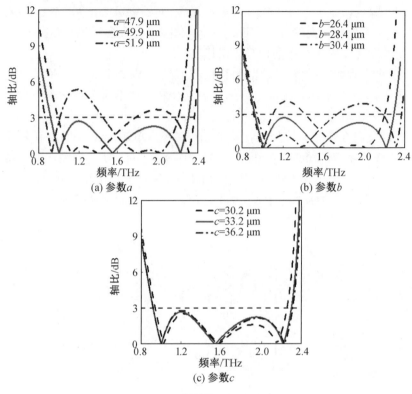

图 4.12　不同结构参数的轴比曲线

4.2.4　参数分析

为了更清晰地阐明所提出的极化转换器的物理工作机制,将 u 极化入射波分解为 x 轴和 y 轴两个方向上的入射波,并分别通过电流分布图和电场分布图进行分析。图 4.13(a) 为当 E_f 为 0.4 eV 且 y 极化波垂直入射时,顶层谐振单元在 1.9 THz 处的电流分布图。图 4.13(a) 中电流主要集中区域已用黑色箭头标出,可以看出,电流主要集中在 I 形金属谐振单元上,因此可以相应地将其等效为电感 L。图 4.13(b) 为当 E_f 为 0.4 eV 且 x 极化波垂直入射时,顶层谐振单元在 1.9 THz 处的电场分布图。电场主要集中在单个单元内的两个 I 形金属谐振单元之间的间隙(用大黑色圆圈标出) 和相邻单元的 I 形金属谐振单元之间的间隙(用小黑色圆圈标出),这些间隙区域则可以等效为电容 C。整个模型即可等效为一个串联 LC 电路,u 极化入射波的电磁响应则可以看成 x 极化波垂直入射时和 y 极化波垂直入射时的联合响应,而两个垂直电磁响应分量之间的相位差即为实现线－圆极化转换所需的相位差。结合图 4.12 和图 4.13 可以发现,结构参数 a、b 和 c 对等效电路的电容和电感值存在一定的影响,因此,通过对这些关键结构参数进行选取和优化,即可实现超宽带线－圆极化转换。

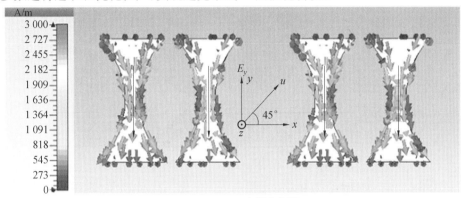

(a) 电流分布图

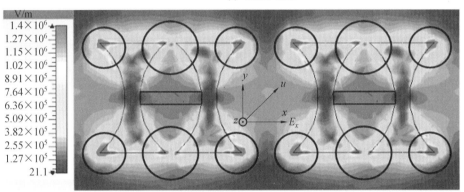

(b) 电场分布图

图 4.13　当 $E_f = 0.4\ \text{eV}$ 时,顶层谐振单元在 1.9 THz 处的电流分布图与电场分布图

4.3　基于石墨烯的透射式可调谐超材料极化转换器

4.3.1　模型结构设计

本小节设计了一款基于石墨烯的透射式可调谐的电磁超材料线－圆极化转换器。该极化转换器采用透射式设计,介质板两侧均设置有 45° 倾斜的 Ⅰ 形金属谐振单元,其电导率为 $4.561 \times 10^7\ \text{S/m}$,厚度为 $0.2\ \mu\text{m}$。介质层采用无损二氧化硅,介电常数为 4,厚度为 $11\ \mu\text{m}$。该电磁超材料线－圆极化转换器的俯视图、侧视图分别如图 4.14(a) 和图 4.14(b) 所示,具体参数见表 4.3。

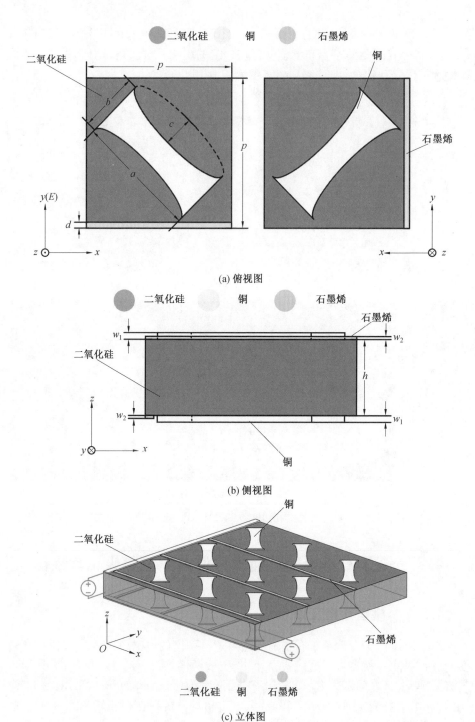

(a) 俯视图

(b) 侧视图

(c) 立体图

图 4.14　基于石墨烯的透射式可调谐的电磁超材料线 – 圆极化转换器

表 4.3　　基于石墨烯的频带可拓展的超材料线 – 圆极化转换器结构参数

参数	a	b	c	d	h	p	w_1	w_2
数值 /μm	46	25	10	2.4	11	60	0.2	0.000 34

为了便于在石墨烯贴片上施加偏压,在顶层单元结构沿 x 轴的边缘处和底层单元结构沿 y 轴的边缘处分别设置有连续的带状石墨烯贴片,而不是单独石墨烯贴片。如图 4.14(c) 所示,位于顶层周期阵列边缘处的金电极与石墨烯光栅直接接触,如此一来,在金电极和介电层之间施加偏置电压可以有效地调谐顶层中所有石墨烯贴片的 E_f,底层石墨烯贴片同样采用类似的办法来施加偏置电压。这样的设计方法允许独立地调整顶层和底层石墨烯层的 E_f。如果组成周期阵列的单元数量足够多,石墨烯层的激励探针对边界条件和计算结果的影响非常微小,通常可以忽略不计。

同 4.2 节一样,本节中石墨烯采用表面电导率模型来描述石墨烯的动态电磁响应特性。在不考虑电偏置和磁偏置的情况下,石墨烯表面电导率可分为带内和带间两部分,并采用 Kubo 公式来模拟得到,如式(4.1) ~ (4.3) 所示。本节中,温度 T 和载流子散射率 Γ 分别设置为 300 K 和 0.43 meV。使用数据分析软件 Matlab 进行数值运算,得到了当费米能级 E_f 从 0.4 eV 增长至 1.6 eV 时,石墨烯贴片的电导率实部和虚部在 2.0 ~ 4.0 THz 内随 E_f 的变化图谱,如图 4.15 所示。石墨烯电导率实部和虚部均为正值,当 E_f 增大时,石墨烯电导率的实部和虚部的值均增大,且有着向高频段频移的现象,呈现出金属色散材料的特性。

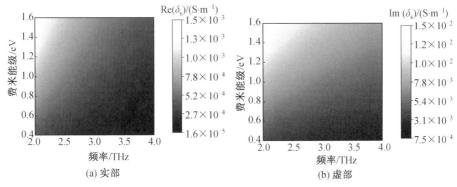

图 4.15　　当 E_f 从 0.4 eV 增长至 1.6 eV 时,石墨烯贴片的电导率实部和虚部在 2.0 ~ 4.0 THz 内随 E_f 的变化图谱

根据文献,可以通过式(4.4) 将表面电导率转换为体电导率,其中石墨烯厚度 g 设置为 0.034 nm,然后通过式(4.5) 即可得到石墨烯的介电常数。图 4.16 为当费米能级 E_f 从 0.4 eV 增长至 1.6 eV 时,石墨烯贴片的相对介电常数实部和虚部在 2.0 ~ 4.0 THz 内随 E_f 的变化图谱。从图 4.16 中可以看出,在 2.0 ~

4.0 THz 内,石墨烯介电常数实部为负值,虚部为正值,随着 E_f 的增大,实部和虚部同样呈现增大趋势。

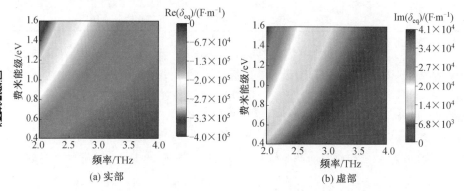

图 4.16　当 E_f 从 0.4 eV 增长至 1.6 eV 时,石墨烯贴片的相对介电常数
实部和虚部在 2.0 ～ 4.0 THz 内随 E_f 的变化图谱

通过在仿真软件中导入石墨烯的介电常数实部和虚部数据,建立相应的石墨烯材料模型,该建模方法具有简单直观的优点,适用于尺寸在微米量级的模型结构,但通常仿真时间较长,对计算机性能要求较高。仿真时,采用三维电磁仿真软件 HFSS,在 x 轴和 y 轴方向设置 Master/Slave 边界,电场和磁场分别沿 y 轴和 x 轴方向,顶部 z 轴方向设置 Floquet 端口,模拟电磁波垂直入射。

4.3.2　数值仿真结果

实现高效透射式线 - 圆极化转换的关键在于:同极化透射幅值 t_{yy} 与交叉极化透射幅值 t_{xy} 需要尽可能保持在一个较大的值附近,而它们对应的同极化透射相位 φ_{yy} 与交叉极化透射相位 φ_{xy} 应相差 $\pm\pi/2 + 2k\pi$(k 为整数)。图 4.17(a) ～ (d) 分别为 E_f 在 0.1 eV、0.4 eV、0.7 eV 和 1.0 eV 时的同极化透射幅值 t_{yy}、交叉极化透射幅值 t_{xy}、同极化透射相位 φ_{yy} 和交叉极化透射相位 φ_{xy} 曲线。可以看出,当 E_f 为 0.1 eV 时,t_{yy} 和 t_{xy} 在 2.59 ～ 3.28 THz 内基本维持在 0.6 附近,此频带范围内 φ_{yy} 和 φ_{xy} 的差值也约为 90°。随着 E_f 的增大,相位差始终不变,尽管整体工作频带略微有所减小,但 t_{xy} 的值逐渐增大,当 E_f 增大至 1.0 eV 时,t_{xy} 可以维持在 0.7 左右。所以初步证明该设计可以实现透射式线 - 圆极化转换,且具有一定的可调谐能力。

为了更直观地展示该石墨烯超材料线 - 圆极化转换器的工作性能和可调谐特性,图 4.18 给出了该石墨烯材料线 - 圆极化转换器不同 E_f 下的轴比曲线。当 E_f 从 0.1 eV 增长到 1.0 eV 时,小于 3 dB 轴比频带从 2.64 ～ 3.29 THz 逐渐被调节至 2.71 ～ 3.27 THz,相对带宽从 21.92% 调节至 18.73%,所以,随着 E_f 的降低,工作频带可以向低频范围有一定拓展,但是可以看出调节范围较小,这是由于石墨烯设置在边缘区域且面积较小,主要谐振是由倾斜 I 形金属谐振单元引起的。

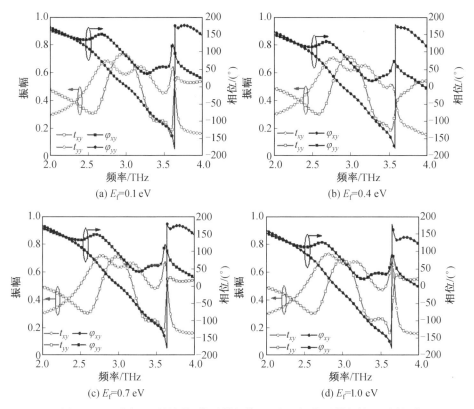

图 4.17　不同 E_f 下的同极化透射幅值 t_{yy}、交叉极化透射幅值 t_{xy}、同极化透射相位 φ_{yy} 和交叉极化透射相位 φ_{xy} 曲线

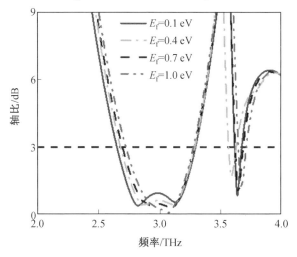

图 4.18　不同 E_f 下的轴比曲线

4.3.3　参数分析

对于透射式极化转换器来说,介质层厚度 h 是一个较为重要的参数,所以计算得到当 $E_f = 0.4$ eV 时,不同 h 下的轴比曲线,如图4.19所示。从图4.19中可以看出,当 h 从 9 μm 增长到 13 μm 时,整体工作频带会逐渐向低频区域偏移,低频谐振点处的轴比缓慢增大,高频谐振点处的轴比缓慢减小,而轴比小于 3 dB 的频带范围会先增大后减小。为了尽可能地保证低轴比和宽带宽,通过参数优化和比较选取后,本节采用 $h = 11$ μm 作为优选值,此时,费米 $E_f = 0.4$ eV,3 dB 轴比频带为 2.67 ~ 3.28 THz,相对带宽为 20.50%。

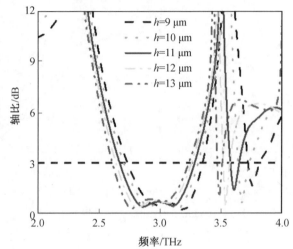

图 4.19　当 $E_f = 0.4$ eV 时,不同介质厚度 h 下的轴比曲线

4.3.4　极化转换机理分析

为了更清晰地阐明所提出的极化转换器的物理工作机制,图4.20给出了当 $E_f = 0.4$ eV 时,顶层和底层谐振单元在 2.9 THz 处的电流分布图。顶层沿 x 轴方向的石墨烯贴片和底层沿 y 轴方向的石墨烯贴片可以分别视为位于顶层的水平光栅和位于底层的垂直光栅,但仅靠正交石墨烯贴片的作用还难以实现对极化形式的偏转,这时就轮到上下层倾斜 Ⅰ 形金属谐振单元开始发挥作用。当 y 极化波沿 $-z$ 轴方向垂直入射到该线 – 圆极化转换器上时,首先会在顶层倾斜 Ⅰ 形金属谐振单元上激发产生电流,然后顶层倾斜 Ⅰ 形金属谐振单元上的电流将进一步激发底层的倾斜 Ⅰ 形金属谐振器产生电流。所以,上下两层金属谐振单元之间就会产生一个相位延迟,为实现透射线 – 圆极化转换提供了所需相位差,通过调节两者之间的距离(介质厚度),即可优化出所需的相位差。

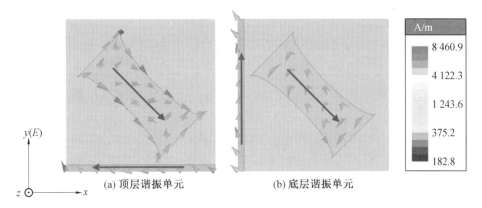

(a) 顶层谐振单元　　　　　(b) 底层谐振单元

图 4.20　当 E_f = 0.4 eV 时,顶层和底层谐振单元在 2.9 THz 处电流分布图

4.3.5　改进版本单元结构与数值分析

基于之前设计的石墨烯透射型极化转换器,下面提出一种改进结构。在原模型的基础上,采用截断的 Ⅰ 形金属谐振单元,并将空缺部分用石墨烯贴片补全,使得金属谐振单元和石墨烯贴片共同组成一个矩形。通过增大石墨烯的使用面积,并将其设置在关键的连接部位,可以实现大范围线 – 圆极化转换工作频带可调控的目的。该改进版本的基于石墨烯调控的太赫兹透射式极化转换器的俯视图和立体图如图 4.21 所示,具体结构参数见表 4.4。

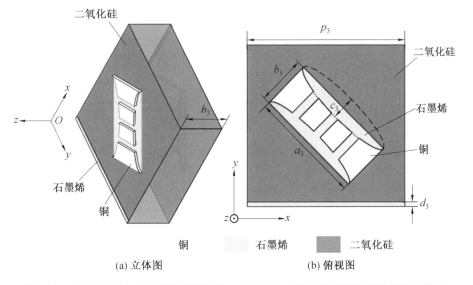

(a) 立体图　　　　　　(b) 俯视图

图 4.21　改进版本的基于石墨烯调控的太赫兹透射式极化转换器的俯视图和立体图

表 4.4　改进版本的基于石墨烯调控的太赫兹透射式极化转换器的单元结构参数

参数	a_3	b_3	c_3	d_3	p_3	h_3
数值 /μm	48.5	18.2	9	2.4	60	11

图 4.22 给出了当 E_f 为 0.1 ~ 1.0 eV 时,该改进版本的基于石墨烯太赫兹透射式极化转换器的轴比曲线。当 E_f 从 0.1 eV 逐渐增大到 1.0 eV 时,3 dB 轴比频带从 3.26 ~ 3.27 THz(相对带宽为 0.31%)逐渐拓展到 2.54 ~ 3.58 THz(相对带宽为 34.0%)。显然,该改进版本的基于石墨烯太赫兹透射式极化转换器在实现了超宽带工作范围的同时,成功增大了频带调谐的幅度和范围。

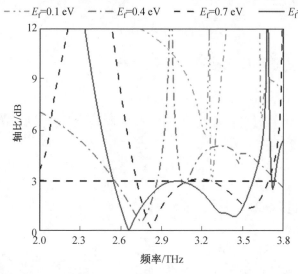

图 4.22　当 E_f 为 0.1 ~ 1.0 eV 时,改进版本的基于石墨烯太赫兹透射式极化转换器的轴比曲线

第5章

新型圆极化天线的设计与研究

5.1 基于二氧化钒的低剖面可重构全向圆极化天线

5.1.1 天线的结构设计

所设计的基于二氧化钒（VO_2）的低剖面可重构全向圆极化天线的结构图如图 5.1 所示，从图中可以看出，该天线结构包括顶层开有缝隙的贴片、圆形金属地板、地板四周加载的金属铜和二氧化钒谐振枝节，以及贯穿介质基板和上下层贴片的金属过孔。其中底板加载的金属铜和二氧化钒谐振枝节呈渐变的"扇叶形"。金属铜谐振枝节的圆弧半径为 56 mm，圆心角为 83°；二氧化钒谐振枝节的圆弧半径也为 56 mm，圆心角为 7°；二者厚度均为 0.018 mm。介质基板的材料为半径 90 mm、厚度 2 mm 的 FR－4 环氧板，其介电常数为 2.2，损耗角正切值为 0.01。由上层结构可以看出，金属过孔个数为 14 个，彼此旋转对称。金属过孔与介质基板中心距离为 32 mm，直径为 1.5 mm。顶层金属贴片呈"齿轮形"，半径为 47.6 mm，在内部旋转对称地剪去了 3 个圆弧半径 17.2 mm、圆心角 90°的"月牙形"缝隙，在边缘旋转对称地开有 7 个 6 mm × 12 mm 的矩形缝隙。天线的具体结构参数见表 5.1。

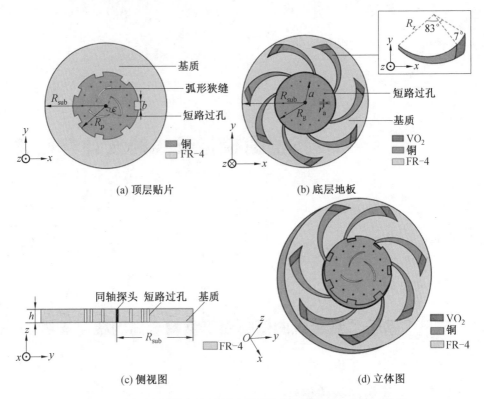

图 5.1   基于二氧化钒的低剖面可重构全向圆极化天线的结构图

表 5.1   所提出天线的具体结构参数

参数	a	b	c	R_{sub}	R_z	R_p	R_g	h	r_a	σ_1	σ_2
数值/mm	31	12	17.2	88	56	47.6	44.5	2	1.4	10.62	2.76×10^5

5.1.2   天线的结构设计

二氧化钒是一种能够在相变温度($T = 68\ ℃$)前后,产生绝缘态 – 金属态的快速可逆相变的温控材料。研究表明,当温度低于 68 ℃ 时,二氧化钒表现为介质特性,且电导率近似等于 10.62 S/m(σ_1)并保持平稳不变;当温度高于 68 ℃ 时,二氧化钒的电导率产生快速跳变,其电导率可以达到 2.76×10^5 S/m(σ_2),即表现为金属特性。因此二氧化钒是理想的设计可重构天线的材料。

由于 HFSS 中不存在这种温控材料,因此在仿真时用电导率描述二氧化钒的相变特性,将电导率作为变量建立二氧化钒的模型。

5.1.3　数值仿真结果

图 5.2 为 $T \geqslant 68 \ ^{\circ}\mathrm{C}$（天线工作在状态一）时的 S_{11} 参数曲线和轴比曲线（$\theta = 30^{\circ}$, $\varphi = 0^{\circ}$）。在图 5.2(a) 中可以看到在 2.14 GHz 和 2.37 GHz 处的两个谐振点，两个谐振点的回波损耗分别为 22.8 dB 和 50.1 dB。该天线工作在状态一时的 –10 dB 阻抗相对带宽为 15.9%（2.09 ~ 2.45 GHz），3 dB 轴比相对带宽为 23.4%（2.04 ~ 2.58 GHz），重叠部分的有效相对带宽为 15.9%（2.09 ~ 2.45 GHz）。图 5.3 显示了 $T < 68 \ ^{\circ}\mathrm{C}$（天线工作在状态二）时的 S_{11} 参数曲线和轴比曲线，其中在 2.46 GHz 处有一个谐振点，回波损耗为 20.4 dB。天线工作在状态二时的阻抗相对带宽为 6.5%（2.38 ~ 2.54 GHz），轴比相对带宽为 19.9%（2.39 ~ 2.92 GHz），有效工作相对带宽为 6.1%（2.39 ~ 2.54 GHz）。上述结果表明，该天线可以通过改变温度实现两种状态的切换，达到两个不同工作频带的频率可重构的目的。

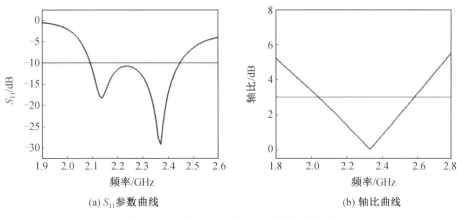

(a) S_{11} 参数曲线　　　　　　　　　(b) 轴比曲线

图 5.2　天线工作在状态一时的仿真曲线

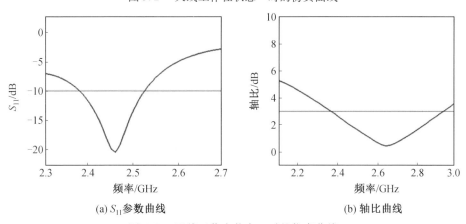

(a) S_{11} 参数曲线　　　　　　　　　(b) 轴比曲线

图 5.3　天线工作在状态二时的仿真曲线

图 5.4 为该天线工作在状态一(2.3 GHz)时的水平面($\theta = 30°$)和垂直面($\varphi = 0°$)的辐射方向图,图 5.5 为工作在状态二(2.45 GHz)时的水平面和垂直面方向图。由垂直面的方向图可以看出,该天线具有锥形的波束,两个状态的最大辐射方向均为 $\theta = 30°$,水平面方向图的全向性能良好,不圆度小于 0.5 dB,主极化(左旋圆极化)与交叉极化(右旋圆极化)在有效辐射方向上隔离度大于 20 dB,因此该天线在两个状态下均保持了良好的全向圆极化辐射性能。图 5.6 为该天线两个状态下在最大辐射方向上($\theta = 30°,\varphi = 0°$)的增益曲线,由图可以看出,状态一的平均增益为 2.33 dBic(最大增益为 3.52 dBic,最小增益为 1.14 dBic),状态二的平均增益为 3.2 dBic(最大增益为 3.5 dBic,最小增益为 2.9 dBic)。

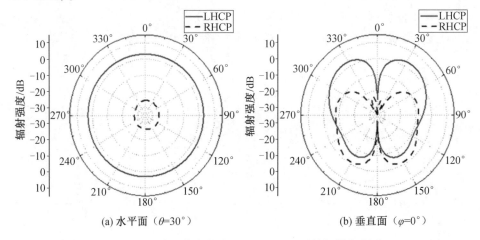

(a) 水平面($\theta=30°$)　　　　　　　(b) 垂直面($\varphi=0°$)

图 5.4　天线工作在状态一(2.3 GHz)时的辐射方向图

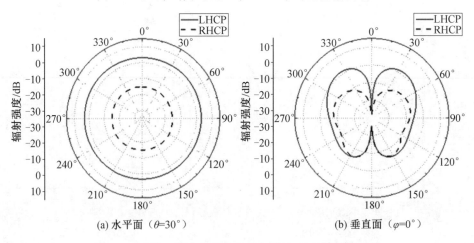

(a) 水平面($\theta=30°$)　　　　　　　(b) 垂直面($\varphi=0°$)

图 5.5　天线工作在状态二(2.45 GHz)时的辐射方向图

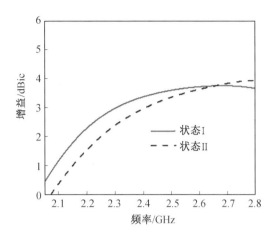

图 5.6　天线工作在两个状态下的增益曲线

5.1.4　参数讨论

为了进一步说明该频率可重构全向圆极化天线的特性,基于状态一,讨论地板半径 R_g、顶层贴片半径 R_p 及介质基板厚度 h 对该天线 S_{11} 参数曲线和轴比曲线的影响。

图 5.7 展示了地板半径 R_g 对 S_{11} 参数曲线和轴比曲线的影响,在保持其他变量不变的情况下,R_g 分别取 44.1 mm、44.5 mm 和 44.9 mm。由图 5.7(a)可以看出,随着地板半径 R_g 的增大,S_{11} 参数曲线的两个谐振点的谐振深度变浅,这是因为地板半径的增大导致天线的有效电尺寸增大,从而改变了输入阻抗,使得该天线阻抗失配。图 5.7(b)说明了地板半径 R_g 对轴比曲线的影响很小,这是因为地板尺寸不会影响远场全向圆极化波的水平和垂直分量的幅度,因此不会影响轴比。

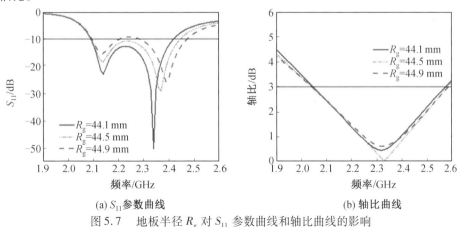

(a) S_{11} 参数曲线　　　　　　　　　　　(b) 轴比曲线

图 5.7　地板半径 R_g 对 S_{11} 参数曲线和轴比曲线的影响

图 5.8 为顶层贴片半径 R_p 对 S_{11} 参数曲线和轴比曲线的影响,其中 R_p 取 47.2 mm、47.6 mm 和 48 mm。随着 R_p 的增大,该天线的有效辐射尺寸增大,使得 − 10 dB 阻抗匹配频带朝着低频移动。贴片半径的增大,导致轴比曲线向高频移动,这是由于贴片半径的改变令水平谐振枝节的相对长度变小,而水平谐振枝节辐射的全向水平极化波是远场圆极化波的一个分量,所以水平枝节相对长度的减小直接促使轴比向高频移动。由图 5.9 可以看出,介质基板的厚度 h 对 S_{11} 参数和轴比曲线有很大的影响,不适当的介质基板厚度会导致阻抗失配,而 h 的增大会使轴比曲线在保持带宽不变的情况下整体向低频移动,所以基板厚度 h 是该天线设计优化时的重要参数。综上,$R_g = 44.5$ mm,$R_p = 47.6$ mm,$h = 2$ mm 为该天线优化的最优解。

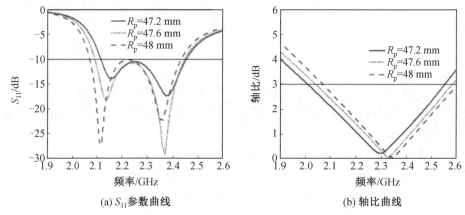

(a) S_{11} 参数曲线 　　　　　　　　 (b) 轴比曲线

图 5.8　顶层贴片半径 R_p 对 S_{11} 参数曲线和轴比曲线的影响

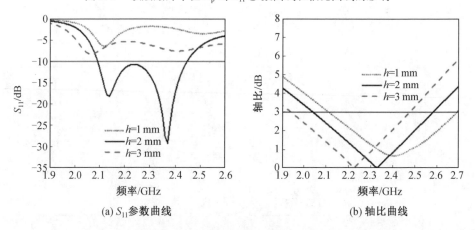

(a) S_{11} 参数曲线 　　　　　　　　 (b) 轴比曲线

图 5.9　介质基板厚度 h 对曲线的影响

5.1.5　天线工作原理分析

我们仿真了状态一下谐振频点处的电场分布和两个状态下辐射贴片上的电流分布,从物理层面上分析了该可重构全向圆极化天线的原理。

图 5.10 为天线工作在状态一时在两个谐振频点 2.14 GHz 和 2.37 GHz 处的垂直截面的电场分布图。该天线可以通过加载金属通孔激励出一个谐振频率较低(2.14 GHz)的 TM_{01} 模,而其本身可以激励出一个谐振频率较高(2.37 GHz)的 TM_{02} 模。TM_{01} 模的电场在同一个方向,而 TM_{02} 模的电场分布在两边,又由于二者的主电场方向上的电场强度几乎一致,所以两个模式可以实现相互耦合,合成一个宽的阻抗匹配频带。

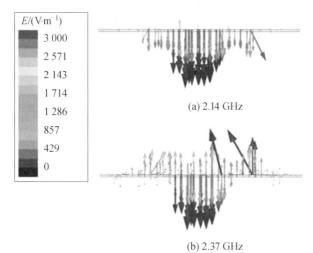

(a) 2.14 GHz

(b) 2.37 GHz

图 5.10　天线在状态一时的垂直截面的电场分布图

图 5.11 为天线工作在状态一时 2.3 GHz 处和状态二时 2.45 GHz 处的改造地板的表面电流分布。由图中可以看出,在各个金属通孔处有很大的电流分布,这辐射了全向垂直极化波;在渐变形枝节上分布有环形的电流,这辐射了全向水平极化波。根据环天线 – 偶极子模型可知,金属通孔相当于偶极子,而环形渐变枝节相当于环天线,当二者具有相同的幅度,且在远场自然产生 90° 相位差时,就具备了实现全向圆极化波的所有条件,再根据环形枝节的电流旋向就可以判断出其为左旋圆极化波。

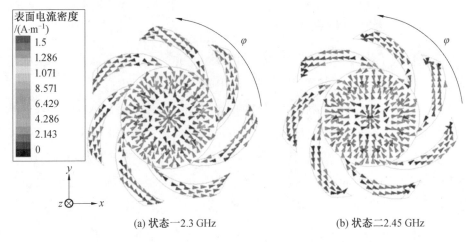

(a) 状态一2.3 GHz　　　　　　　　　(b) 状态二2.45 GHz

图 5.11　　天线的表面电流分布

5.2　基于二氧化钒的宽带可重构全向圆极化天线

5.2.1　天线结构设计

　　基于二氧化钒的宽带可重构全向圆极化天线的结构如图 5.12 所示,由图 5.12 可以看出,该天线的主要结构包括馈电网络、馈电网络四边的介质基板、共形在馈电网络四边侧壁上的倾斜振子、加载在倾斜振子上的寄生单元和二氧化钒谐振单元。如图 5.12(a) 所示,该馈电网络由顶层的折线形金属贴片、底层的开有缝隙的金属地板和介质基板构成。该介质基板的材料为 Rogers RT/duroid 5880(tm),介电常数为 2.2,损耗角正切值为 0.000 9;介质基板的边长为 50 mm,厚度为 0.8 mm。所述的顶层折线形金属枝节起到一分四功分器及阻抗匹配的作用,4 个折线形微带枝节关于中心成 90° 旋转对称,四边的辐射单元相当于彼此并联,所以该馈电结构可以等幅地向四周馈电。底部开缝地板的边缘和四周的倾斜振子连接,因此能量先从上层耦合到底层缝隙,再实现对 4 个倾斜振子的等幅同相馈电,这样的馈电方式可以在宽频带内实现阻抗匹配。

　　倾斜振子个数为 4 个,倾斜部分与垂直方向夹角为 53°,两边各加载 7.5 mm ×15 mm 的矩形。倾斜振子上加载的二氧化钒谐振单元呈 L 形,水平方向长度为 39 mm,垂直方向长度为 23.4 mm,宽度为 3.5 mm。寄生单元宽度为 0.5 mm,长度为 47 mm,与垂直方向夹角为 48°,倾斜振子共形在馈电网络四边的介质基板上,介质基板材料为 Rogers RT/duroid 6002(tm),介电常数为 3,损耗角正切值为 0.001 2,介质基板长 70 mm,宽 50 mm,厚度为 0.08 mm。该天线的具体结构参数见表 5.2。

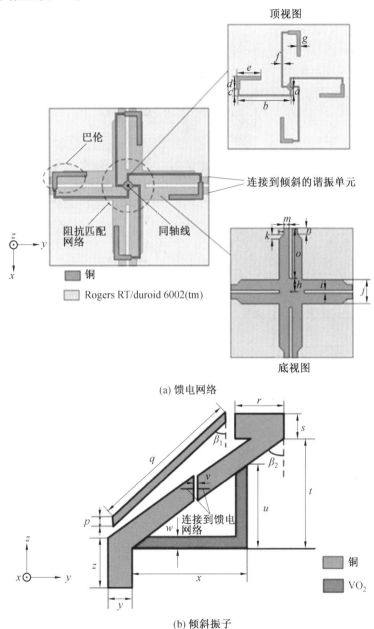

图 5.12　基于二氧化钒的宽带可重构全向圆极化天线结构示意图

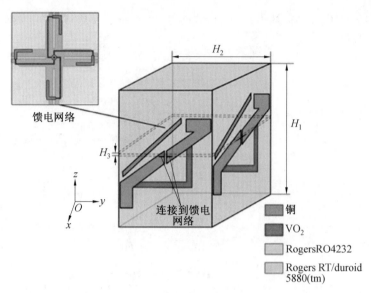

馈电网络

H_2

H_1

H_3

z

O ——— y

x

连接到馈电
网络

█ 铜

█ VO₂

░ RogersRO4232

░ Rogers RT/duroid
5880(tm)

(c) 立体图

续图 5.12

表 5.2　所提出天线的具体结构参数

参数	a	b	c	d	e	f	g	h
数值 /mm	4.4	23	3.2	5.5	11	0.5	1.5	5
参数	j	k	m	n	o	p	q	r
数值 /mm	10	2	2.4	2.5	20	3	50	15
参数	s	t	u	v	w	x	y	z
数值 /mm	7.5	32.6	23.4	1.2	3.5	39	7.5	15
参数	H_1	H_2	H_3	β_1	β_2	—	—	—
数值	70 mm	50 mm	0.8 mm	48°	53°	—	—	—

5.2.2　数值仿真结果

由前面介绍的二氧化钒的特性可知,二氧化钒在相变温度(68 ℃)前后会产生绝缘态 - 金属态的相变,且表现为绝缘态和金属态时的电导率十分接近。因此,在本小节设计的基于二氧化钒的宽带可重构全向圆极化天线中,取 68 ℃ 前后两个温度 50 ℃ 和 80 ℃,分别表示处于绝缘态和金属态的温度,并分别设置为状态一和状态二,即状态一为温度 $T = 50$ ℃,二氧化钒表现为绝缘态;状态二为温度 $T = 80$ ℃,二氧化钒表现为金属态。根据二氧化钒不同状态下的电导率,通过仿真软件 HFSS 仿真了所提出天线的两个状态。

在图5.13中,显示了在 $T = 50$ ℃(状态一)下的 S_{11} 参数曲线和轴比曲线($\theta = 90°,\varphi = 0°$)。这种天线的 -10 dB 阻抗相对带宽为45.7%(1.67 ~ 2.66 GHz),3 dB 轴比相对带宽为40%(1.9 ~ 2.85 GHz),有效工作相对带宽为33.3%(1.9 ~ 2.66 GHz)。图 5.14 显示了在 $T = 80$ ℃(状态二)下的 S_{11} 参数曲线和轴比曲线($\theta = 90°,\varphi = 0°$),天线的阻抗相对带宽为13.8%(1.62 ~ 1.86 GHz),3 dB 的轴比相对带宽为21.8%(1.68 ~ 2.09 GHz),有效工作相对带宽为10.2%(1.68 ~ 1.86 GHz)。结果表明,通过改变外部温度,可以调节天线的工作带宽。

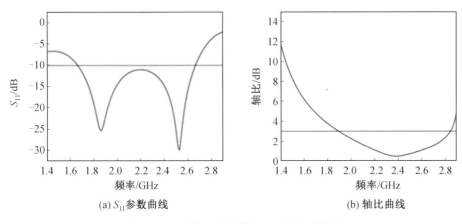

(a) S_{11} 参数曲线　　　　　　　(b) 轴比曲线

图 5.13　天线工作在状态一时的仿真曲线

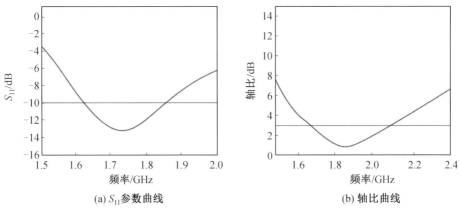

(a) S_{11} 参数曲线　　　　　　　(b) 轴比曲线

图 5.14　天线工作在状态二时的仿真曲线

图5.15展示了该全向圆极化天线状态一时在2.3 GHz下的模拟三维辐射方向图。图5.16显示了在状态一时,分别在2.0 GHz、2.3 GHz和2.6 GHz处的垂直面($\varphi = 0°$)和水平面($\theta = 90°$)的辐射方向图。图5.17为天线状态二时在1.8 GHz下的模拟三维辐射方向图。图5.18为状态二在1.8 GHz时的垂直面($\varphi = 0°$)和水平面($\theta = 90°$)的辐射方向图。从图中可以看到,两个状态下工作在各个频率时,各垂直面的方向图均为"∞"形,最大辐射方向为$\theta = 90°$方向,且保持较大的半波宽度,而水平面的方向图均为全向性的,且其不圆度小于0.5 dB。另外,在垂直面上,在半波宽度内主极化(右旋圆极化)比交叉极化(左旋圆极化)大15 dB以上。在整个水平面上,也做到了360°范围的主极化和交叉极化分离。结果表明,该天线在两个状态的不同工作频率下均保持了良好的全向圆极化辐射性能。图5.19为天线两个状态下在最大辐射方向($\theta = 90°$, $\varphi = 0°$)上的增益仿真曲线,由图中可以看出,状态一的平均增益为0.9 dBic,状态二的平均增益为1.6 dBic,由于该天线全向辐射电磁波且半波束宽度较宽,故增益较低,后续可以通过组阵和加反射板等方式增大增益。

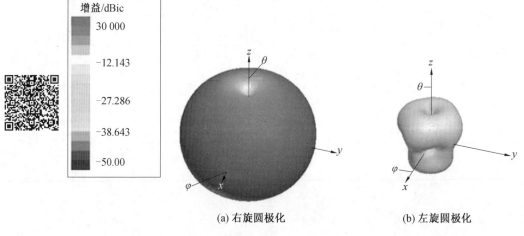

(a) 右旋圆极化　　　　　　　　(b) 左旋圆极化

图5.15　天线状态一时在2.3 GHz下的模拟三维辐射方向图

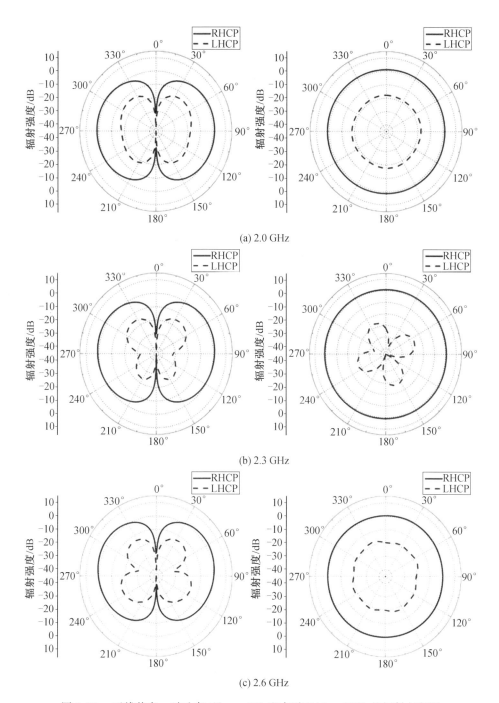

(a) 2.0 GHz

(b) 2.3 GHz

(c) 2.6 GHz

图 5.16　天线状态一时垂直面($\varphi = 0°$)和水平面($\theta = 90°$)的辐射方向图

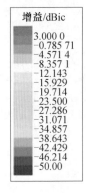
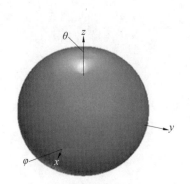
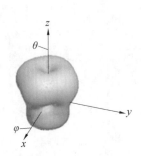

(a) 右旋圆极化   (b) 左旋圆极化

图 5.17 天线状态二时在 1.8 GHz 下的模拟三维辐射方向图

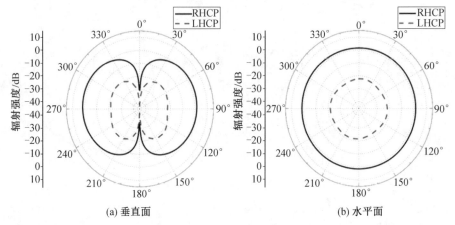

(a) 垂直面   (b) 水平面

图 5.18 天线状态二在 1.8 GHz 时垂直面($\varphi = 0°$) 和水平面($\theta = 90°$) 的辐射方向图

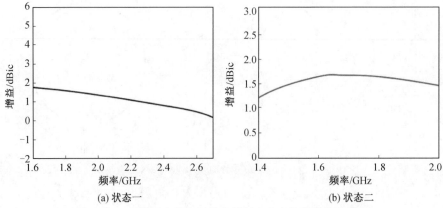

(a) 状态一   (b) 状态二

图 5.19 天线两个状态下最大辐射方向上的增益仿真曲线

5.2.3　参数讨论

为了进一步说明该可重构全向圆极化天线的结构特点,在状态一的基础上进行参数讨论。在保持其他参数不变的情况下,分析寄生贴片宽度 p 和倾斜角度 β_1 对该全向圆极化天线性能的影响。在图 5.20 中,展示出了寄生贴片宽度 p 对 S_{11} 参数曲线和轴比曲线的影响,其中 p 值分别取 0 mm、1 mm、3 mm 和 5 mm,且 $p = 0$ mm 时表示无寄生贴片的情况。从图 5.20(a) 中可以看出,当寄生贴片宽度 p 的取值从 0 mm 变为另一个值时,由于该寄生贴片与主倾斜振子产生谐振,从而在更高的频率点处产生另一个谐振点,因此该寄生枝节可以起到展宽阻抗匹配带宽的作用。当贴片宽度 p 增大时,阻抗匹配通带向低频移动,这是天线有效辐射尺寸增大引起的。图 5.20(b) 说明了当 p 增大时,3 dB 轴比通带变得越来越窄,这是因为贴片宽度 p 影响了远场圆极化波的水平和垂直分量的振幅,进而影响了轴比曲线。

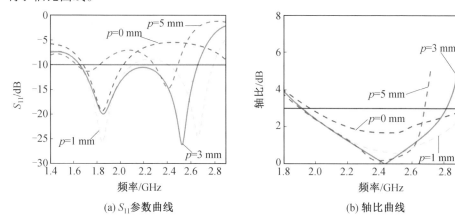

(a) S_{11} 参数曲线　　　　　　　　(b) 轴比曲线

图 5.20　寄生贴片宽度 p 对 S_{11} 参数曲线和轴比曲线的影响

在图 5.21 中,绘制了倾斜角度 β_1 对 S_{11} 参数曲线和轴比曲线的影响,当其他参数不变时,β_1 的不同值为 53°、48° 和 43°。从图 5.21 中可以看出,由于寄生贴片的倾斜角度对贴片之间相互谐振的影响很小,所以 β_1 对所提出天线的阻抗带宽没有太大的影响。当 β_1 发生变化时,水平极化分量和垂直极化分量不能在宽频带内保持振幅相等,所以轴比带宽会变得越来越窄。

综上所述,当 $p = 3$ mm、$\beta_1 = 48°$ 时,该天线的 - 10 dB 阻抗匹配带宽和 3 dB 轴比带宽达到最优解。

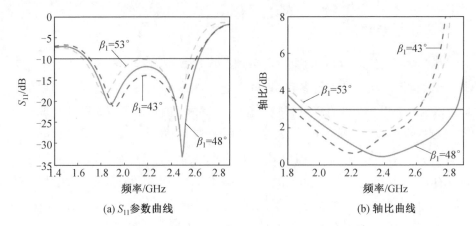

(a) S_{11} 参数曲线　　　　　　　　(b) 轴比曲线

图 5.21　倾斜角度 β_1 对 S_{11} 参数曲线和轴比曲线的影响

5.2.4　天线原理分析

在图 5.22 中，分别给出了 $T = 50\ ℃$（状态一）时 2.3 GHz 处和 $T = 80\ ℃$（状态二）时 2.45 GHz 处的倾斜振子的表面电流分布图。如图 5.22 所示，当 $T = 50\ ℃$ 时，二氧化钒谐振枝节上可以观察到很弱的表面电流，这和此温度下二氧化钒表现为绝缘态有关；而当 $T = 80\ ℃$ 时，二氧化钒谐振单元具有强表面电流，此时二氧化钒表现为金属态。电流强度的差异反映了不同温度下，温控材料二氧化钒的电导率变化，也说明了两种状态下该天线的有效辐射面积是不同的，从而具有不同的阻抗和轴比带宽。

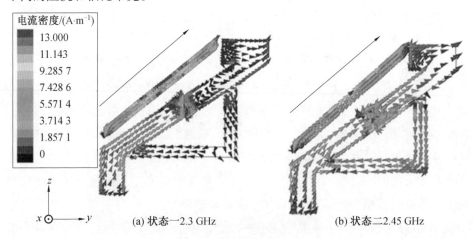

(a) 状态一 2.3 GHz　　　　　　　　(b) 状态二 2.45 GHz

图 5.22　天线的表面电流分布

另外,从表面电流的流向可以看出,电流沿着倾斜振子和寄生单元贴片的方向流动,从而辐射的电磁波为倾斜极化波,且认为可以分解为水平分量和垂直分量,4 个单元分布在四周使得极化波的水平和垂直分量具有全向性,全向水平极化和全向垂直极化在远场自然产生 90° 相位差,当二者具有相同的振幅时,再根据电流流向,可以在远场合成全向右旋圆极化波。

5.3　基于固态等离子体的波导可重构圆极化天线

5.3.1　天线的结构设计

该天线类似其他常见的共面波导天线,但其金属辐射贴片和金属反射接地不在介质层两侧的同一平面上。两种不同激励下,天线包含两个主要的通信频段,分别是无线局域网(wireless local area network,WLAN)(2.4 ~ 2.483 5 GHz)和全球微波接入互操作性(world interoperability for microware access,WiMAX)(3.3 GHz)。此外,它在一定的角度范围内可保持良好的圆极化性能。

所提出的波导可重构圆极化天线的结构如图 5.23 所示。图 5.23(a)是俯视图,图 5.23(b)是天线的底层金属反射板图,图 5.23(c)是剖面图,图 5.23(d)是立体图。天线由微带馈线、FR – 4 介质基板($\varepsilon_r = 4.4$, $\tan \delta = 0.02$, $h = 1.5$ mm)、上金属(Cu)贴片和开槽金属(Cu)反射接地组成。天线的馈电网络由一根 50 Ω 的微带线 $L_2 \times W_1$ 和一个 1/4 波长的阻抗变换器 $L_1 \times W_2$ 组成。上部金属片包括 C 形金属片、矩形金属片和固态等离子体分支。在 C 形金属总辐射结构中,外大环半径为 W_8,外环与内环距离为 W_3,补片上有两个由两个 L 形间隙组成的对称凹槽。矩形金属片($L_3 \times W_7$)每侧有一个固态等离子体分支,与 C 形金属片相连。此外,在金属反射板上,还设置了 5 个矩形槽。该天线的具体参数见表 5.3。利用仿真软件 HFSS 对天线进行建模,对数值模拟和参数分析进行优化,得到天线的优化结果。

本节提出的天线不同于一般的共面波导天线。该天线把反射地面和辐射片分开,让它们不在同一平面上,且在圆极化馈电入口加载的 C 形金属辐射贴片和固态等离子体支路更容易与金属反射地耦合。因此,加载的表面贴片激发 TM_{01} 模式,底层金属反射地激发 TM_{02} 模式。这两种模式具有正交方向,相位差达到 90°,从而辐射圆极化波。

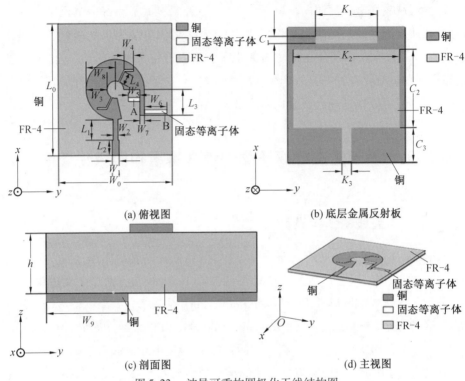

图 5.23　波导可重构圆极化天线结构图

表 5.3　天线的具体结构参数

参数名	L_0	L_1	L_2	L_3	L_4	W_0	W_1	W_2	W_3	W_4	W_5
数值/mm	55	8.64	6.3	11	6.1	49	3	2.1	9	4	6.6
参数名	W_6	W_7	W_8	W_9	C_1	C_2	C_3	h	K_1	K_2	K_3
数值/mm	7.9	2	12.6	22.5	3	32	14	1.5	26	45	4

5.3.2　结合固态等离子体的特性分析

对于固态等离子体的相变,电导率可以用来描述其物理性质。表面砷化镓 PIN 二极管是通过向这种材料注入高浓度的载流子形成的。当施加正偏压导通二极管时,激发部分产生的固态等离子体可以与金属产生的等离子体相比较,当电压反向偏压时,载流子耗尽。它呈现出高阻抗的状态,可以看作绝缘体。固态等离子体的介电常数可以用 Drude 模型来描述,即

$$\varepsilon_p(\omega) = \varepsilon_\infty - \frac{\omega_p^2}{\omega_p^2 + \mathrm{j}\omega\omega_c} \tag{5.1}$$

式中,ω_p 为等离子体频率;ω_c 为碰撞频率。显然,可以通过改变固态等离子体的

激励电压来调节 ω_p 和 ω_c 的值,这意味着固态等离子体的相应电导率也取决于固态等离子体是否被激发。可以通过改变激发电压来修正 ω_p 和 ω_c,使固态等离子体达到相应的介电常数和电导率。

与难于集成的气体等离子体不同,电子控制的固态等离子体可以充分利用砷化镓管脚的特性,便于实现实时控制,因此很容易实现固态等离子体天线的重构。

5.3.3　数值仿真结果与实物测试结果对比

由于此圆极化天线的宽频带,在工作过程中外辐射的热损耗会大大增加,因此电容电感串并联电路很难精确拟合天线的相关曲线,只能通过实验验证设计的合理性。由于加工条件的限制,用真实的固态等离子体制作天线比较困难,必须用铜来代替固态等离子体进行验证性实验。由于加工精度达不到仿真的实际值,有些实验数据有轻微偏差,但总体上没有太大的差距。实物天线的原型如图 5.24 和图 5.25 所示。

(a) 俯视图　　　　　　　　　　　　　(b) 底层金属片

图 5.24　实物天线的原型(状态 A)

(a) 俯视图　　　　　　　　　　　　　(b) 底层金属片

图 5.25　实物天线的原型(状态 B)

如图 5.26 所示,如果只激励左固态等离子体支路,称这种情况为状态 A。从图 5.26(a) 和图 5.26(b) 中可以很容易地看出,仿真结果的 −10 dB 回波损耗带宽覆盖了 2.05 ~ 3.6 GHz(相对带宽为 54.8%),相应的测量相对带宽为 57.1%(2 ~ 3.6 GHz)。仿真的 3 dB 轴比带宽为 1.9 ~ 2.7 GHz(相对带宽为 34.7%),实测的 3 dB 轴比相对带宽为 31.1%(1.9 ~ 2.6 GHz)。特别是在 WLAN 频段(2.4 ~ 2.483 5 GHz)的仿真中,本天线在此频段具有良好的圆极化性能。类似地,从图 5.27 中也可以看出,如果只激励右固态等离子体支路,这种情况称为状态 B。可以发现,仿真结果的 −10 dB 回波损耗带宽覆盖2.06 ~ 3.59 GHz,相对带宽为 54.2%,相应的测量相对带宽为 57.1%(2 ~ 3.6 GHz)。仿真的 3 dB 轴比相对带宽为 2.3 ~ 3.44 GHz(相对带宽为39.7%),实测的 3 dB 轴比相对带宽为 31.6%(2.4 ~ 3.3 GHz)。因此,可以得出结论:通过对所提出天线的不同固态等离子体支路的电压进行激励,可以实现信号频带的实时移动,并且可以在两个重要通信频带中实现宽覆盖。

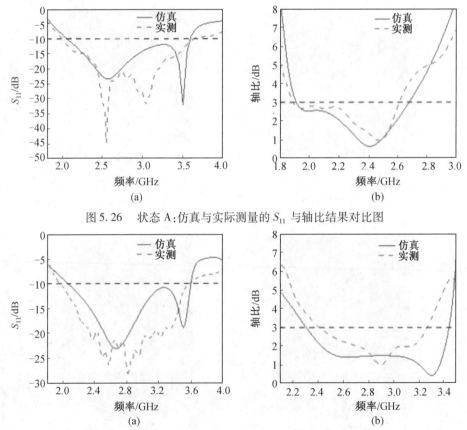

图 5.26　状态 A:仿真与实际测量的 S_{11} 与轴比结果对比图

图 5.27　状态 B:仿真与实际测量的 S_{11} 与轴比结果对比图

图 5.28 为当所述圆极化天线在状态 A 下工作时,在 2.4 GHz 频段仿真和测量 xOz 和 yOz 平面上的左右旋圆极化图。图 5.29 确认了当所述圆极化天线在状态 B 下工作时,在 3.3 GHz 频段仿真和测量 xOz 和 yOz 平面上的左右旋圆极化图。在这两种状态下,主极化方向平面的共极化和主偏振方向至少相差 15 dB。实际测量结果与仿真结果基本吻合。因此,该天线的左右旋圆极化辐射是分离的,使得该天线具有良好的圆极化辐射特性。

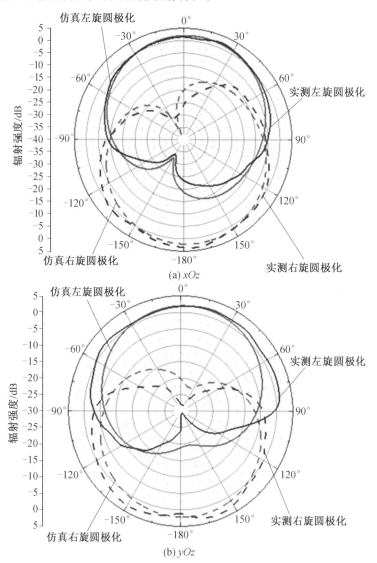

图 5.28　状态 A:在 2.4 GHz 频段仿真和测量 xOz 和 yOz 平面上的左右旋圆极化图

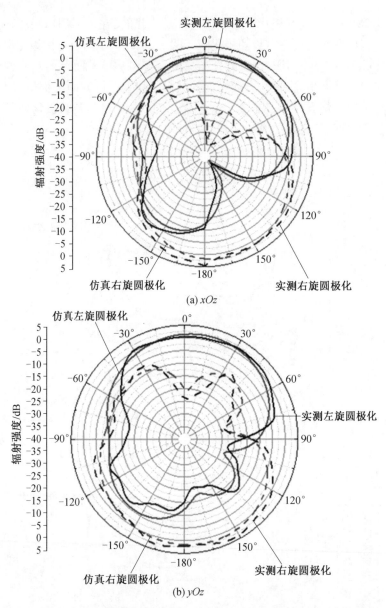

(a) *xOz*

(b) *yOz*

图 5.29　状态 B：在 3.3 GHz 频段仿真和测量 *xOz* 和 *yOz* 平面上的左右旋圆极化图

　　图 5.30 绘制了不同状态下仿真和测量的天线在主极化方向的增益曲线。显然，设计的圆极化天线在两种状态下的增益都大于 1.5 dB。测试增益在仿真值的小范围内波动，趋势与仿真结果基本一致。根据图 5.28 ~ 5.30 的结果，可以得出这样的结论：通过激励不同的固态等离子体枝节，可以实时地调整天线的有效接收和辐射频带，并且可以节省大量的空间和时间成本。

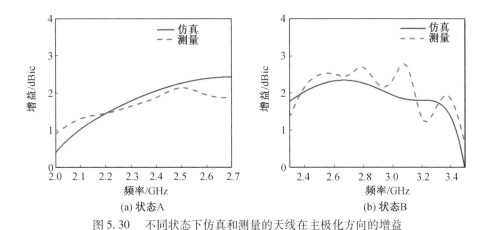

(a) 状态A (b) 状态B

图 5.30 不同状态下仿真和测量的天线在主极化方向的增益

5.3.4 参数讨论

为了进一步研究圆极化天线的辐射特性,下面讨论表面贴片是否开槽对轴比的影响。此外,L_3 也作为一个重要的参数被用于天线参数研究。状态 A 下开槽和不开槽时天线 S_{11} 参数曲线和轴比曲线如图 5.31 所示。当天线开槽时,其谐振点明显向左逐渐移动,从 2.65 GHz 到 3.5 GHz,但对天线工作状态的影响很小。相反,圆极化天线在 2.4 GHz 工作频带的轴比有了很大的提高。开槽表面贴片有利于电流的相位变化,提高辐射强度,从而获得良好的圆极化性能。

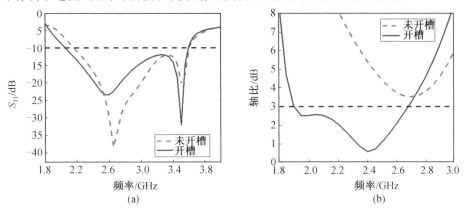

(a) (b)

图 5.31 状态 A 下开槽和不开槽时天线 S_{11} 参数曲线和轴比曲线

状态 A 下天线的 S_{11} 参数曲线和轴比曲线随 L_3 长度的变化如图 5.32 所示。在其他参数不变的情况下,L_3 的微小变化会影响圆极化天线的带宽。L_3 长度对 S_{11} 影响不大。当 L_3 为 8.5 mm、11 mm 和 13.5 mm 时,$S_{11}(S_{11} \leqslant -10$ dB$)$ 的频带几乎不变,但 3 dB 的轴比带宽被显著地裁剪,分别覆盖了 2.20 ~ 2.78 GHz、1.9 ~ 2.7 GHz 和 2.1 ~ 2.6 GHz。显然,当 $L_3 = 11$ mm 时,天线的性能最佳。由于凸起的枝节,圆极化天线的模值发生变化,天线发射圆极化波。

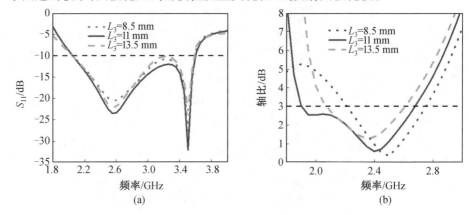

(a)   (b)

图 5.32   状态 A 下天线的 S_{11} 参数曲线和轴比曲线随 L_3 长度的变化

5.3.5   天线原理分析

为了说明所设计天线的辐射原理,图 5.33 和图 5.34 分别给出了在 2.3 GHz 和 3.3 GHz 时两种状态下天线不同相位处表面电流随时间的分布。这里对状态 A 进行原理分析,状态 B 辐射圆极化波的原理与之相同。在相位 $w_t = 0°$ 时,天线的表面电流沿 y 方向流动;在相位 $w_t = 90°$ 时,天线的表面电流沿 x 方向流动;在相位 $w_t = 180°$ 时,天线的表面电流沿 $-y$ 方向流动;在相位 $w_t = 270°$ 时,天线表面电流沿 $-x$ 方向流动。可以看到,电流沿着环路的圆周顺时针旋转。可以得出结论:左旋圆极化波在 z 方向产生,右旋圆极化波在 $-z$ 方向产生。在每一相位处,表面电流是正交的,其幅值相等,且具有相反的相位。因此,所设计的天线可以分别激发左旋圆极化波和右旋圆极化波。

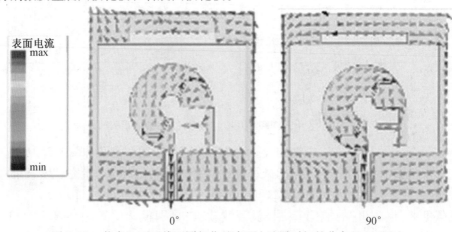

图 5.33   状态 A 下天线不同相位处表面电流随时间的分布(2.3 GHz)

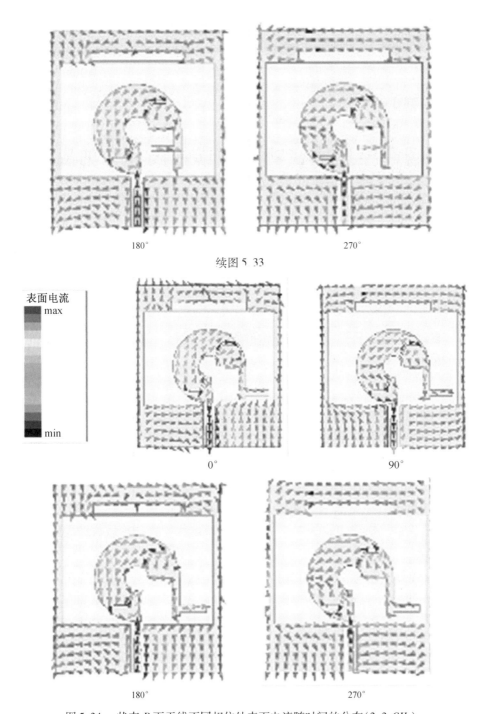

续图 5.33

图 5.34　状态 B 下天线不同相位处表面电流随时间的分布(3.3 GHz)

第6章

重力场调控技术在功能性器件设计中的应用

6.1　基于重力场调控的超材料线－圆极化转换器

6.1.1　线－圆极化转换器的结构设计

本小节结合液态金属设计了一款基于重力场调控的超材料线－圆极化转换器,如图 6.1 所示。该超材料线－圆极化转换器由 4 部分组成,分别为底部金属反射板、中间介质层、顶部特殊设计的玻璃腔、封装在玻璃腔内的液态金属和位于槽底的金属贴片。底部金属反射板和金属贴片采用铜作为材料,电导率为 5.8×10^7 S/m,厚度为 0.018 mm。金属反射板的作用为隔绝微波波段的电磁波穿透,因此在计算中仅需考虑反射电磁响应。中间介质层厚度为 2 mm,材料为 Neltec NY9220,介电常数为 2.2,损耗角正切值为 0.000 9,设置在底层金属反射板上方,介质层顶部挖有一个厚度为 1 mm 的特殊槽体,该特殊槽体有两个侧面垂直于底面与顶面,另外两个侧面与底面呈 33°41′36″ 角。顶部特殊设计的玻璃腔由一个置于顶层表面的十字形玻璃腔和两个贴附于斜槽壁上的 Ⅰ 形玻璃腔组成,两种玻璃腔具体示意图如图 6.1(b)所示。十字形玻璃腔与两个 Ⅰ 形玻璃腔通过一个宽 $f = 0.074$ mm 的小孔连通。封装在玻璃腔内的液态金属为汞,电导率为 1.04×10^6 S/m。

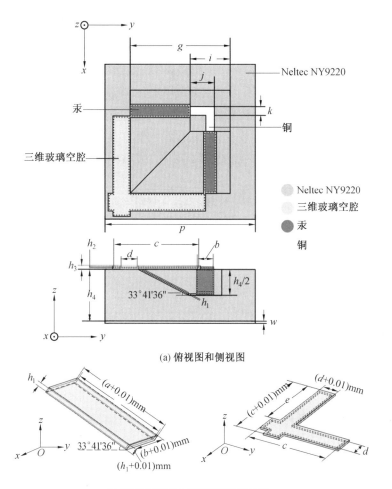

(a) 俯视图和侧视图

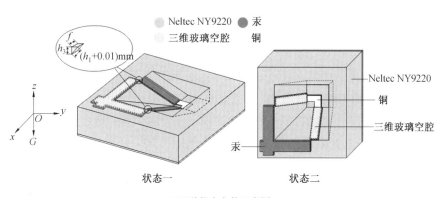

(b) l形玻璃腔和十字形玻璃腔示意图

(c) 两种状态立体示意图

图 6.1　基于重力场调控的超材料线－圆极化转换器

两个 I 形玻璃腔可容纳液态金属的总体积和十字形玻璃腔可容纳液态金属的总体积相同,为 0.048 4 mm³。在重力场的作用下,通过翻转的形式,液态金属汞借助小孔可在玻璃腔中自由流动,形成不同的谐振单元,从而形成两种不同的工作状态。工作状态一,该线 – 圆极化转换器水平放置,液态金属汞恰好充满 2 个 I 形玻璃腔,此时两个呈 I 形的汞谐振单元和金属贴片共同工作;工作状态二,该线 – 圆极化转换器垂直放置,液态金属汞恰好充满十字形玻璃腔,此时一个呈十字形的汞谐振单元和金属贴片共同工作。两种状态下的立体示意图如图 6.1(c) 所示。具体参数见表 6.1。

表 6.1　基于重力场调控的超材料线 – 圆极化转换器结构参数表

参数	a	b	c	d	e	f	g	h_1
数值/mm	1.78	0.42	2.75	0.63	1.909	0.074	2.5	0.042
参数	h_2	h_3	h_4	i	j	k	p	w
数值/mm	0.020 5	0.041 6	2	1	0.625	0.25	4.5	0.018

仿真时,采用三维电磁仿真软件 HFSS,在 x 轴和 y 轴方向设置 Master/Slave 边界,电场和磁场分别沿 y 轴和 x 轴方向,顶部 z 轴方向设置 Floquet 端口,模拟电磁波垂直入射。

6.1.2　数值仿真结果

模型底部为全覆盖的铜板,透射率几乎为零,所以在数值分析过程中,仅需要考虑反射电磁响应。图 6.2(a) 和图 6.2(b) 给出了该电磁超材料线 – 圆极化转换器在两种工作状态下的反射幅值和相位差曲线,其中,虚线的结果对应左轴,其他曲线的结果对应右轴。图 6.2(a) 和图 6.2(b) 中正方形符号曲线和圆形符号曲线分别表示同极化反射系数 r_{yy} 和交叉极化反射系数 r_{xy};虚线表示反射相位差

$$\Delta\varphi = \varphi_{xy} - \varphi_{yy}$$

式中,φ_{xy},φ_{yy} 分别为对应的同极化反射相位和交叉极化反射相位。从图 6.2(a) 中可以看出,对于工作状态一来说,r_{yy} 和 r_{xy} 互相交缠,且在 34.83 GHz 和 42.1 GHz 两个频点处幅值相等,相位差始终保持 – 90°,所以对于 y 极化入射波,其反射波将被转换为右旋圆极化波。当翻转该超材料线 – 圆极化转换器至工作状态二时,r_{yy} 和 r_{xy} 在 20.45 ~ 31.05 GHz 频域内相互靠近,相位差始终保持 90°,所以对于该状态,y 极化入射波将被转换为左旋圆极化波。所以,可以初步认为,翻转前后均满足实现线 – 圆极化转换的条件。

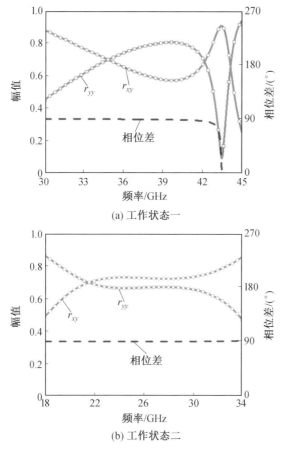

(a) 工作状态一

(b) 工作状态二

图 6.2　两种工作状态下的同极化反射幅值 r_{yy}、交叉极化反射幅值 r_{xy} 和对应相位差 $\Delta\varphi$

　　为了更直观地展示该石墨烯超材料线 – 圆极化转换器的工作性能和可调谐特性,图 6.3(a) 和图 6.3(b) 给出了两种工作状态下的轴比曲线。将该超材料线 – 圆极化转换器水平放置时,在重力的作用下,液态金属流入且充满两个 Ⅰ形玻璃腔,此时对于垂直入射的线极化波(沿 – z 轴方向),该超材料线 – 圆极化转换器可以在 32.42 ～ 42.82 GHz 频域内将其转换为圆极化波,相对带宽为 27.64%;将超材料线 – 圆极化转换器90° 翻转至垂直摆放时,液态金属流入且充满十字形玻璃腔,而当电磁波再次垂直入射时(沿 – x 轴方向),线 – 圆极化转换范围对应转移到18.88 ～ 32.86 GHz,相对带宽为 54.04%。两种状态下均可实现超宽带线 – 圆极化转换,且频带衔接性良好。

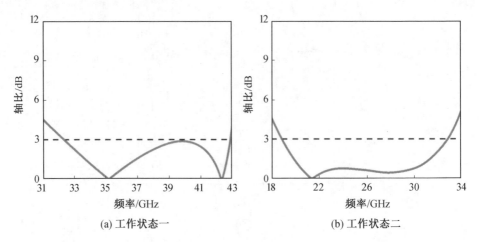

(a) 工作状态一　　　　　　　　　(b) 工作状态二

图 6.3　　两种工作状态下的轴比曲线

6.1.3　参数讨论与分析

为了进一步分析结构参数对结果的影响,对部分关键参数进行参数扫描。图 6.4(a) 和图 6.4(b) 分别给出了结构参数 b 对工作状态一下轴比的影响和结构参数 c 对工作状态二下轴比的影响。从图 6.4(a) 中可以看出,结构参数 b 的降低对高频轴比为 0 dB 的谐振点几乎不产生影响,而低频轴比为 0 dB 的谐振点则会缓慢向更低频处移动,工作频带中部轴比略有恶化。而对于结构参数 c,在 c 增大的同时,整体轴比迅速降低到 3 dB 以下,低频轴比为 0 dB 的谐振点向高频偏移并逐渐消失,而高频轴比优化后出现一个轴比为 0 dB 的谐振点。经过对低轴比和宽带宽的综合考虑,最后选取 $b = 0.42$ mm 和 $c = 2.75$ mm,此时工作状态一 3 dB 轴比频带为 32.42 ～ 42.82 GHz,工作状态二 3 dB 轴比频带为 18.88 ～ 32.86 GHz。

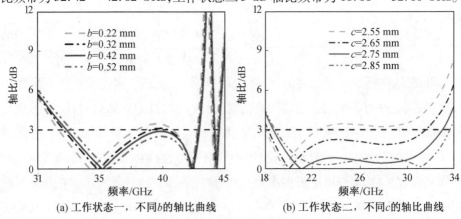

(a) 工作状态一,不同 b 的轴比曲线　　　(b) 工作状态二,不同 c 的轴比曲线

图 6.4　　两种工作状态下,不同参数对应的轴比曲线

6.1.4　极化转换器的工作机理分析

为了更清晰地阐明所提出的极化转换器的物理工作机制,在图 6.5 和图 6.6 中分别给出了工作状态一和工作状态二的顶层谐振单元和底层反射板上的电流分布。对于工作状态一,图 6.5(a) 和图 6.5(b) 分别给出了当 u 极化波和 v 极化波垂直入射时,顶层谐振单元和底层反射板在 34.65 GHz 处的电流分布图(u 轴和 v 轴分别为 xOy 面上沿 $\pm45°$ 的一对正交轴)。可以看出,当 u 极化波垂直入射时,顶层电流主要集中在汞谐振单元上(电流 1、2),而底层电流 3 可分解成正交电流 4 和电流 5,电流 1 与电流 4 反向平行,电流 2 与电流 5 反向平行,所以这会在顶层和底层之间形成电流环流,进而产生磁谐振。当 v 极化波垂直入射时,电流分布情况与 u 极化波垂直入射时正好相反,底层电流 8 可分解成两个正交方向上的电流 9 和电流 10,分别和顶层电流 6 和电流 7 方向相同,进而会产生电谐振。对于工作状态二,图 6.6(a) 和图 6.6(b) 分别给出了当 m 极化波和 l 极化波垂直入射时,顶层谐振单元和底层反射板在 21.36 GHz 处的电流分布图(m 轴和 l 轴分别为 zOy 面上沿 $\pm45°$ 的一对正交轴)。底层电流 13、18 可分别被分解为两两相互垂直的电流 14、15 和电流 19、20,无论是对于 m 极化入射还是 l 极化入射,顶层谐振电流 11、12、16、17 都分别与底层分解后的电流 15、14、20、19 反向平行,这样就会形成电环流,从而产生磁谐振。所以无论是旋转前还是旋转后,均能产生大量的有效谐振现象,这是设计在两种状态下均能产生超宽带线 – 圆极化转换的转换器的关键机理。

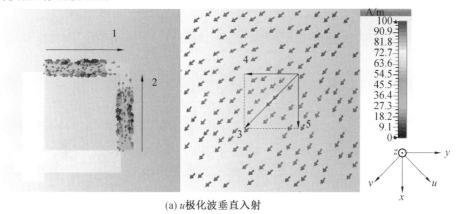

(a) u 极化波垂直入射

图 6.5　对于工作状态一,当 u 极化波和 v 极化波垂直入射时,顶层谐振单元和底层反射板在 34.65 GHz 处的电流分布图

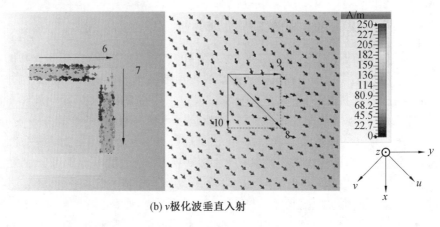

(b) v极化波垂直入射

续图 6.5

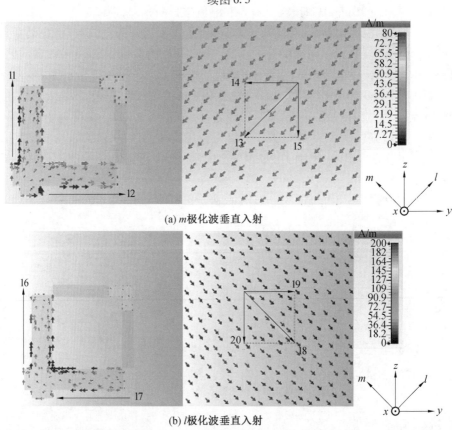

(a) m极化波垂直入射

(b) l极化波垂直入射

图 6.6　对于工作状态二,当 m 极化波和 l 极化波垂直入射时,顶层谐振单元和底层反射
板在 21.36 GHz 处的电流分布图

6.2　基于重力场调控的可重构全向圆极化天线

6.2.1　天线结构设计

图 6.7 为所提出的基于重力场调控的可重构全向圆极化天线的结构图,可以看出,该天线的主要结构包括馈电网络、四边侧壁上共形的玻璃腔、玻璃腔中封装的液态金属汞。由图 6.7(a) 可以看出,倾斜玻璃腔由容积较大的主玻璃腔和

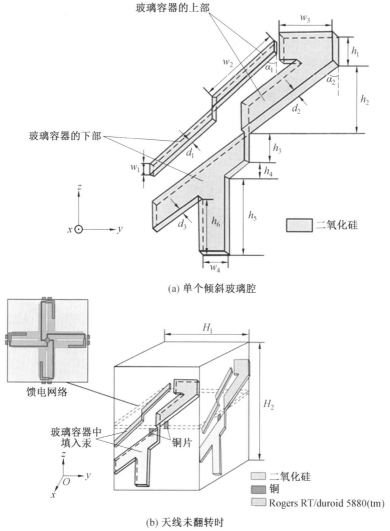

(a) 单个倾斜玻璃腔

(b) 天线未翻转时

图 6.7　基于重力场调控的可重构全向圆极化天线的结构图

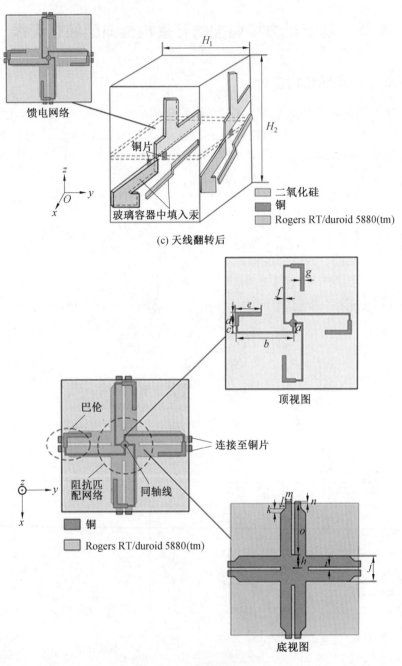

(c) 天线翻转后

(d) 馈电网络

续图 6.7

较小的附加玻璃腔组成,主玻璃腔包括倒 L 形的上层结构和倒 Y 形的下层结构,二者相互连通,且容积相同(均为 54.4 mm³);附加玻璃腔均为倾斜的平行六面体结构,上下部分相互连通,容积相同(均为 10.8 mm³)。倾斜的主玻璃腔与垂直方向夹角为55°,倒 L 形的上层结构厚度为 0.24 mm,倒 Y 形的下层结构厚度为 0.196 mm;倾斜的附加玻璃腔的宽度均为 3 mm,长度均为 23.5 mm,厚度均为 0.24 mm,与垂直方向夹角均为50°。上述玻璃腔的玻璃厚度均为 0.02 mm,相对介电常数为2.5,损耗角正切值为 0.002。图 6.7(d)所示的馈电网络顶层的金属贴片起到阻抗匹配的作用,与底层金属底板的缝隙耦合,实现宽频带内的阻抗匹配;底层金属底板与铜金属片相连接,铜金属片另一端与玻璃腔中的汞接触,从而对玻璃腔中的汞馈电激励。馈电网络介质基板材料为 Rogers RT/duroid 5880(tm),介电常数为2.2,损耗角正切值为 0.000 9,介质基板边长为 50 mm,厚度为 0.8 mm。该天线的具体结构参数见表 6.2。

表 6.2　所提出天线的具体结构参数

参数	a	b	c	d	e	f	g	h
数值/mm	4.2	23	3.2	6	10	0.3	2	5
参数	i	j	k	l	m	n	o	d_1
数值/mm	1.2	12	2.5	2.5	2.4	0.12	20	0.24
参数	d_2	d_3	w_1	w_2	w_3	w_4	h_1	h_2
数值/mm	0.24	0.196	3	23.5	13.4	7.5	7.5	17.5
参数	h_3	h_4	h_5	h_6	α_1	α_2	H_1	H_2
数值	7.5 mm	4.4 mm	22.3 mm	17 mm	50°	55°	50 mm	70 mm

由于各个相互导通的玻璃腔的容积均相等,通过翻转该天线,液态金属汞会在重力场的作用下流动并充满对应的玻璃容器,以形成不同的谐振单元,从而实现工作频带的动态调控。

6.2.2　数值仿真和测试结果

由前面的天线结构可知,该天线各个相互导通的玻璃腔的容积相等,通过翻转该天线,液态金属汞会在重力场的作用下流动并充满对应的玻璃容器,从而形成两种具有不同谐振结构的状态,我们将天线未翻转时设为状态一,天线翻转后设为状态二。为了验证该频率可重构天线的可行性,制造了该天线的等效实物,并进行了测试,所提出天线的等效实物图如图 6.8 所示。

(a) 状态一时的等效天线实物　(b) 状态二时的等效天线实物

(c) 馈电网络的上层结构　　(d) 馈电网络的背部结构

图 6.8　所提出天线的等效实物图

图 6.9 为状态一时的仿真和测试曲线,由图中可以看出,状态一时,该天线仿真的 – 10 dB 阻抗匹配相对带宽为 44.3%(2.37 ~ 3.72 GHz),相应的测试结果为 36.7%(2.53 ~ 3.67 GHz);仿真和测试的 3 dB 轴比相对带宽分别为 18.9%(2.83 ~ 3.42 GHz) 和 16.1%(2.85 ~ 3.35 GHz)。图 6.10 为该天线状态二时的仿真和测试曲线,其中,仿真和测试的阻抗匹配相对带宽分别为 40.7%(2.35 ~ 3.55 GHz) 和 38.8%(2.34 ~ 3.47 GHz),仿真轴比相对带宽为 22.9%(2.40 ~ 3.02 GHz),相应的测试结果为 18.5%(2.46 ~ 2.96 GHz)。考虑到加工精度和测试存在一定误差,该天线的仿真和测试结果在误差范围内匹配较好。综上,通过翻转天线,利用重力场的作用,该全向圆极化天线可以在 18.9%(2.83 ~ 3.42 GHz) 和 22.9%(2.40 ~ 3.02 GHz) 这两个有效宽频带内实现频率可重构。

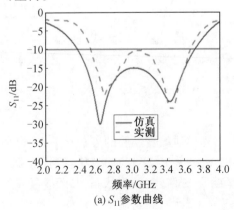
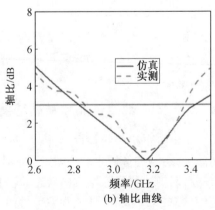

(a) S_{11} 参数曲线　　　　(b) 轴比曲线

图 6.9　该天线状态一时的仿真和测试曲线

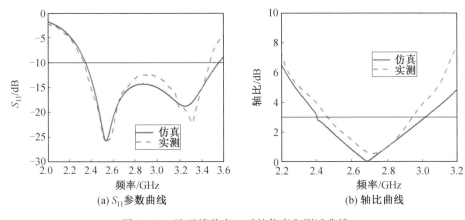

(a) S_{11} 参数曲线　　　　　　　　(b) 轴比曲线

图 6.10　该天线状态二时的仿真和测试曲线

图 6.11 和图 6.12 分别为该天线状态一时在 3.2 GHz 处和状态二时在 2.7 GHz 处的垂直面($\varphi = 0°$)和水平面($\theta = 90°$)的仿真和测试的辐射方向图,从图中可以看出,测试和仿真的辐射方向图大致保持变化趋势一致,部分有差异的地方也在误差允许范围内。由两个状态的辐射方向图可以看出,垂直面的方向图均为"∞"形,最大辐射方向为 $\theta = 90°$ 方向,半波宽度为 60°,且在半波宽度内,右旋圆极化比左旋圆极化大 15 dB 以上。两个状态的水平面的方向图均为全向圆形,且不圆度小于 1 dB,在 360° 全向范围内,右旋圆极化比左旋圆极化大 15 dB 以上。综上,该可重构全向圆极化天线在两个状态下均保持了良好的全向圆极化辐射性能。

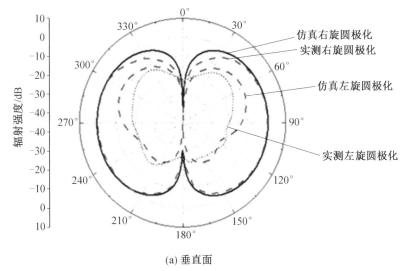

(a) 垂直面

图 6.11　状态一时在 3.2 GHz 处的仿真和测试的辐射方向图

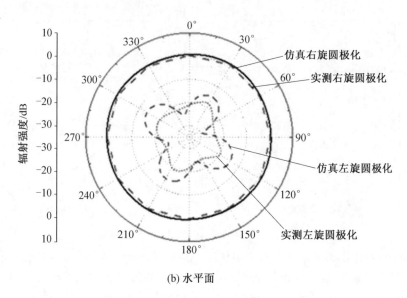

(b) 水平面

续图 6.11

图 6.13 为两个状态下最大辐射方向上($\theta = 100°, \varphi = 0°$)的仿真和测试的增益曲线。由图中可以看出,状态一的仿真增益在频段内几乎保持不变(最小为 0.69 dBic, 最大为 0.73 dBic), 状态二的增益随着频率的增大而减小(最小为 0.44 dBic, 最大为 0.78 dBic)。各频点测试的增益普遍比仿真的小, 这是由于现实测试时并非理想环境, 必然存在不同程度的损耗。

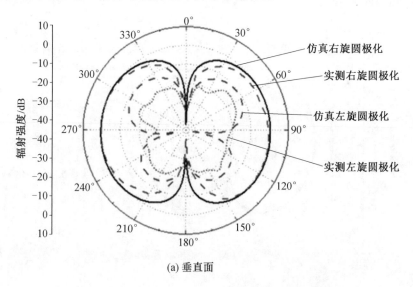

(a) 垂直面

图 6.12 状态二时在 2.7 GHz 处的仿真和测试的辐射方向图

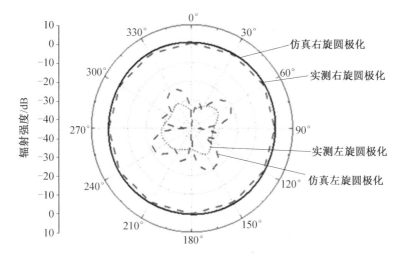

(b) 水平面

续图 6.12

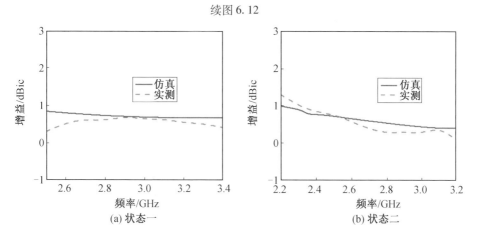

(a) 状态一 　　　　　　　　　　　(b) 状态二

图 6.13　两个状态下最大辐射方向上的仿真和测试的增益曲线

6.2.3　参数对天线性能的影响

为了说明该可调谐宽带全向圆极化天线的特性,基于状态二,研究倾斜角度 α_2 和上倾斜振子宽度 h_1 对该全向圆极化天线性能参数的影响。

倾斜角度 α_2 对 S_{11} 参数曲线和轴比曲线的影响如图 6.14 所示,α_2 的值分别为 $58°$、$55°$ 和 $52°$。由图中可以看出,随着 α_2 的增大,-10 dB 的阻抗带宽基本不变,但谐振点的深度略有变浅,因为倾斜角度对辐射尺寸的影响有限,因此对阻抗匹配的影响很小。图 6.14(b) 显示了当 α_2 增大时,3 dB 轴比带宽的左边界频率从 2.86 GHz 分别移动到 2.72 GHz 和 2.59 GHz。显然,由于倾斜角度的影响,轴比通带向低频方向移动,这是因为倾斜角度的改变引起水平和垂直方向分量的振幅改变,从而影响到远场全向水平极化和垂直极化的振幅,使得轴比通带改变。

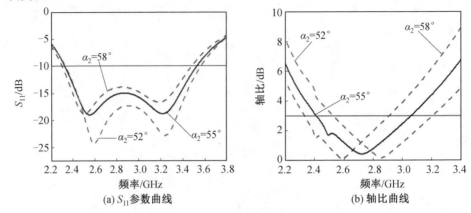

图 6.14 倾斜角度 α_2 对 S_{11} 参数曲线和轴比曲线的影响

在图 6.15 中,给出了上倾斜振子宽度 h_1 对 S_{11} 参数曲线和轴比曲线的影响,不同 h_1 的取值为 5.5 mm、7.5 mm 和 9.5 mm。如图 6.15(a)所示,当 h_1 增大时,第一个共振频率点的深度从 -16.5 dB 变为 -20.7 dB 和 -27 dB,第二个共振频率点的深度从 -10.8 dB 变为 -19.3 dB 和 -43.5 dB。上倾斜振子宽度 h_1 直接影响了谐振结构,从而改变天线的输入阻抗,使得天线与 50 Ω 的传输线无法阻抗匹配,从而导致阻抗带宽的减小。图 6.15(b)表示当 h_1 改变时,轴比通带基本不变,这是因为垂直极化和水平极化分量随 h_1 的改变而改变,并且在工作带宽内保持大致相等。综上所述,当 $\alpha_2 = 55°$ 和 $h_1 = 7.5$ mm 时,阻抗匹配和轴比带宽达到最佳解。

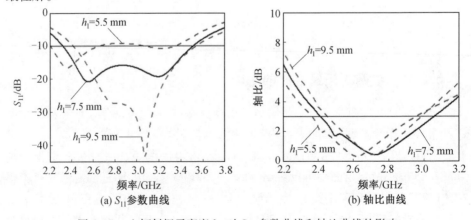

图 6.15 上倾斜振子宽度 h_1 对 S_{11} 参数曲线和轴比曲线的影响

6.2.4　天线的工作原理分析

在图 6.16 中,给出了该基于重力场调控的全向圆极化天线的单个立体倾斜振子在状态一的 3.2 GHz 和状态二的 2.7 GHz 处的表面电流分布图。由图中可以看出,两个状态下的附加玻璃腔均有电流分布,而附加单元不与馈电结构直接相连,这表明了附加的倾斜辐射单元与主辐射倾斜振子产生了耦合共振,可以起到拓宽阻抗匹配带宽的作用。

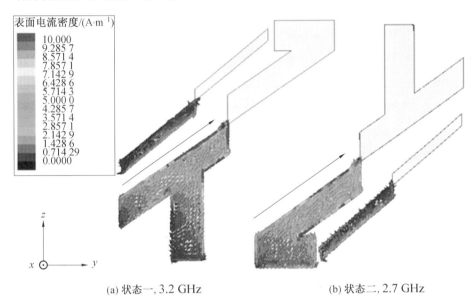

(a) 状态一, 3.2 GHz　　　　　　　　(b) 状态二, 2.7 GHz

图 6.16　该天线两个状态下的表面电流分布

表面电流的分布可以进一步解释该全向圆极化天线的实现原理,各谐振单元上的电流都是斜向分布的,并且将 4 个谐振单元分布在天线四周构成全向结构,使其能够全向辐射电磁波,可以看作相同振幅的全向水平极化波和垂直极化波的组合。在远场,二者会自然产生 90° 的相位差,以满足产生全向右旋圆极化波的条件。另外,从两个状态的电流分布可以看出,状态一和状态二下有电流分布的谐振单元分别为玻璃腔的上、下结构,这表征了液态金属在两部分之间的流动。

6.3　基于重力场调控的共面波导圆极化天线

6.3.1　天线结构设计和重力场液态金属的特性分析

本小节介绍了一种新型的共面波导圆极化天线,其通过垂直旋转天线,利用重力场在大范围内调节天线的工作频带。由于封装在天线玻璃容器中的液态金属汞的流动性,当天线转动时,汞在重力的作用下会流向不同方向的金属谐振单元。该天线采用金属反射面和主辐射贴片位于介质基板同一侧的共面波导。介质基板由 FR-4 制成,金属辐射片和金属反射面由铜制成。从主辐射片上分离的两个金属分支通过玻璃容器连接到主辐射片上。为了验证设计的合理性,制作并测量了等效原型。在合理的误差范围内,测量结果与模拟结果基本一致。测量结果表明,当天线沿 x 轴逆时针旋转90°时(状态一),10 dB 的回波损耗相对带宽为 13.5%(4.54 ~ 5.2 GHz),3 dB 轴比相对带宽为 13.8%(4.5 ~ 5.17 GHz)。当天线沿 x 轴顺时针旋转 90° 时(状态二),10 dB 的回波损耗相对带宽为 23%(3.73 ~ 4.7 GHz),3 dB 轴比相对带宽为 23%(3.73 ~ 4.7 GHz),同时也在天线工作范围内。在两种不同工作状态下,该天线能有效覆盖5G 通信频段。

所设计的液态金属共面波导圆极化天线的结构如图 6.17 所示。图 6.17(a) 是天线的俯视图,图 6.17(b) 所示为天线的金属反射面,图 6.17(c) 所示为包含汞的玻璃容器,图 6.17(d) 是每个枝节的放大视图,图 6.17(e) 是工作在状态一时的天线图,图 6.17(f) 是工作在状态二时的天线图。该圆极化天线由 FR-4 介质基板($\varepsilon_r = 4.7, \tan\delta = 0.002, h = 1.6$ mm)、微带馈电线及附于所述电介质基板上的辐射片和金属反射面组成。以上所有金属器件都是铜(Cu) 做的。微带馈电线由一个1/4 阻抗变压器、一个开口的共面波导短接(测量值为 $W_4 \times L_4$) 和一条 50 Ω 的微带线(测量值为 $W_5 \times L_5$) 组成。顶层辐射片包括主辐射片和两个不同形状的分支,其左、右分支分别为 L 形和 T 形。在介质平面周围的金属反射面上开有一个 $h_2 \times K_2$ 的孔径。两个金属辐射分支通过玻璃容器连接到主辐射片。玻璃容器由两个体积相同的矩形玻璃容器和一个连接两侧玻璃容器的玻璃管组成。利用 HFSS 软件对天线进行了仿真,改进了参数分析和数值模拟,获得了较好的天线性能。表 6.3 给出了这种天线的具体结构参数。

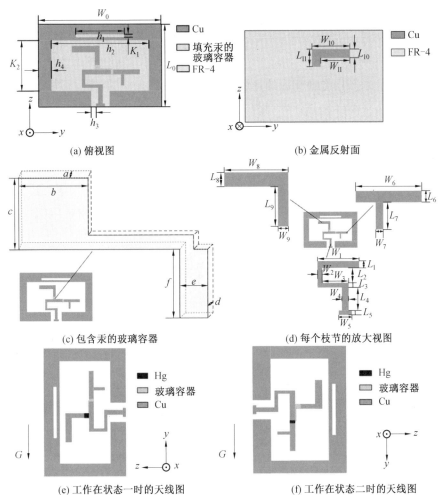

(a) 俯视图　　　　　　　　　　(b) 金属反射面

(c) 包含汞的玻璃容器　　　　　(d) 每个枝节的放大视图

(e) 工作在状态一时的天线图　　(f) 工作在状态二时的天线图

图 6.17　液态金属共面波导圆极化天线的结构

表 6.3　天线的具体结构参数

参数	W_0	W_1	W_2	W_3	W_4	W_5	W_6	W_7	W_8
数值/mm	40	11	1	5.741	1.482	2.825	7.5	1	9
参数	W_9	W_{10}	W_{11}	L_0	L_1	L_2	L_3	L_4	L_5
数值/mm	1.5	9	7.5	26	1.5	3	1	5	1
参数	L_6	L_7	L_8	L_9	L_{10}	L_{11}	a	b	c
数值/mm	1.5	3.5	2	4	2	3	0.018	1.5	1.5
参数	d	e	f	h_1	h_2	h_3	h_4	K_1	K_2
数值/mm	0.054	0.5	1.5	16	32	1.575	4	1	16

采用共面波导技术设计该天线,使天线具有屏蔽能力强、携带方便、损耗低等优点。由于玻璃容器左右两侧的玻璃室体积相等,当天线绕 x 轴顺时针和逆时针旋转时,汞也会随着重力流向不同的玻璃容器。重力场的方向总是垂直于地球表面向下。汞转向导通相应的金属谐振单元,实现天线的可重构性,利用自然重力场改变工作频段。在共面波导端口激励的作用下,金属地板反射面与辐射面形成 90° 的相位差,从而产生圆极化波。

6.3.2 数值仿真结果与测试结果对比

由于工艺条件的限制,用汞制作天线比较困难,所以加工时使用铜代替汞进行验证性实验。由于加工精度达不到仿真的实际值,部分实验数据有轻微偏移,但总体上没有大的差距。实物天线在两种状态下的原型如图 6.18、图 6.19 所示。

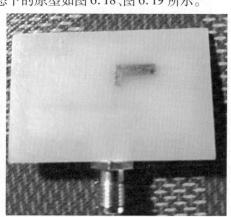

(a) 天线俯视图   (b) 底层金属片

图 6.18 实物天线的原型(状态一)

(a) 天线俯视图   (b) 底层金属片

图 6.19 实物天线的原型(状态二)

如图 6.20 所示,当天线沿 x 轴逆时针旋转 90° 时,汞将精确地流向玻璃容器的左侧,称为状态一,这种天线的仿真 10 dB 阻抗相对带宽为 14.7%(4.4 ~ 5.1 GHz),相应的测量相对带宽为 13.5%(4.54 ~ 5.2 GHz)。仿真和测量的 3 dB 轴比相对带宽分别为 14.7%(4.4 ~ 5.1 GHz) 和 13.8%(4.5 ~ 5.17 GHz),且最小回波损耗可达 - 22 dB。在图 6.21 中,当天线沿 x 轴顺时针旋转 90° 时,汞将准确地流向玻璃容器的右侧,称为状态二,这种天线的仿真 10 dB 阻抗相对带宽为 16.4%(3.9 ~ 4.6 GHz),相应的测量相对带宽为 23%(3.73 ~ 4.7 GHz)。仿真和测量的 3 dB 轴比相对带宽分别为16.4%(3.9 ~ 4.6 GHz) 和 23% (3.73 ~ 4.7 GHz),且最小回波损耗可达 - 34 dB。如上所述,计算结果表明,通过旋转天线,重力场可以调节天线的工作带宽,这允许该天线在 5G 通信频带内有效地改变其工作范围。

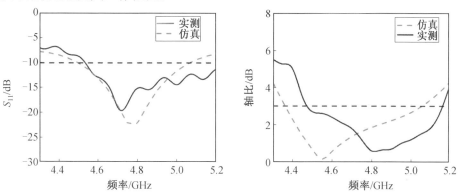

图 6.20　天线在状态一下工作时 S_{11} 和轴比参数的仿真和实测结果

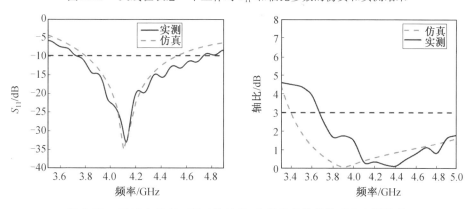

图 6.21　天线在状态二下工作时 S_{11} 和轴比参数的仿真和实测结果

图 6.22 为状态一下 zOx 和 yOx 平面左右旋圆极化图形的仿真和测量对比图 (4.8 GHz)。图 6.23 为状态二下 zOx 和 yOx 平面左右旋圆极化图形的仿真和测量对比图(4.15 GHz)。测量结果与仿真结果基本吻合。在这两种状态下,天线

在 zOx 和 yOx 平面上的左旋圆极化和右旋圆极化方向在各自的主极化方向上具有至少 25 dB 的大间隙。因此,它分离了天线的左右旋圆极化辐射,使天线能够实现良好的圆极化辐射特性,并且沿 x 轴旋转可以节省大量的时间和空间成本。

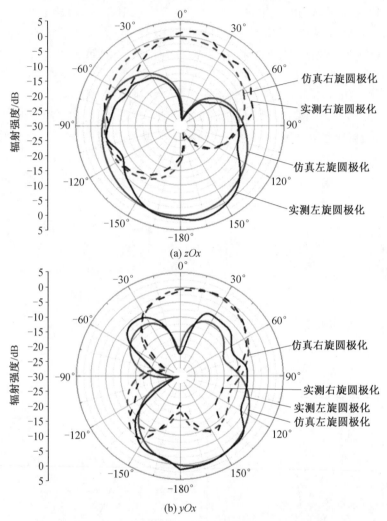

图 6.22 状态一下 zOx 和 yOx 平面左右旋圆极化图形的仿真和测量对比图(4.8 GHz)

由图 6.24(a) 可知,在状态一下,天线的总增益在有效工作频带 4.4 ～ 5.0 GHz 内逐渐减小,在 4.4 GHz 时增益最大可达 1.2 dBic。同时,在图 6.24(b) 中可以清楚地看到,在 3.9 ～ 4.6 GHz 的频率范围内,状态二时天线的增益从 1.4 dBic 提高到了 2.3 dBic。天线在主极化方向($\theta = 0°$)被左旋圆极化和右旋圆极化隔开,3 dB 波束宽度较宽,说明天线的平均增益不是很高。所以,最后通过在介质基板下的相应位置添加一个小金属片,可以稍微提高天线的增益。

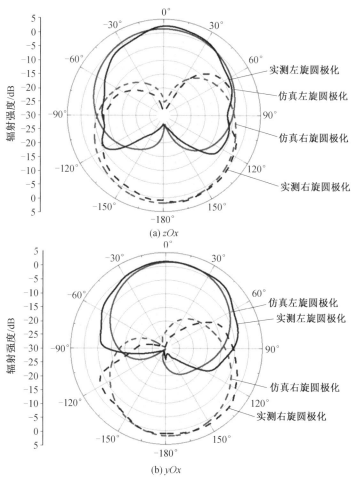

图 6.23　状态二下 zOx 和 yOx 平面左右旋圆极化图形的仿真和测量对比图(4.15 GHz)

图 6.24　主极化方向天线增益的实测和仿真值

6.3.3　参数对天线性能的影响

为了进一步研究这种圆极化天线的圆极化辐射特性,在两种状态下,对 W_8 和 W_6 参数进行详细的讨论分析。仿真结果分别如图 6.25、图 6.26 及图 6.27 所示。如图 6.25 所示,在状态一,其他参数保持不变时,着重分析 W_8 参数。当 W_8 取 8 mm、9 mm 和 10 mm 时,$S_{11}(S_{11} \leqslant -10\text{ dB})$ 的频率区域几乎不变,但3 dB 轴比带宽明显不同,分别覆盖了 4.52 ~ 4.8 GHz、4.4 ~ 5.1 GHz 及 4.4 GHz 至更高频段。显然,当 W_8 的值为 10 mm 时,它具有更好的轴比带宽,但是这里选择 W_8 的值为 9 mm,因为在这种情况下,它的轴比小于 1.5 dB,所提出的天线在 5G 通信频段具有更好的圆极化效果(4.8 ~ 5.0 GHz)。当 W_8 加长($W_8 = 10$ mm)时,3 dB 轴比的最小值在 5.16 GHz 处达到 0.4 dB,但在 4.8 ~ 5.0 GHz 处无法辐射性能较好的圆极化波。由于优化了 W_8 的值,天线在目前要求最高的 5G 通信频段发射出理想的圆极化波。

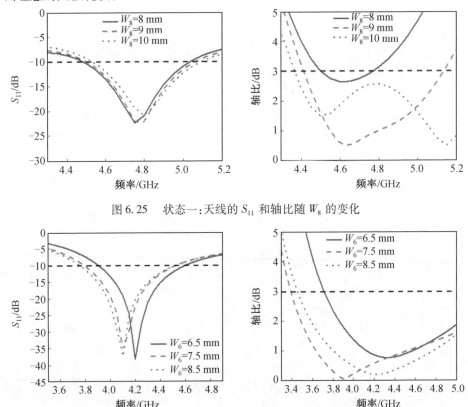

图 6.25　状态一:天线的 S_{11} 和轴比随 W_8 的变化

图 6.26　状态二:天线的 S_{11} 和轴比随 W_6 的变化

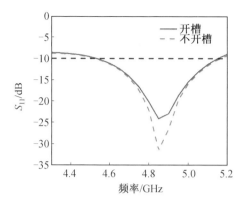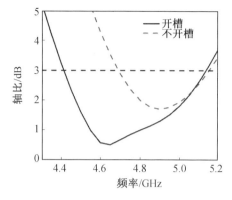

图 6.27　状态一下开槽和不开槽情况下天线的 S_{11} 和轴比

在状态二,其他参数保持不变时,W_6 对 S_{11} 和 3 dB 轴比的影响如图 6.26 所示。从中可以看出,改变 W_6 的长度可以改善圆极化性能,随着 W_6 的减小,天线的谐振点从 4.1 GHz 升到 4.2 GHz,其谐振点的 S_{11} 值从 − 38 dB(4.1 GHz)变为 − 40 dB(4.2 GHz)。它们的阻抗带宽覆盖 3.8 ~ 4.5 GHz 及 3.9 ~ 4.58 GHz。由此可见,所提出的圆极化天线的 3 dB 轴比带宽可以明显提高。

如图 6.27 所示,当在状态一下开有 $h_1 \times K_1$ 的孔径时,会发现天线的谐振点和带宽没有明显变化,但开槽天线的轴比有所改善,其频带变化为 9.1%(4.70 ~ 5.15 GHz)至 14.7%(4.40 ~ 5.10 GHz)。显然,通过开槽,轴比得到了改善。同样,孔径的影响也作用于状态二。开槽改变了天线表面电流的方向和电长度,从而改善了天线的轴比。

6.3.4　天线原理与结果分析

为了说明所述天线的辐射机理,图 6.28 和图 6.29 分别显示了在状态一(4.8 GHz)和状态二(4.1 GHz)下圆极化的实现。在状态一的情况下(图 6.28),在相位 $w_t = 0°$ 时,天线的表面电流沿 − y 轴方向流动。在相位 $w_t = 90°$ 时,天线的表面电流沿 − z 轴方向流动。在相位 $w_t = 180°$ 时,天线的表面电流沿 y 轴方向流动。在相位 $w_t = 270°$ 时,天线的表面电流沿 z 轴方向流动。主辐射片上的电流逆时针流动。右旋圆极化波在 x 轴方向产生,左旋圆极化波在 − x 轴方向产生。在每一相位处,表面电流是正交的,其幅值相等,且具有相反的相位。显然,类似的现象也可以在图 6.29 中观察到。因此,所设计的天线可以分别激发左旋圆极化波和右旋圆极化波。

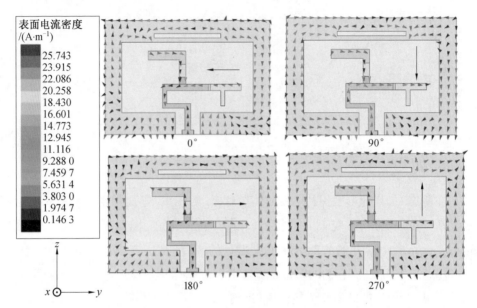

图 6.28 状态一下天线在四个相位处表面电流随时间的变化(4.8 GHz)

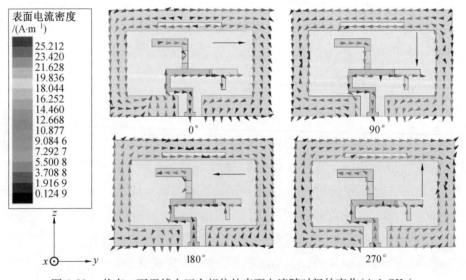

图 6.29 状态二下天线在四个相位处表面电流随时间的变化(4.1 GHz)

6.4　基于重力场调控的电磁吸波器

6.4.1　电磁吸波器的结构设计

如图 6.30 所示,该电磁吸波器采用了新型的电磁吸波器拓扑结构:在保留全金属背板的同时,去除了表面的金属谐振结构,并以液态介质海水为主要损耗材料。该电磁吸波器还采用了堆叠技术,主要结构由两个中心缩放比为 0.9 的相似的谐振结构堆叠组成。本节将未进行比例缩放的结构命名为部件 1,以比例系数 0.9 进行缩放的结构命名为部件 2。部件 1 的周期性单元包括金属背板和两个特殊的 U 形玻璃管道 $(\varepsilon_r = 4.82, \tan\delta = 0)$。背板为厚度为 1 mm 的铜金属板,电导率是 5.8×10^7 S/m。上部 U 形管由三个空心圆柱和两个空同心圆环组成,其外径和内径分别为 3.5 mm 和 3 mm。下部 U 形管放置于挖去一个半圆柱体结构的长方体结构内。长方体结构的长为 24 mm,宽为 10 mm,高为 7 mm。被挖去的半圆柱体直径为 4 mm。两个 U 形管的容积相同,内部分别灌满了相同体积的海水与油液。玻璃和油液为无耗材料,而海水的电导率为 3.51 S/m。油液和海水的相对介电常数分别为 2.33 和 74。由于两个 U 形管接口不完全对齐,将两个 U 形管道相互连接,并在直角 U 形管的顶部放置两片厚 0.01 mm 的薄片以密封管道。该电磁吸波器具有两种工作状态,其中状态一:海水由于重力场作用下沉至直角 U 形管内,而油液由于自身密度的原因上浮至 U 形管内;状态二:海水由于重力场作用下沉至 U 形管内,而油液由于自身密度的原因上浮至直角 U 形管内。图 6.31 为该电磁吸波器结构示意图,部件 1 的具体结构参数见表 6.4,部件 2 所有的结构参数均为部件 1 的 0.9 倍。

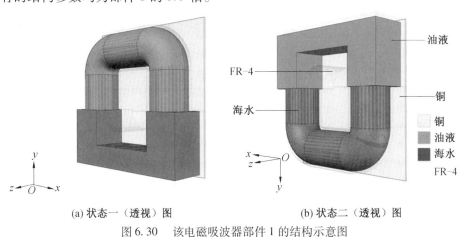

(a) 状态一（透视）图　　　　　　　　　(b) 状态二（透视）图

图 6.30　该电磁吸波器部件 1 的结构示意图

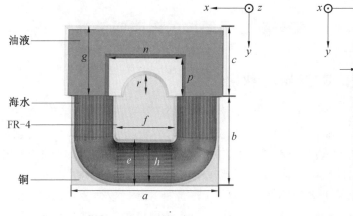

(c) 状态一正视（透视）图 (d) 状态二侧视（透视）图

续图 6.30

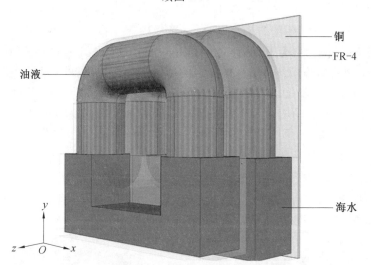

图 6.31　该电磁吸波器结构示意图

表 6.4　部件 1 的结构参数

参数	a	b	c	r	e	f	g	h
数值/mm	24	13.99	10.01	2	7	9	10	6
参数	i	j	k	m	n	p	—	—
数值/mm	0.5	0.5	0.5	9.5	12	6.04	—	—

6.4.2　数值结果仿真

　　本节全波仿真使用的是专业电磁数值仿真软件 —— 三维电磁场仿真软件

(computer simulation technology, CST)，电磁波沿着 $-z$ 轴方向(open add space 条件)垂直入射，在 x 轴、y 轴方向上设置周期性边界，采用频域求解器(frequency domain solver)来得到相应曲线并计算吸收率。

为了展示比例堆叠技术对拓展吸收的相对带宽的作用，图 6.32 给出了基于重力场可调控的宽带电磁吸波器(仅由部件 1 构成)的吸收频谱。如图 6.32 所示，在 TM 极化波入射的情况下，状态一和状态二呈现出两段完全不同的吸收带宽(吸收率大于 0.9 的区域)。TM 极化波被定义为传播方向上的电场与 x 轴平行，而传播方向上的磁场与 y 轴平行。在状态一下，该电磁吸波器的吸收率高于 0.9 的频带为 8.13 ~ 10.80 GHz(相对带宽为 28.21%)。在 $x-y$ 平面水平旋转 $180°$ 之后，经由重力场调控作用，具有不同密度的海水和油液的位置及所构成谐振器的形状会发生改变，因而，该电磁吸波器的吸收频带($A(\omega) > 0.9$)相应地会从 8.13 ~ 10.80 GHz 变为 6.50 ~ 8.19 GHz(相对带宽为 23.01%)。显然，该电磁吸波器(仅由部件 1 构成)的工作频带可以通过自身旋转来完成调控。

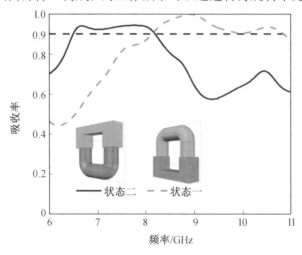

图 6.32　基于重力场可调控的宽带电磁吸波器(仅由部件 1 构成)的吸收频谱

为了获得更大的相对带宽，图 6.33 给出了将部件 1 和部件 2 堆叠后的结构所产生的吸收频谱。显而易见，部件 1 和部件 2 的组合提高了吸收性能。对于 TM 极化波，状态一在频段 5.6 ~ 7.91 GHz 内可以获得高于吸收率 0.9 的宽带吸收现象，其吸收频率带宽和相对带宽分别为 2.31 GHz 和 34.20%。将状态一下的电磁吸波器结构在 $x-y$ 平面进行 $180°$ 旋转后，吸收频段位于 4.32 ~ 5.83 GHz，并且吸收率保持在 0.9 以上，其吸收频率带宽和相对带宽分别为 1.51 GHz 和 29.75%。显然，采用比例堆叠技术后，相对吸收带宽有了明显的提升，达到了设计宽带电磁吸波器的目的。与传统的调控方法相比，重力场调控技术更为简单便捷，并且海水的使用成本较低。

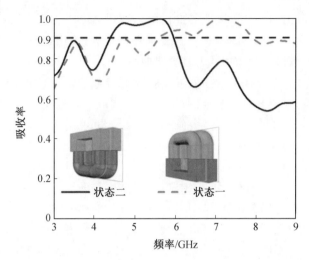

图 6.33　将部件 1 和部件 2 堆叠后的结构所产生的吸收频谱

图 6.34 给出了在两种不同工作状态下,不同入射角度的 TM 极化波入射时的吸收频谱。如图 6.34(a) 所示,在状态一下,吸收带宽随入射角的增大而变宽。垂直入射时,吸收频段的相对带宽为 34.20%;增大到 60° 后,相对带宽提升至 94.60%,吸收带宽从 3.22 GHz 扩展到了 9 GHz。而 15°、30° 和 45° 入射时,吸收频段分布不集中。15° 入射时的吸收频段为 5.66 ~ 8.05 GHz,30° 入射时的吸收频段为 5.80 ~ 9 GHz(吸收率大于 0.89),45° 入射时的吸收频段为 3.37 ~ 3.62 GHz、4.48 ~ 4.94 GHz 和 5.84 ~ 9 GHz。在状态二下,类似的现象可以在图 6.34(c) 中看到。该电磁吸波器在垂直入射时吸收带宽为 4.32 ~ 5.83 GHz,相对带宽为 29.75%。当入射角大于 15° 时,该电磁吸波器的吸收性能有着明显的提升。由图 6.34(a) 和图 6.34(c) 可以观察到,该电磁吸波器拥有良好的角度稳定性,而图 6.34(b) 和图 6.34(d) 则给出了视觉效果更为直观的关系图谱。从图 6.34(b) 和图 6.34(d) 中可以看出,当入射角从 0° 增加到 60° 时,状态一的吸收频段($A(\omega) \geqslant 0.89$) 可以覆盖 6 ~ 8 GHz。在 4 ~ 6 GHz 附近,当入射角的值从 0° 增加到 60° 时,状态二下的吸收区域面积几乎保持不变。由于该电磁吸波器单元设计的特殊性,损耗主要由海水构成的介质谐振和器件本身的磁谐振产生。当 TM 极化波传播时,该电磁吸波器不仅可以获得宽带吸收区,而且在大入射角度时也有较好的吸收性能表现。

图 6.35 给出了在两种不同工作状态下,部件 1 和部件 2 堆叠后的结构在不同极化角下的吸收频谱。由于本节主要讨论 TM 极化波给所设计吸波器带来的影响,所以极化角为 90° 和 0° 时的曲线分别对应于 TM 极化波和 TE 极化波垂直入射时的结果曲线。从图 6.35(a) 中可以看出,在状态一下,当极化角从 90° 变化到 0° 时,吸收带宽随极化角的增大而先减小后增大。极化角为 90° 和 0° 时的吸收带

宽分别为8.13～10.80 GHz和3～4.2 GHz。同样,从图6.35(b)中可以看出,在状态二下,当极化角从90°变化到0°时,吸收带宽在向低频转移的同时先减小后增大,极化角为90°和0°时的吸收带宽分别为6.50～8.19 GHz和3.8～4.7 GHz。可以看出,所设计吸波器是极化敏感的,且TM极化波入射时可以获得宽带吸收区。

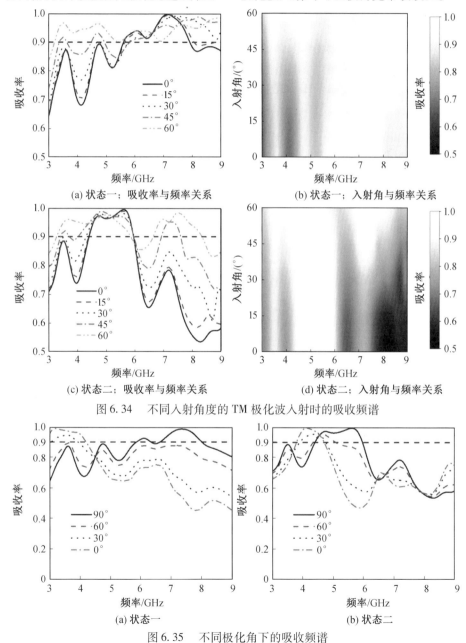

(a) 状态一:吸收率与频率关系

(b) 状态一:入射角与频率关系

(c) 状态二:吸收率与频率关系

(d) 状态二:入射角与频率关系

图6.34　不同入射角度的TM极化波入射时的吸收频谱

(a) 状态一

(b) 状态二

图6.35　不同极化角下的吸收频谱

6.4.3 参数讨论

为了更进一步分析,图6.36(a)和图6.36(c)给出了该电磁吸波器在不同参数r下的吸收频谱。如图6.36(a)所示,状态一下当r取0.5 mm、2 mm时,吸收频段位于5.51 ~ 7.80 GHz、5.60 ~ 7.91 GHz,相对带宽分别为34.41%和34.20%。而r取3.5 mm时,吸收频段中6.46 ~ 6.62 GHz的吸收率没有达到0.9,随着r的变大,吸收频段的相对带宽略微变小。然而,在图6.36(c)中可以发现与状态一不同的趋势。在状态二下,当r取0.5 mm、2 mm和3.5 mm时,吸收频段覆盖在4.29 ~ 5.78 GHz、4.33 ~ 5.83 GHz和4.40 ~ 5.95 GHz之间,相对带宽分别为29.59%、29.53%和29.95%,相对带宽略微变大。根据两种不同状态下r的变化,可以看出该电磁吸波器的吸收性能在状态一和状态二下没有明显的改变,尽管随着r的改变,吸收性能会在较小范围内波动,但不会影响整体趋势,即:介质谐振结构本身的形状对吸收性能的影响并不显著。类似地,在图6.36(b)和图6.36(d)中,可以更直观地看到:当r从0.5 mm增加到3.5 mm时,状态一的吸收区域被分为两个部分,而状态二的吸收区域面积变化不大。为了在两种不同的状态下获得较好的性能参数,r取2 mm是一个最优选择。

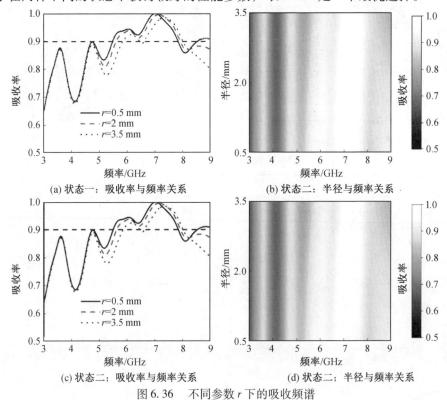

(a) 状态一:吸收率与频率关系   (b) 状态二:半径与频率关系

(c) 状态二:吸收率与频率关系   (d) 状态二:半径与频率关系

图 6.36 不同参数 r 下的吸收频谱

6.4.4　介质材料属性对吸波性能的影响分析

图 6.37(a) 和图 6.37(b) 分别为 U 形管和直角 U 形管由不同介质材料制成时的吸收频谱,三种介质分别是 FR - 4(无损耗)、FR - 4(有损耗) 及玻璃。从图 6.37(a) 和图 6.37(b) 中可以看出,在状态一和状态二下,吸收率高于 0.9 的频段变化范围小于 0.2 GHz,即所在区域没有明显变化,这主要是因为与 FR - 4(无损耗)、FR - 4(有损耗) 和玻璃相比,海水的相对介电常数要大得多。因此,用大多数介质制作 U 形管时,该电磁吸波器的等效介电常数不会有明显的变化。同时,这也意味着该电磁吸波器的阻抗匹配条件基本不受 U 形管材料的影响。该电磁吸波器的能量损耗是由海水的介质谐振和电磁谐振共同引起的。显然,图 6.36 和图 6.37 展现的结果体现出了一致性,即可以从吸收性能的分析得出海水是主要谐振介质,且介质材料和结构不会对吸收性能产生明显的影响。如果 U 形管的介电常数远小于海水的介电常数,则 U 形管的制作材料可以根据应用场合进行不同的选择,以满足实际使用需求。

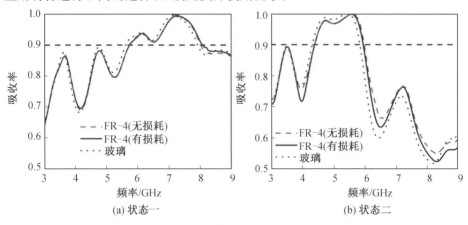

图 6.37　U 形管和直角 U 形管由不同介质材料制成时的吸收频谱

6.4.5　吸收机理分析

图 6.38 给出了在两种不同状态下 TM 极化波入射时该电磁吸波器截面的电场分布图和金属背板的表面电流分布图。从图 6.38(a) 和图 6.38(b) 中可以明显看出,电场能量主要集中在盛放海水的 U 形槽周围。在图 6.38(a) 中,状态二下 4.6 GHz 处的电场能量集中在被黑色实线包围的区域中。类似地在状态一下,如图 6.38(b) 所示,7.1 GHz 处的电场能量主要集中在直角 U 形管的四个角区域中(由四个黑色椭圆标出)。

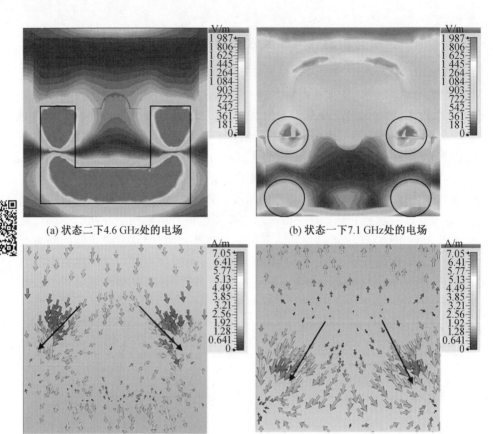

(a) 状态二下4.6 GHz处的电场

(b) 状态一下7.1 GHz处的电场

(c) 状态二下4.6 GHz处的表面电流

(d) 状态一下7.1 GHz处的表面电流

图 6.38　在两种不同状态下该电磁吸波器的电场分布和金属背板的表面电流分布图

此外,从图6.38(c) 和图6.38(d) 中可以看出,金属背板上的表面电流分布是不平行的,并且在金属背板上的两个 U 形管的连接处附近存在大量电流分布。在图6.38(c) 中,黑色箭头说明了表面电流的主要方向是朝向存在海水的管道两端。类似的趋势可以在图6.38(d) 中看到(黑色箭头)。由图6.38可以得出电场集中在海水所在的区域,表面电流集中在金属背板的两个区域。管道内电场集中的地方可以等效于正电荷。类似地,表面电流主要集中的区域可以等效于负电荷。因此,金属背板和谐振结构可以充当电偶极子,根据谐振机理,此时产生磁谐振;即当 TM 极化波传播至该电磁吸波器时,由于阻抗匹配,磁谐振损耗了一部分入射的电磁波。

为了进一步阐释该电磁吸波器的吸收机理,图6.39(a) 和图6.39(b) 分别给出了两种不同状态下在 4.6 GHz 和 7.1 GHz 频点处横截面上的功率损耗密度图。在部件一和部件二中都存在功率损耗,但两者的密度大小有差别。如

图 6.39(a) 所示,当该电磁吸波器处于状态一时,表示功率损耗的箭头位于管道中部。在图 6.39(b) 中也可以看到到类似现象,在状态二下,表示功率损耗的箭头集中在部件 1 的管道中,所以 TM 极化波的功率损耗主要发生在部件 1 中。由于玻璃和油液本身是无损耗的材料,因此 TM 极化波在这两种材料上几乎不会发生功率损耗。

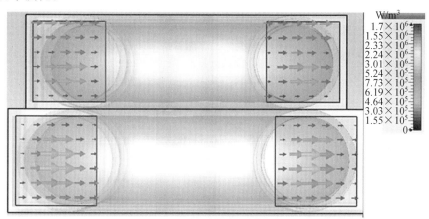

(a) 状态一下7.1 GHz处的仰视图

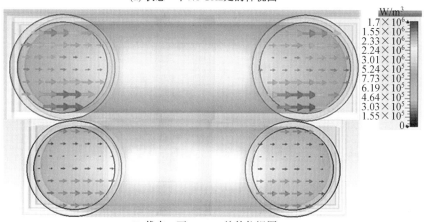

(b) 状态二下4.6 GHz处的仰视图

图 6.39　不同频点处横截面上的功率损耗密度图

图 6.40(a) ~ (d) 给出了该电磁吸波器两种工作状态下不同频点处的功率流图来辅助解释吸收机理。 该电磁吸波器的功率流图以场线形式绘制。图 6.40(a) 和图 6.40(c) 分别展示了在 4.6 GHz(状态二)$x-z$ 和 $x-y$ 平面的功率流图。图 6.40(b) 和图 6.40(d) 分别展示了在 7.1 GHz(状态一)$x-z$ 和 $x-y$ 平面的功率流图。从图 6.40(a) 和图 6.40(b) 中可以看出,在远离谐振结构的空间中,输入的功率流在两种状态下彼此平行。当功率流从外部流入该吸波器的

谐振结构时,穿过部件 1 和部件 2 的大部分功率流在油液所在区域卷曲,并集中在海水所在的区域。可以明显看出,在被油液占据的空间中,功率流变得更加卷曲,类似的现象可以在图 6.40(c) 和图 6.40(d) 中看到。在两种工作状态下,海水区域的功率流密度是其他单位功率流密度的几倍。显然,图 6.36 ~ 6.40 共同说明了海水是该电磁吸波器的主要谐振介质。

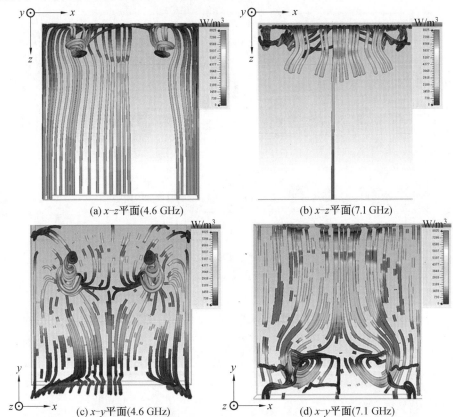

(a) x-z平面(4.6 GHz)   (b) x-z平面(7.1 GHz)

(c) x-y平面(4.6 GHz)   (d) x-y平面(7.1 GHz)

图 6.40   不同工作状态下不同频点处的功率流图

6.4.6   参数反演

为了验证该电磁吸波器的超材料属性,本节基于状态二下的性能曲线进行了参数反演。参数反演是基于等效介质理论进行的。在进行参数反演时,必须在透射率不为 0 的情况下进行计算,但是经典的"三明治"结构采用了金属背板,导致透射率为 0。因此,在进行参数反演时,需要在金属板上预留一些可供电磁波穿过的正方形小孔,并且这些小孔不能靠近相对应的金属谐振结构,这样可以使吸波器的性能在不发生较大改变的同时获得透射,从而进行参数反演。在获

得 S_{11} 和 S_{21} 后可以由式(6.1)和式(6.2)计算出折射率 n 和波阻抗 z：

$$n = \frac{1}{kd}\arccos\left[\frac{1}{2S_{21}}(1 - S_{11}^2 + S_{21}^2)\right] \tag{6.1}$$

$$z = \sqrt{\frac{(1 + S_{11})^2 - S_{21}^2}{(1 - S_{11})^2 - S_{21}^2}} \tag{6.2}$$

在获得 n 和 z 之后，可以对等效磁导率 μ 和等效介电常数 ε 进行计算：

$$\varepsilon = \frac{n}{z} \tag{6.3}$$

$$\mu = nz \tag{6.4}$$

再将式(6.1)和式(6.2)代入式(6.3)和式(6.4)，得

$$\varepsilon = \frac{1}{kd}\sqrt{\frac{(1 - S_{11})^2 - S_{21}^2}{(1 + S_{11})^2 - S_{21}^2}}\arccos\left[\frac{1}{2S_{21}}(1 - S_{11}^2 + S_{21}^2)\right] \tag{6.5}$$

$$\mu = \frac{1}{kd}\sqrt{\frac{(1 + S_{11})^2 - S_{21}^2}{(1 - S_{11})^2 - S_{21}^2}}\arccos\left[\frac{1}{2S_{21}}(1 - S_{11}^2 + S_{21}^2)\right] \tag{6.6}$$

图6.41给出了基于式(6.1)～(6.6)所得到的参数反演结果，由图6.41(a)可以看出，在状态二下，吸收频段内的归一化阻抗在 5.6 GHz(吸收率最高频点)的实部约等于1，虚部约等于0。在该频点处，整体结构与空气达成完美阻抗匹配，且整个吸收频段内归一化表面阻抗的实部都接近1，虚部都接近0。由图6.41(b)和图6.41(c)可以看出，ε 和 μ 在工作频段内均有实部小于0的部分。综上，参数反演的结果证实了超材料属性。

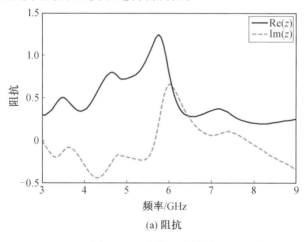

(a) 阻抗

图6.41　参数反演结果

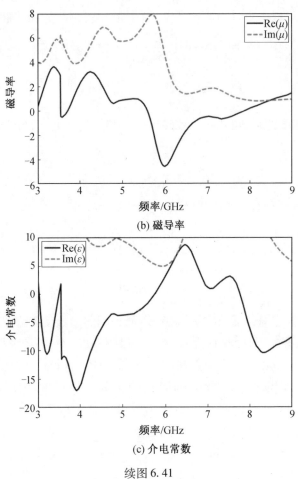

(b) 磁导率

(c) 介电常数

续图 6.41

第7章

非接触式与多物理场调控技术
在功能性器件设计中的应用

7.1　基于二氧化钒材料的多频点 – 宽带可调谐吸波器

7.1.1　多频点 – 宽带可调谐吸波器的单元结构设计

一款多频点 – 宽带可调谐电磁吸波器的结构示意图如图 7.1 所示。为了防止入射电磁波发生透射,该电磁吸波器选用全金属背板,材料为铜,其电导率为 $4.561 \times 10^7 \, \mathrm{S/m}$,厚度为 $0.4 \, \mu\mathrm{m}$。介质基板的材料是相对介电常数为3.5、损耗角为 0 的无损耗的聚酰亚胺,厚度为 $3 \, \mu\mathrm{m}$。顶层谐振单元包括四个相似的谐振结构,厚度为 $0.2 \, \mu\mathrm{m}$,谐振结构1、4相同,谐振结构2、3相同。每个谐振结构均由三部分组成,最外圈为圆环形结构,中间为对角连接的方形环结构,二者材料为二氧化钒;结构中央为金属圆形片,材料为铜。在仿真计算的过程中,在相变温度左右选了两个温度进行计算:高温状态的温度选取 350 K,此时二氧化钒的电导率为 $2.0 \times 10^5 \, \mathrm{S/m}$;低温状态的温度选取 300 K,此时二氧化钒的电导率为 $20 \, \mathrm{S/m}$。

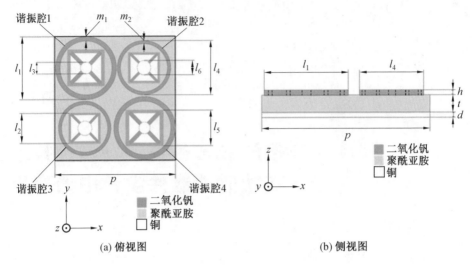

(a) 俯视图   (b) 侧视图

图 7.1 多频点 – 宽带可调谐电磁吸波器结构示意图

相关结构参数：$d = 0.4\ \mu m, h = 0.2\ \mu m, l_1 = 38\ \mu m, l_2 = 21\ \mu m, l_3 = 10\ \mu m, l_4 = 34\ \mu m,$

$l_5 = 23\ \mu m, l_6 = 12\ \mu m, m_1 = 2\ \mu m, m_2 = 1\ \mu m, p = 80\ \mu m, t = 3\ \mu m$

7.1.2 数值仿真结果

仿真模拟在商业软件 HFSS 中进行，电磁波在仿真过程中沿 $-z$ 方向垂直入射到吸波结构的表面，设置主从边界对周期性边界进行模拟，同时设置 Floquet 端口模拟电磁波的入射。

多频点 – 宽带可调谐电磁吸波器在不同温度下的吸收曲线图如图 7.2 所示。该电磁吸波器是极化不敏感的，当温度为 350 K 时，该电磁吸波器吸收率高于 0.9 的吸收区域为 10.04 ～ 16.22 THz，相对带宽为 47.1%。该电磁吸波器在 300 K 时有五个吸收率超过 0.9 的吸收频点，对应的频率为 6.11 THz、9.51 THz、12.81 THz、16.07 THz 和 17.55 THz，相应的吸收率分别为 0.946、0.966、0.965、0.999 和 0.987。因此可以根据应用需求，通过控制温度来实现不同的吸收效果。

图 7.3 所示为该电磁吸波器在不同入射角度下的吸收曲线图。从图中可以看出，当入射角度分别为 10°、20°、30°、40°、50°、60°、70° 时，对应的吸收区间分别是 10.24 ～ 16.38 THz、10.33 ～ 17.17 THz、11.23 ～ 14.66 THz 和 14.86 ～ 18.16 THz、12.05 ～ 14.64 THz、12.69 ～ 14.46 THz、13.64 ～ 15.44 THz、14.21 ～ 15.68 THz。值得注意的是当入射角度为 30° 时，该电磁吸波器从宽带吸收变成了双峰吸收。该吸波器只能在入射角度小于 20° 的情况下保持相对稳定的吸收。

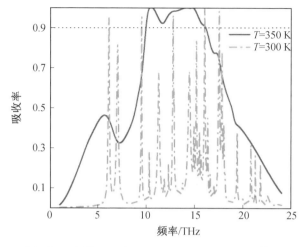

图 7.2　多频点 – 宽带可调谐电磁吸波器在不同温度下的吸收曲线图

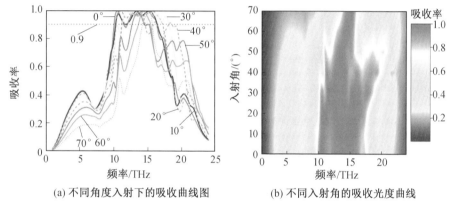

(a) 不同角度入射下的吸收曲线图　　(b) 不同入射角的吸收光度曲线

图 7.3　多频点 – 宽带可调谐电磁吸波器在不同入射角度下的吸收曲线图

7.1.3　结构参数对吸波器特性的影响

在高温状态下该电磁吸波器的吸收性能随结构参数的变化曲线如图 7.4 所示。由图 7.4(a) 和图 7.4(b) 可知,当 l_3 为 2 μm、6 μm、10 μm、14 μm、18 μm 时,对应的吸收区间分别为 9.84 ~ 15.42 THz、9.90 ~ 15.61 THz、10.04 ~ 16.22 THz、10.03 ~ 16.88 THz、10.03 ~ 14.68 THz,相对带宽分别为 44.2%、44.8%、47.1%、50.9% 和 37.6%,吸收带宽先展宽后缩减,吸收频带略向高频移动。由图 7.4(c) 和图 7.4(d) 可知,当 l_6 为 4 μm、8 μm、12 μm、16 μm、20 μm 时,对应的吸收区间分别为 9.95 ~ 12.27 THz、9.99 ~ 15.43 THz、10.04 ~ 16.22 THz、9.98 ~ 15.56 THz 和 9.77 ~ 14.62 THz,吸收带宽先展宽后减小,当 l_6 = 12 μm 时吸收效果最好。图 7.4(e) 和图 7.4(f) 所示是不同介质基板厚度 t

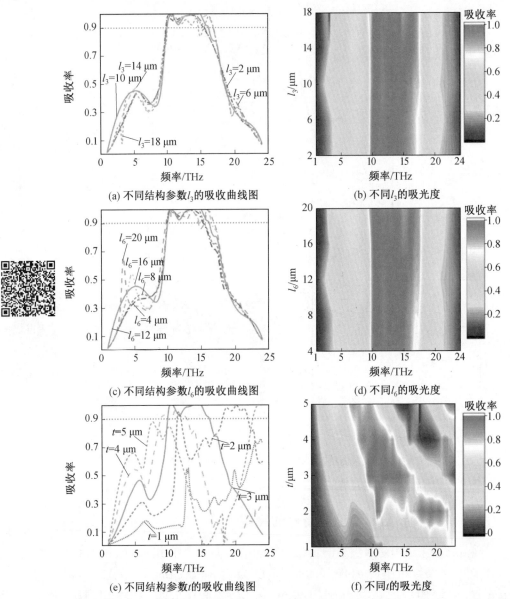

图 7.4　高温状态下多频点－宽带可调谐电磁吸波器的吸收性能随结构参数的变化曲线

所对应的吸收曲线和吸光度图,可以看出当介质基板的厚度 t 变化时,该电磁吸波器的吸收效果会发生很大的变化。当 t 为 1 μm 时,在 0 ~ 25 THz 的范围内没有吸收率超过 0.9 的区域;当 t 为 2 μm、3 μm、4 μm、5 μm 时,该吸波器的吸收率超过 0.9 的吸收区间分别为 18.16 ~ 21.86 THz、10.04 ~ 16.22 THz、10.39 ~ 12.80 THz、22.66 ~ 25 THz。不难看出,当介质基板的厚度逐渐增加到 3 μm 时,吸收区间向低频移动;而当介质基板的厚度从 3 μm 增加到 5 μm 时,吸收区间会向高频移动;介质基板的厚度为 3 μm 时吸收效果最好。由此可以看出,l_3、l_6 和 t 是影响该电磁吸波器吸收效果的重要参数,其中,介质基板的厚度 t 对吸收效果的影响最大。

从不同结构参数 l_1 和 l_4 在高温状态下的吸收曲线图(图 7.5)可以看出,当 l_1 从 35 μm 变化到 39 μm 时,该电磁吸波器的吸收性能几乎不发生变化。同样的情况也发生在 l_4 从 33 μm 变化到 37 μm 的情况下。由此可见,l_1 和 l_4 并不是影响该电磁吸波器吸收性能的重要参数。

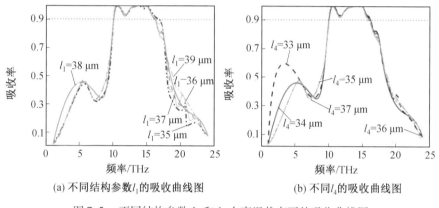

图 7.5　不同结构参数 l_1 和 l_4 在高温状态下的吸收曲线图

7.1.4　吸波器工作原理分析

为了探究该电磁吸波器的工作原理,图 7.6 给出了高温状态下该电磁吸波器在 14.9 THz 处的电场图和表面电流图。如图 7.6(a)所示,对于 TE 波,电场集中的区域是四个谐振结构的中心(在图中标注为"○")。显然,标注"○"的区域可以等效为顶层谐振单元上存在一个正电荷。从图 7.6(b)中还可以看出,该电磁吸波器的表面电流主要集中在整个单元的中心区域。显然,电场和表面电流主要集中的区域是不一样的。对于 TE 波,金属背板的表面电流主要沿 $-y$ 方向流动,而谐振器下方区域的表面电流主要沿 $+y$ 方向流动,可以等效为在金属背板上存在一个负电荷。因此,当电磁波通过该电磁吸波器时,顶层谐振单元和底层金属板可以看作一个电偶极子。入射波的能量主要是由磁谐振损耗的。

图 7.7 是高温状态下该电磁吸波器在 14.9 THz 处的能量损耗图。从图 7.7(a)中可以看出,顶部谐振层的主要能量损耗集中在谐振结构的区域,如图 7.7(a)中标注的"○"区域所示。在图 7.7(b)中也可以观察到类似的现象。由于介质的材料是无损耗的聚酰亚胺,所以在介质基板上没有能量损耗。当发生磁谐振时,能量损耗出现在顶部谐振单元层和底部金属层。

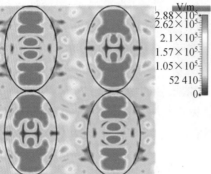

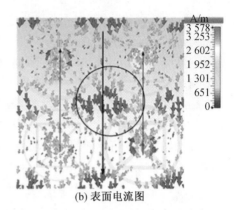

(a) 电场图

(b) 表面电流图

图7.6　高温状态下多频点 – 宽带可调谐电磁吸波器在 14.9 THz 处的电场图和表面电流图(TE 模式)

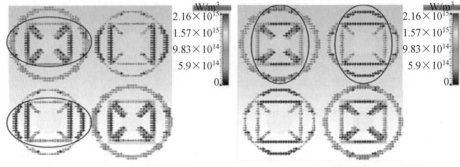

(a) 顶层谐振单元的能量损耗图

(b) 金属背板的能量损耗图

图 7.7　高温状态下多频点 – 宽带可调谐电磁吸波器在 14.9 THz 处的能量损耗图
(TE 模式)

7.2　基于多物理场调控的反射式超宽带线 – 圆极化转换器

7.2.1　极化转换器结构设计

本小节结合固态等离子体的电可调谐性和二氧化钒的温度可调谐性,设计了一款基于多物理场调控(电控和温控)的反射式超宽带线 – 圆极化转换器。该极化转换器主要结构自下而上依次包括:底层的金属反射板,材料选取电导率为 5.8×10^7 S/m 的铜;厚度为 1.5 mm 的第一层介质基板,材料为 Neltec NY9220,介电常数和损耗角正切值分别为 2.2 和 0.000 9;厚度为 0.5 mm 的第二层介质基板,材料为无损二氧化硅,相对介电常数为 4;顶层由一个糖果形铜贴片、固态等离子体谐振单元和二氧化钒谐振单元共同组成。该极化转换器的俯视图、侧视图和立体图分别如图7.8(a)和图7.8(b)所示,详细结构参数见表7.1。

通过编程控制固态等离子体谐振单元的激励状态和通过温度控制二氧化钒谐振单元的相变状态这两种手段,共可实现三种工作状态。当固态等离子体区域均未被激励且 $T < 68$ ℃时(即所有固态等离子体和二氧化钒谐振单元均表现介质特性),定义为工作状态一;当固态等离子体区域均被激励且 $T < 68$ ℃时(即所有固态等离子体谐振单元表现金属特性,而所有二氧化钒谐振单元仍表现介质特性),定义为工作状态二;当固态等离子体区域均未被激励且 $T \geqslant 68$ ℃时(即所有固态等离子体谐振单元表现介质特性,而所有二氧化钒谐振单元表现金属特性),定义为工作状态三。三种工作状态的示意图如图7.8(c)所示。

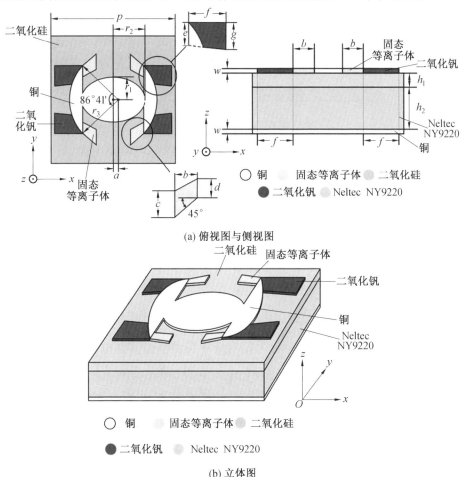

(a) 俯视图与侧视图

(b) 立体图

图7.8　基于多物理场调控的反射式超宽带线－圆极化转换器

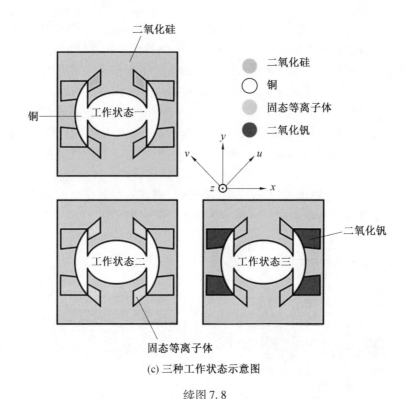

(c) 三种工作状态示意图

续图 7.8

表 7.1　基于多物理场调控的反射式超宽带线 – 圆极化转换器结构参数表

参数	a	b	c	d	e	f	g	h_1
数值/mm	0.241 7	0.48	0.47	0.35	0.68	1.2	0.8	1.5

参数	h_2	p	r_1	r_2	r_3	w
数值/mm	0.5	4.8	0.81	1.158 3	1.87	0.018

对于固态等离子体谐振单元,采用 Drude 模型描述其介电常数,如式(4.1)所示。根据文献,设置高频介电常数 $\varepsilon_p = 12.8$,固态等离子频率 $\omega_p = 2.9 \times 10^{19}$ rad/s,碰撞频率 $\omega_c = 1.65 \times 10^{14}$ s^{-1},ω 为角频率,当固态等离子体单元中的自由电荷浓度较小时,单元处于未激发的本征状态,此时不具有传输电磁波信号的能力,即相当于介质。当固态等离子体单元中的自由电荷浓度增加到一定值时,单元表现为类金属特性。

对于二氧化钒谐振单元,可用电导率来描述其物理特性。当温度 $T < 68$ ℃时,二氧化钒为绝缘态,表现为介质特性,采用 $T = 50$ ℃ 时的电导率10.62 S/m来

等效二氧化钒在绝缘态下的电导率；当温度 $T \geqslant 68$ ℃ 时，二氧化钒处于金属态，表现为金属特性，采用 $T = 80$ ℃ 时的电导率 2.76×10^5 S/m 来等效二氧化钒在金属态下的电导率。

仿真时，采用三维电磁仿真软件 HFSS，在 x 轴和 y 轴方向设置 Master/Slave 边界，电场和磁场分别沿 u 和 v 方向，如图 7.8（c）所示，顶部 z 方向设置 Floquet 端口，模拟电磁波垂直入射。

7.2.2　数值仿真与计算结果

由于该模型采用反射式设计，即底部为全覆盖的铜板，对于所设计的工作在微波波段的极化转换器来说，铜板可以产生零透射现象，所以在数值分析过程中，同样只需考虑反射分量的电磁响应。图 7.9（a）～（c）给出了该线 - 圆极化转换器在三种工作状态下的反射幅值和相位差曲线，其中，红色曲线对应红色左轴，蓝色曲线对应蓝色右轴。其中，图 7.9（a）～（c）中红色正方形符号曲线表示同极化反射系数 r_{uu}，即当入射为 u 极化的电磁波时，接收到的同样是 u 极化的电磁波；红色圆形符号曲线表示交叉极化反射系数 r_{vu}，即当入射为 u 极化的电磁波时，接收到 v 极化的电磁波；蓝色虚线表示反射相位差 $\Delta\varphi = \varphi_{vu} - \varphi_{uu}$，$\varphi_{vu}$ 和 φ_{uu} 分别表示对应的同极化反射相位和交叉极化反射相位。如图 7.9（a）所示，对于工作状态一，r_{uu} 和 r_{vu} 在 14.75 ～ 29.64 GHz 的频率范围内相互靠近，且反射系数在 0.7 附近上下波动；同时，相位差 $\Delta\varphi$ 始终恒定为 90°，所以垂直入射的 u 极化波将被转换为左旋圆极化波。如图 7.9（b）所示，对于工作状态二，r_{uu} 和 r_{vu} 在 15.39 ～22.53 GHz 和 29.20 ～ 35.74 GHz 的频带范围内相互靠近，低频工作范围的相位差始终保持 90°，而高频工作范围的相位差始终保持 270°。所以，在工作状态二下，该极化转换器的部分频带可向高频范围转移，且对于垂直入射的 u 极化波来说，在低频工作范围处可被转换为左旋圆极化波，在高频工作范围处可被转换为右旋圆极化波。如图 7.9（c）所示，对于工作状态三，r_{uu} 和 r_{vu} 在 9.0 ～ 10.34 GHz 和 18.4 ～ 29.1 GHz 的频带范围内相互靠近，低频工作范围的相位差始终保持 - 90°，而高频工作范围的相位差始终保持 90°。所以，在工作状态三下，该极化转换器的频带可向低频范围转移，且对于垂直入射的 u 极化波来说，在低频工作范围处可被转换为右旋圆极化波，在高频工作范围处可被转换为左旋圆极化波。所以可以初步认为，通过外部的逻辑阵列编程控制固态等离子体构成的谐振单元的激励状态（电控）和通过温度控制二氧化钒区域的相变状态（温控），该超宽带极化转换器可以实现在不同频域范围内的线 - 圆极化转换。

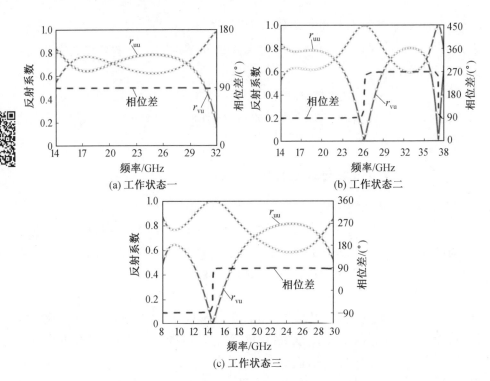

图 7.9　三种工作状态下的反射系数和相位差曲线

为了更充分地展示该多物理场超宽带线－圆极化转换器的工作性能和可调谐特性,图 7.10(a) ～ (c) 给出了该极化转换器分别在工作状态一、工作状态二和工作状态三下的轴比曲线。图 7.10(a) 所示为工作状态一(固态等离子体谐振单元均未被激励,二氧化钒谐振单元均处于绝缘态) 下的轴比曲线,3 dB 轴比带宽为 14.3 ～ 29.7 GHz,相对带宽为 70%。以工作状态一为基础,当切换至工作状态二(固态等离子体谐振单元均被激励,二氧化钒谐振单元均处于绝缘态) 时,3 dB 轴比带宽为 14.4 ～ 23.4 GHz 与 28.6 ～ 35.9 GHz,相对带宽分别为 47.62% 和 22.64%,如图 7.10(b) 所示。而当将该极化转换器切换至工作状态三(固态等离子体谐振单元均未被激励,二氧化钒谐振单元均处于金属态) 时,可以从图 7.10(c) 中看到 3 dB 轴比带宽为 8.4 ～ 11.2 GHz 与 18.7 ～ 29.5 GHz,相对带宽分别为 28.57% 和 44.81%。因此,通过电控的方式可实现工作状态一和工作状态二的切换,线－圆极化转换工作频带能向高频段转移;通过温度调控可实现工作状态一和工作状态三的切换,线－圆极化转换工作频带可向低频段转移。通过合理的参数优化,线－圆极化的频带动态调控范围横跨 X 波段、Ku 波段、K 波段、Ka 波段共四个波段。

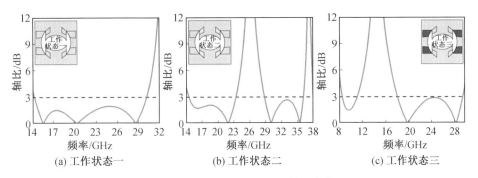

图 7.10　三种工作状态下的轴比曲线

　　角度稳定性一直是人们在设计极化转换器时需考虑的参考指标之一,所以基于工作状态一给出了电磁波斜入射时的轴比曲线,如图 7.11 所示。可以看出当入射角不超过 30° 时,3 dB 轴比带宽稍有减小,但基本保持稳定,轴比变化不大;但当入射角超过 30° 后,18.07 GHz 处的轴比增大,使得 3 dB 轴比频带分裂成两个频带,但轴比始终小于 6 dB。所以可以看出,所设计的极化转换器可在一定的入射角范围内稳定工作。

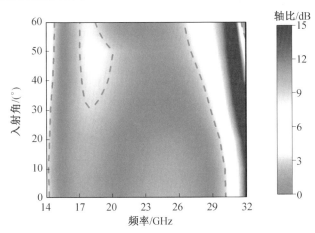

图 7.11　工作状态一电磁波斜入射时的轴比曲线

7.2.3　结构参数对极化转换器性能的影响

　　为了体现结构参数对该超材料线 – 圆极化转换器性能的影响,同样基于工作状态一讨论了参数 r_1 和 r_3 对其轴比频带的影响。图 7.12(a) 给出了其他参数不变的情况下,r_1 取 0.71 mm、0.81 mm、0.91 mm 时的轴比曲线。当 r_1 较大时,3 dB 轴比整体频带较小,仅在 27.6 GHz 处有一个轴比为 0 dB 的谐振点;随着 r_1 的减小,轴比小于 3 dB 的范围向两端拓展,并在低频处新增了两个轴比为 0 dB 的谐振点。但 r_1 如果太小，低频处的轴比将会恶化至大于 3 dB，反而导致工作频带的减小。经过参数优化后发现当 r_1 = 0.81 mm 时，其既能满足低轴比的条件，又能满足宽带宽的条件。同理，图 7.12(b) 所示为其他参数不变的情况下，r_3 取 1.82 mm、1.87 mm、1.92 mm 时的轴比曲线。与 r_1 的情况类似，随着 r_3 增大，低频区域的轴比将会得到优化；但 r_3 增大到一定范围之后，整体频带尤其是高频处的轴比又会出现恶化。经过对轴比和带宽的综合考虑，发现当 r_3 = 1.87 mm 时为最优值，此时 3 dB 轴比频带最大。综上所述，选取 r_1 = 0.81 mm 和 r_3 = 1.87 mm，此时，3 dB 轴比频带为 14.30 ~ 29.70 GHz，相对带宽为 70%。

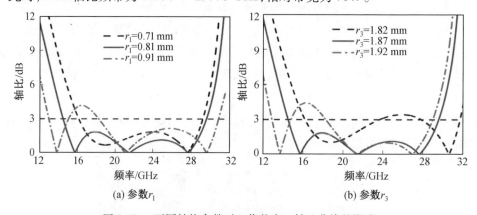

图 7.12   不同结构参数对工作状态一轴比曲线的影响

7.2.4   极化转换器的工作原理分析

为了进一步理解所设计的超材料线 – 圆极化转换器发生极化转换的物理机制，分别给出了每一种工作状态下的表面电流分布图来加以说明。对于工作状态一，图 7.13(a) 和图 7.13(b) 分别给出了顶层谐振单元和底层铜反射板在 15.03 GHz 和 21.3 GHz 处的表面电流分布图。如图 7.13(a) 所示，在 15.03 GHz 处，铜反射板电流 2 可以分别在 x 轴和 y 轴方向上分解成两个相互垂直的电流分量，即电流 3、4。这时可以发现，电流 3 与电流 1 方向相反，这将形成一个电流环流，并进而产生感应磁场 H_1。H_1 可以被等效分解为 u 轴和 v 轴上的两个相互垂直的分量，即 H_{1u} 和 H_{1v}。入射磁场 H 与 H_{1u} 相互垂直而产生了交叉极化；而入射磁场 H 与 H_{1v} 的方向均在 v 轴上，所以该分量不会产生交叉极化。图 7.13(b) 中频点 21.3 GHz 处产生极化转换的原理与此相同。对于工作状态二，图 7.13(c) 给出了顶层谐振单元和底层铜反射板在 32.5 GHz 处的表面电流分布图。对顶层主要的电流流向进行了标注，即电流 11、14、17、20，且它们均可以分解成垂直和水平两个分量。其中，它们对应的水平分量电流 13、15、18、21 的方向与底层铜反射板电流 23 相反,从而形成环流并产生感应磁场 H_{13}、H_{15}、H_{18}、H_{21}。入射磁场 H 与四个感应磁场分解在 u 轴的分量 H_{13u}、H_{15u}、H_{18u}、H_{21u} 相互垂直,产生了极化转换;而感应磁场分解在 v 轴的分量 H_{13v}、H_{15v}、H_{18v}、H_{21v} 与入射磁场 H 方向相同,不会产生交叉极化。对于工作状态三,图 7.13(d)给出了顶层谐振单元和底层的铜反射板在 10 GHz 处的表面电流分布图。同样地,顶层主要电流方向被标注为 24、25,与底层电流 26 方向相反,形成环流并产生感应磁场 H_{24}、H_{25},感应磁场分解在 u 轴的分量 H_{24u}、H_{25u} 与入射磁场 H 方向相互垂直,产生了极化转换;而感应磁场分解在 v 轴的分量 H_{24v}、H_{25v} 与入射磁场 H 方向相同,不会产生极化转换。可以发现,多个磁谐振的生成是实现超宽带工作频带的关键。与此同时,当接触的固态等离子体谐振单元被激励或者二氧化钒谐振单元处于高温状态时,其等效电导率增大,开始表现为明显的金属特性,顶层谐振单元的整体结构发生改变,从而导致电流的纵向或横向分布区域与整体流向有所变化,所以进一步使得线 - 圆极化转换的工作频带向高频或低频区域发生转移。

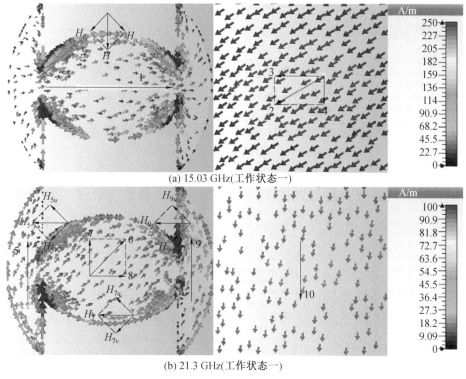

(a) 15.03 GHz(工作状态一)

(b) 21.3 GHz(工作状态一)

图 7.13　三种工作状态下顶层谐振单元和底层铜反射板上的表面电流分布图

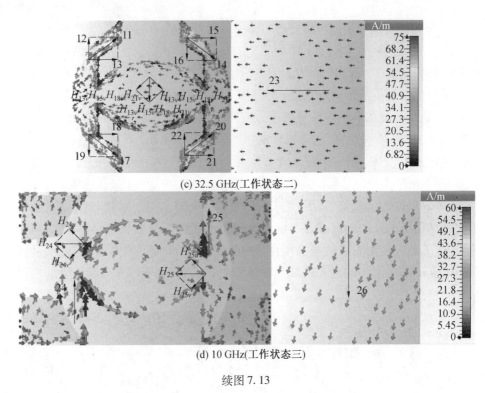

(c) 32.5 GHz(工作状态二)

(d) 10 GHz(工作状态三)

续图 7.13

7.3 基于光控开关的太赫兹超材料吸波器

7.3.1 基于光控开关的太赫兹超材料吸波器结构设计

基于光控开关的超材料吸波器包括表面的金贴片和半导体硅,中间的介质基板使用的材料聚酰亚胺,以及地面的金反射板。其中金的电导率为 4.52×10^7 S/m;硅的介电常数为 11.9,电导率为 $10^{4.93}$ S/m;介质基板聚酰亚胺的介电常数为 3.5,损耗角正切值为 0.002 7。介质表面的贴片由双 Y 形条状结构和嵌套的开口谐振环,并在开口谐振环外围增加分割环形谐振结构来拓宽吸收带宽。所述双 Y 形条状结构中间的光控半导体硅贴片长度为 $l_1 = 2.55$ μm,宽度为 $b = 1.35$ μm;所述 Y 形金属贴片的宽度由中间向外依次增大,呈阶梯形结构,阶梯形结构的长度由内向外依次为 $a = 4.5$ μm,$a_1 = 3$ μm,$a_2 = 3$ μm,$a_3 = 6$ μm;阶梯形结构的宽度从内向外每一层的值依次为其里层宽度的 1.5 倍,且中间阶梯形结构的宽度为 $b = 1.35$ μm。开口谐振环上下对称,开口大小均相同,环形结构间距

为 t_3，该超材料吸波器的结构示意图及结构参数分别如图 7.14 和表 7.2 所示。

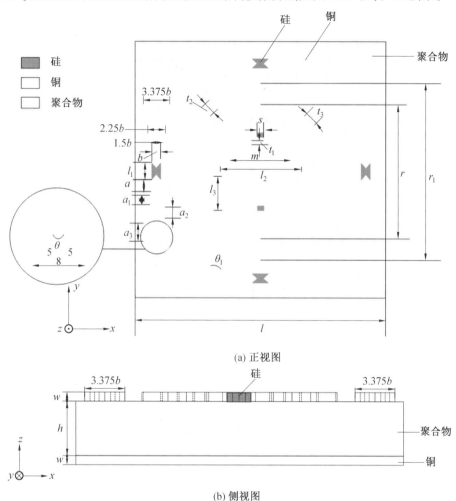

(a) 正视图

(b) 侧视图

图 7.14　光控太赫兹超材料吸波器结构示意图

表 7.2　基于光控开关的太赫兹超材料吸波器结构参数

参数	a	a_1	a_2	a_3	b	w	l
数值/μm	4.5	3	3	6	1.35	0.1	72
参数	l_1	l_2	l_3	s_1	m	t_1	t_2
数值/μm	2.55	24	11	2	18	1	3
参数	t_3	r	r_1	h	$\tan\theta$	$\tan\theta_1$	—
数值/μm	5	40	50	12	8/3	−3/4	—

7.3.2　数值仿真结果

图 7.15 所示是基于光控开关的太赫兹超材料吸波器当硅的电导率为 $10^{4.93}$ S/m 时的吸收曲线。由图 7.15(a) 可知,在频域 1.584 ~ 2.52 THz 内,吸收率在 0.9 以上,相对带宽为 45.6%,且在频点 2.388 THz 处吸收率达到了 0.99 以上,几乎实现了完美吸收;由图 7.15(b) 可知,TM 波的吸收频域为 1.545 6 ~ 2.449 3 THz(吸收率大于 0.9),相对带宽为 45.2%,在频点 1.724 GHz 和 2.208 GHz 处,吸收率分别为 0.955 8 和 0.967 8。所以此吸波器在 TE 和 TM 两种极化模式下都达到了宽带吸收,吸波器吸收是极化不敏感的。

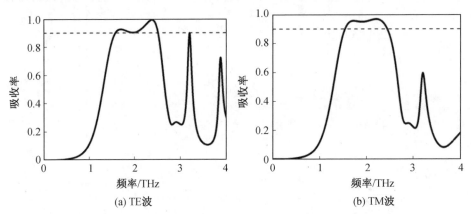

(a) TE 波　　　　　　　　　　　　　　　(b) TM 波

图 7.15　基于光控开关的太赫兹超材料吸波器当硅的电导率为 $10^{4.93}$ S/m 时的吸收曲线

7.3.3　参数优化与结果分析

首先讨论基于光控开关的太赫兹超材料吸波器外层分割圆环直径改变时的吸收曲线。当其他参数不变时,分别取 r_1 为 48 μm、50 μm、52 μm、54 μm,分别仿真得到图 7.16 所示吸收曲线。当 r_1 从 48 μm 增加到 50 μm 时,吸波器在两种极化模式下的吸收率基本不变,当 r_1 继续增大时,高频的吸收率急剧降低,且 TE 波和 TM 波的吸收频域(吸收率大于 0.9)分别由 1.584 ~ 2.52 THz 和 1.545 6 ~ 2.449 3 THz 变为 1.492 4 ~ 2.307 4 THz 和 1.5 ~ 2.217 3 THz,吸收带宽降低。当 r_1 增大到 54 μm 时,TE 波和 TM 波的吸收频域分别为 1.477 6 ~ 1.940 8 THz 和 1.462 0 ~ 2.019 9 THz,相对带宽只有 27% 和 32%。

下面研究双 Y 形结构中间的半导体硅的长度对该吸波器吸收性能的影响。分别取 l_1 为 2.4 μm、2.55 μm 和 2.7 μm,仿真得到其在 TE 波和 TM 波下的吸收曲线。由图 7.17(a) 可以很清楚地看到,当 l_1 逐渐增加时,在 TE 波下,吸收率逐渐增加,且工作频段分别为 1.469 2 ~ 2.434 6 THz、1.584 ~ 2.52 THz 和 1.548 6 ~ 2.408 2 THz,工作带宽逐渐变窄。图 7.17(b) 显示了当 l_1 增加时,在 TM 波下,吸收率逐渐增大,工作频段分别为 1.46 ~ 2.38 THz、1.545 6 ~ 2.449 3 THz 和 1.511 4 ~ 2.317 8 THz,工作带宽逐渐变窄。

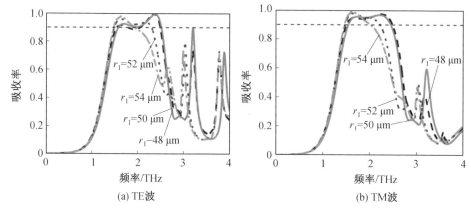

图 7.16　　不同外层分割环直径时的吸收曲线

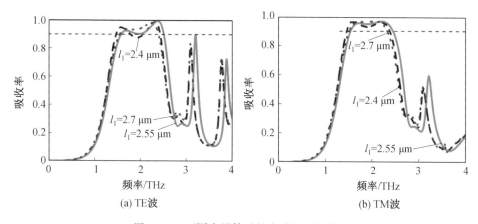

图 7.17　　不同半导体硅长度时的吸收曲线

改变硅电导率得到的吸收频谱如图 7.18 所示。由图 7.18(a) 可知,随着电导率的增加,TE 波下的吸收率逐渐增加,当电导率分别为 $10^{2.93}$ S/m 和 $10^{3.93}$ S/m 时,在频点 1.988 THz 和 1.964 THz 处有最佳吸收效果,吸收率分别为 0.202 4 和 0.610 2;当电导率为 $10^{4.93}$ S/m 时达到最佳吸收效果,在频域 1.584 ~ 2.52 THz 内,吸收率在 0.9 以上;继续增加电导率的值,吸收率降低,且中频 2 THz 附近的吸收率急剧降低。由图 7.18(b) 可知,当电导率为 $10^{2.93}$ S/m 和 $10^{3.93}$ S/m 时,在 TM 波下,吸波器的吸收率均在 0.9 以下;当电导率增加到 $10^{4.93}$ S/m 时有最佳吸收效果;当电导率分别为 $10^{5.93}$ S/m 和 $10^{6.93}$ S/m 时,在频域 2.180 2 ~ 2.271 2 THz 和 2.533 7 ~ 2.573 6 THz 内的吸收率大于 0.9。综上可知,当增加电导率时,吸波器的吸收率先增加再减小。对于半导体硅,不同的电导率代表不同水平的光激发,即光照强度的变化可以改变半导体硅的电导率,其电阻率也相应变化,进而影响吸波器的吸收率。

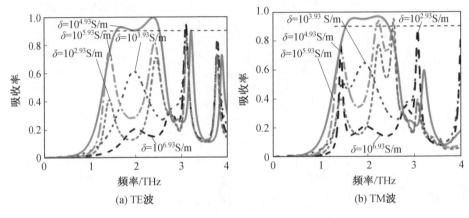

图 7.18   改变硅电导率时的吸收频谱

7.3.4   吸波器工作原理分析

为了说明基于光控开关的太赫兹超材料吸波器的工作原理,分别在 TE 和 TM 两种极化模式下选取两个吸收频点,并仿真得到了对应频点的介质正面电流图和反面电流图。图 7.19 是电场分布图,图 7.20 是表面电流和底板电流图。由图 7.19 可知,该吸波器主要靠双 Y 条形结构中间、开口谐振环开口处的半导体硅及分割环形谐振结构来损耗谐振电流,从而吸收电磁波。由图 7.20(a)、图 7.20(b) 可知,箭头指向是电流方向,在 TE 波下,在频点 1.706 9 THz 时,电流主要集中在半导体硅周围和分割圆环外侧,表面电流和底板电流分布方向相反;而在频点 2.309 THz 时,电流主要集中在分割圆环上和开口谐振环外侧,表面电流和底板电流分布方向相反。同样,由图 7.20(c)、图 7.20(d) 可知,在 TM 波下,在频点 1.737 8 THz 时,电流主要集中在硅周围和分割圆环外侧,表面电流和底板电流分布方向相反;在频点 2.221 1 THz 时,电流主要分布在开口谐振环上,表面电流和底板电流分布方向相反。所以,当电磁波入射到吸波器表面时,在这四个频点,吸波器的上、下表面有很强的磁谐振,从而实现对电磁波的吸收。

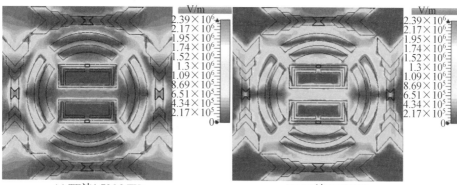

(a) TE波1.706 9 THz　　　　　　　　　　(b) TE波2.309 THz

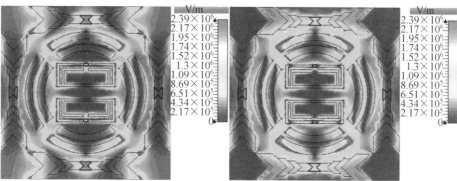

(c) TM波1.737 8 THz　　　　　　　　　　(d) TM波2.221 1 THz

图 7.19　电场分布图

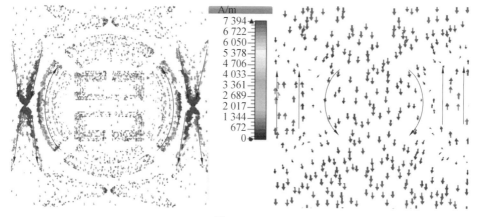

(a) TE波1.706 9 THz

图 7.20　表面电流和底板电流图

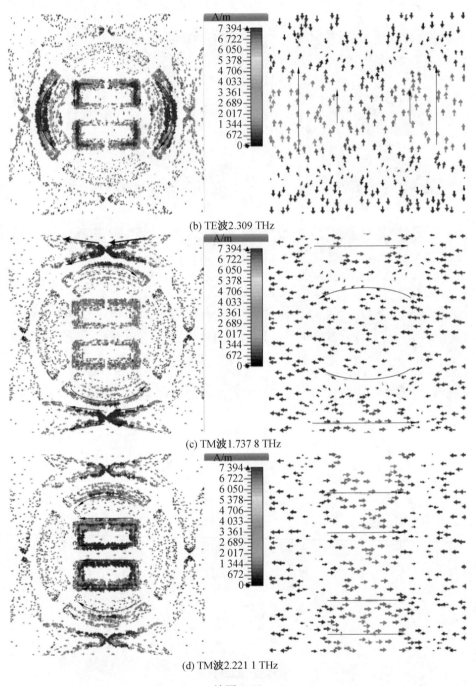

(b) TE波2.309 THz

(c) TM波1.737 8 THz

(d) TM波2.221 1 THz

续图7.20

第8章

平面反射阵列天线单元相位补偿的新技术研究

8.1 平面反射阵列天线馈源和单元相移特性分析

8.1.1 反射阵列天线馈源馈电形式

（1）同轴线馈电。

同轴线馈电中同轴插座位于印刷电路板的背面,同轴内导体连接到天线导体。对于给定模式,可以凭经验确定同轴插座的位置以达成最佳匹配。优点是可以在贴片中的任何位置选择馈电点,并避免对天线辐射产生影响。

（2）微带馈电。

微带馈电即通过微带线馈电。当通过微带线馈电时,馈线和微带贴片是共面的。因为馈线本身具有干扰天线图案并降低增益的辐射,所以通常不可能加宽微带线,并且通常希望微带线远小于工作波长。通过适当选择馈电点的位置,可以实现天线输入阻抗和特征阻抗之间的匹配。如果电场大小随矩形贴片宽度变化而变化,则输入线位置随着馈线宽度的改变而移动,从而提供了一种匹配阻抗的便捷实施方法。随着馈电位置的改变,馈线和天线之间的耦合发生变化,引起谐振频率的小漂移,而辐射方向保持不变。然而,贴片尺寸的轻微变化补偿了谐振频率的漂移。

（3）电磁耦合馈电。

电磁耦合馈电的特征在于通过馈线本身或通过口径（间隙）的闭合（非接触）馈电,以与天线形成电磁耦合。该方法可以获得宽带驻波比特性。

8.1.2 反射阵列天线馈源位置选择

平面反射阵列天线馈源喇叭(即馈源)放置有两种方式,一是馈源位于阵列正上方,二是馈源位于阵列的斜上方且呈一定的角度,如图 8.1 所示。由于平面反射阵列天线馈源的放置对天线工作效率有很大的影响,用哪种馈源放置方式主要取决于天线的焦径比 f/D 及所需天线的孔径效率。

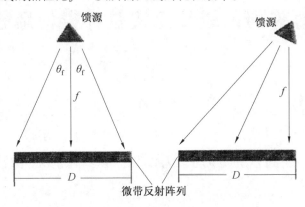

图 8.1　平面反射阵列天线馈源的两种方式

图 8.2 比较了主焦点抛物面反射器和反射阵列的几何形状。两个天线具有相同的对向(半)角 θ_0,但具有不同的焦径比 f/D。对于反射阵列,θ_0 和 f/D 之间的关系为

$$\theta_0 = \arctan \frac{D}{2f} \qquad (8.1)$$

这与抛物线($2\arctan D/4f$)的表达不同。由于溢出和幅度锥度效率是对向角度的直接函数,与 f/D 相反,前者提供了比较的最佳基础。因此,对于相同的对向角度和孔径尺寸,反射阵列的深度会略小。在空间或外观很重要的应用中,这是一个潜在的优势。

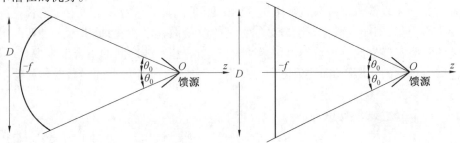

(a) 主焦点抛物面反射器　　　　　　　　　(b) 反射阵列的对向角

图 8.2　主焦点抛物面反射器和反射阵列的几何形状比较示意图

与抛物面反射天线一样,许多类型的馈电配置可与反射阵列一起使用。实际上,由于可控的反射相提供了额外的自由度,因此反射阵列提供了超出普通反射天线的可能性。实现反射阵列产生从宽边扫描的主波束相对容易,这允许天线垂直安装并且仍然具有指向地平线上方的主波束。由于馈源投影的存在,方向性将因 $\cos\theta$ 因子而降低。偏心馈电的反射阵列配置如图 8.3（a）所示,这种配置减少了孔径阻塞,也可以减小波束倾斜对频率的影响。

图 8.3（b）显示了中心馈电的几何形状。可以使用标准的双曲面副反射面,也可以通过适当设计反射阵列的反射相位来使用更简单的平面反射阵列。事实上,由于反射阵列单元可以为任何子反射面形状提供相位补偿,因此子反射镜可以独立地进行轮廓化,以提供特定的振幅分布,以最大化主波束的方向性或形状。另一个相互作用的可能性是在反射阵列基板上设计一个小的微带馈源天线。这可能是单个元件或小阵列（可能是单脉冲阵列）,与使用单独的馈电天线相比,可以进一步简化结构并节省成本。

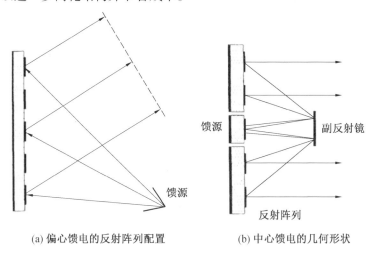

(a) 偏心馈电的反射阵列配置　　　　(b) 中心馈电的几何形状

图 8.3　　偏心馈电的反射阵列配置和中心馈电的几何形状比较示意图

8.1.3　平面反射阵列天线单元相移方式

要实现反射阵列在空间上具有指向性的波束,就要对反射阵列上的每个单元进行合适的相位补偿,将来自馈源的辐射波束在远场上进行同相位相加,所以合理的阵列单元分析是反射阵列天线设计中至关重要的一环,对于单元相位补偿方式和分析方法的讨论显得尤为重要。

在现有的反射阵列单元的设计方法中有四种类型比较常见:第一种是枝节型平面反射阵列单元,其是在相同尺寸的阵列单元末端添加枝节,这种阵列单元通过改变末端枝节的长度来实现相位补偿;第二种是旋转型平面反射阵列单元,这种反射阵列由形状和大小相同的阵列单元贴片组成,不同的是每个阵列单元都有特定的旋转角度来实现相位补偿;第三种是开槽型平面反射阵列单元,这种反射阵列也是由形状和大小相同的阵列单元贴片组成,通过在介质基板上腐蚀不同大小的开槽来达到改变阵列单元反射相位的目的;第四种是变尺寸型平面反射阵列单元,采用此种单元的阵列天线只需改变每个单元上单元贴片尺寸的大小,即可实现阵列单元的相位补偿。总之,这四种方法都是通过改变每个阵列单元的结构来改变每个阵列单元的反射相位。下面将详细介绍这四种单元相位补偿方式。

1. 枝节型平面反射阵列单元

枝节型平面反射阵列单元在反射阵列天线的单元中应用得比较早,结构比较简单,在大小相同的贴片末端加一段枝节即可,如图8.4所示。这种单元需要与延迟线有一个平稳且较好的阻抗匹配,它们之间的阻抗匹配与天线的工作频率有关,因为每个阵列单元的大小一般是由工作波段确定的,从而影响了延迟线的长度。另一方面,受单元大小的影响,传输线的长度也被限定在一定的范围内,当工作频率超出了这一范围,单元与枝节的阻抗匹配也会随之受到影响,导致单元不能被合理地设计出来,进一步引发了天线辐射效率问题。

2. 旋转型平面反射阵列单元

旋转型平面反射阵列单元是需要工作在圆极化方式的反射阵列天线的不二之选,因为其改变相移量的方式就带来了圆极化特性。图8.5给出了缺口圆环旋转型平面反射阵列单元结构,其在反射阵列中分布时,不需要改变形状,只需旋转一定的角度,通过角度的改变来调节馈源反射到阵列单元上的补偿相移量,单元角度的旋转量是相移补偿的两倍。旋转型平面反射阵列单元因为外形设计简单,所以加工、制作也相对比较容易;但由于这种单元与生俱来的旋转性,因此其只能用于圆极化反射阵列天线,限制了使用范围。

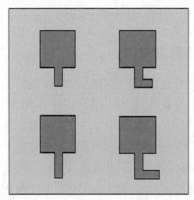

图 8.4　枝节型平面反射阵列单元

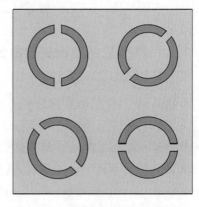

图 8.5　旋转型平面反射阵列单元

3. 开槽型平面反射阵列单元

开槽型平面反射阵列单元的结构如图 8.6 所示。开槽型平面反射阵列单元出现时间较晚，21 世纪初才被提出，并逐渐走进大家的视野。这种类型的单元组成阵列天线时也是每个单元的形状和大小都相等；不同的是，每个阵列单元背部的接地金属板会被腐蚀出大小不同的槽，基于槽的大小不同，不同单元发生不同的相移量。开槽的作用是相当于在单元的等效电路中增加一个阻抗，从而发生孔径耦合效应。同时，这种单元的局限性与枝节型平面反射阵列单元的局限性相似，当天线工作于低频段时，需要一个较小的槽缝，同样，现有的加工工艺很难在较小尺寸上分辨出大小极其接近的槽缝，所以在低频段时用这种方法设计反射阵列天线就变得比较困难。

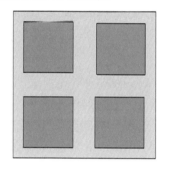

图 8.6　开槽型平面反射阵列单元

4. 变尺寸型平面反射阵列单元

变尺寸型平面反射阵列单元出现的时间较早，国内外对其研究的时间也比较长，对其分析也比较深入。变尺寸型平面反射阵列单元结构如图 8.7 所示，这种单元不需外接枝节，也不需要在背部金属板上开槽，它仅仅通过改变阵列中每个单元的大小即可调节每个单元的相移量。所以变尺寸型平面反射阵列单元在设计上就相对容易，甚至通过双层结构还可以增加反射阵列天线的带宽，但同时也牺牲了一部分辐射效率。现在大多数阵列单元的设计还是以单层为主，如果不要求天线具有圆极化特性，变尺寸型平面反射阵列单元是相对比较好的选择，因为它比枝节型和开槽型平面反射阵列单元具有更高的辐射效率，带宽也比后两者宽一些，尤其在设计大型反射阵列天线时，变尺寸型平面反射阵列单元就变得更加具有优势。因此本章的两种反射阵列的相位补偿优化技术是通过单层的变尺寸型平面反射阵列单元来实现的。

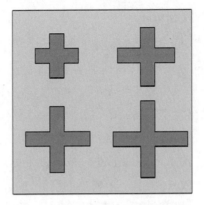

图 8.7　变尺寸型平面反射阵列单元

8.2　基于介质匹配层的反射阵列天线相位补偿优化技术

8.2.1　单元设计流程与分析

图 8.8 所示为所提出的平面反射阵列天线的阵列单元三维空间结构示意图。图 8.8(a) 为阵列单元的正视图,图 8.8(b) 为阵列单元的侧视图。由图可知,阵列单元由玻璃电介质匹配层(第一层)、可调控的固态等离子体层(第二层)、介质基板(第三层) 和铜质背板(第四层) 组成。介质基板所使用的材料为 FR－4 环氧树脂,其光学介电常数为 4.4,损耗角正切值为 0.02。通常情况下,固态等离子体的介电常数可以通过 Drude 模型来描述,其表示为

$$\varepsilon_{\mathrm{p}}(\omega) = 1 - \frac{\omega_{\mathrm{p}}^{2}}{\omega^{2} + \mathrm{j}\omega\omega_{\mathrm{c}}} \tag{8.2}$$

式中,ω_{p} 为等离子体频率,$\omega_{\mathrm{p}} = 2.9 \times 10^{15}$ rad/s;ω_{c} 为碰撞频率,$\omega_{\mathrm{c}} = 1.65 \times 10^{14}$ s^{-1};ω 为入射电磁波的角频率。

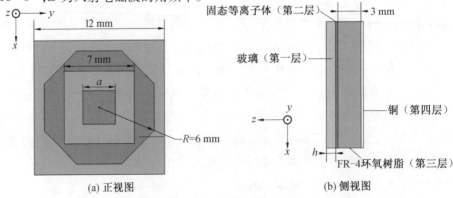

(a) 正视图　　　　　　　　　　(b) 侧视图

图 8.8　所提出的平面反射阵列天线的阵列单元三维空间结构示意图

一般条件下,每一个阵列单元所能延迟的反射相位是由单元自身所决定的。然而,如果在阵列单元的上方增加一个匹配的介电层,就会产生新的光程差,从而产生新的延迟相位。从另一个角度来考虑,可以通过此种方式来人为地改变阵列单元的补偿相位。而对于一个阵列单元的尺寸相位图来说,这种变化是整体的,即相位曲线发生了一致偏移。此时可以发现,对于不满足 0° ~ 360° 的相位补偿的曲线,通过曲线的不断偏移,总是可以变化到所需的相位补偿条件。而玻璃是透光低损耗介质,作为阵列单元的匹配层是不错的选择,显然通过改变玻璃的厚度即可实现相位曲线的偏移。图 8.9 给出了所设计的阵列单元 A 的相位曲线,以及玻璃厚度改变后新的阵列单元 B 的相位曲线。图 8.9(a) 给出了当玻璃厚度为 0.5 mm、入射电磁波的频率为 11.1 GHz 时,反射相位随参数 a 的变化曲线。从图 8.9(a) 可以很明显地看出,当 a 值从 1 mm 增加到 6.5 mm 时,相位补偿范围为 102.5° ~ − 187.7°,最大的覆盖角度为 0° ~ 290°。显然,这不符合设计要求。此时改变玻璃层厚度使其等于 3.2 mm,同样的入射电磁波频率,同样改变参数 a 的值可以得到阵列单元 B 的相位曲线,如图 8.9(b) 所示。从图 8.9(b) 可以知道,当 a 值从 1 mm 增加到 6.5 mm 时,相位补偿范围为 − 162.8° ~ − 396°,最大的覆盖角度为 0° ~ 233°。显然,这也不符合设计要求。但是,如果将这两条相位曲线结合起来,即可满足 0° ~ 360° 的相位补偿范围要求。

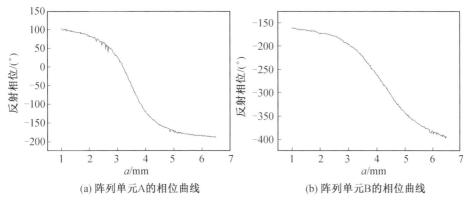

(a) 阵列单元A的相位曲线   (b) 阵列单元B的相位曲线

图 8.9   所设计的阵列单元的相位曲线

从图 8.9 也可以发现,所设计的阵列单元的相位曲线的趋势并不平滑,呈现出非线性的变化,接下来将展示如何对线性度不好的曲线进行合适的处理,从而改善天线最终的主波束性能。图 8.10 展示了当反射波的主波束为 15° 时,由埃尔米特(Hermite)插值技术计算得到的相位补偿曲线和全波模拟仿真得到的相位曲线之间的关系。圆圈代表使用埃尔米特插值技术计算得到的相位关系,图 8.10(a) 所示为 $h = 0.5$ mm 时,得到的对比相位曲线,图 8.10(b) 所示为 $h =$

3.2 mm 时得到的对比相位曲线。从图 8.10 可以看出,由全波模拟仿真得到的相位特性曲线与插值技术得到的曲线吻合得很好。由此,通过此方法得到的曲线是正确可用的。

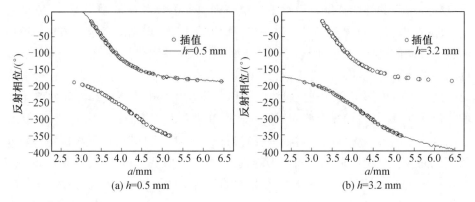

图 8.10　当反射波的主波束为 15° 时,分别由埃尔米特插值技术计算得到的相位补偿曲线和全波模拟仿真得到的相位特性曲线

　　为了进一步验证介电匹配层对相位曲线的影响,当入射电磁波为 11.1 GHz 时,选取 6 种不同厚度的介电匹配层阵列单元作为例证。结构参数会影响阵列单元的反射相位变化速度,如果设计的尺寸不合理,阵列单元的相位特性的线性和平滑度可能会降低。虽然通过函数插值可以建立起与实际相位补偿角之间的映射关系,但是通过结构的参数优化可以得到明显的平滑曲线,这是不可或缺的,所以本小节中也讨论了结构参数的影响,从而得到更好的相位补偿曲线。其具体改变的为介质匹配层的厚度。模拟计算了当变量 h 变化时,其对阵列单元反射相位曲线的影响,不同 h 值下的相位曲线图如图 8.11 所示。从图 8.11(a) 可以看出,当 h 分别为 0.3 mm、0.5 mm 和 0.7 mm 时,相位曲线覆盖范围的顶端发生了明显的下移且线性度逐渐变好;从图 8.11(b) 可以看出,当 h 分别为 3.0 mm、3.2 mm 和 3.4 mm 时,相位曲线覆盖范围的底端发生了明显的下移且线性度逐渐变差,由此经过综合考虑,图 8.11(a) 的高度组合最合适。

　　为了设计反射阵列天线,使主波束有更好的集中性,必须使得每个位置上的阵列单元都满足所需要补偿的相位值,其计算公式为

$$\Phi_l = K_0 \left[d_l - \sin\theta (x_l \cos\varphi_0 + y_l \sin\varphi_0) \right] \tag{8.3}$$

式中,Φ_l 是反射阵列单元需要补偿的相位值;K_0 是馈源发射的电磁波的矢量;d_l 是相应位置上阵列单元与馈源之间的距离;x_l 和 y_l 分别是其距馈送天线中心的相对位置;θ 是反射波束与 $+z$ 轴之间的角度;φ_0 是反射波的方位角。

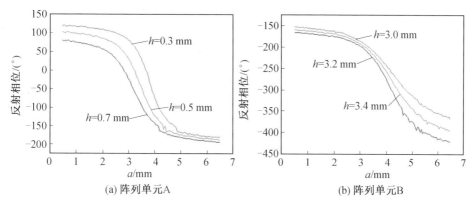

图 8.11　不同 h 值下的相位曲线图

根据式(8.3),设计制作了一款工作在 11.1 GHz 频率下,反射波的波束方向分别集中在 15°、20° 和 25° 时的反射阵列天线。另外也设计了两款分别工作在 10.7 GHz 和 11.5 GHz 下,反射波的主波束方向为 15° 的反射阵列天线。图 8.12 给出了当反射波的主波束方向为 15°、在三个不同频率下时,400 个阵列单元的位置与尺寸参数 a 之间的关系。如图 8.12 所示,较大的 a 出现在阵列的中心区域。随着 θ 的增大,参数 a 在中心区域的分布将发生显著变化,但阵列单元的尺寸分布均为 x 轴对称。如果人为改变上层等离子体的激发区域(改变每个阵列单元中 a 的值),反射波的主波束可以在空间中以不同的角度或频率集中,从而可以实现动态扫描。不同频率下反射阵列天线阵列单元 A 与 B 的分布图如图 8.13 所示。浅灰色阵列单元表示表面覆盖 0.5 mm 的玻璃,深灰色阵列单元表示表面覆盖 3.2 mm 的玻璃。如图 8.13 所示,当工作频率不同时,反射阵列天线阵列单元的配置也不同。

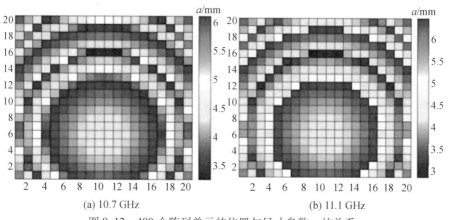

图 8.12　400 个阵列单元的位置与尺寸参数 a 的关系

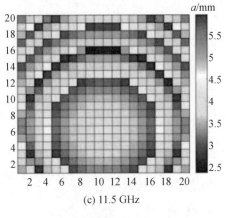

(c) 11.5 GHz

续图 8.12

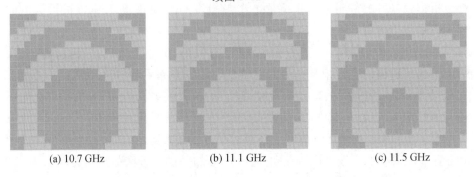

(a) 10.7 GHz　　　　　　(b) 11.1 GHz　　　　　　(c) 11.5 GHz

图 8.13　不同频率下阵列单元 A 与 B 的分布图

8.2.2　结果分析与讨论

当 $\theta = 15°$ 时,不同频率下反射波束的辐射图如图 8.14 所示。由图 8.14 可以看出,主波束和副瓣的大小相差较大,为 10 dB,全波仿真计算结果与设计一致。在图 8.15 中,显示了在入射频率为 11.1 GHz 时不同波束集中角度下的辐射图,主波束和副瓣也有很大的不同,为 15 dB,能量相对集中在主波束上,实现了所需的扫描角度。如前所述,可以实现空间动态波束扫描。

为了更好地证明波束集中对反射阵列天线的影响,本小节给出了上述辐射方向图的三维极坐标图。图 8.16 所示为当 $\theta = 15°$ 时不同频率下反射波束的三维极坐标图。在图 8.17 中,给出了在入射频率为 11.1 GHz 时不同波束集中角度下的三维极坐标图。在图中,φ 是方位角,θ 是俯仰角。从图中可以看出,所设计的反射阵列天线主波束比较集中。

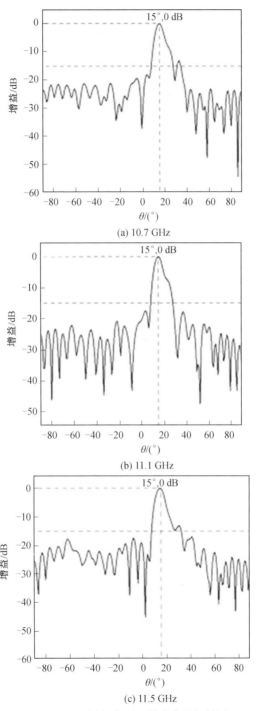

(a) 10.7 GHz

(b) 11.1 GHz

(c) 11.5 GHz

图 8.14 不同频率下反射波束的辐射图

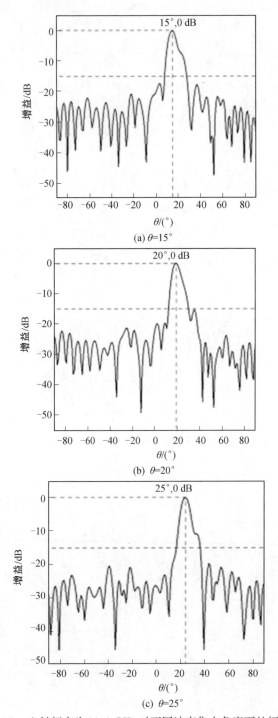

图 8.15　入射频率为 11.1 GHz 时不同波束集中角度下的辐射图

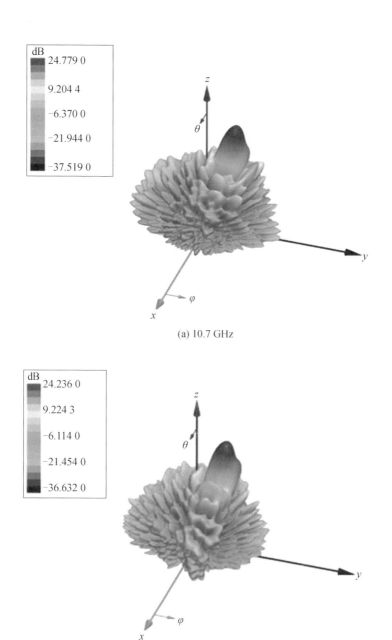

(a) 10.7 GHz

(b) 11.1 GHz

图 8.16　不同频率下反射波束的三维极坐标图

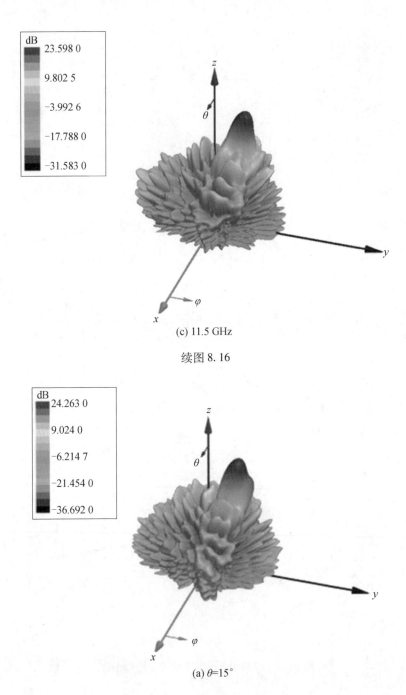

(c) 11.5 GHz

续图 8.16

(a) $\theta=15°$

图 8.17 入射频率为 11.1 GHz 时不同波束集中角度下的三维极坐标图

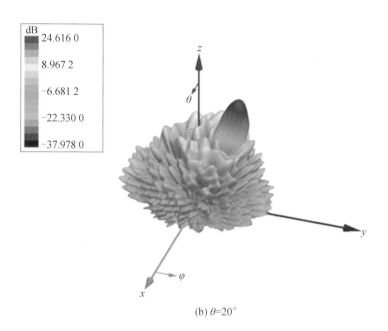

(b) $\theta=20°$

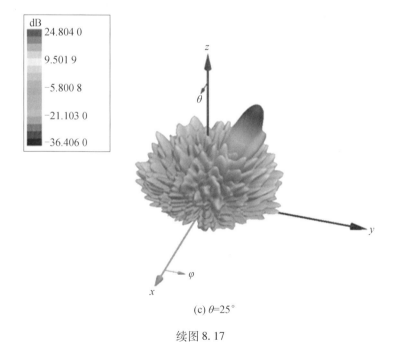

(c) $\theta=25°$

续图 8.17

8.3 基于拼接单元的反射阵列天线相位补偿优化技术

8.3.1 天线单元设计流程与分析

阵列单元结构的示意图如图 8.18 所示。图 8.18(a) 是阵列单元的正视图,图 8.18(b) 是阵列单元的侧视图。每个阵列单元由三层结构组成,即固态等离子体层、介质基板和铜质背板。介质基板所使用的材料是 Rogers 5880,其介电常数为 2.2,损耗角正切值为 9×10^{-4}。固态等离子体结构的介电常数可以用 Drude 模型描述,同式(8.2),可以表示为

$$\varepsilon_\text{p}(\omega) = 1 - \frac{\omega_\text{p}^2}{\omega^2 + \text{j}\omega\omega_\text{c}} \tag{8.4}$$

式中,ω_p 为等离子体频率,$\omega_\text{p} = 2.9 \times 10^{15}$ rad/s;ω_c 为碰撞频率,$\omega_\text{c} = 1.65 \times 10^{14}$ s^{-1};ω 为角频率。固态等离子体层的作用是动态调节实现阵列单元的相位补偿,以实现空间中的动态扫描。

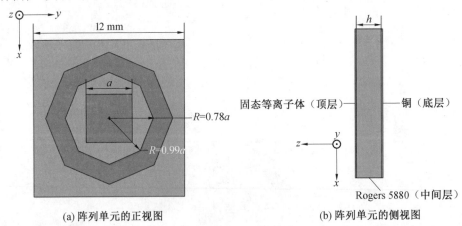

(a) 阵列单元的正视图   (b) 阵列单元的侧视图

图 8.18 阵列单元结构的示意图

为了便于研究讨论,将两种形状相同但介质基板厚度不同的阵列单元分别命名为阵列单元 A 和阵列单元 B。阵列单元 A 的介质基板厚度 $h = 3$ mm,阵列单元 B 的介质基板厚度 $h = 1.6$ mm。通过将两种阵列单元的相位特性曲线进行结合实现 0° ~ 360° 的相位补偿,从而实现将来自馈源的辐射波束在远场上进行同相位相加,得到空间中的定向辐射波束。图 8.19 给出了在 10.3 GHz 频率下阵列单元 A 的相位曲线,以及介质基板厚度改变后新的阵列单元 B 的相位曲线。如

图 8.19(a) 所示，阵列单元 A 的 $h = 3$ mm，当 a 值从 1 mm 增加到 6 mm 时，相位曲线的覆盖范围为 $-250° \sim 90°$，相位补偿范围为 $0° \sim 340°$。同理，如图 8.19(b) 所示，当以同样的频率入射电磁波，介质基板厚度 $h = 1.6$ mm 时，阵列单元 B 的相位曲线覆盖范围为 $-567° \sim -217°$，随着 a 值的变化，相位补偿范围为 $0° \sim 350°$。显然，单独的阵列单元 A 和阵列单元 B 的相位补偿范围都不完全覆盖 $0° \sim 360°$，这些相位曲线也比较毛糙。这意味着这两种相位曲线不满足反射阵列天线的设计要求。然而，可以将这两条相位曲线拼接在一起，拼接后的相位曲线能够完全覆盖 $0° \sim 360°$ 的范围。

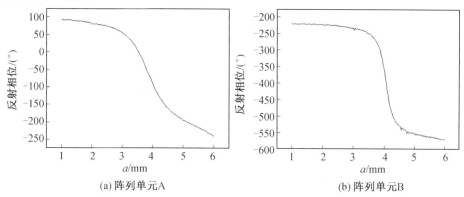

(a) 阵列单元A   (b) 阵列单元B

图 8.19   在 10.3 GHz 频率下阵列单元 A 和阵列单元 B 的相位曲线

从图 8.19 中也可看出，阵列单元 A 和阵列单元 B 的相位曲线并不平滑，呈现出非线性的变化，下面将介绍对线性度不好的曲线进行合适的处理，从而改善天线最终的主波束性能的方法。图 8.20 展示了使用插值技术计算得到的相位补偿曲线和全波模拟仿真得到的相位曲线对比图。如图 8.20 所示，选择阵列单元 A 的相位曲线来补偿角区域 $-240° \sim 0°$，选择阵列单元 B 的相位曲线来补偿角区

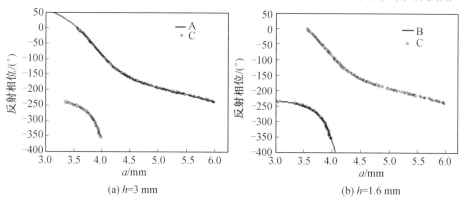

(a) $h = 3$ mm   (b) $h = 1.6$ mm

图 8.20   使用插值技术计算得到的相位补偿曲线和全波模拟仿真得到的相位曲线对比图

域 − 360°∼− 240°。为了满足阵列单元相位补偿的要求,用两种阵列单元的不同相位曲线拼接在一起即可覆盖 − 360°∼0° 的范围。在图 8.20 中,空心圆"C"表示通过插值技术计算的结果,黑色实线显示了全波模拟仿真的结果。从图 8.20(a) 中可以看出,空心圆与黑色实线吻合良好,这意味着用插值技术得到的反射相位与参数 a 的关系是正确无误的。同理,阵列单元 B 的结果如图 8.20(b) 所示。综上所述,通过相位曲线拼接和插值技术可以正确、有效地获得平滑相位补偿曲线,覆盖 − 360°∼0° 的范围。

由上面两种阵列单元设计反射阵列天线为 30×30 的规格,即有 900 个不同阵列单元组成这样的反射阵列天线。如果人为改变上层等离子体的激发区域(改变每个阵列单元中 a 的值),反射波的主波束可以在空间中以不同的角度或频率集中,从而可以实现动态扫描。如图 8.21 所示,在 10.3 GHz 下将反射波束设置为反射角 θ 分别为 15°、25° 和 30°,通过所提出的方法计算具有不同反射角 θ 的每个阵列单元的 a 值分布。

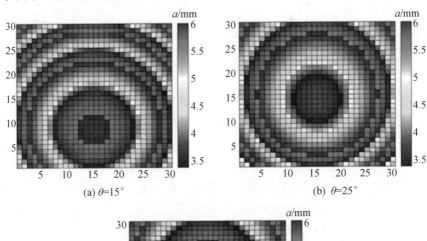

(a) $\theta=15°$ (b) $\theta=25°$

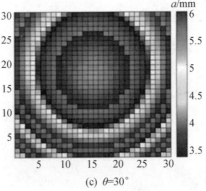

(c) $\theta=30°$

图 8.21 在 10.3 GHz 下不同反射角 θ 对应参数 a 的分布

图 8.22 展示了在 10.3 GHz 下具有不同反射角 θ 的反射阵列天线的配置。浅灰色区域表示具有 3 mm 电介质基板的阵列单元,即阵列单元 A;深灰色区域表示具有 1.6 mm 电介质基板的阵列单元,即阵列单元 B。当反射角不同时,反射阵列天线的配置结构也不同。

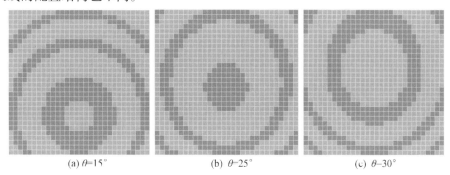

(a) θ=15°　　　　(b) θ=25°　　　　(c) θ=30°

图 8.22　在 10.3 GHz 下具有不同反射角 θ 的反射阵列天线的配置

8.3.2　结果分析与讨论

图 8.23 展示了相同频率下不同反射角 θ 的反射波束辐射图的全波模拟仿真结果。如图 8.23(a) 所示,当反射角 θ 为 15° 时,主波束和旁瓣之间相差 20 dB;当反射角 θ 为 25° 和 30° 时(图 8.23(b) 和图 8.23(c)),主波束和旁瓣之间的相差分别为 19 dB 和 18 dB。从三个反射角度结果可看出,反射波束的实际角度与设计的角度匹配很好时,它们的能量分别集中在 θ 为 15°、25° 和 30° 的情况下。因此,可以通过动态改变反射阵列天线中阵列元件的每个固态等离子体结构的激发区域来实现空间束扫描。

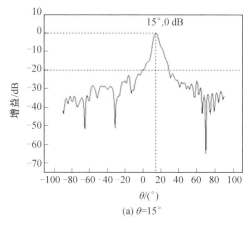

(a) θ=15°

图 8.23　相同频率下不同反射角 θ 的反射波束的辐射图

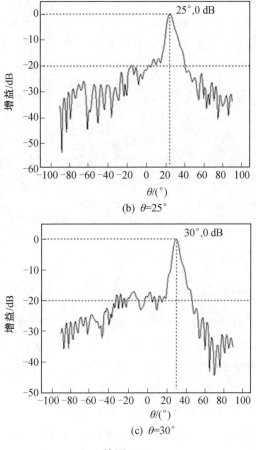

(b) $\theta = 25°$

(c) $\theta = 30°$

续图 8.23

第 9 章

新型可重构平面反射阵列天线的设计与应用

9.1 基于固态等离子体波束扫描阵列天线的设计

9.1.1 馈源的设计

从上述理论分析得知,馈源在整个天线的设计中占据着极其重要的地位。反射阵列天线的工作可以概括为每一个反射单元造成的二次辐射的集合,而初级馈源向反射单元提供了散射场。可以看出,单元的散射场强度直接与馈源天线的性能相关,馈源的辐射强度越强,天线的主波束辐射方向的增益就越大。除此之外,馈源的能量集中程度直接影响天线的辐射效率,因此,在设计馈源时还要考虑馈源的半功率波束宽度等参数。综上,在设计馈源时需要满足以下几个条件:

(1)具有旋转对称性的远场方向图。馈源天线的远场方向图在截面上通常呈现圆形和近似圆形的分布,为了降低馈源摆放位置对整个天线系统性能的影响,远场方向图需要满足旋转对称分布。

(2)半功率波束宽度和 10 dB 波束宽度。天线的焦径比确认后,依据效率最优化的原理设计馈源,此时理论最佳 Q 值和天线的半功率波束宽度也相应确定,而 10 dB 的波束宽度则是反射阵面边缘的辐射强度要求。

(3)满足单元的极化要求。每一个单元在不同极化方式下入射波的射频都有很大的差别,对应产生的性能也不完全相同,因此在设计馈源天线时需要满足单元的极化要求。

本次设计采用同轴馈电的辐射方式,通过仿真设计,馈源天线的结构示意图如图9.1所示。

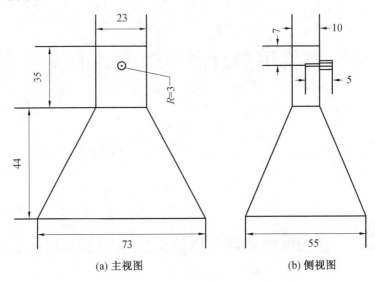

(a) 主视图   (b) 侧视图

图 9.1　馈源天线的结构示意图(单位:mm)

馈源天线的反射系数的仿真结果如图 9.2 所示,天线的中心频率为 11.5 GHz,此时 $S_{11} = -14$ dB,反射系数在 -10 dB 的带宽为 $10 \sim 12$ GHz,具有良好的带宽性能,且基本满足 X 波段。

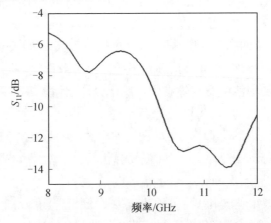

图 9.2　馈源天线的反射系数的仿真结果

在 10.6 GHz 下天线 E 面($\varphi = 0°$) 和 H 面($\varphi = 90°$) 的方向图如图9.3所示。

E 面 – 10 dB 的波束宽度为 57.5°,而 H 面 – 10 dB 的波束宽度为 90°,天线最大增益为 16.2 dB,满足了馈源天线的设计要求。

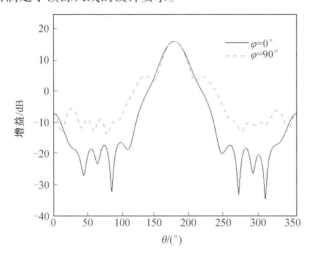

图 9.3　馈源天线在 10.6 GHz 下 E 面和 H 面的方向图

9.1.2　动态波束扫描天线的馈源结构设计

动态波束扫描天线有正馈(中心馈电)和偏馈(偏心馈电)两种馈电方式,其中最直接的馈电方式是中心馈电,但这种馈电方式会对微带阵列天线反射的波束产生遮挡,使同轴的方向图与预期发生偏离。除此之外,当天线的主波束辐射方向预设为偏离阵列中心轴的某一角度时,它的倾斜角会随着频率的改变而产生偏离。偏心馈电能够有效地消除馈源的遮挡且可以降低频率改变时波束的倾斜角偏离。当馈源的倾斜角度与反射阵列天线主波束辐射方向相同时,能够最大限度减小频率改变对波束倾斜的影响。

1. 动态波束扫描天线的阵列单元设计

动态波束扫描天线单元的间距可以依靠经典的阵列关系式得到,即

$$d/\lambda_0 \leqslant 1/(1 + \sin\theta) \tag{9.1}$$

式中,d 为阵列单元的间距;λ_0 为工作波长;θ 为馈源照射方向角度和阵列主波束方向角度的较大者。此外,为了避免栅瓣的产生,阵列单元的间距 d 一般小于 $\lambda_0/2$。但设计和制作往往要考虑其简易性,因此,所有的阵列单元都采用一个固定值。本次阵列单元的间距选为 12 mm。

每个反射阵列天线单元的最底层为铜质底板,中间层为介质基板,为了使阵列天线具有可重构特性以实现波束扫描,阵列单元的最上层由固态等离子体区域构成反射贴片。如图 9.4 所示,其中央正方形的边长为 $a/2$,正方形外围的菱

形框由外接圆半径分别为 $5a/6$、$2a/3$ 的菱形相减得到,贴片四个边角的图形分别由两个长方形组合而成,每个长方形的长和宽都分别为 $2a/3$、$a/3$,每个边角的两个长方形的起始坐标分别为 $(a/2,a/2)$、$(a/2,-a/2)$、$(-a/2,-a/2)$、$(-a/2,a/2)$。介质基板是长、宽都为 12 mm,厚度为 3 mm 的长方体,其材料为 FR – 4 环氧树脂,介电常数为 4.4,损耗角正切值为 0.02。阵列单元的底部为铜质底板,长和宽均为 12 mm,厚度忽略不计。

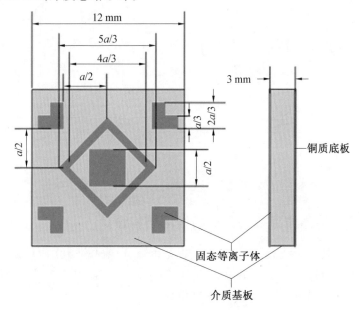

图 9.4　阵列单元结构示意图

2. 阵列天线的布局

根据式(2.85)计算可知,贴片式反射阵列天线单元的相位特性的相位变化至少需要 360°,并且相位补偿曲线线性度越好,反射阵列天线的性能就越好。图 9.5 所示为本小节所设计单元的反射相位特性曲线图,从图中可以看出,此单元的相位补偿满足 360° 的相位变化,符合设计阵列天线的要求。

本次设计的阵列为 24 × 24 个单元的正方形阵列,馈源放置于喇叭一侧的中心位置的正上方距阵列上表面 288 mm 处。馈源和每个阵列单元的位置都确认好后,就可以计算出馈源辐射的电磁波到达每一个贴片单元的路程差,然后根据式(2.85)计算各个位置处的单元需要补偿的相位值,再根据反射相位特性曲线(图 9.5)确定每一个单元贴片的尺寸。根据计算可得 11.7 GHz 下主波束分别指向 5°、15° 和 18° 的阵列单元尺寸排布,即等离子体区域所需激励的大小,从而得到所需频率下不同反射波束角度的反射阵列,11.7 GHz 下阵列尺寸分布如图 9.6 所示。

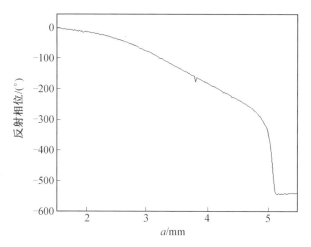

图 9.5　反射相位特性曲线图

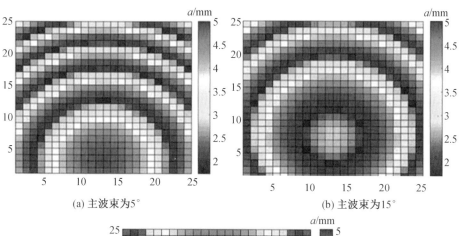

(a) 主波束为5° (b) 主波束为15°

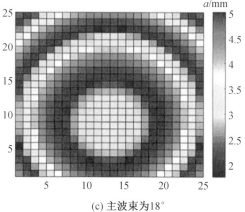

(c) 主波束为18°

图 9.6　11.7 GHz 下阵列尺寸分布图

3. 阵列天线仿真结果

本设计采用固态等离子体代替传统金属工作,利用外部的逻辑阵列进行编程控制,以实现对固态等离子体激励区域和激励状态的动态调控。固态等离子体由 GaAs – PIN 单元的阵列组成,当半导体 GaAs – PIN 单元中的自由电荷浓度较小时,单元处于未激发的本征状态,此时不具有能够传输电磁波信号的特性,相当于介质;当半导体 GaAs – PIN 单元中的载流子浓度达到特定条件时,单元表现为类金属特性,可用作天线的基础辐射单元。

控制固态等离子体的激励模块负责控制激发每一个可重构像素,以组成所需的不同尺寸、不同位置的反射阵列单元。在馈源的照射下,由于阵面上所组成的反射单元结构尺寸存在偏差,以此修正反射相位延迟,补偿空间相位差,在远场获得等相位面,得到所需方向上的辐射波束,因而能进行动态的波束扫描。

建立天线模型,每个位置上的单元尺寸严格按照图 9.6 所示尺寸分布激励,在入射电磁波为 11.7 GHz 的情况下,所设计的主波束在 yOz 平面内指向为 5°(图 9.7(a)),仿真结果显示主波束方向为 5°;所设计的主波束在 yOz 平面内指向为 15°(图 9.7(b)),仿真结果显示主波束方向为 15°;同样,所设计的主波束在 yOz 平面内指向 18°(图 9.7(c)),仿真结果显示主波束方向为 18°。可以看出在这三个方向上主波束的指向性比较好,能量比较集中。

从上述结果可以看出阵列天线在功能上实现了波束扫描。可重构单元表面都可以组建出预先设计好的反射阵列单元分布,每一时刻阵列表面的反射单元都经过独立的设计,可以在 X 频段内形成任意空间方向的反射波束,即实现在不同时刻、针对不同频段形成不同空间指向的反射波束,实现多频分波束的全空间扫描效果。

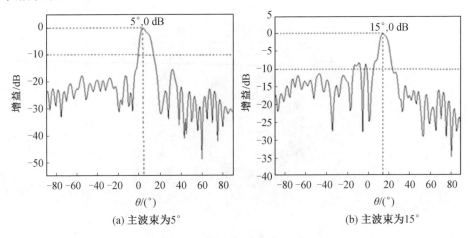

(a) 主波束为5° (b) 主波束为15°

图 9.7　阵列天线远场辐射方向图

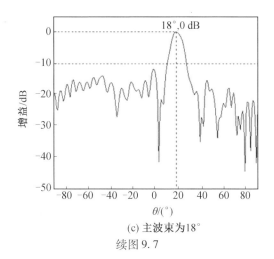

(c) 主波束为 18°

续图 9.7

9.1.3　动态多波束扫描阵列天线的实现

随着多波束天线的应用日益增多,复杂的加工环境、高精度的要求及通信的多层面需求使得多波束天线的成本越来越高。在此背景下,本小节采用分块法实现双波束,并采用固态等离子体设计天线单元,使其在实现双波束的同时能够具有波束扫描的功能。

分块法是实现多波束天线最直观的方式,该方法将反射阵列天线分成独立的几部分。对于双波束,就是将反射阵列上表面分成两个部分,其中一部分单元的相位分布通过反射波束一计算确定,另一部分单元的相位分布则通过反射波束二计算确定。本次设计采用 48×24 个反射阵列单元组成,中心间隔 14 mm,将阵列均分为两部分,阵列单元的上层贴片由固态等离子体区域构成,其中,阵列左半部分激励为阵列单元一,右半部分激励为阵列单元二。

1. 单元结构设计

阵列单元一的结构示意图如图 9.8 所示,其由中心的正方形、菱形框和外围八角环构成;中心正方形的边长为 a,正方形外围的菱形框由外接圆半径分别为 $1.3a$、$1.1a$ 的菱形相减得到,最外围八角环由边长为 $2.6a$ 的正方形和外接圆半径为 $1.7a$ 的菱形融合后减去外接圆半径为 $1.45a$ 的菱形得到。

阵列单元二的结构示意图如图 9.9 所示,其由中心"十"字形和外部的两个正方形环构成;中心"十"字结构由两个长边为 $1.6a$、短边为 $0.2a$ 的长方形组合而成,小正方形环由边长为 a、$0.6a$ 的正方形相减得到,大正方形环由边长为 $2a$、$1.7a$ 的正方形相减得到。

阵列单元一的相位补偿曲线如图 9.10(a) 所示,相位变化范围满足 360°,符合设计反射阵列天线的要求。同样,阵列单元二的相位补偿曲线如图 9.10(b) 所示,相位变化范围满足 360°,符合设计反射阵列天线的要求。

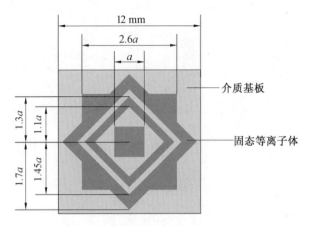

图 9.8　阵列单元一的结构示意图

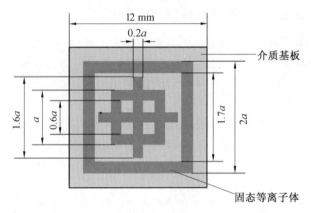

图 9.9　阵列单元二的结构示意图

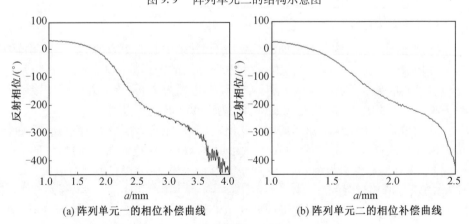

(a) 阵列单元一的相位补偿曲线　　(b) 阵列单元二的相位补偿曲线

图 9.10　阵列单元的反射相位特性曲线图

反射阵列单元的底层为铜质底板,中间层为介质基板,最上层为固态等离子体。介质基板是长、宽都为 12 mm,厚度为 3 mm 的长方体,其材料为 FR - 4 环氧树脂,介电常数为 4.4,损耗角正切值为 0.02。铜质底板长和宽也为 12 mm,厚度忽略不计。

2. 阵列布局及其仿真结果

使用同一阵列构建了两个工作于 10.6 GHz 的反射阵列,所设计的天线主波束的水平方向角为 15°。在第一种工作状态下,所设计的主波束在 yOz 平面内指向 - 15° 和 15°。如图 9.11(a) 所示,阵列的尺寸是根据式(2.85) 计算后与阵列单元的相位特性曲线对应所得,其中,阵列的左半部分被激励为阵列单元一,所决定的主波束指向 - 15°;阵列的右半部分被激励为阵列单元二,所决定的主波束指向 15°。仿真结果如图 9.11(b) 所示,主波束指向 - 15° 和 15°。

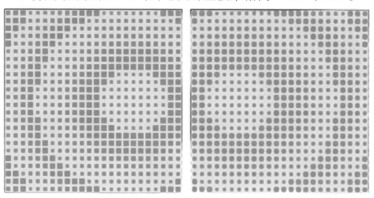

(a) 反射阵列尺寸分布图

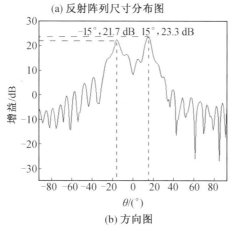

(b) 方向图

图 9.11　主波束指向 - 15° 和 15° 的反射阵列尺寸分布及其方向图

所设计的天线最大波束在水平方向角为 ± 15° 时,在第二种工作状态下,所设计的主波束在 yOz 平面内指向 - 10° 和 30°。如图 9.12(a) 所示,阵列的尺寸是根据式(2.85)计算后与阵列单元的相位特性曲线对应所得,其中,阵列的左半部分被激励为阵列单元一,所决定的主波束指向 – 10°;阵列的右半部分被激励为阵列单元二,所决定的主波束指向30°。方向图如图9.12(b)所示,最大波束指向 – 10° 和30°。

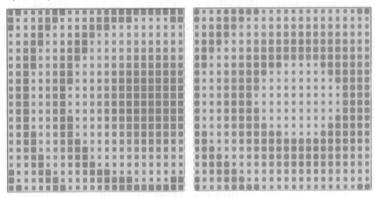

(a) 阵列尺寸分布图

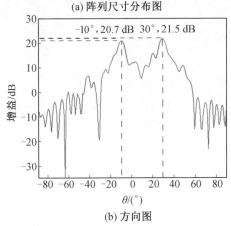

(b) 方向图

图9.12   主波束指向 – 10° 和30° 的反射阵列尺寸分布及其方向图

9.1.4   技术小结

本节主要提出了一种基于固态等离子体的波束扫描阵列天线,在馈源的照射下,反射阵列单元能够修正相位延迟,补偿馈源照射阵列的空间相位差,使得整个阵列在某一个远场方向获得等相位面,实现同相相加,由此得到该方向上的辐射波束。所需要的反射阵列单元的尺寸、位置、形状经过一定的设计,由紧密排列、激发态的可重构像素组成,可以在同一平面上组建出多种反射阵列。由于反射阵列单元可以由可重构像素组建而成,通过设计反射阵列单元,阵列的空间波束指向可以灵活重构,从而实现远场的主波束扫描功能。之后以同样的设计阵列方式通过分块法实现了动态多波束扫描阵列天线,同理,动态多波束扫描阵列天线的主波束同样具有波束扫描的功能。

9.2　新型液体波束扫描阵列天线的设计

9.2.1　单元结构设计

本次设计使用蒸馏水作为阵列单元的材料进行反射型平面阵列天线的研究,新型液体波束扫描阵列天线的结构如图 9.13 所示,可调谐液体平面反射阵列天线单元的液压传感器由带隔离的硅压阻式压力敏感元件封装于不锈钢壳体内制作而成,其能感受到液体或气体压力并将其转换成标准的电信号对外输出,控制系统接收来自液压传感器的信号,通过编程方式控制微电机的转动,从而带动表面为金属贴片的活塞移动控制上层液体高度,通过这种方式便实现了天线单元的重构。

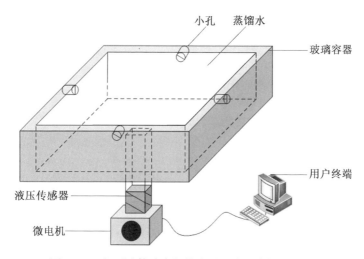

图 9.13　新型液体波束扫描阵列天线的结构示意图

阵列单元由蒸馏水、长方体玻璃容器和表面塑料薄膜组成,如图 9.14 所示,每个阵列单元的边长为 12 mm,容器内部所装液体的长、宽均为 11 mm,液压传感模块由活塞、微电机和液压传感器构成。其中,玻璃容器壁的厚度为 0.5 mm,玻璃的介电常数为 5.5,每个玻璃容器壁都有直径为 0.5 mm 的小孔(最外部单元的容器壁无小孔),使整个阵列成为一个连通器,使容器内所装液体连通,保证所有单元的液体上表面在空间内处于同一平面。

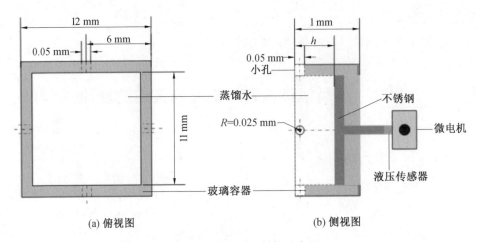

(a) 俯视图　　　　　　　　　　　(b) 侧视图

图 9.14　阵列单元结构示意图

9.2.2　阵列布局及其仿真结果

可重构天线示意图如图 9.15 所示,所需要的反射阵列单元的液体高度经过一定设计排列,由底部液压传感模块控制,可以在同一平面上组建出多种反射阵列,以适用于不同频段和不同角度的工作。

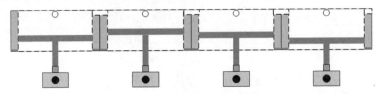

图 9.15　可重构天线示意图

如图 9.16 ～ 9.18 所示,通过相位补偿技术分别得出可调谐液体平面反射阵列天线单元,在 9.6 GHz、10.6 GHz、11.6 GHz 频率下的主波束指向 15° 时所盛装液体高度分布图(即尺寸分布图),将液体高度数据输入已编程的微电机,读取液压传感器的信号对活塞进行调控来控制上层液体的高度,使阵列进行快速重构,就可以实现在三个频率下的波束指向 15°,实现了频率可重构。

如图 9.19 和图 9.20 所示,使用同一阵列构建了两个工作于 10.6 GHz 的反射阵列,两种工作状态频段相同、波束角度不同。在第一种工作状态下,所设计的主波束在 yOz 平面内指向 10°,建模仿真后计算得到的主波束指向 10°;在第二种工作状态下,所设计的主波束在 yOz 平面内指向 30°,建模仿真后计算得到的主波束指向 30°,实现了波束可重构。

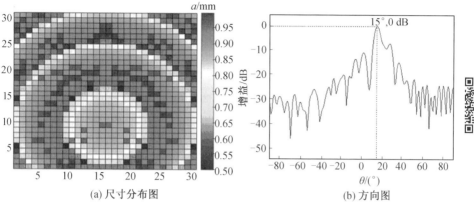

(a) 尺寸分布图　　　　　　(b) 方向图

图 9.16　9.6 GHz 频率下的主波束指向 15° 的尺寸分布及其方向图

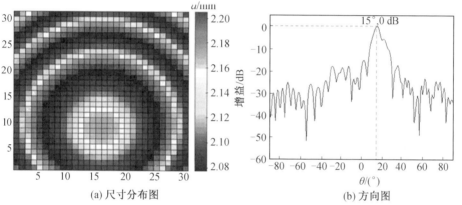

(a) 尺寸分布图　　　　　　(b) 方向图

图 9.17　10.6 GHz 频率下的主波束指向 15° 的尺寸分布及其方向图

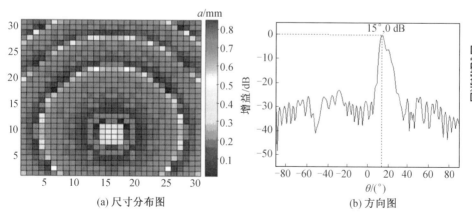

(a) 尺寸分布图　　　　　　(b) 方向图

图 9.18　11.6 GHz 频率下的主波束指向 15° 的尺寸分布及其方向图

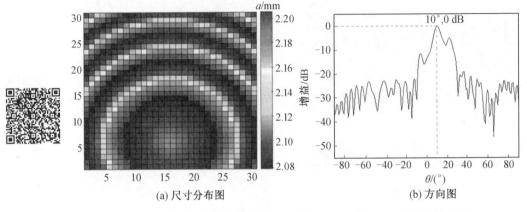

(a) 尺寸分布图　　　　　　　(b) 方向图

图 9.19　10.6 GHz 频率下的主波束指向 10° 的尺寸分布及其方向图

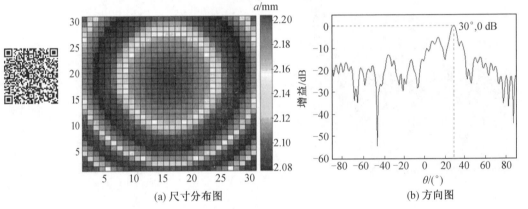

(a) 尺寸分布图　　　　　　　(b) 方向图

图 9.20　10.6 GHz 频率下的主波束指向 30° 的尺寸分布及其方向图

从上述结果可以看出,利用液体设计的天线结构简单,实现可重构的方式简便,并且利用液体的流动性可以快速改变每一个单元的相位补偿,通过合理的设计与调控可以实现快速波束扫描的功能。除此之外,液体易取出,可重复利用,天线不工作时可将天线内部的液体排出,直接使天线的质量变轻,方便转移。

9.2.3　技术小结

本节提出了一种新型液体波束扫描阵列天线的结构设计方法,通过控制系统接收来自液压传感器的信号,采用编程方式控制微电机的转动,从而带动表面为金属贴片的活塞移动控制上层液体高度,使反射阵列单元快速重构来组成所需的不同尺寸、位置的反射阵列单元。在馈源的照射下,由于阵面上所组成的反射单元结构尺寸存在偏差,以此修正反射相位延迟,补偿空间相位差,在远场获得等相位面,实现同相相加,得到所需方向上的辐射波束,因具有快速可重构性,所以能进行动态的波束扫描。

9.3　基于固态等离子体的智能墙壁的设计

9.3.1　结构设计

设计的基于固态等离子体的智能墙壁由五层结构组成,原理框图如图 9.21 所示,第一层、第二层组成吸波器,第三层、第四层组成平面反射阵列天线,第五层为铜质背板。智能墙壁侧视图如图 9.22 所示。

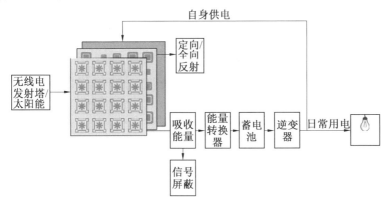

图 9.21　智能墙壁原理框图

图 9.22　智能墙壁侧视图

本次设计的吸波器单元结构如图 9.23 所示,上层的固态等离子体层激励为一个不规则环带和一个"米"字形结构,其中不规则环带的带宽为 1 μm,由四个分布在吸波器内部四角、相距 22 μm、边长为 8 μm 的正方形环带和一个边长为 30 μm 的正方形环带融合并去掉多余部分组成;中间的"米"字形结构由四个相同的长方形组成,长方形的长为 15 μm,宽为 1.3 μm;吸波器的介质基板是材料为 FR-4 的长方体,其长、宽均为 40 μm,高为 5.8 μm;吸波器底层为固态等离子体层,即反射阵列天线的反射层。

平面反射阵列天线单元的结构如图 9.24 所示,上层为固态等离子体层,工作状态时激励为一个外围不规则环带和中心一个正方形。其中不规则环带由两个"十"字形相减后融合而成,小"十"字形由两个长为 $1.44a$、宽为 $1.2a$ 的长方形组成,大"十"字形由两个长为 $1.92a$、宽为 $1.68a$ 的长方形组成,中心正方形的边长为 a;阵列单元的介质基板由材料为 FR-4 的长方体组成,其长、宽为 12 mm,高为 3 mm;阵列单元底层为铜。

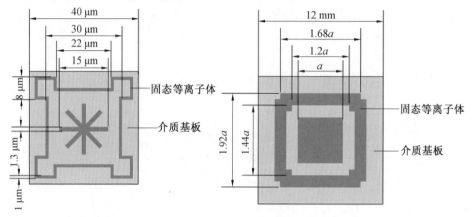

图 9.23 吸波器单元结构示意图　　图 9.24 阵列天线单元结构示意图

固态等离子体由 PIN 单元组成的阵列实现,PIN 单元之间由隔离层进行隔离。固态等离子体构成的谐振单元通过激励 PIN 单元阵列实现,并通过在其两端加载偏置电压进行激励,未激励的固态等离子体谐振单元表现出介质特性,即为未激励状态;激励时表现为金属特性,即为激励状态。

9.3.2　计算与仿真结果

吸波器的吸收曲线如图 9.25 所示,所设计的智能墙壁吸收率在 0.8 以上的频率范围为 3.2 ~ 3.3 THz 和 4.1 ~ 4.4 THz,其中在频率为 3.28 THz 时吸收率达到最高,为 0.99。该智能墙壁能够吸收红外波段的能量,在室外高温状态下可减少对室内温度造成的影响。通过调控固态等离子体的激励状态,还可以调节智能墙壁的吸收频点和吸收率。

本设计的智能墙壁可工作在 10.6 GHz 下,通过调控固态等离子体的激励状态使其主波束分别指向 15° 和 25°,如图 9.26 所示。通过控制固态等离子体的激励状态,还可以改变智能墙壁的工作频率和主波束指向,实现辐射波束的动态扫描。

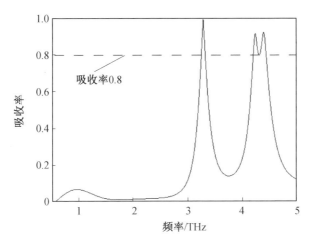

图 9.25　吸波器的吸收曲线

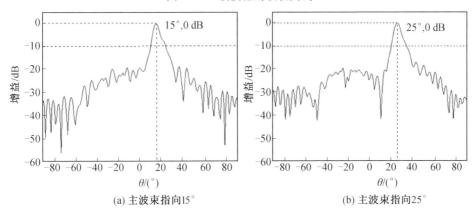

(a) 主波束指向15°　　　　　　　　(b) 主波束指向25°

图 9.26　反射阵列天线辐射方向图

　　物业或用户能直接控制智能墙壁的开关,可根据环境需求自行调控智能墙壁,使其能分别实现吸波器和平面反射阵列天线的功能,还可通过编程调控固态等离子体的激励状态,改变吸波器的吸收频段,改变平面反射阵列天线的工作频段和主波束方向。

　　智能墙壁的整体系统示意图如图 9.27 所示,智能墙壁作为吸波器使用时可吸收来自基站和太阳的能量,用户可通过调控固态等离子体的激励状态改变吸波器的工作频段,使其吸收特定频段的能量或信号,即屏蔽"不需要"的信号;除此之外,还能吸收红外波段的电磁波,从根本上解决了室内高温的问题。所吸收的能量通过能量转换器可转化为电能,并将其传输到蓄电池中(即充电),然后再通过逆变器将直流电转变为交流电,为用户提供生活用电或为自身系统供电,实现了节能减排,提高了空间利用率。

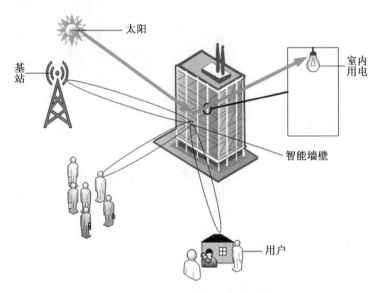

图 9.27　智能墙壁的整体系统示意图

智能墙壁作为平面反射阵列天线使用时,能够对基站发射的信号进行定向或全向反射,可作为运营商的基站或中继站,根据移动通信用户的密集程度和分布情况,调控固态等离子体的激励状态,改变平面反射天线的反射状态,在人群密集且分布集中时,调控为定向天线并指向人群密集的角度;在人群分布较为分散时,则调控为全向天线或多点定向天线。

9.3.3　技术小结

基于固态等离子体的智能墙壁在功能上实现了能量采集、能量吸收、电磁屏蔽和信号传输。可重构单元表面都可以组建出预先设计好的智能墙壁单元排布,每一时刻的智能墙壁都经过独立的设计,可实现任意频段的能量吸收、波束扫描,所吸收的能量还可通过能量转换器转换成电能,并将其传输到蓄电池中(即充电),再经过逆变器转变为交流电,为用户提供家庭用电。

第 10 章

新型天线罩与电磁屏蔽系统的设计与研究

10.1 非互易电磁超材料吸波器在新型天线罩设计中的应用

10.1.1 非互易电磁超材料吸波器的设计与研究

本小节将在电磁超材料吸波器设计思路的基础上,引入三维立体结构和非对称的设计思想,设计一款非互易电磁超材料吸波器。三维立体结构的设计思路打破了常规电磁超材料吸波器结构单元只在一个平面内做二维周期拓展的思维惯性,将电磁超材料吸波器的单元结构在多个平面内做周期延拓,这样可以在多个平面内实现精确的阻抗匹配,增强多个方向上的电磁谐振。引入非对称结构可以破坏等效介电常数和等效磁导率的时空宇称特性,从而产生非互易现象。

图 10.1 和图 10.2 分别为非互易电磁超材料吸波器的结构示意图和单元结构示意图。非互易电磁超材料吸波器的单元结构由两个互相垂直的超材料片层构成,其中片层 1 和片层 2 的结构完全相同。片层 1 和片层 2 的正面和背面的结构分别如图 10.1(a) 和图 10.1(b) 所示,正面为两个中心对称的背靠背开口谐振方环,背面结构为非中心对称的开口谐振方环。图 10.2(b) 为单元结构的俯视图,从图中可以直观地看出电磁超材料片层 1 和片层 2 相互垂直。图 10.2(c) ~

（f）为非互易电磁超材料吸波器单元结构的正视图、背视图、左视图和右视图。图 10.3 为 4 × 3 阵列示意图，是将单元结构分别沿 x 轴和 y 轴做周期延拓后的结构示意图。图中浅灰色部分为金属铜，其厚度为 0.018 mm，电导率为 $\sigma = 5.8 \times 10^7$ S/m。谐振结构紧贴着厚度为 t 的 FR – 4 有耗介质基板，介质基板的相对介电常数 $\varepsilon_r = 4.4$，损耗角正切值为 $\tan \delta = 0.025$。具体的结构参数见表 10.1。

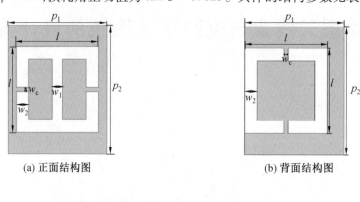

(a) 正面结构图　　　　　　　　　　(b) 背面结构图

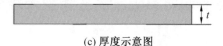

(c) 厚度示意图

图 10.1　非互易电磁超材料吸波器的结构示意图

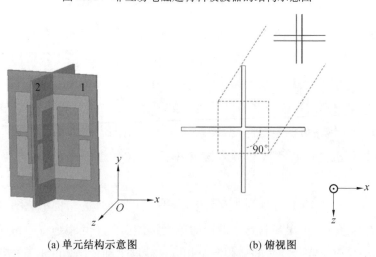

(a) 单元结构示意图　　　　　　　　(b) 俯视图

图 10.2　非互易电磁超材料吸波器的单元结构示意图

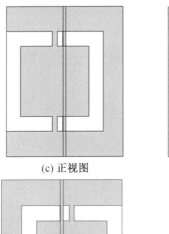
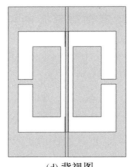

(c) 正视图　　　　　　　　(d) 背视图

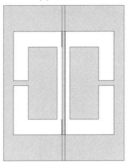

(e) 左视图　　　　　　　　(f) 右视图

续图 10.2

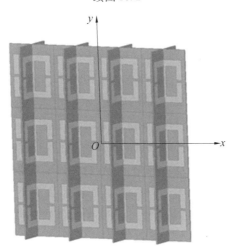

图 10.3　4×3 阵列示意图

表 10.1　非互易电磁超材料吸波器结构参数

参数	p_1	p_2	l	w_1	w_2	w_c	t
数值/mm	12	15	10	1.25	1.5	0.5	0.3

10.1.2　仿真结果及吸波机理分析

通过 CST 仿真软件对三维立体结构的非互易电磁超材料吸波器进行了建模仿真,仿真模型如图 10.4 所示。仿真软件的背景参数设定仍然与之前的仿真设定一致,z 方向为入射端口,x 方向和 y 方向为周期边界。当电磁波斜入射时,通过仿真得到该三维立体结构非互易电磁超材料吸波器的 S_{11} 曲线和 S_{21} 曲线,再根据式(2.4)进行换算即可得到相应的吸收率曲线。将电磁波从端口 1(port 1)沿着 z 轴负方向入射到非互易电磁超材料吸波器上时视为模式 1(mode 1),将电磁波沿着 z 轴正方向从端口 2(port 2)入射到非互易电磁超材料吸波器上时视为模式 2(mode 2)。电磁波分别以模式 1 和模式 2 入射时的仿真结果如图 10.4 所示。

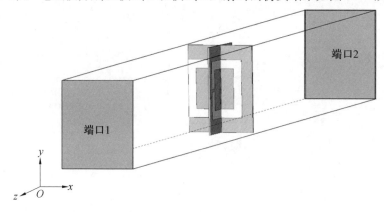

图 10.4　CST 仿真模型

图 10.5 为 TE 模式下电磁波以入射角 $\theta = 30°$ 入射时不同厚度下两种模式的透射率和吸收率曲线。由图 10.5 可以看出,不论在模式 1 还是模式 2 下,透射频点和吸收频点都随着厚度的增加而向高频移动。如图 10.5(a)和图 10.5(b)所示,随着基板厚度的增加,其透射频点向高频移动,并且其透射系数逐渐减小;在图 10.5(c)中,随着基板厚度的增加,其吸收频点向高频移动,但是吸收率逐渐降低;在图 10.5(d)中,随着基板厚度的增加,其吸收频点向高频移动,在较低频处吸收率逐渐增大,而在较高频处吸收率逐渐降低。为了同时保持较好的吸收率和较高的透射率,选择 FR – 4 基板的厚度为 0.3 mm。

图 10.6 给出了 TE 模式下电磁波以入射角 $\theta = 30°$ 入射时两种工作模式下的透射率和吸收率曲线,其中用实线表示模式 1,用虚线表示模式 2。通过仿真曲线可以看出,模式 1 和模式 2 的透射率在 $f_1 = 1.72$ GHz,$f_2 = 2.3$ GHz 和 $f_3 = 3.48$ GHz 处具有三个谐振峰。当非互易电磁超材料吸波器工作在模式 1 时,在 $f_2 = 2.3$ GHz 时透射率最小,为 0.17;而在 $f_1 = 1.72$ GHz 和 $f_3 = 3.48$ GHz 时的透

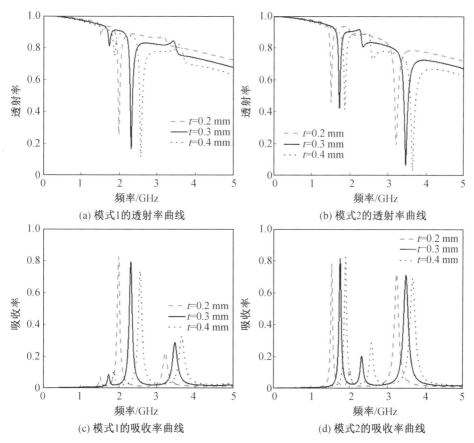

图 10.5　TE 模式下电磁波以入射角 $\theta = 30°$ 入射时不同厚度下两种工作模式的透射率和吸收率曲线

射率较大,分别为 0.81 和 0.82。当非互易电磁超材料吸波器工作在模式 2 下时,$f_1 = 1.72$ GHz 和 $f_3 = 3.48$ GHz 是透射率谷值点,透射率分别为 0.42 和 0.06;而 $f_2 = 2.3$ GHz 为透射率峰值点,透射率为 0.84。由图 10.6 可以看出,当入射波从不同的端口入射,即分别工作于模式 1 和模式 2 时,该非互易电磁超材料吸波器的透射率有着明显的非互易现象,模式 1 的透射率谷值点对应着模式 2 的透射率峰值点,同样,模式 2 的透射率谷值点对应着模式 1 的透射率峰值点。根据透射率和反射系数,由式(2.4) 可以得出吸收率如图 10.6(b) 所示,其吸收率最大的点分别位于 $f_1 = 1.72$ GHz,$f_2 = 2.3$ GHz 和 $f_3 = 3.48$ GHz 处。当工作于模式 1 时,在 $f_2 = 2.3$ GHz 处吸收率最大,为 0.79,在其他两个频点处的吸收率很低;当工作于模式 2 时,在 $f_1 = 1.72$ GHz 和 $f_3 = 3.48$ GHz 处达到吸收率峰值点,吸收率分别为 0.81 和 0.71,而在 $f_2 = 2.3$ GHz 处的吸收率很小。将这两幅图结合起来可以看出,一种模式下吸收率最大时透射率最小,此时刚好对应着另一模式的透射率最大点;透射率最小时吸收率最大,此时刚好对应着另一模式的吸收率最小点。由此可见,该非互易电磁超材料吸波器对于透射率和吸收率均具有明显的非互易现象。

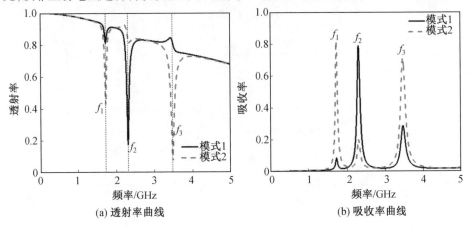

(a) 透射率曲线　　　　　　　　　　(b) 吸收率曲线

图 10.6　TE 模式下电磁波以入射角 $\theta = 30°$ 入射时两种工作模式下的透射率和吸收率曲率

　　图 10.7 给出了 TE 模式下电磁波正入射($\theta = 0°$) 时两种工作模式下的透射率和吸收率曲线,其中实线表示模式 1,虚线表示模式 2。由图 10.7(a) 可以看出,$\theta = 0°$ 时模式 1 和模式 2 虽然在三个频点都有一定程度的谐振,但是二者的透射率曲线完全重合,也就是说,此时透射并没有非互易现象。再由图 10.7(b) 可以看出,二者吸收率的差别也不大,说明吸收率的非互易现象同样不明显。从此可见,电磁波正入射时,模式 1 和模式 2 之间的非互易现象不明显。这主要是因为正入射时的磁场或电场的交叉极化没有斜入射时的交叉极化影响大,所以非互易现象不明显。然而上述分析和仿真都是基于 TE 模式的,下面针对 TM 模式分析其透射率和吸收率的非互易特性。

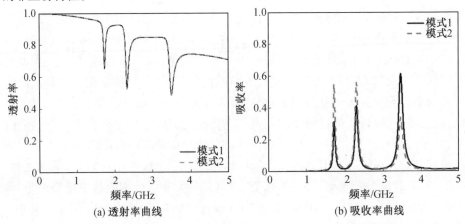

(a) 透射率曲线　　　　　　　　　　(b) 吸收率曲线

图 10.7　TE 模式下电磁波正入射($\theta = 0°$) 时两种工作模式下的透射率和吸收率曲线

图10.8给出了 TM 模式下电磁波以入射角 $\theta = 30°$ 入射时两种工作模式下的透射率和吸收率曲线,图中实线表示模式 1,虚线表示模式 2。从图中可以看出,不论是透射率还是吸收率,其在两种工作模式下的曲线都完全重合,且没有明显的谐振频点,即此时同样没有非互易现象。由此可以总结出,该非互易电磁超材料吸波器只有当电磁波以 TE 模式斜入射时才能发挥其非互易性能,在正入射或者 TM 模式下这个非互易电磁超材料吸波器都不能正常工作。

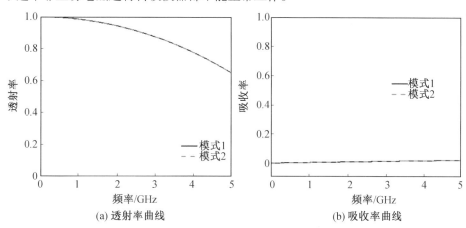

(a) 透射率曲线　　　　　　　　　　　　(b) 吸收率曲线

图 10.8　TM 模式下电磁波以入射角 $\theta = 30°$ 入射时两种工作模式下的透射率和吸收率曲线

这是由于,当电磁波斜入射到该周期性结构时,在 TE 模式下电场的方向始终平行于 y 轴的方向,即 z 轴方向上并没有电场分量,但是此时磁场不仅含有平行于 x 方向的分量,且由于电磁波斜入射,磁场又增加了一个沿 z 方向的分量,所以斜入射时会产生类似于旋磁的现象,此时的非互易电磁超材料吸波器类似于人们常说的磁光材料(如铁氧体 YIG 等),所以此时能够产生非互易现象。上面已经通过仿真对比得知,当入射电磁波正入射或者以 TM 模式入射时,均不能产生非互易现象。这是由于电磁波正入射时,电场和磁场都始终垂直于 z 方向,即在 z 方向上都没有分量,所以此时该结构不能被视为旋磁材料,也就没有非互易现象产生;而当电磁波以 TM 模式入射时,TM 模式的磁场同样垂直于 z 方向,电场虽然在 z 方向上有分量,但是由于该结构只对 TE 波敏感,所以 TM 模式下不仅没有旋磁效应,而且没有谐振频点。

本小节设计的非互易电磁超材料吸波器可以等效看成磁光介质,其介电常数和磁导率需要外加磁场诱导。正是因为正入射或者 TM 模式入射时,并没有外加的磁场诱导,所以在这两种情况下不能激发非互易性能。而在 TE 模式斜入射情况下,该结构中有了外加的磁场诱导,所以其磁导率的张量中非对角线有不为零的元

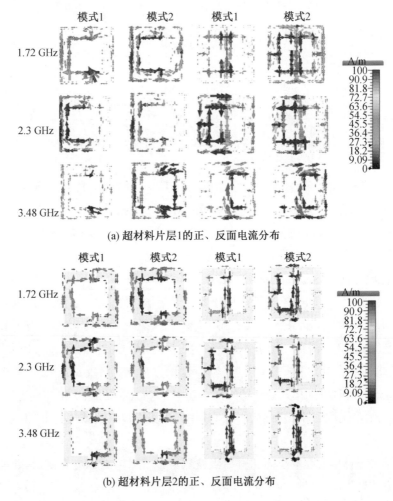

素出现,这就导致了非互易现象的产生。

图 10.9 是 TE 模式斜入射($\theta = 30°$) 时两种工作模式下的电流分布图,图 10.9(a) 所示为超材料片层 1 的正、反面电流分布,图 10.9(b) 所示为超材料片层 2 的正、反面电流分布。因为结构是非对称的,所以在模式 1 和模式 2 这两种不同的入射模式下参与谐振的单元和谐振的强度都是不同的,所以从图中可以看出在 TE 模式斜入射时,模式 1 入射和模式 2 入射同一结构的表面电流分布的路径和强弱不一样,但是相互垂直的两个超材料片层上形成了交叉极化,所以产生了非互易现象。

(a) 超材料片层 1 的正、反面电流分布

(b) 超材料片层 2 的正、反面电流分布

图 10.9　TE 模式斜入射($\theta = 30°$) 时两种工作模式下的电流分布图

图 10.10 为 TE 模式正入射($\theta = 0°$) 时两种工作模式下的表面电流分布图,其中图 10.10(a) 所示为超材料片层 1 的正、反面电流分布,图 10.10(b) 所示为超材料片层 2 的正、反面电流分布。由图中可以看出,此时在两种工作模式下虽然可以谐振,有谐振频点,但是电流路径和电流强度在模式 1 和模式 2 下的差别并不明显,所以此时的非互易现象也不明显,与图 10.7 所示的仿真结果相一致。当电磁波以 TM 模式斜入射($\theta = 30°$) 时,磁场始终沿着 y 方向,所以并不能产生谐振,电场有 x 方向和 z 方向的两个分量,电谐振也比较弱,超材料片层 1 和片层 2 的表面电流都很小,所以没有谐振频点出现,如图 10.11 所示。

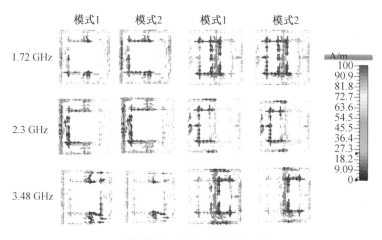

(a) 超材料片层1的正、反面电流分布

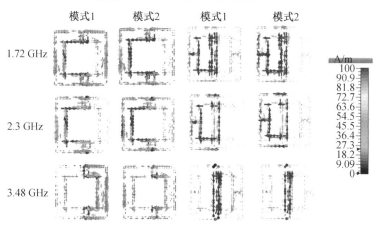

(b) 超材料片层2的正、反面电流分布

图 10.10　TE 模式正入射($\theta = 0°$) 时两种工作模式下的表面电流分布图

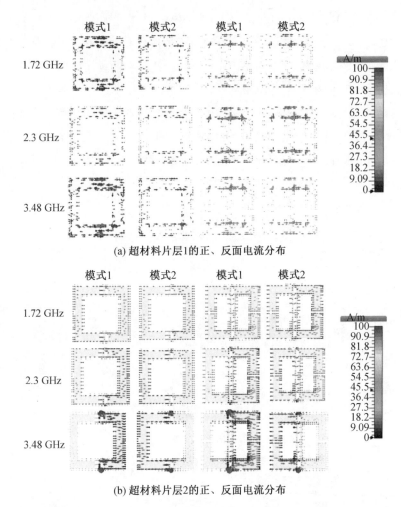

(a) 超材料片层1的正、反面电流分布

(b) 超材料片层2的正、反面电流分布

图 10.11 TM 模式斜入射($\theta = 30°$) 时两种工作模式下的表面电流分布图

10.1.3 非互易电磁超材料吸波器的实验测试分析

在上面用相互垂直的非对称开口金属环构建了非互易电磁超材料吸波器,并对其透射系数和吸波效率进行了仿真分析。根据上面的设计参数将非互易电磁超材料吸波器加工制作成实物并在微波暗室中进行了测试。非互易电磁超材料吸波器的实物完全依据上面的设计参数加工,但是由于需要将两片超材料片层进行垂直交叉,所以将其中一块从中间拆分成两半,并在固定位置用锡焊再进行焊接使其相互垂直地连接在一起,实物图如图 10.12 所示,共 25 × 25 个周期,尺寸为 30 cm × 37.5 cm。

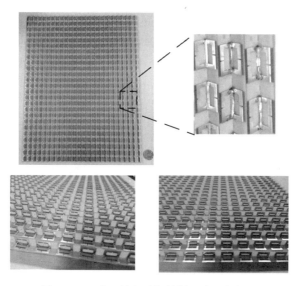

图 10.12　非互易电磁超材料吸波器实物图

微波暗室中使用 Agilent N5245A 矢量网络分析仪和 2 ~ 18 GHz 标准馈源天线对样品进行测试。测试时将非互易电磁超材料吸波器的样品置于微波暗室中,天线与待测样品法线之间的夹角为 θ,馈源天线与待测样品之间的距离 $d \geqslant 2L^2/\lambda_0$($L$ 为使馈源天线近场效应和衍射最小的最优馈源尺寸) 满足远场条件。透射测试示意图和反射测试示意图分别如图 10.13(a) 和图 10.13(b) 所示。由于该非互易电磁超材料吸波器在两种入射模式下的吸收率和透射率均不一样,测试时需要对两

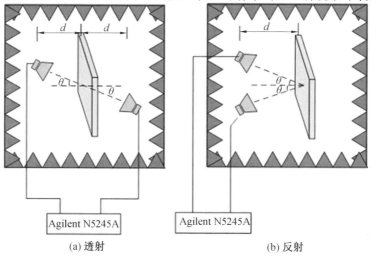

(a) 透射　　　　　　　　　　　(b) 反射

图 10.13　测试示意图

种模式都进行测试,在馈源位置保持不变的情况下,只需将样品旋转180°即可测得两种模式下的结果。在微波暗室中的实际测试情况如图10.14所示。

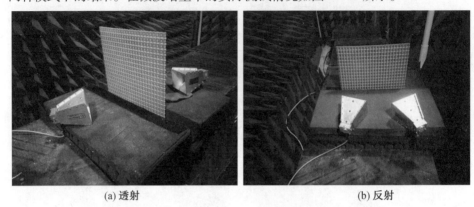

(a) 透射　　　　　　　　　　　　　(b) 反射

图 10.14　实际测试情况

非互易电磁超材料吸波器的测试结果如图10.15所示,虽然由上面的仿真结果可以看出在低频1.72 GHz处也有明显的非互易性,但是由于实验条件的限制,使用的双脊喇叭天线的工作范围为2 ~ 18 GHz,1.72 GHz不在其工作范围内,所以对于1.72 GHz处的情况没有进行测试,只在2 ~ 5 GHz进行了实验验证。从图10.15中可以看出,仿真结果和测试结果相一致,反射测试结果比透射测试结果稍差一点。由图10.14(b)图可以看出,测试反射时由于吸波器本身尺寸的限制,所以两个馈源之间离得不能太远,这就有可能在两个馈源天线之间形成干涉,而测量时两个馈源天线分别放在测试样品的两边,所以这可能是造成反射测试的结果没有透射测试好的主要原因。

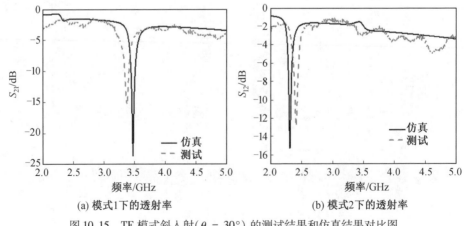

(a) 模式1下的透射率　　　　　　　　(b) 模式2下的透射率

图 10.15　TE 模式斜入射($\theta = 30°$)的测试结果和仿真结果对比图

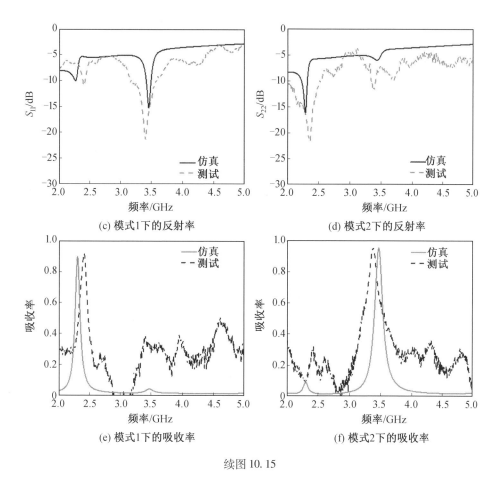

(c) 模式1下的反射率　　　　　　　　(d) 模式2下的反射率

(e) 模式1下的吸收率　　　　　　　　(f) 模式2下的吸收率

续图 10.15

10.2　透射／吸收窗口可调的新型天线罩

10.2.1　理论模型和方法

所提出的含石墨烯的 HMs 电池单元结构示意图如图 10.16 所示,图中给出了 TM 波和坐标轴的设置。θ 是入射角,背景介质是空气。A 和 B 分别表示具有折射率 $n_A = \sqrt{51}$ 和 $n_B = 1$ 的介质层,其厚度分别为 $d_A = 2$ μm 和 $d_B = 8$ μm。HG 表示包含普通质 $C(\varepsilon_C = 11.1)$ 和石墨烯的 HMs,其厚度分别为 $d_C = 60$ nm、$d_G = 1$ nm。所提出的结构按 A－HG－B 的顺序排列,其周期常数为 $N = 3$。电介质 A、B、HG 的厚度为最佳值。

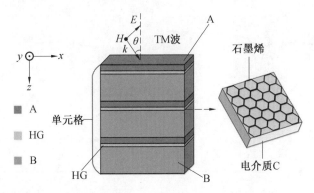

图 10.16　所提出的含石墨烯的 HMs 电池单元结构示意图

对于所提出的含石墨烯的 HMs 单元结构,反射率和透射率可以通过传递矩阵方法计算。整个推导过程如下。

石墨烯是一种频率相关的介质,它的表面电导率 σ 可以由带间电导率 σ_{inter} 与带内电导率 σ_{intra} 之和得出:

$$\sigma = \frac{ie^2 k_B T}{\pi \hbar^2 (\omega + i/\tau)} \left\{ \frac{\mu}{k_B T} + 2\ln\left[\exp\left(-\frac{\mu}{k_B T} \right) + 1 \right] \right\} + \frac{ie^2}{4\pi^2}\ln\left| \frac{2\mu - (\omega + i/\tau)}{2\mu + (\omega + i/\tau)} \right|$$

(10.1)

式中,e 表示电子电荷;k_B 表示玻尔兹曼常数;T 表示温度,这里将温度设置为 300 K;$\hbar$ 表示约化的普朗克常数;ω 表示入射电磁波的角频率;τ 表示唯象散射率;μ 表示化学势,它与施加的电压 V_g 有关:

$$|\mu| = \hbar v_F \sqrt{\pi |a_0(V_g - V_D)|}$$

(10.2)

式中,v_F 对应石墨烯的费米速度,其值设为 10^6 m/s;a_0 是一个经验常数,一般为 9×10^{16} m^{-1}·V^{-1};V_D 表示偏置电压,假设它为 0 V。假设石墨烯薄片的电子带结构不受相邻材料的影响,则石墨烯的有效介电常数 ε_G 可表示为

$$\varepsilon_G = 1 + \frac{i\sigma}{\omega \varepsilon_0 d_G}$$

(10.3)

式中,ε_0 和 d_G 分别表示真空的介电常数和石墨烯层的厚度。

基于石墨烯的 HMs 是各向异性介质,具有单轴介电张量分量,其近似为

$$\boldsymbol{\varepsilon} = \begin{bmatrix} \varepsilon_{xx} & 0 & 0 \\ 0 & \varepsilon_{yy} & 0 \\ 0 & 0 & \varepsilon_{zz} \end{bmatrix}$$

(10.4)

$$\varepsilon_{xx} = \varepsilon_{yy} = \varepsilon_\parallel = \frac{\varepsilon_G d_G + \varepsilon_C d_C}{d_G + d_C}$$

(10.5)

$$\varepsilon_{zz} = \varepsilon_\perp = \frac{\varepsilon_G \varepsilon_C (d_G + d_C)}{\varepsilon_G d_C + \varepsilon_C d_G}$$

(10.6)

式中,$\varepsilon_{\parallel}$ 和 $\varepsilon_{\perp}$ 分别表示相对介电常数的平行部分和垂直部分。根据斯涅尔定律可以计算入射角 θ 处的群指数,可以表示为

$$n_{\mathrm{g}} = \sqrt{\frac{\varepsilon_{\perp}^2}{\varepsilon_{\parallel}} - \frac{\varepsilon_{\perp}}{\varepsilon_{\parallel}}\left(1 - \frac{\varepsilon_{\parallel}}{\varepsilon_{\perp}}\right)\sin^2\theta} \tag{10.7}$$

传输矩阵可以写成

$$\boldsymbol{M}_{j=\mathrm{A,HG,B}} = \begin{bmatrix} \cos\delta_j & -\dfrac{\mathrm{i}}{\eta_j}\sin\delta_j \\ -\mathrm{i}\eta_j\sin\delta_j & \cos\delta_j \end{bmatrix} \tag{10.8}$$

式中,$\eta_j = n_j\cos\theta_j$;$\delta_j = \omega n_j d_j\cos\theta_j/c$;$n_j$ 表示 j 层的折射率;d_j 和 θ_j 分别表示 j 层的厚度和入射角。

所设计的基于石墨烯的 HMs 结构的传输矩阵为

$$\boldsymbol{M} = \prod_{j=1}^{n} \boldsymbol{M}_j = \begin{bmatrix} M_{11} & M_{12} \\ M_{21} & M_{22} \end{bmatrix} \tag{10.9}$$

最后得到反射系数 r 和透射系数 t 为

$$r = \frac{(M_{11} + M_{12}\eta_0)\eta_0 - (M_{21} + M_{22}\eta_0)}{(M_{11} + M_{12}\eta_0)\eta_0 + (M_{21} + M_{22}\eta_0)} \tag{10.10}$$

$$t = \frac{2\eta_0}{(M_{11} + M_{12}\eta_0)\eta_0 + (M_{21} + M_{22}\eta_0)} \tag{10.11}$$

式中,TE 波有 $\eta_0 = n_0\cos\theta_0$;TM 波有 $\eta_0 = n_0/\cos\theta_0$;$n_0$ 表示空气的折射率。吸收率 $A(\omega)$ 为

$$A(\omega) = 1 - R(\omega) - T(\omega) \tag{10.12}$$

反射率和透射率分别为 $R(\omega) = |r|^2$ 和 $T(\omega) = |t|^2$。

10.2.2　结果和讨论

1. 石墨烯 HMs 介电常数和群折射率的性质

所提出的基于石墨烯 HMs 在不同频率下 $\varepsilon_{\perp}$ 和 $\varepsilon_{\parallel}$ 的实部如图 10.17 所示。设计的结构参数为 $d_{\mathrm{C}} = 60~\mathrm{nm}$,$\tau = 5 \times 10^{-12}~\mathrm{s}$,$\mu = 0.1~\mathrm{eV}$。由图 10.17 可以看出,在整个频域,$\varepsilon_{\perp}$ 的实部都大于 0;$\varepsilon_{\parallel}$ 的实部在 7.07 THz 处由负值变为正值。众所周知,该材料在 $\mathrm{Re}(\varepsilon_{\perp})\mathrm{Re}(\varepsilon_{\parallel}) < 0$ 时表现出双曲性质,在 $\mathrm{Re}(\varepsilon_{\perp})\mathrm{Re}(\varepsilon_{\parallel}) > 0$ 时表现出传统介质性质。从图 10.17 中可以观察到,材料特性在 7.07 THz 时从双曲介质变为传统介质。

加入石墨烯 HMs 的群折射率 n_{g} 如图 10.18 所示。可以发现,n_{g} 的实部和虚部都有极值点,实部在 7.08 THz 处有极大值,虚部在 7.06 THz 处有极小值。这些频率点在控制电磁波的传输调制中起着至关重要的作用。

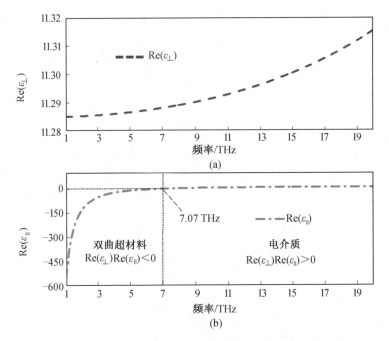

图 10.17　基于石墨烯 HMs 在不同频率下 $\varepsilon_\perp$ 和 $\varepsilon_\parallel$ 的实部

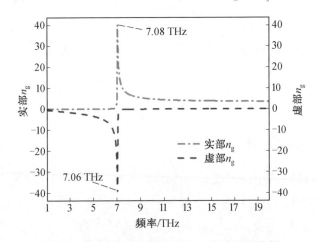

图 10.18　基于石墨烯 HMs 的 n_g 的实部和虚部

　　为了研究唯象散射率 τ、化学势 μ、介质 C 的厚度 d_C 对 HMs 性能的影响,三个参数与 n_g 的关系分别如图 10.19 ~ 10.21 所示。

　　图 10.19 所示为不同唯象散射速率 $\tau = 10^{-12}$ s、$\tau = 10^{-13}$ s 和 $\tau = 10^{-14}$ s 时 n_g 的变化情况。从图 10.19(a) 和图 10.19(b) 中可以看出,当 τ 减小时,n_g 实部的最大值变小并向高频方向移动,而 n_g 虚部的最小值变大并向低频方向移动。这表明唯象散射率对 HMs 的性质有显著影响。

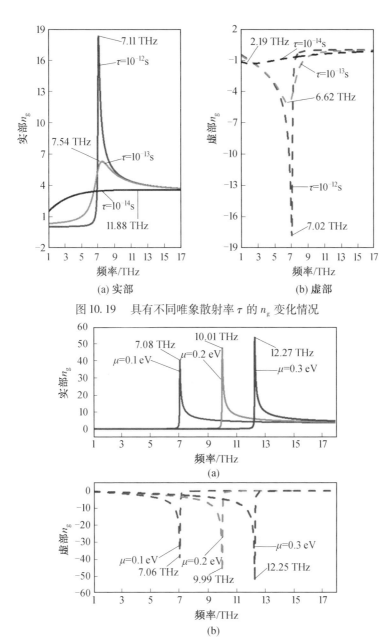

图 10.19　具有不同唯象散射率 τ 的 n_g 变化情况

图 10.20　具有不同化学势 μ 的 n_g 变化情况

　　不同化学势 μ 和介质 C 厚度 d_C 对 n_g 的影响分别绘制在图 10.20 和图 10.21 中。可以看到，增大 μ 和 d_C 的值对 n_g 有显著影响，且 n_g 的所有极值点都发生蓝移。这说明 μ 和 d_C 可以调节 HMs 和 τ 的性质，并且 μ 和 d_C 在结构设计中需要优化。

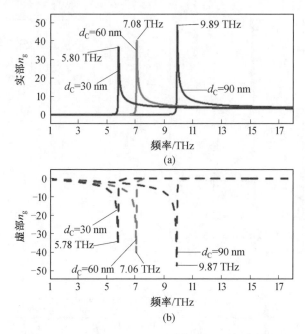

图 10.21　关于介质 C 不同厚度 d_C 的 n_g 的变化情况

2. SFATB 的特性分析

经过参数优化,可以得到 $\theta = 82°$ 时 TM 波的透射率和吸收率曲线如图 10.22 所示的滤波器,其各项参数分别为 $d_C = 60$ nm, $\tau = 5 \times 10^{-12}$ s, $\mu = 0.04$ eV, $N = 3$。

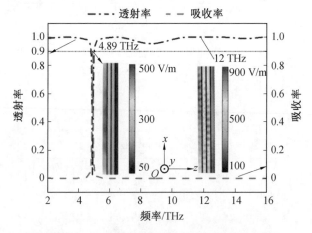

图 10.22　$\theta = 82°$ 时 TM 波的透射率和吸收率曲线

图 10.22 中,在 4.89 THz 处可以观察到一个高吸收峰(吸收率大于 0.9),单元结构表现出整个频带的透射特性。为验证仿真结果的正确性,图 10.22 还给出了吸收频率点(4.89 THz)和透射频率点(12 THz)的电场分布。从 4.89 THz 的电场分

布可以清楚地看到,最后几层的电场颜色变成了深色,说明电磁波的能量基本被吸收了。对于 12 THz 处的电场分布,存在不同的现象,在最后几层中,电场的颜色是浅色,这表明电磁波通过了单元结构。此外,干涉图样如图 10.22 所示,可以解释为入射波和反射波将光强重新分布而形成干涉。由于入射角较大,x 轴上的波矢量分量值较大,因此在图 10.22 中 x 轴方向上会出现明显的干涉图样。由图 10.22 的分析可知,得到的结果是一致的。最后,可以得出结论:透射带中的单频吸收(single frequency absorption in the transmission band,SFATB)可以在所提出的单元结构中实现。

为了讨论化学势 μ 对 SFATB 的影响,在图 10.23 中绘制了 TM 波在不同 μ 下的透射率和吸收率曲线图,其各项参数如下:$d_c = 60$ nm,$\tau = 5 \times 10^{-12}$ s,$\theta = 82°$,$N = 3$。图 10.23(a) ~(d) 为所提出的单元结构在 μ 分别为 0.01 eV、0.03 eV、0.05 eV 和 0.07 eV 时的透射率和吸收率曲线。从图 10.23 可以看出,当 μ 增大时,吸收峰的位置会向更高的频率移动,吸收频率分别为 3.79 THz、4.55 THz、5.25 THz 和 5.98 THz。计算结果表明,μ 对 SFATB 的调节起着至关重要的作用,可以极大地改变吸收峰的位置。

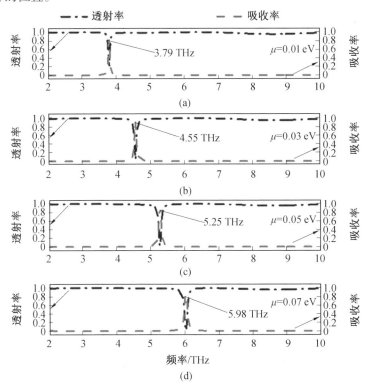

图 10.23　TM 波在不同 μ 下的透射率和吸收率曲线

3. 超宽带吸收与 TWAZ 的实现

吸收峰的位置可由 μ 控制。假设可以将 μ 的一段紧密离散,并将其分配给不同的单元结构,然后将单元结构拼接在一起,从而得到连续的吸收峰。为了验证这一假设,将 μ 不同的单元结构进行了叠加。整体结构如图 10.24 所示。这里采用 μ 控制结构。与 τ 和 d_{C} 相比,μ 的控制更加方便,只需改变外加电压 V_{g} 即可。

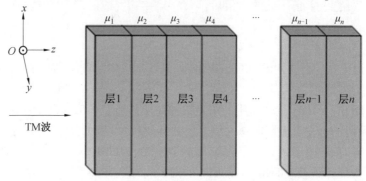

图 10.24　所提出的石墨烯 HMs 的整体结构示意图

利用所提出的堆叠结构设计了两种不同频段的超宽带吸收器件,仿真结果如图 10.25 所示。图 10.25(a) 中,结构参数分别为 $d_{\mathrm{A}} = 2\ \mu\mathrm{m}, d_{\mathrm{B}} = 8\ \mu\mathrm{m}, d_{\mathrm{C}} = 60\ \mathrm{nm}, \tau = 5 \times 10^{-12}\ \mathrm{s}, \theta = 82°, N = 2$。$\mu_n$ 作为 μ 的离散值,表示为 $\mu_n = (0.001 + 0.001(n - 1))\ \mathrm{eV}(n = 1, 2, \cdots, 120, n$ 是整数)。μ_n 的值从 $\mu_n = 0.001\ \mathrm{eV}$ 变化到 $\mu_n = 0.12\ \mathrm{eV}$,步长为 $0.001\ \mathrm{eV}$。从图 10.25(a) 可以看出,吸收带位于 $3.95 \sim 7.72\ \mathrm{THz}$,带宽为 $3.77\ \mathrm{THz}$,相对带宽(relative bandwidth, RB) 为 32.31%,属于超宽带吸收。图 10.25(b) 中,结构参数分别为 $d_{\mathrm{A}} = 0.5\ \mu\mathrm{m}, d_{\mathrm{B}} = 9\ \mu\mathrm{m}, d_{\mathrm{C}} = 60\ \mathrm{nm}, \tau = 5 \times 10^{-12}\ \mathrm{s}, \theta = 82°, N = 2$。$\mu_n$ 表示为 $\mu_n = (0.12 + 0.001\,9(n - 1))\ \mathrm{eV}$ $(n = 1, 2, \cdots, 158, n$ 是整数)。μ_n 的值从 $\mu_n = 0.12\ \mathrm{eV}$ 变化到 $\mu_n = 0.418\,3\ \mathrm{eV}$,步

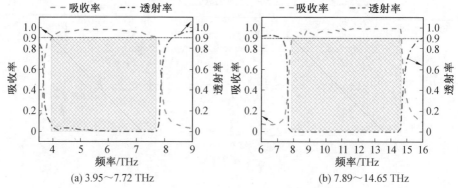

(a) 3.95～7.72 THz　　　　　　　(b) 7.89～14.65 THz

图 10.25　不同频段的超宽带吸收图

长为 0.001 9 eV。从图 10.25(b) 可以看出,吸收带位于 7.89 ~ 14.65 THz,带宽和相对带宽分别为 6.76 THz 和 29.99%。它也是一种超宽带吸收。由结果可知,所提出的堆叠式整体结构可以实现超宽带吸收,通过调整结构参数可以在不同频段工作。

此外,还可以对上述堆叠结构进行再加工。假设离散 μ 的一部分设置为第一个单元结构的 μ_1,而这部分的原始吸收带同时作用于第一个单元结构的吸收频率点,然后这部分的原始吸收转化为透射,并得到了在吸收区(TWAZ) 的透射窗。仿真结果如图 10.26 所示。

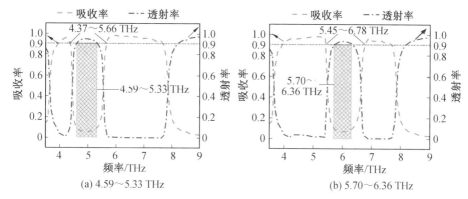

图 10.26　不同频段的 TWAZ 图

在图 10.25(a) 所示超宽带吸收带(3.95 ~ 7.72 THz) 中,设计了两个不同的透射窗,如图 10.26 所示。在图 10.26(a) 中,结构参数分别为 $d_A = 2\ \mu m$, $d_B = 8\ \mu m$, $d_C = 60\ nm$, $\tau = 5 \times 10^{-12}\ s$, $\theta = 82°$, $N = 2$。部分 μ_n 可以表示为 $\mu_n = (0.001 + 0.001(n - 1))eV(n = 1,2,\cdots,25,60,61,\cdots,120)$,步长为 0.001 eV。其余的 μ_n 能够表示成 $\mu_n = 0.001\ eV(n = 26,27,\cdots,59)$。从图 10.26(a) 可以看出,透射窗布置在 4.59 ~ 5.33 THz,带宽为 0.74 THz,相对带宽为 7.46%。

图 10.26(b) 中,结构参数为 $d_A = 2\ \mu m$, $d_B = 8\ \mu m$, $d_C = 60\ nm$, $\tau = 5 \times 10^{-12}\ s$, $\theta = 82°$, $N = 2$。μ_n 可以写成 $\mu_n = (0.001 + 0.001(n - 1))eV(n = 1,2,\cdots,55,90,91,\cdots,120)$,步长为 0.001 eV。$\mu_n$ 剩余部分可以写成 $\mu_n = 0.001\ eV(n = 56,57,\cdots,89)$。从图 10.26(b) 可以看出,透射窗位于 5.70 ~ 6.36 THz,带宽为 0.66 THz,相对带宽为 5.47%。由以上结果可知,在采用石墨烯的多层 HMs 中,可以在不同频段实现 TWAZ。

总之,本书构建了基于石墨烯 HMs 的周期性单元结构,并通过堆叠具有不同 μ 的单元结构来设计整个结构。理论计算了频率相关和角度相关的反射特性,超宽带吸收、SFATB 和 TWAZ 的特性,并研究了 μ、τ 和 d_C 对 HMs 的 n_g 的影响。数值模拟表明,当 θ 为 0° ~ 50° 时可以得到 TWAZ,并且在 θ 为 80° ~ 85° 时,反射在整个频域中变为透射。SFATB 随着 μ 的增加,其吸收峰蓝移。超宽带吸收(3.95 ~ 7.72 THz,7.89 ~ 14.65 THz) 和 TWAZ(4.59 ~ 5.33 THz,5.70 ~ 6.36 THz) 可以通过分配不同的 μ 函数在堆叠单元中实现。提出的基于堆叠石墨烯的 HMs 单元可用于设计可调多功能调制器,包括具有频率相关和角度相关的反射透射调制、吸收透射开关和滤波器,更为设计透射／吸收窗口可调的新型天线罩提供了思路。

10.3   新型电磁屏蔽系统的设计

10.3.1   基于汞热胀冷缩的宽带转移超材料吸波器设计与分析

1.吸波器单元结构设计

所设计的基于汞热胀冷缩的宽带转移超材料吸波器单元结构如图 10.27 所示,该吸波器采用最基本的三层结构,主要包括底层金属板、中间层介质基板及顶层的金属贴片。如图 10.27(c) 所示,介质基板内嵌有容器,用于储存汞,容器主要由五部分组成,分别为长方体汞储存槽、锥体通道、两层十字形玻璃腔,以及连接两层十字形玻璃腔的圆柱通孔。长方体汞储存槽上表面中心通过锥体通道与中间十字形

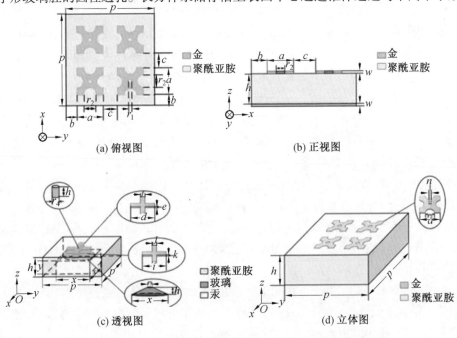

图 10.27   基于汞热胀冷缩的宽带转移超材料吸波器结构示意图

玻璃腔下表面中心连通,中间十字形玻璃腔上表面中心通过圆柱形通道与上层十字形玻璃腔下表面连通,两层十字形玻璃腔均平行放置。上层方形缺口金属贴片是由正方形四条边的中心各减去半圆构成,其材料为金。为了减少电磁波的透射,底层反射板采用完整金属反射板,所用材料为金。介质基板材料为聚酰亚胺,其损耗角正切值为 0.02,介电常数为 2,设置于金属反射板上方。吸波器的相关参数见表 10.2。

表 10.2　基于汞热胀冷缩的宽带转移超材料吸波器的相关参数

参数	a	b	c	d	e
数值/μm	52.5	16.375	26.25	130	0.25
参数	f	h	i	j	k
数值/μm	26	46	126	18	0.25
参数	l_1	l_2	p	r_1	r_2
数值/μm	3.25	3.5	164	6	26.25
参数	x	y	w		
数值/μm	140	16.5	1		

2. 数值仿真与计算结果

在电磁场商业软件 HFSS 中进行数值模拟仿真,极化的电磁波沿着 $-z$ 方向垂直入射到超材料表面,设置主从边界和 Floquet 端口分别模拟周期性边界和电磁波入射。

图 10.28 分别给出了在温度为 -30 ℃ 和 300 ℃ 时吸波器的吸收率曲线图。显然,吸波器的结构是对称的,因而吸波器是极化不敏感的。TE 波是指传播方向上只有磁场分量的电磁波,TM 波是指传播方向上只有电场分量的电磁波。图 10.28 中 TE 波和 TM 波的吸收光谱重合也证明了这一点。以 TM 波为例,可以发现,对于 TM 波,当吸波器处于 -30 ℃ 时(初始状态),该吸波器可以实现 4.53 ~ 5.79 THz 和 8.15 ~ 9.49 THz 的宽带吸收,相对带宽分别为 24% 和 15.5%,吸收率大于 0.9;而当吸波器处于 300 ℃ 时(膨胀状态),两个宽带吸收波段转变为 2.83 ~ 3.39 THz 的宽带吸收波段和 5.90 ~ 7.74 THz 的窄带吸收波段,相对带宽分别为 18% 和 13.3%,吸收率大于 0.9。显然,在温度场的控制下,吸波器可以实现由两个宽带向一个宽带和一个窄带的转移,并且两种状态下的吸收区域并没有重叠的部分,可以实现调节前后在不同范围内吸波。同时,在初始状态可以实现 2.29 THz、2.92 THz、3.30 THz 处的多频点吸收,在膨胀状态可以实现 3.67 THz、4.39 THz、4.61 THz、8.17 THz、8.92 THz 处的多频点吸收,吸收率均大于 0.9。不难看出其中的物理机制:当温度升高时汞膨胀,从而改变谐振元件的结构,影响吸波器的吸波

性能,实现了吸波器的可调谐功能。

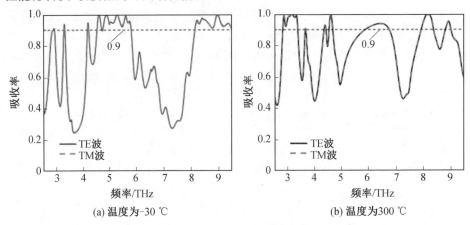

(a) 温度为-30 ℃ (b) 温度为300 ℃

图 10.28　基于汞热胀冷缩的宽带转移超材料吸波器不同温度下的吸收率曲线图

10.3.2　技术小结

本节主要利用汞热胀冷缩的特性,设计了一种可在两种不同状态下工作的温度场调控的宽带转移超材料吸波器。在吸波器工作过程中,温度 $T = -30$ ℃ 的状态定义为初始状态,$T = 300$ ℃ 的状态称为膨胀状态。初始状态下,宽带吸收波段分别为 $4.53 \sim 5.79$ THz 和 $8.15 \sim 9.49$ THz,相对带宽分别为 24% 和 15.5%。膨胀状态下,两个宽带吸收波段变为 $2.83 \sim 3.39$ THz 的宽带吸收波段和 $5.90 \sim 7.74$ THz 的窄带吸收波段,相对带宽分别为 18% 和 13.3%。为了弄清所设计的吸波器的物理吸收机理,对所设计的吸波器的磁场分布、电场分布进行了详细研究。本节的研究思路不仅为吸波器的设计开辟了一条新的途径,而且为设计新型电磁屏蔽系统提供了可能性。

第 11 章

类量子光学效应在功能性器件设计中的应用

11.1　一维层状磁化等离子体介质结构中的非互易特性

11.1.1　具有斐波那契序列的一维磁化等离子体光子晶体的设计

具有三阶斐波那契(Fibonacci)序列的一维磁化等离子体光子晶体的结构如图 11.1 所示,坐标轴和入射 TM 波的设定也在图 11.1 中给出。其中,背景介质为空气,P 表示等离子体层,A、B 和 C 表示三个不同的介电层。A、P、B 和 C 层的介电常数由 $\varepsilon_i(i = \text{A,P,B,C})$ 表示,其中 $\varepsilon_A = 4, \varepsilon_B = 2, \varepsilon_C = 1.5$。A、P、B 和 C 层的厚度分别用 d_A、d_P、d_B、d_C 表示,$d_A = d_B = d_C = 0.3d$(等离子体的填充率为 0.1),d 为常量。斐波那契序列为递归序列,满足条件 $T_{n+1} = T_n T_{n-1}$,其中 $n \geq 1, n + 1$ 表示序列的阶数。$T_1 = \{APBC\}$ 和 $T_0 = \{APCB\}$ 分别代表第 1 阶和第 0 阶。显然,通过推算,可以得到 N 阶序列。因此,这种一维磁化等离子体光子晶体的透射率可以通过传输矩阵法计算。为了便于研究,假设角频率为 ω,ω_1 用于归一化频域,其中 $\omega_1 = 2\pi c/d, c$ 为真空中的光速。等离子体频率为 $\omega_p = \omega_1$,等离子体回旋频率为 $\omega_c = 1.2\omega_p$,等离子体碰撞频率为 $\nu_c = 0.001\omega_p$,入射角为 θ,阶数 $N = 6$。

在本小节中,所设计的光子晶体采用的材料为磁化等离子体,所以只考虑 TM 波的传播情况。其中一维磁化等离子体光子晶体的传输矩阵的推导过程已在第 2 章中给出。为了更好地描述所提出的一维磁化等离子体光子晶体的非互易性,本小节使用隔离度(IOS)来表征其性能,其表达式如下:

$$\text{IOS} = \left| 10\lg \frac{T_{\text{backward}}}{T_{\text{forward}}} \right| \tag{11.1}$$

式中,T_{forward} 为前向传播的透射率;T_{backward} 为后向传播的透射率。

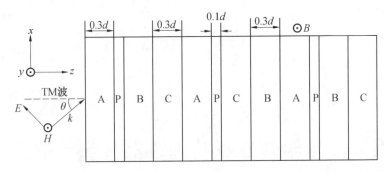

图 11.1　具有三阶斐波那契序列的一维磁化等离子体光子晶体的结构图

11.1.2　所提出的磁化等离子体光子晶体的非互易特性分析

图 11.2 给出了在不同入射角下所提出的磁化等离子体光子晶体的 IOS 图,参数的设置如前所述。从图 11.2 可以看出,在所提出的磁化等离子体光子晶体中可以看到明显的非互易现象。在频率区域 $1.0 \sim 1.4(2\pi c/d)$ 中,当入射角 θ 足够大时,可以获得最大的 IOS 值,其值为 80 dB。这意味着在这种情况下,可以实现最好的非互易特性。从图 11.2 还可以看出,如果入射角 θ 增大,则非互易传播区的频率范围增大,并且它们的边缘也向更高频率移动。另外,从图 11.2 可以看出,当 IOS 的值等于 0 时,意味着前向传播的透射率几乎与后向传播的透射率相同。显然,这种情况下没有非互易现象。

不同入射角下传统磁化等离子体光子晶体的 IOS 图如图 11.3 所示。具有传统周期结构的磁化等离子体光子晶体表示为 $(APB)^6$,参数的设置与上述的初始参数相同。从图 11.3 可以看出,在较低频率中存在明显的非互易现象;但是在较高频率中,非互易特性恶化。将图 11.2 与图 11.3 进行比较,还可以看到,本节提出的斐波那契序列结构可以得到更宽的非互易传输范围和更大的 IOS 值。

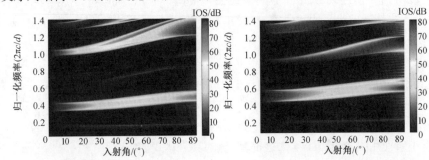

图 11.2　不同入射角下磁化等离子体　图 11.3　不同入射角下传统磁化等
光子晶体的 IOS 图　　　　　　离子体光子晶体的 IOS 图

为了准确地表明所提出的磁化等离子体光子晶体的优点,图 11.4 给出了具有不同序列的一维磁化等离子体光子晶体的前向和后向传播的透射率频谱图。这两种磁化等离子体光子晶体的参数相同,入射角 $\theta = 60°$,具有传统周期结构的一维磁化等离子体光子晶体仍然表示为 $(APB)^6$。在图 11.4 中,点划线表示前向传播的透射率曲线,点线表示后向传播的透射率曲线。图 11.4 中的椭圆标记是非互易传播区域。如图 11.4(a) 所示,所提出的磁化等离子体光子晶体的非互易传播区域分别为 $0.36 \sim 0.49(2\pi c/d)$、$1.11 \sim 1.14(2\pi c/d)$ 和 $1.28 \sim 1.31(2\pi c/d)$,总的非互易传播区域为 $0.22(2\pi c/d)$。从图 11.4(b) 可以看出,传统周期结构的非互易传播区域分别位于 $0.45 \sim 0.48(2\pi c/d)$、$0.59 \sim 0.62(2\pi c/d)$、$0.96 \sim 0.97(2\pi c/d)$ 和 $1.10 \sim 1.12(2\pi c/d)$,总的非互易传播区域为 $0.11(2\pi c/d)$。从图 11.4 的结果中可以发现,所提出的磁化等离子体光子晶体可以获得更大的非互易传播区域,为周期性结构磁化等离子体光子晶体非互易传播区域的两倍,拥有更好的非互易性能。另外,从图 11.4 还可以看出,与传统的周期序列相比,所设计的结构可以获得更多的可调谐禁带。

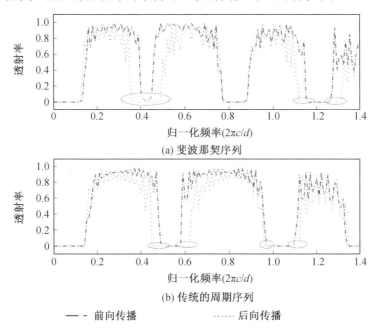

图 11.4　具有不同序列的一维磁化等离子体光子晶体的前向和后向传播的透射率频谱图

11.1.3 所提出的磁化等离子体光子晶体的不同参数对非互易特性的影响

1. 入射角对非互易特性的影响

所提出的磁化等离子体光子晶体在不同入射角下的透射率频谱如图11.5所示,初始参数为 $\omega_p = \omega_1, \omega_c = 1.2\omega_p, \nu_c = 0.001\omega_p, N = 6$,等离子体的填充率为0.1。图11.5(a) ~ (d) 是所提出的磁化等离子体光子晶体的透射率曲线,其入射角分别为20°、30°、45° 和60°。从图11.5中可以看出,当 $\theta = 20°$ 时,非互易传播区域分别覆盖0.31 ~ 0.33 $(2\pi c/d)$ 和0.40 ~ 0.42 $(2\pi c/d)$。当 $\theta = 60°$ 时,这些区域分别变为0.36 ~ 0.42 $(2\pi c/d)$ 和0.44 ~ 0.50 $(2\pi c/d)$。显然,当入射角 θ 增加时,非互易传播的频率范围将增加,并且频率边缘移向更高的频率。其原因可以解释为,当入射角增加时,前向和后向传播常数之间的差异将增加。另外,从图11.5的前向和后向传播中还能够看到,后向传播拥有更大的禁带,随着入射角的增大,两个方向的禁带边缘都移向更高的频率。

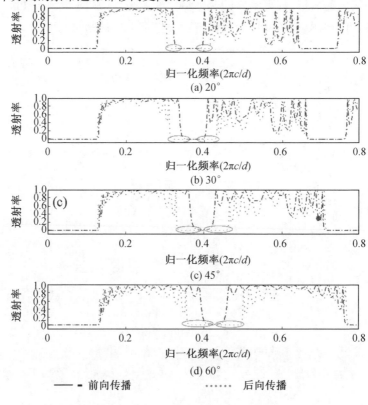

图 11.5　不同入射角下的透射率频谱图

2. 序列阶数对非互易特性的影响

所提出的磁化等离子体光子晶体在不同斐波那契序列阶数 N 下的透射率频谱如图 11.6 所示,初始参数为 $\omega_p = \omega_1, \omega_c = 1.2\omega_p, \nu_c = 0.001\omega_p, \theta = 30°$,等离子体的填充率为 0.1。

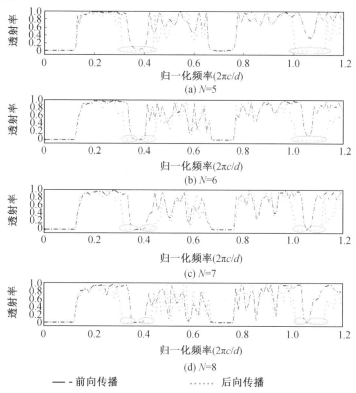

图 11.6 　不同斐波那契序列阶数 N 下的透射率频谱图

图 11.6(a) ～(d) 分别给出了具有不同斐波纳契数序列阶数 5、6、7 和 8 的透射率频谱图。如图 11.6 所示,当 N 的值增加时,第一个和第三个禁带的频率区域不会显著改变。 当 $N = 5$ 时,第一个非互易传播区域(第二个禁带)位于 $0.324 ～0.427(2\pi c/d)$。当 N 为 6、7 和 8 时,原有的第一个非互易传播区域的数量变为 2 个,非互易传播的范围几乎没有变化,其覆盖范围分别为 $0.324 ～ 0.354(2\pi c/d)$ 和 $0.395 ～ 0.427(2\pi c/d)$。在第二个非互易传播区域(第四个禁带)中也可以看到类似的趋势。 当 N 为 5 和 6 时,第二个非互易传播区域为 $1.01 ～1.12(2\pi c/d)$。当 N 为 7 和 8 时,非互易传播区域分别为 $1.01 ～ 1.05(2\pi c/d)$ 和 $1.06 ～ 1.12(2\pi c/d)$。显然,当 N 增加时,所提出的磁化等离子体光子晶体的非互易特性将恶化。如前所述,当 N 的值较小时,可以获得更好的非互易特性,盲目地增加 N 的值无助于改善非互易特性。

3. 等离子体频率对非互易特性的影响

所提出的磁化等离子体光子晶体在不同等离子体频率下的透射率频谱如图 11.7 所示,初始参数为 $\omega_c = 1.2\omega_p$,$\nu_c = 0.001\omega_p$,$\theta = 60°$,$N = 6$,等离子体的填充率为 0.1。

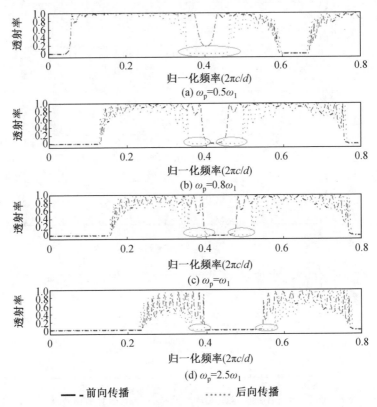

(a) $\omega_p = 0.5\omega_1$

(b) $\omega_p = 0.8\omega_1$

(c) $\omega_p = \omega_1$

(d) $\omega_p = 2.5\omega_1$

—— 前向传播　　　　　…… 后向传播

图 11.7　不同等离子体频率下的透射率频谱图

图 11.7(a) ~ (d) 分别给出了不同等离子体频率下的透射率频谱图,等离子体的频率分别为 $\omega_p = 0.5\omega_1$、$\omega_p = 0.8\omega_1$、$\omega_p = \omega_1$ 和 $\omega_p = 2.5\omega_1$。如图 11.7 所示,前向和后向传播的禁带的带宽随着 ω_p 的增加而增加,并且禁带的上边缘向更高的频率移动。在第二个非互易传播区域中可以观察到明显的非互易现象。当 $\omega_p = 0.5\omega_1$ 时,非互易传播区域为 0.36 ~ 0.455($2\pi c/d$)。当 $\omega_p = 0.8\omega_1$ 时,该区域变为 0.365 ~ 0.494($2\pi c/d$)。可以看出,当增加等离子体频率时,非互易效应得到改善。当 $\omega_p = \omega_1$ 和 $\omega_p = 2.5\omega_1$ 时,非互易传播区域变为两部分,其覆盖范围分别为 0.363 ~ 0.406($2\pi c/d$) 和 0.464 ~ 0.514($2\pi c/d$),以及 0.365 ~ 0.397($2\pi c/d$) 和 0.541 ~ 0.573($2\pi c/d$)。显然,当 ω_p 的值连续增加时,非互易

传播区域的频率范围和透射率的峰值都减小。这可以解释为,较大的 ω_p 意味着等离子体层的电子密度具有较大的值,并且将消耗更多的入射电磁波能量。根据上面提到的结果,可以得出结论:较大的 ω_p 可能导致所提出的磁化等离子体光子晶体的非互易性能恶化。因此,必须对 ω_p 值进行优化。

在图 11.8 中,给出了 IOS 与等离子体频率之间的关系。从图 11.8 中可以清楚地看出,当 ω_p 变大时,IOS 的值也变大,在 $\omega_p = 2.5\omega_1$ 时 IOS 有最大值,其值为 70 dB。需要注意的是,如果前向和后向传播的透射率值非常接近零,则计算出的 IOS 也具有很大的值。在这种情况下,前向波和后向波的透射率太小而不能视为"透射波"。因此,尽管 IOS 的值非常大,也还是不能观察到非互易现象。在本小节中,研究的非互易特征不包括这种情况。因此,基于图 11.8 的结果,可以知道非互易传播区域没有增大。事实上,当 ω_p 变大时,这些区域将随着 IOS 值的增大而减小。从图 11.7 和图 11.8 的结果可以看出,两个图得出的结论是一致的。

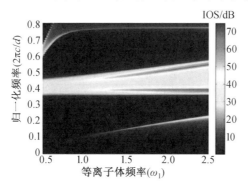

图 11.8　IOS 与等离子体频率之间的关系图

4.等离子体回旋频率对非互易特性的影响

所提出的磁化等离子体光子晶体在不同等离子体回旋频率下的透射率频谱如图 11.9 所示,初始参数为 $\omega_p = \omega_1$, $\nu_c = 0.001\omega_p$, $\theta = 30°$, $N = 6$,等离子体的填充率为 0.1。

图 11.9(a)~(d)分别为不同等离子体回旋频率下的透射率频谱图,等离子体的回旋频率分别为 $\omega_c = 0$, $\omega_c = 0.8\omega_p$, $\omega_c = \omega_p$, $\omega_c = 1.2\omega_p$。如图 11.9(a)所示,如果外部磁场等于零($\omega_c = 0$),则前向和后向传播的透射率频谱大致相同。这是因为如果不存在外部磁场,则磁光 Voigt 效应不会出现在等离子体层中,这意味着所提出的磁化等离子体光子晶体中没有明显的非互易现象。从图 11.9(b)可以看出,当 $\omega_c = 0.8\omega_p$ 时,非互易传播区域分别为 0.322～0.352($2\pi c/d$)、

$0.412 \sim 0.44(2\pi c/d)$、$0.991 \sim 1.03(2\pi c/d)$ 和$1.06 \sim 1.21$ $(2\pi c/d)$。如果继续增加 ω_c 的值(图11.9(c)和11.9(d)),非互易传播的前两个区域几乎没有变化,分别为 $0.322 \sim 0.351(2\pi c/d)$ 和 $0.402 \sim 0.431(2\pi c/d)$,$0.322 \sim 0.351(2\pi c/d)$ 和$0.401 \sim 0.429(2\pi c/d)$。然而,在后两个区域中,非互易传播区域将合并为一个区域,分别为$1.02 \sim 1.12(2\pi c/d)$ 和$1.01 \sim 1.13(2\pi c/d)$。显然,当 ω_c 变大时,非互易特性不会显著改善。因此,在低频时,非互易传播区域先增大,然后当 ω_c 持续增加时保持不变。在较高频率时,可以扩大非互易传播区域。如上所述,较大的 ω_c 对较低频率的非互易传播区域没有显著改善,但它可以帮助扩大较高频率的非互易传播区域。

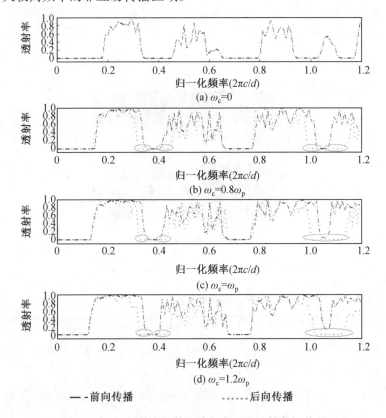

(a) $\omega_c=0$

(b) $\omega_c=0.8\omega_p$

(c) $\omega_c=\omega_p$

(d) $\omega_c=1.2\omega_p$

— -前向传播　　　　　……后向传播

图11.9　不同等离子体回旋频率下的透射率频谱图

IOS 与等离子体回旋频率在不同频率区域下的关系如图11.10所示。如图11.10(a)所示,当 ω_c 增大时,IOS的值也在增大。在较低频率时,IOS的值等于零。从图11.10(b)可以看出,在高频率下,当 ω_c 增大时,非互易传播区域增大,IOS的值可以在某些区域减小。

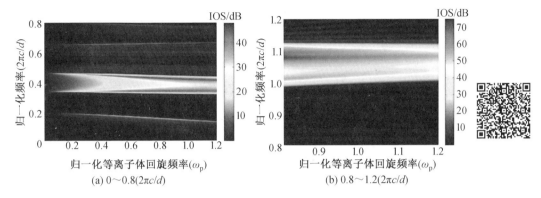

图 11. 10　IOS 与等离子体回旋频率在不同频率区域下的关系图

5. 等离子体填充率对非互易特性的影响

所提出的磁化等离子体光子晶体在不同等离子体填充率下的透射率频谱如图 11. 11 所示,初始参数为 $\omega_p = \omega_1$,$\omega_c = 1.2\omega_p$,$\nu_c = 0.001\omega_p$,$\theta = 30°$,$N = 6$。图 11. 11(a)~(d) 是不同等离子体填充率 0.22、0.34、0.46、0.58 下的透射率频谱图。在这些情况下,介电层 A、B 和 C 的填充率是相同的,分别为 0.22、0.34、0.46、0.58。如图 11. 11(a) 所示,当等离子体的填充率为 0.22 时,非互易传播区域分别为 $0.32 \sim 0.35(2\pi c/d)$ 和 $0.47 \sim 0.49(2\pi c/d)$。当等离子体的填充率为 0.34 时(图 11. 11(b)),这些区域变为 $0.33 \sim 0.36(2\pi c/d)$ 和 $0.54 \sim 0.57(2\pi c/d)$。同样,当等离子体的填充率为 0.46 和 0.58 时,非互易传播区域分别为 $0.35 \sim 0.38(2\pi c/d)$ 和 $0.61 \sim 0.64(2\pi c/d)$,以及 $0.39 \sim 0.41(2\pi c/d)$ 和 $0.69 \sim 0.72(2\pi c/d)$。显然,随着等离子体填充率的增加,非互易传播的频率区域没有明显改变。一方面,禁带的带宽变宽,禁带的边缘发生蓝移,透射率的峰值也降低,这是因为当等离子体的填充率增加时,通过布拉格散射可以在等离子体层中共振更多的电磁模式。另一方面,等离子体是一种耗散型电介质,增加等离子体的填充率意味着等离子体中的电子数量增加,并且入射电磁波的吸收率也增加。如上所述,当等离子体的填充率增加时,非互易传播区域将不会显著改变。

图 11. 12 给出了 IOS 与等离子体填充率之间的关系。可以看出,当等离子体的填充率增加时,IOS 的值也逐渐增加。从图 11. 12 中还可以看出,当填充率增加时,禁带的宽度也增加,并且禁带的边缘向高频移动。

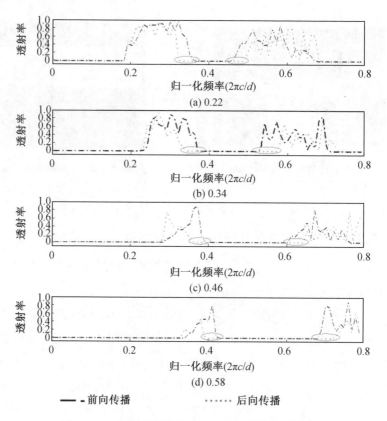

图 11.11　不同等离子体填充率下的透射率频谱图

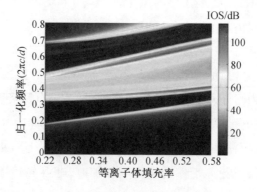

图 11.12　IOS 与等离子体填充率之间的关系图

11.1.4　技术小结

本节通过传输矩阵法，在理论上研究了具有斐波那契序列的新型一维磁化等离子体光子晶体的非互易特性，还研究了其参数与非互易特性之间的关系，包括入射角、斐波纳契序列的阶数、等离子体频率、等离子体回旋频率和等离子体填充率。计算结果表明,可以通过上述参数调整非互易传播区域。与具有周期性结构的传统一维磁化等离子体光子晶体相比,在所提出的结构中可以看到更好的非互易特性。通过增加 ω_c 和 θ 的值可以改善非互易传播特性,但是盲目地增加 ω_p、N 和等离子体填充率会导致非互易传播特性恶化。此外,随着 θ、N、ω_p 和等离子体填充率的增加,IOS 值将增加。但是,如果 ω_c 变大,则 IOS 的值将在较低频率增加,在较高频率几乎不变。仿真结果展示了一维磁化等离子体光子晶体实现非互易应用的一种方法。未来,为了获得更宽或超宽带的非互易传播区域,将使用其他方法,并且一些具有可变介电常数的超材料将取代先前的介电层以获得更多方式来调整非互易特性。

11.2　一维等离子体光子晶体中单向超宽带吸收特性研究

11.2.1　单向超宽带吸收一维等离子体光子晶体的设计

所提出的单向超宽带吸收一维等离子体光子晶体的结构如图 11.13 所示。TM 波和坐标轴的设置也在图 11.13 中给出,背景介质为空气,P_1 表示未磁化的等离子体层,P_2 表示磁化的等离子体层,A 和 B 表示两个不同的介电层。P_1、A、P_2 和 B 层的介电常数用 ε_i 表示($i = P_1, A, P_2, B$),其中,$\varepsilon_A = 1.8$,$\varepsilon_B = 2.5$。P_1、A、P_2 和 B 层的厚度分别由 d_{P1}、d_A、d_{P2} 和 d_B 表示,其中,$d_{P1} = 0.1d$,$d_A = 0.45d$,$d_{P2} = 0.4d$,$d_B = 0.5d$,d 为常数。从图 11.13 中可以看出,所提出的等离子体光子晶体的结构为 $(P_1 A)^N (P_2 B)^N$。这里假设 $(P_1 A)^N$ 为非磁化等离子体光子晶体,$(P_2 B)^N$ 为磁化等离子体光子晶体。N 表示这两种光子晶体的堆叠数,其初始值为 10。为了便于研究,考虑 ω 为角频率,ω_0 为归一化频域,其中 $\omega_0 = 2\pi c/d$,c 为真空中的光速。假设非磁化等离子体层的等离子体频率 $\omega_{P1} = 2\omega_0$,等离子体碰撞频率 $\nu_{c1} = 0.05\omega_{P1}$,磁化等离子体层的等离子体频率 $\omega_{P2} = 1.25\omega_0$,等离子体回旋频率 $\omega_{c2} = 1.2\omega_{P2}$,等离子体碰撞频率 $\nu_{c2} = 0.08\omega_{P2}$,入射角为 θ。

同样,在本小节中仅考虑 TM 波,其中一维磁化和非磁化等离子体光子晶体的传输矩阵的推导过程第 2 章已给出。为了更好地描述所提出的一维等离子体光子晶体的单向吸收,用 F 表征其性能,表示为

$$F = A_{\text{forward}} - A_{\text{backward}} \tag{11.2}$$

式中,A_{forward} 为前向传播的吸收率($+z$ 方向);A_{backward} 为后向传播的吸收率($-z$ 方向)。

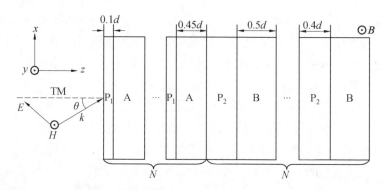

图 11.13　所提出的单向超宽带吸收一维等离子体光子晶体的结构示意图

11.2.2　所提出的等离子体光子晶体的单向吸收特性分析

所提出的一维等离子体光子晶体的前向和后向传播的吸收率频谱图如图 11.14 所示。初始参数与前述相同，入射角 $\theta = 18°$。在图 11.14 中，绿色虚线表示前向传输的吸收率曲线，蓝色虚线表示后向传输的吸收率曲线，红色实线表示 F（前向和后向的吸收率之差），黑色短点线用来标记 F 值为 0.9 的频域。从图 11.14 可以看出，在所提出的一维等离子体光子晶体中可以看到明显的单向吸收现象。对于前向传播，吸收率大于 0.9 的区域为 0.247 5 ～ 0.687 78（$2\pi c/d$）。类似地，后向传播吸收率大于 0.9 的区域为 0.611 9 ～ 0.779 5（$2\pi c/d$）。显然，存在两个单向吸收区域（吸收率大于 0.9），分别为 0.392 2 ～ 0.542 6（$2\pi c/d$）和 0.719 7 ～ 0.768 1（$2\pi c/d$），其中 F 值大于 0.9。另外，对于第一个单向吸收区域，F 大于 0.9 的带宽为 0.150 4（$2\pi c/d$），相对带宽为 32.2%。因此，所提出的一维等离子体光子晶体可以实现超宽带的单向吸收。对于第二个单向吸收区域，

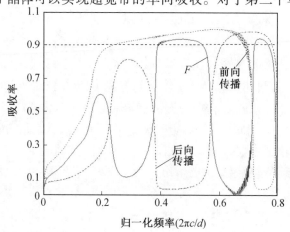

图 11.14　所提出的一维等离子体光子晶体的前向和后向传播的吸收率频谱图

单向吸收的频率带宽为 0.048 4$(2\pi c/d)$，其相对带宽为 6.5%，并不是超宽带。因此，在以下部分中，仅研究第一个单向吸收区域的属性，并且将研究各种参数对所提出的一维等离子体光子晶体的超宽带单向吸收特性的影响。

11.2.3 所提出的一维等离子体光子晶体的不同参数对超宽带单向吸收特性的影响

1. 入射角对单向吸收特性的影响

不同入射角度下一维等离子体光子晶体的前向和后向传播的吸收率频谱图如图 11.15 所示。非磁化等离子体层的参数不变，如上所述，其他参数分别为 $\omega_{P2} = 1.25\omega_0$，$\omega_{c2} = 1.2\omega_{P2}$。

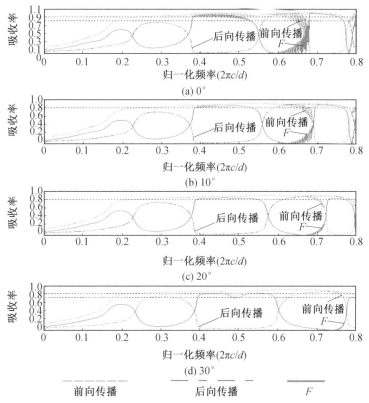

图 11.15 不同入射角下的吸收率频谱图

图 11.15(a) ~ (d) 是入射角分别为 0°、10°、20° 和 30° 时的吸收率曲线。如图 11.15(a) 所示，当 $\theta = 0°$（正入射）时，仍然存在单向吸收，这与传统的等离子体光子晶体明显不同。因为在 0.379 4 ~ 0.527 1$(2\pi c/d)$ 区域内，F 的值在 0.9

附近剧烈波动,所以第二条黑色短点线在图 11.15(a) 中标记为 0.8。在这种情况下,单向吸收的频率带宽为 $0.147\ 7(2\pi c/d)$,其相对带宽为 32.6%。对于前向传播,吸收率超过 0.9 的吸收区域为 $0.248 \sim 0.609(2\pi c/d)$。类似地,对于后向传播,吸收率超过 0.9 的吸收区域为 $0.576 \sim 0.766(2\pi c/d)$。当 $\theta = 10°$ 和 $\theta = 20°$ 时(图 11.15(b)、图 11.15(c)),单向吸收区域为 $0.386\ 4 \sim 0.529\ 5\ (2\pi c/d)$ 和 $0.393\ 1 \sim 0.546\ 4(2\pi c/d)$,其带宽和相对带宽分别为 $0.143\ 1(2\pi c/d)$、$0.153\ 3(2\pi c/d)$ 及 31.2%、32.6%。吸收率超过 0.9 的吸收区域分别为 $0.245 \sim 0.644(2\pi c/d)$ 和 $0.235 \sim 0.690(2\pi c/d)$。对于后向传播,吸收率超过 0.9 的吸收区域为 $0.588 \sim 0.773(2\pi c/d)$ 和 $0.615 \sim 0.782(2\pi c/d)$。显然,当 θ 值持续增大时,单向吸收区域的带宽和相对带宽都在增大。原因在于,当入射角增大时,前向和后向传播常数之间的差异将增加,并且后向传播的吸收区域的上边缘移动到更高频率,而前向传播几乎不变,因此单向吸收区域变大。但是,从图 11.15(d) 可以看出,F 的值在中心频率处变小,单向吸收区域的数量变为 2 个,分别为 $0.394\ 1 \sim 0.486\ 8(2\pi c/d)$ 和 $0.499\ 6 \sim 0.592\ 1(2\pi c/d)$,单向吸收特性恶化。从图 11.15 中还可以看出,当增加 θ 的值时,单向吸收的频率边缘向更高的频率移动。根据上述结果,在 θ 较小时可以获得较好的单向吸收特性,盲目增大 θ 不能提高所提出的一维等离子体光子晶体的单向吸收特性。

图 11.16 给出了在不同入射角下所提出的等离子体光子晶体的 F 图。从图 11.16 中可以清楚地看出,在所提出的结构中可以获得明显的单向吸收,并且当 θ 值较小时可以得到更大的 F。如果入射角 θ 不断增大,则 F 的值将减小,并且单向吸收区域也将被分为几部分,这意味着单向吸收特性恶化。同时,单向吸收区域的边缘移动到了更高的频率。综上所述,可以看出,两个图得到的结果是一致的。

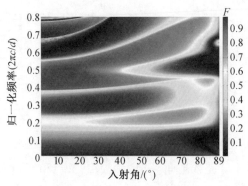

图 11.16　不同入射角下所提出的等离子体光子晶体的 F 图

2. 等离子体频率对单向吸收特性的影响

图 11.17 给出了不同等离子体频率下的一维等离子体光子晶体的前向和后向传播的吸收率频谱图。初始参数为 $\omega_{c2} = 1.2\omega_{P2}$，$\theta = 18°$。

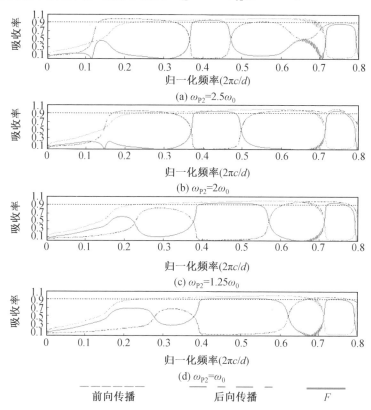

图 11.17　不同磁化等离子体频率的吸收率频谱图

图 11.17(a) ~ (d) 分别为 $\omega_{P2} = 2.5\omega_0$、$\omega_{P2} = 2\omega_0$、$\omega_{P2} = 1.25\omega_0$、$\omega_{P2} = \omega_0$ 时的吸收率频谱图。如图 11.17(a) 所示，当 $\omega_{P2} = 2.5\omega_0$ 时，单向吸收区域为 0.375 8 ~ 0.455 3($2\pi c/d$)，其带宽和相对带宽分别为 0.079 5($2\pi c/d$) 和 19.1%。当 $\omega_{P2} = 2\omega_0$ 时(图 11.17(b))，单向吸收区域为 0.379 4 ~ 0.482 2 ($2\pi c/d$)，其带宽和相对带宽分别为 0.102 8($2\pi c/d$) 和 23.9%。当 $\omega_{P2} = 1.25\omega_0$ 时(图 11.17(c))，单向吸收区域为 0.392 2 ~ 0.542 6($2\pi c/d$)，带宽为 0.150 4 ($2\pi c/d$)，相对带宽为 32.2%。当 $\omega_{P2} = \omega_0$ 时(图 11.17(d))，单向吸收区域为 0.401 1 ~ 0.578 3($2\pi c/d$)，带宽为 0.177 2($2\pi c/d$)，其相对带宽为 36.2%。显然，前向传播的吸收区域几乎没有改变，但是在后向传播中可以观察到不同的现

象。对于后向传播,如果 ω_{P2} 为 $2.5\omega_0$、$2\omega_0$、$1.25\omega_0$、ω_0,则吸收率高于 0.9 的区域为 $0.135 \sim 0.323(2\pi c/d)$、$0.171 \sim 0.315(2\pi c/d)$、$0.609 \sim 0.781(2\pi c/d)$、$0.665 \sim 0.785(2\pi c/d)$。基于以上结果,可以发现:$\omega_{P2}$ 的值越小,单向吸收区域越大。这可以解释为,较大的 ω_{P2} 意味着等离子体层的电子密度具有较大的值,后向传播的入射电磁波的能量将被消耗,显然,后向传播的吸收区域将变宽,在这种情况下,单向吸收区的上边缘移动到较低频率,并且其带宽变窄。综上所述,可以得出结论:ω_{P2} 在调整单向吸收区域($F \geq 0.9$)中起重要作用。

F 与 ω_{P2} 之间的关系如图 11.18 所示。从图 11.18 中可以看出,在 $0.3 \sim 0.6(2\pi c/d)$,单向吸收区域的上边缘发生了红移,但是当 ω_{P2} 变大时,它的下边缘会略微移动到更高的频率。随着 ω_{P2} 变大,单向吸收区域($F \geq 0.9$)也变窄。在 $\omega_{P2} = \omega_0$ 的情况下出现单向吸收区域的最大带宽,为 $0.177\ 2(2\pi c/d)$。当 ω_{P2} 从 ω_0 增加到 $2.5\omega_0$ 时,单向吸收区域带宽减小为 $0.097\ 7(2\pi c/d)$。因此,较大的单向吸收区域出现在低 ω_{P2} 区域。

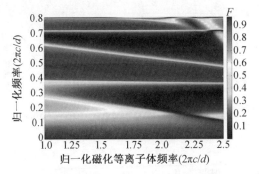

图 11.18　F 与 ω_{P2} 之间的关系图

3. 等离子回旋频率对单向吸收特性的影响

不同等离子回旋频率下前向和后向传播的吸收率频谱图如图 11.19 所示,初始参数为 $\omega_{P2} = 1.25\omega_0$,$\theta = 18°$。图 11.19(a) $\sim$ (d) 分别为 $\omega_{c2} = 1.2\omega_{P2}$、$\omega_{c2} = \omega_{P2}$、$\omega_{c2} = 0.8\omega_{P2}$、$\omega_{c2} = 0.5\omega_{P2}$ 时的吸收率频谱图。

如图 11.19(a) 所示,当 $\omega_{c2} = 1.2\omega_{P2}$ 时,单向吸收区域为 $0.392\ 2 \sim 0.542\ 6(2\pi c/d)$,其带宽为 $0.150\ 4(2\pi c/d)$,相对带宽为 32.2%。当 ω_{c2} 为 ω_{P2}、$0.8\omega_{P2}$、$0.5\omega_{P2}$ 时(图 11.19(b) $\sim$ (d)),单向吸收区域分别为 $0.397 \sim 0.552(2\pi c/d)$、$0.401\ 3 \sim 0.563\ 8(2\pi c/d)$、$0.417\ 6 \sim 0.581\ 9(2\pi c/d)$。在这些情况下,单向吸收的带宽分别为 $0.155(2\pi c/d)$、$0.162\ 5(2\pi c/d)$ 和 $0.164\ 3(2\pi c/d)$,相对带宽分别为 32.7%、33.7% 和 32.9%。对于后向传播,当

ω_{c2} 分别为 $1.2\omega_{P2}$、ω_{P2}、$0.8\omega_{P2}$、$0.5\omega_{P2}$ 时,吸收率高于 0.9 的吸收区域分别为 $0.609 \sim 0.781(2\pi c/d)$、$0.627 \sim 0.775(2\pi c/d)$、$0.651 \sim 0.766(2\pi c/d)$、$0$。从图 11.19 可以看出,当 ω_{c2} 减小时,单向吸收的带宽增加。这是因为当 ω_{c2} 增加时,等离子体中的离子和电子之间的相互作用增强,后向传播的入射电磁波的吸收率也增加。综上所述,当 ω_{c2} 增加时,相对带宽的值不会显著增大。因此,ω_{c2} 对单向吸收特性没有显著改善。

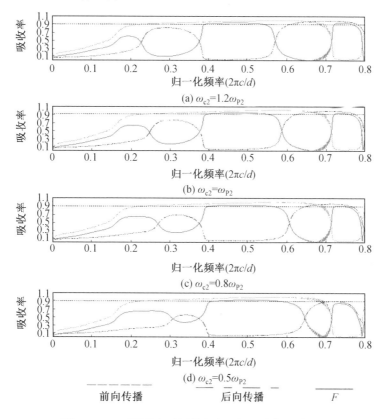

图 11.19　不同等离子回旋频率下的吸收率频谱图

图 11.20 给出了 F 和 ω_{c2} 之间的关系。从图 11.20 可以看出,在频率范围为 $0.3 \sim 0.7(2\pi c/d)$ 时,如果 ω_{c2}/ω_{P2} 变大,单向吸收区域($F \geqslant 0.9$)的上边缘将红移,但其下边缘将蓝移。当 $\omega_{c2}/\omega_{P2} = 0.5$ 时,可以获得最大的单向吸收区域,其带宽为 $0.164\,3(2\pi c/d)$。当 ω_{c2}/ω_{P2} 从 0.5 增加到 1.2 时,单向吸收区域的带宽减小至 $0.013\,9(2\pi c/d)$。综上所述,可以发现:用较小的 ω_{c2}/ω_{P2} 值可以实现更大的单向吸收区域。

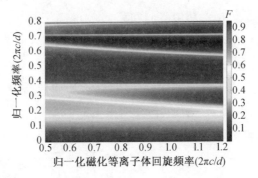

图 11.20　F 和 ω_{c2} 之间关系图

11.2.4　技术小结

本节通过传输矩阵法在理论上研究了具有超宽带的一维等离子体光子晶体的可调单向吸收特性,其中,等离子体光子晶体由非磁化等离子体光子晶体和磁化等离子体光子晶体组成;研究了所提出的一维等离子体光子晶体的参数与单向吸收特性之间的关系。计算结果表明,吸收率大于 0.9 的单向吸收区域可以通过这些参数进行调节。当 θ 增大时,可以在单向吸收区域的边缘观察到蓝移。如果 ω_{c2} 和 ω_{P2} 的值变大,单向吸收区域的上边缘将移至较低频率,其下边缘将移至较高频率。较小的 ω_{c2}、ω_{P2}、θ 值可以获得较大的单向吸收区域。通过参数优化,可以利用所提出的一维等离子体光子晶体中的单向吸收区域来构建具有超宽带的可调单向应用。

11.3　等离子体光子晶体的超宽带单向吸收和极化分束特性研究

11.3.1　具有超宽带单向吸收和极化分束的一维等离子体光子晶体的设计

图 11.21 给出了所提出的具有超宽带单向吸收和极化分束的一维等离子体光子晶体的结构图,同时设定了坐标轴和入射的 TE 波、TM 波,背景介质为空气。A、B 和 C 代表三种不同的介电层,P_1 表示非磁化的等离子体层,P_2 表示磁化的等离子体层。A、B、C、P_1 和 P_2 层的厚度分别用 d_A、d_B、d_C、d_{P1}、d_{P2} 表示,其中 $d_A = 0.1d$,$d_B = 0.1d$,$d_C = 0.6d$,$d_{P1} = 0.1d$,$d_{P2} = 0.1d$,d 为常数。A、B、C、P_1 和 P_2 层的介电常数表示为 $\varepsilon_j (j = A, B, C, P_1, P_2)$,$\varepsilon_A = 3$,$\varepsilon_B = 4$,$\varepsilon_C = 1$。从图 6.1 中可以看出,所提出的等离子体光子晶体可以表示为 $(AP_1)^{N_1} C(P_2B)^{N_2}$。$(AP_1)^{N_1}$ 表

示非磁化的等离子体光子晶体,$(P_2B)^{N_2}$ 为磁化的等离子体光子晶体。N_1 和 N_2 表示两个等离子体光子晶体的堆叠数,其值分别为 15 和 3。在本小节中,为了使计算对任何波长有效,ω_0 用于归一化频域,$\omega_0 = 2\pi c/d$,c 为真空中的光速。初始参数设置如下:非磁化等离子体的等离子体频率为 $\omega_{P1} = 5\omega_0/6$,其等离子体碰撞频率为 $\nu_{c1} = 0.3\omega_{P1}$;磁化等离子体的等离子体频率 $\omega_{P2} = 2\omega_0$,其等离子体碰撞频率和等离子体回旋频率分别为 $\nu_{c2} = 0.001\omega_{P2}$ 和 $\omega_{c2} = 3\omega_{P2}$,$\theta$ 为电磁波的入射角,$\theta = 30°$。同样地,为了计算这种一维等离子体光子晶体的反射率和透射率,采用了传输矩阵,其推导过程如前所述。

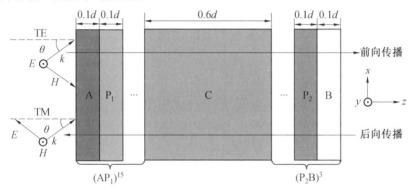

图 11.21　所提出的具有超宽带单向吸收和极化分束的一维等离子体光子晶体的结构示意图

11.3.2　所提出的等离子体光子晶体的单向吸收和极化分束特性分析

所提出的一维等离子体光子晶体的 TM 波和 TE 波的前向($+z$ 方向)和后向($-z$ 方向)传播光谱图如图 11.22 所示。在图 11.22(b) ~ (d)中,黑色短点线用于标记反射率和吸收率的值等于 0.9 的频域范围。参数初始值如前所述。

从图 11.22(a)可以清楚地看出,对于 TM 波或 TE 波,前向传播的透射率几乎等于 0,而当电磁波的频率变大时,反射率迅速减小。从图 11.22(b)可以看出,前向传播有明显的吸收。TM 波的吸收区域(吸收率大于 0.9)为 0.348 ~ 1($2\pi c/d$),TE 波的吸收区域为 0.367 ~ 0.812($2\pi c/d$)、0.854 ~ 894($2\pi c/d$)。显然,这两种极化波的共同吸收区域由 TE 波决定,其带宽和相对带宽分别为 0.445($2\pi c/d$)、0.04($2\pi c/d$) 和 75.49%、4.58%。对于后向传播,可以从图 11.22(c) ~ (d)中发现,两个极化波也没有透射,只能观察到反射和吸收。值得注意的是,在一些频率区域内,TM 波主要被吸收,TE 波被反射,将这种现象定义为极化分束。对于 TE 波(图 11.22(c)),反射区域(反射率超过 0.9)为 0 ~ 0.883($2\pi c/d$),其带宽和相对带宽为 0.883($2\pi c/d$) 和 20%。对于 TM 波(图 11.22(d)),吸收区域为 0.309 ~ 0.366($2\pi c/d$)、0.458 ~ 0.93($2\pi c/d$),吸收区

域的带宽分别为 $0.057(2\pi c/d)$ 和 $0.472(2\pi c/d)$，其相对带宽分别为 16.89% 和 68.01%。 因此，TM 波被吸收和 TE 波被反射的区域分别为 $0.309 \sim 0.366(2\pi c/d)$ 和 $0.458 \sim 0.883(2\pi c/d)$，其带宽和相对带宽分别为 $0.057(2\pi c/d)$、$0.425(2\pi c/d)$、16.89% 和 63.39%。

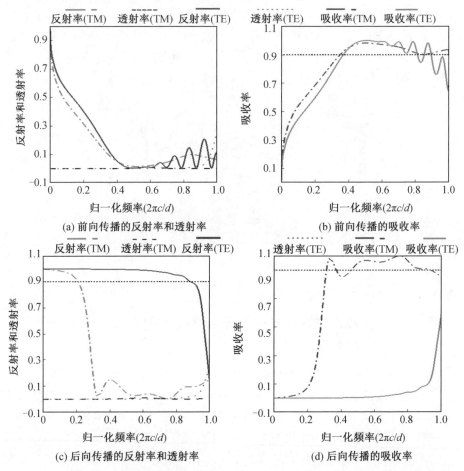

图 11.22　所提出的一维等离子体光子晶体的 TM 波和 TE 波的前向（$+z$ 方向）和后向（$-z$ 方向）传播光谱图

　　基于图 11.22 的结果，可以发现正向传播的 TM 波和 TE 波主要被吸收；而对于后向传播，TM 波主要被吸收，TE 波被反射。因此，可以得出结论：对于所提出的一维等离子体光子晶体，可以观察到单向特性，即前向吸收和后向极化分束，并且前向吸收和后向极化分束的频带是超宽带。这可以在结构上解释为：设计的等离子体光子晶体由非磁化和磁化的等离子体光子晶体组成，非磁化的等离子体光子晶体负责前向吸收，磁化的等离子体光子晶体负责后向极化分束。也可以在物理上解释为：当电磁波通过一维等离子体光子晶体时，由于布拉格散射的影响将产生反射带,并且由于等离子体频率、等离子体碰撞频率、等离子体回旋频率的影响将发生超宽带吸收。另外,在 Voigt 效应下,TE 波对磁场不敏感,由于等离子体光子晶体的结构而被反射。然而,TM 波的电场方向垂直于所施加的磁场,因而,对于后向传播,TM 波受到磁场(等离子体回旋频率)的影响,将导致大的吸收带宽的产生。下面将研究等离子体频率和等离子体回旋频率对单向吸收和极化分束的特性的影响。为简单起见和一般性,在下一节中仅绘制了前向传播和后向传播的吸收率曲线。由于反向透射的透射率值总是 0,因此吸收率小于 0.1 的频域是反射率超过 0.9 的频域。

11.3.3　等离子体光子晶体的不同参数对单向吸收和极化分束特性的影响

1. 等离子体频率 ω_{P1} 对单向吸收和极化分束特性的影响

对于具有不同 ω_{P1} 所提出的一维等离子体光子晶体 TM 波和 TE 波的前向和后向传播吸收光谱如图 11.23 和图 11.24 所示,初始参数为 $\omega_0/\omega_{P2} = 0.5$,$\omega_{c2} = 3\omega_{P2}$。基于之前的单向吸收研究工作,本小节重点研究超宽带单向极化分束的特性。

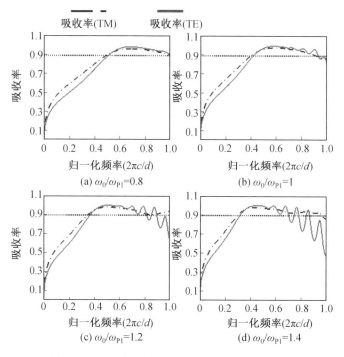

图 11.23　具有不同 ω_{P1} 的前向传播的吸收光谱

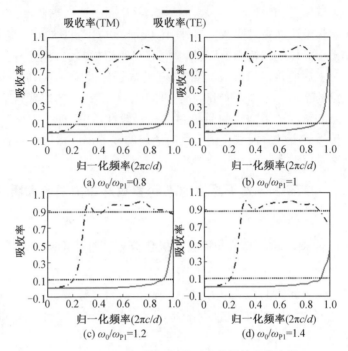

图 11.24　具有不同 ω_{P1} 的后向传播的吸收光谱

不同 ω_{P1} 下 $\omega_0/\omega_{P1}=0.8$、$\omega_0/\omega_{P1}=1$、$\omega_0/\omega_{P1}=1.2$、$\omega_0/\omega_{P1}=1.4$ 前向传播的 TM 波和 TE 波吸收曲线如图 11.23 所示。如图 11.23(a) 所示,当 $\omega_0/\omega_{P1}=0.8$ 时,TM 波和 TE 波的吸收区域分别为 0.502 ~ 0.987$(2\pi c/d)$ 和 0.516 ~ 1$(2\pi c/d)$,共同吸收区域为 0.516 ~ 0.987$(2\pi c/d)$,其带宽和相对带宽分别为 0.471 $(2\pi c/d)$ 和 62.67%。当 $\omega_0/\omega_{P1}=1$ 时(图 11.23(b)),TM 波和 TE 波的吸收区域为 0.41 ~ 0.902$(2\pi c/d)$ 和 0.429 ~ 0.931$(2\pi c/d)$,共同吸收区域为 0.429 ~ 0.902$(2\pi c/d)$,其带宽和相对带宽分别为 0.473$(2\pi c/d)$ 和 71.07%。当 $\omega_0/\omega_{P1}=1.2$ 时(图 11.23(c)),TM 波的吸收区域移动到 0.348 ~ 1$(2\pi c/d)$,TE 波的吸收区域为 0.367 ~ 0.812$(2\pi c/d)$、0.854 ~ 0.894$(2\pi c/d)$。显然,共同吸收区域由 TE 波决定,其带宽和相对带宽分别为 0.445$(2\pi c/d)$、0.04$(2\pi c/d)$ 和 75.49%、4.58%。当 $\omega_0/\omega_{P1}=1.4$ 时(图 11.23(d)),TM 波的吸收区域为 0.302 ~ 0.963$(2\pi c/d)$,TE 波的吸收区域为 0.321 ~ 0.702$(2\pi c/d)$、0.748 ~ 0.783$(2\pi c/d)$ 和 0.846 ~ 0.868$(2\pi c/d)$。共同吸收区域的带宽和相对带宽分别为 0.381$(2\pi c/d)$、0.035$(2\pi c/d)$、0.022$(2\pi c/d)$ 和 74.49%、4.57%、2.57%。从这些结果中可以发现,当 ω_{P1} 减小时,TM 波和 TE 波的两个吸收区域都向低频移动。然而,对于 TM 波,吸收区域的上边缘的变化相对不显著,在 $\omega_0/\omega_{P1}=1.2$ 的情况下可以观察到吸收区域的上边缘的最大值。显然,此处可以实现共同吸收

区域的相对带宽的最大值。除此之外,随着 ω_{P1} 减小,TE 波的吸收区域的上边缘比其下边缘减小得更慢。因此,观察到当 $\omega_0/\omega_{P1} = 1$ 时,获得共同吸收带宽的最大值。当 ω_{P1} 进一步减小时,共同吸收区域的性能将恶化。这是因为等离子体频率的大小决定了等离子体层中电子的密度,这也决定了入射电磁波能量的消耗。因此,应选择 ω_{P1} 作为优化值。

对于后向传播,当 $\omega_0/\omega_{P1} = 0.8$ 时(图 11.24(a)),TM 波的吸收区域为 $0.698 \sim 0.847(2\pi c/d)$,TE 波的反射区域(吸收率小于 0.1)为 $0 \sim 0.905(2\pi c/d)$。 显然,极化分束区域为 TM 波的吸收区域,其带宽和相对带宽分别为 $0.149(2\pi c/d)$ 和 19.29%。当 $\omega_0/\omega_{P1} = 1$ 时(图 11.24(b)),TM 波的吸收区域为 $0.324 \sim 0.354(2\pi c/d)$、$0.508 \sim 0.847(2\pi c/d)$,TE 波的反射区域为 $0 \sim 0.893(2\pi c/d)$。 极化分束区域的带宽和相对带宽分别为 $0.03(2\pi c/d)$、$0.339(2\pi c/d)$ 和 8.85%、50.04%。当 $\omega_0/\omega_{P1} = 1.2$ 时(图 11.24(c)),TM 波的吸收区域为 $0.309 \sim 0.366(2\pi c/d)$、$0.458 \sim 0.930(2\pi c/d)$,TE 波的反射区域为 $0 \sim 0.883(2\pi c/d)$。 极化分束区域为 $0.309 \sim 0.366(2\pi c/d)$、$0.458 \sim 0.883(2\pi c/d)$,其带宽和相对带宽分别为 $0.057(2\pi c/d)$、$0.425(2\pi c/d)$ 和 16.89%、63.39%。当 $\omega_0/\omega_{P1} = 1.4$ 时(图 11.24(d)),TM 波的吸收区域变为 $0.3 \sim 0.901(2\pi c/d)$,TE 波的反射区域变为 $0 \sim 0.903(2\pi c/d)$。获得的极化分束区域的带宽和相对带宽分别为 $0.601(2\pi c/d)$ 和 99.09%。从图 11.24 可以看出,对于后向传播,当 ω_{P1} 减小时,TM 波的吸收性能将得到改善;同时,TE 波的反射不会发生很大变化。可以看出,当 ω_{P1} 减小时,极化分束区域的带宽和相对带宽显著增加,这意味着极化分束的性能明显改善。基于图 11.23 和图 11.24 的结果,可以得出结论:为了获得更好的极化分束和吸收性能,应优化 ω_{P1}。

为了更好地描述所提出的一维等离子体光子晶体的共同吸收和极化分束,用 CA、PS 表征它们的性能。对于前向的共同吸收,在设定频率下,CA 定义为 TM 和 TE 波的吸收率中的较小值除以 0.9。对于后向极化分束,在特定频率下,PS 被描述为 TM 波的吸收率和 TE 波的反射率中的最小值除以 0.9。因此,如果 CA 和 PS 的值大于或等于 1,则意味着在该频率下获得 TM 波和 TE 波共同吸收或极化分束。此外,CA 或 PS 的值越小,性能越差;CA 或 PS 的值越大,性能越好。在图 11.25 中,给出了 CA 和 ω_{P1} 之间的关系图。可以清楚地看出,在所提出的等离子体光子晶体中前向传播可以实现明显的共同吸收,在较小的 ω_{P1} 下可以获得较大的 CA。从图 11.25 中还可以看出,当 ω_{P1} 的值增加时,共同吸收的频率边缘向较低频率移动。PS 和 ω_{P1} 之间的关系图如图 11.26 所示。可以看出,可以在所提出的等离子体光子晶体在后向传播时实现极化分束。为了获得更好的极化分束现象,ω_{P1} 的值应该小。

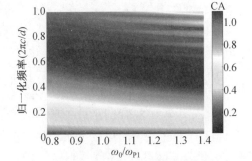

图 11.25　CA 和 ω_{P1} 之间的关系图

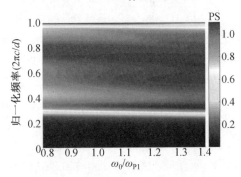

图 11.26　PS 和 ω_{P1} 之间的关系图

2. 等离子体频率 ω_{P2} 对单向吸收和极化分束特性的影响

在图 11.27 和图 11.28 中,给出了具有不同 ω_{P2} 的一维等离子体光子晶体的 TM 波和 TE 波的前向和后向传播吸收光谱,初始参数为 $\omega_0/\omega_{P1} = 1.2$, $\omega_{c2} = 3\omega_{P2}$。

从图 11.27 可以看出,对于前向传播,当 ω_{P2} 的值减小时,TM 波的吸收区域是不变的,覆盖 $0.348 \sim 1(2\pi c/d)$,其带宽和相对带宽为 $0.652(2\pi c/d)$ 和 96.74%。对于 TE 波,当 $\omega_0/\omega_{P2} = 1/4$ 时(图 11.27(a)),吸收区域覆盖 $0.367 \sim 0.823(2\pi c/d)$、$0.867 \sim 0.908(2\pi c/d)$、$0.966 \sim 0.999(2\pi c/d)$,其带宽和相对带宽分别为 $0.456(2\pi c/d)$、$0.041(2\pi c/d)$、$0.033(2\pi c/d)$ 和 76.64%、4.62%、3.36%。当 $\omega_0/\omega_{P2} = 1/3$ 时(图 11.27(b)),吸收区域移动到 $0.367 \sim 0.82(2\pi c/d)$、$0.863 \sim 0.905(2\pi c/d)$、$0.963 \sim 0.997(2\pi c/d)$,它们的带宽和相对带宽分别为 $0.453(2\pi c/d)$、$0.042(2\pi c/d)$、$0.034(2\pi c/d)$ 和 76.33%、4.75%、3.47%。当 $\omega_0/\omega_{P2} = 1/2$ 时(图 11.27(c)),吸收区域位于 $0.367 \sim 0.812(2\pi c/d)$、$0.854 \sim 0.894(2\pi c/d)$,其带宽和相对带宽分别为 $0.445(2\pi c/d)$、$0.04(2\pi c/d)$ 和 75.49%、4.58%。当 $\omega_0/\omega_{P2} = 1$ 时(图 11.27(d)),吸收区域位于 $0.367 \sim 0.696(2\pi c/d)$,其带宽和相对带宽分别为

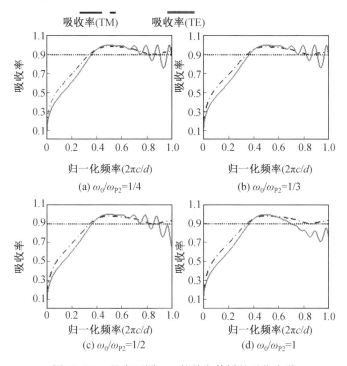

图 11.27 具有不同 ω_{P2} 的前向传播的吸收光谱

$0.329(2\pi c/d)$ 和 61.9%。由于 TE 波的吸收区域小于 TM 波的吸收区域,共同吸收区域的带宽与 TE 波的带宽相同,根据图 11.27 的结果可以知道,对于前向传播,当 ω_{P2} 增大时,TM 波的吸收区域不变。对于 TE 波,当 ω_{P2} 增大时,仅吸收区域的上边缘移位到较低频率,并且吸收区域的数量从三个逐渐减少到一个。除了在 $\omega_0/\omega_{P2}=1$ 的情况下,TE 波的吸收区域的频率范围几乎没有变化。在这种情况下,上边缘变得明显更小。因此,共同吸收区域的变化不明显,其带宽和相对带宽的变化也不明显。从图 11.27 可以推断出 ω_{P2} 对前向传播影响不大,只影响 TE 波高频区域的吸收。

对于后向传播,当 $\omega_0/\omega_{P2}=1/4$ 时(图 11.28(a)),TM 波的吸收区域位于 $0.738 \sim 0.935(2\pi c/d)$,反射区域(吸收率小于 0.1)覆盖了讨论的整个频率区域。因此,极化分束区域取决于 TM 波的吸收区域,其带宽和相对带宽分别为 $0.197(2\pi c/d)$ 和 23.55%。当 $\omega_0/\omega_{P2}=1/3$ 时(图 11.28(b)),TM 波的吸收区域变为 $0.588 \sim 0.939(2\pi c/d)$,TE 波的反射区域仍然覆盖整个频率区域。极化分束区域仍取决于 TM 波的吸收区域,其带宽和相对带宽分别为 $0.381(2\pi c/d)$ 和 50.9%。当 $\omega_0/\omega_{P2}=1/2$ 时(图 11.28(c)),TM 波的吸收区域数变为 2 个,分别位于 $0.309 \sim 0.366(2\pi c/d)$ 和 $0.458 \sim 0.930(2\pi c/d)$,TE 波的反射区域位于 $0 \sim 0.883(2\pi c/d)$。极化分束区域位于 $0.309 \sim 0.366(2\pi c/d)$ 和 $0.458 \sim$

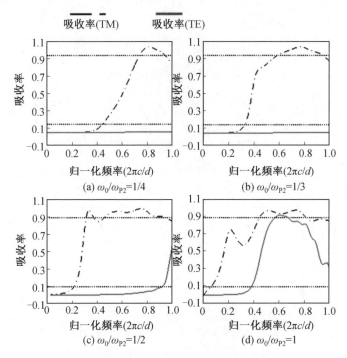

图 11.28　具有不同 ω_{P2} 的后向传播的吸收光谱

$0.883(2\pi c/d)$，其带宽和相对带宽分别为 $0.057(2\pi c/d)$、$0.425(2\pi c/d)$ 和 16.89%、63.39%。从图 11.28(d) 可以看出，当 $\omega_0/\omega_{P2}=1$ 时，TM 波的吸收区域为 $0.443 \sim 0.801(2\pi c/d)$，TE 波的反射区域变为 $0 \sim 0.377(2\pi c/d)$。显然，不能观察到极化分束区域。根据图 11.28 的结果可以发现，随着 ω_{P2} 值的减小，TM 波的吸收区域向低频移动；当 ω_{P2} 的值较小时，TE 波的反射率急剧下降；当 $\omega_0/\omega_{P2}=1$ 时，没有极化分束区域。也可以发现，当 ω_{P2} 变小时，TM 波的吸收下限增加，电磁波的损失将增加；另外，吸收的上边缘也将减小，但其减小的趋势更慢。因此可以看出，较小地减小 ω_{P2} 的值可增加极化分束区域的带宽和相对带宽。

　　CA 和 ω_{P2} 之间的关系图如图 11.29 所示。从图 11.29 可以看出，在频率区域 $0 \sim 1(2\pi c/d)$ 中，随着 ω_0/ω_{P2} 从 1/4 增加到 1/2，共同吸收区域不变。然而，当 ω_0/ω_{P2} 的值从 1/2 增加到 1 时，共同吸收的性能在较高频率区域 $0.6 \sim 1(2\pi c/d)$ 中恶化。从图 11.29 的结果可以看出，ω_{P2} 对共同吸收区域的影响很小。PS 和 ω_{P2} 之间的关系图如图 11.30 所示，可以明显地观察到，当 ω_0/ω_{P2} 的值从 1/4 增加到 1 时，极化分束的性能首先得到改善，然后开始恶化。最后，当 $\omega_0/\omega_{P2}=1$ 时没有明显的极化分束区域。同时，极化分束区域快速移动到较低频率。基于图 11.29 和图 11.30 的结果可以发现：ω_{P2} 的值应该被优化，以获得更好的吸收和极化分束性能。

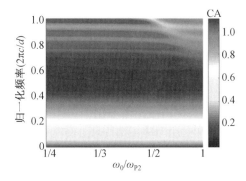

图 11.29　CA 和 ω_{P2} 之间的关系图

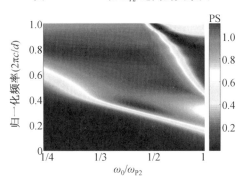

图 11.30　PS 和 ω_{P2} 之间的关系图

3. 等离子体回旋频率 ω_{c2} 对单向吸收和极化分束特性的影响

在图 11.31 和图 11.32 中,分别给出了具有不同 ω_{c2} 下的一维等离子体光子晶体的 TM 波和 TE 波的前向和后向传播吸收光谱,初始参数为 $\omega_0/\omega_{P1} = 1.2$ 和 $\omega_0/\omega_{P2} = 1/2$。

因为磁场只能影响 TM 波,所以从图 11.31 和图 11.32 可以看出,当 ω_{c2} 的值增加时,TE 波的传播光谱不变。对于前向传播,TE 波的吸收区域位于 0.367 ～ 0.812($2\pi c/d$) 和 0.854 ～ 0.894($2\pi c/d$)。对于后向传播,TE 波的反射区域(吸收率小于 0.1) 位于 0 ～ 0.883($2\pi c/d$)。从图 11.31 中还可以看出,对于前向传播,TM 波的吸收区域并没有移动,其覆盖范围为 0.348 ～ 1($2\pi c/d$)。出现这种现象的原因是:磁场被施加到这种等离子体光子晶体($(P_2 B)^{N_2}$) 的后半部分。而对于前向传播,由于 TM 波的吸收已占据较大的频率区域,因此磁场对 TM 波的影响可以忽略不计。前向传播的共同吸收区域位于 0.367 ～ 0.812($2\pi c/d$)、0.854 ～0.894($2\pi c/d$),其带宽和相对带宽分别为 0.445($2\pi c/d$)、0.04($2\pi c/d$) 和75.49%、4.58%。

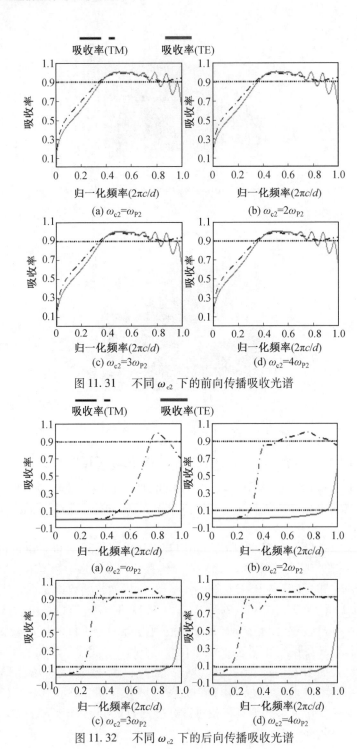

图 11. 31　不同 ω_{c2} 下的前向传播吸收光谱

图 11. 32　不同 ω_{c2} 下的后向传播吸收光谱

对于 TM 波的后向传播,当 $\omega_{c2} = \omega_{P2}$ 时(图 11.32(a)),TM 波的吸收区域位于 0.765 ~ 0.893($2\pi c/d$);极化分束区域位于 0.765 ~ 0.883($2\pi c/d$),其带宽和相对带宽分别为 0.118($2\pi c/d$) 和 14.23%。当 $\omega_{c2} = 2\omega_{P2}$ 时(图 11.32(b)),TM 波的吸收区域变为 0.538 ~ 0.933($2\pi c/d$);极化分束区域位于 0.538 ~ 0.883($2\pi c/d$),其带宽和相对带宽为 0.345($2\pi c/d$) 和 48.56%。当 $\omega_{c2} = 3\omega_{P2}$ 时(图 11.32(c)),TM 波的吸收区域变为 0.309 ~ 0.366($2\pi c/d$)、0.458 ~ 0.930($2\pi c/d$);极化分束区域变为 0.309 ~ 0.366($2\pi c/d$)、0.458 ~ 0.883($2\pi c/d$),它们的带宽和相对带宽分别为 0.057($2\pi c/d$)、0.425($2\pi c/d$) 和 16.89%、63.39%。当 $\omega_{c2} = 4\omega_{P2}$ 时(图 11.32(d)),TM 波的吸收区域为 0.452 ~ 0.830($2\pi c/d$),并且极化分束区域由 TM 波的吸收区域确定,其带宽和相对带宽为 0.378($2\pi c/d$) 和 58.97%。从得到的结果可以看出,随着 ω_{c2} 值的增大,TM 波的吸收区域的下边缘向低频移动,但其上边缘几乎不会改变。当 $\omega_{c2} = 3\omega_{P2}$ 时,TM 波的吸收区域将被分为两部分,并且新的吸收区域将出现在较低的频率区域。当 ω_{c2} 进一步增大时,新吸收区域将消失,另一个较大吸收区域的下边缘不会明显改变,但其上边缘将移动到较低频率,这将导致 TM 波的吸收性能恶化。由于 TE 波的反射率不受 ω_{c2} 的影响,因此分裂的性能取决于 TM 波的吸收性能。通过以上分析可以发现,ω_{c2} 应该被合理地取值以获得更好的极化分束性能。基于图 11.31 和图 11.32 中的现象可以知道:ω_{c2} 仅影响 TM 波的后向传播,可以调节吸收区域的位置。

CA 与 ω_{c2} 之间的关系如图 11.33 所示。从图 11.33 可以看出,在频率区域 0 ~ 1($2\pi c/d$) 中,当 ω_{c2}/ω_{P2} 增加时共同吸收区域几乎不变,这意味着 ω_{c2} 对共同吸收的影响很小。PS 与 ω_{c2} 之间的关系如图 11.34 所示。可以看出,在频率区域 0.2 ~ 1($2\pi c/d$) 中,当 ω_{c2}/ω_{P2} 的值从 1 增大到 2.5 时,极化分束的性能得到改善,极化分束区域的下边缘向着较低频率移动,而上边缘几乎没有变化。但是若 ω_{c2} 进一步增大,极化分束的性能将恶化。根据图 11.33 和图 11.34 的结果,可以得出结论:ω_{c2} 仅影响后向传播,可以调节极化分束区域。

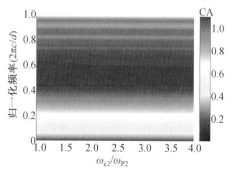

图 11.33　CA 与 ω_{c2} 之间的关系图

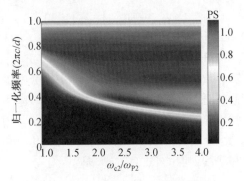

图 11.34 PS 与 ω_{c2} 之间的关系

11.3.4 技术小结

在本节中,所提出的一维等离子体光子晶体可以实现前向传播的单向超宽带吸收和后向传播的极化分束。仿真结果表明,吸收和极化分束区域可以通过所提出的等离子体光子晶体的参数来调节。在低 ω_{P1} 下可以获得更好的吸收性能。为了获得更大的极化分束区域,ω_{P1} 和 ω_{P2} 的值也应该更小。ω_{c2} 仅影响后向传播的 TM 波,可以调整极化分束区域。

第12章

电磁诱导透明在慢光器件设计中的应用

12.1 基于固态等离子体的可调谐慢光结构

12.1.1 基于固态等离子体的可调谐慢光结构的设计与仿真

所设计类 EIT 超材料(慢光结构)的单元配置如图 12.1 所示。50 μm 厚(h_1)的谐振器 1 和谐振器 2 分别位于合成衬底的顶部和底部(介电常数和损耗角正切值分别为 4.38 和 0)。如图 12.1 所示,该类 EIT 超材料由谐振器 1 和谐振器 2 组成。通过绕中心旋转一个裂环谐振器(split-ring resonator,SRR),可以得到中心对称谐振器 1。四个 SRR 的间距(p)为 2.9 mm。与常规 SRR 不同的是,该 SRR 在内环和末端有额外部分。显然,为了实现可调性,额外部分的宽度和间隙距离($w_1 = 0.6$ mm,$g_1 = 0.5$ mm)与附加部分的宽度和间隙距离($w_2 = 0.45$ mm,$g_2 = 2.1$ mm)是不同的。SRR 内环长度(l_1)为 2.9 mm,宽度(w_1)为 0.6 mm。谐振器 2 位于 16 mm 长(a)和 0.35 mm 厚(h_2)的正方形衬底中心,是一个 12 mm 长(l_2)和 0.7 mm 宽(w_3)的横切线。注意,在横切线的末端有 1.1 mm 长(b)的底部部分。在 $x-y$ 平面上,谐振器 1 和谐振器 2 之间的距离(d)为 1.1 mm。所设计慢光结构的参数在表 12.1 中明确给出。

众所周知,表面等离子体激光(SSP)一旦激活,就可以从介质切换到金属,反之亦然。本研究选用 GaAs 作为引脚单元的衬底,形成 SPP 并实现可调谐。Zeng 等人的工作表明,通过金线对 GaAs 施加电压,SSP 将处于激发态。为了描述

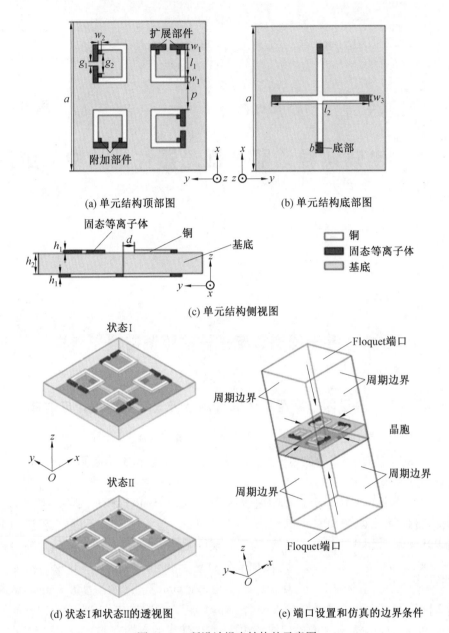

(a) 单元结构顶部图　　　　　　(b) 单元结构底部图

(c) 单元结构侧视图

(d) 状态I和状态II的透视图　　(e) 端口设置和仿真的边界条件

图 12.1　所设计慢光结构的示意图

受激 SSP 的介电常数(ε),建立 Drude 模型,即

$$\varepsilon(\omega) = \varepsilon_\infty - \frac{\omega_p^2}{\omega(\omega + i\omega_c)} \qquad (12.1)$$

式中,ε_∞ 为固有介电常数;ω_p 为等离子体频率;ω_c 为碰撞频率。选取 $\varepsilon_\infty = 12.4$、

$\omega_p = 2.9 \times 10^{14}$ rad/s 和 $\omega_c = 1.65 \times 10^{13}$ s^{-1} 来模拟 SSPs,以获得较好的 EIT 效果。

表 12.1　所设计慢光结构的参数

参数	a	b	d	g_1	g_2	h_1	h_2
数值 /mm	16	1.1	1.1	0.5	2.1	0.05	0.35
参数	l_1	l_2	p	w_1	w_2	w_3	—
数值 /mm	2.9	12	2.9	0.6	0.45	0.7	—

由于具有可调谐 SSP 超材料,通过激励谐振器的不同部分,实现了类 EIT 的状态 Ⅰ 和状态 Ⅱ 之间的过渡,如图 12.1(d) 所示。在状态 Ⅰ 中,只有延伸部分和底部部分被激发。相反,只有额外部分在状态 Ⅱ 中被激发。因此,从状态 Ⅰ 到状态 Ⅱ 的变化是通过对上述指定部件施加电压来实现的。采用专业仿真软件 CST 微波工作室进行模型构建和数值模拟。如图 12.1(e) 所示,入射波沿 z 轴垂直于类 EIT 超材料表面,x 轴和 y 轴方向设置为周期性边界条件。单元结构的仿真模型及参数如图 12.1 和表 12.1 所示,CST 模拟的频率范围为 7 ~ 13 GHz。

12.1.2　结果和讨论

1.类 EIT 效应原理

当不同的谐振器同时谐振时,由于破坏性干涉的发生而产生类EIT频谱。一般来说,如果谐振器能与入射电磁场耦合并表现出共振响应,则称其为明模。相反,不能直接耦合入射波能量的谐振器称为暗模。入射场能量先与明模耦合,然后明模把大部分能量耦合给暗模,暗模能量也可以再次耦合给明模。因此,EIT 是由明模和暗模之间通道的破坏性干涉引起的,模拟了三能级原子系统中两个通道的电子跃迁。

众所周知,径向沿着电场的横切线可以表现出电谐振。此外,在入射波的电耦合作用下,开口方向沿电场方向的 SRR 可以被激励。电场和磁场分别沿 x 方向和 y 方向入射。因此,谐振器 1 和其中一个横切线沿 x 方向的谐振器 2 可以同时表现出谐振响应。两个谐振器之间大的品质因数之差是实现类 EIT 的先决条件。通常,暗模有高的 Q 值和能量。

可以通过分析状态 Ⅰ 下的结果来具体解释类 EIT 超材料的原理。图12.2描绘了谐振器 1、谐振器 2 和类 EIT 超材料在状态 Ⅰ 下的透射谱。谐振器 1 的透射谷频率为 8.212 GHz,透射率为 0.096,半波带宽为 0.302 63 GHz。谐振器 2 的透射谷频率为 9.394 GHz,透射率为 0.009 9,半波带宽为 1.371 9 GHz。根据公式

$$Q = f_0 / \Delta f \tag{12.2}$$

式中,f_0 和 Δf 分别为谐振频率和半波带宽,谐振器 1 的 Q 值(27.14)大于谐振器 2 的 Q 值(6.85)。因此,谐振器 2 是明模。谐振器 1 除了直接被入射波励外,还接收到来自明模的能量耦合,因此被称为准暗模。明模和暗模的 Q 值差较大,满足类 EIT 的产生条件之一。因此,在谐振器 1 和谐振器 2 耦合下,该类 EIT 超材料具有明显的透明窗口,且其半波带宽为 0.621 31 GHz,在 8.518 GHz 处有透射率为 0.909 2 的传输峰。

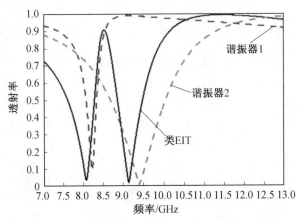

图 12.2 谐振器 1、谐振器 2 和类 EIT 超材料在状态 Ⅰ 下的透射谱

状态 Ⅰ 时类 EIT 超材料在各处的表面电流分布如图 12.3 所示,包括低频传输谷(8.062 GHz)、传输峰(8.518 GHz)和高频传输谷频率(9.13 GHz),用于阐明类 EIT 超材料的原理。谐振器 1 和谐振器 2 的表面电流均由入射电场和近场耦合产生。在透射峰频率处,如图 12.3(b) 所示,SRRs 1 和 2、SRRs 3 和 4、谐振器 2 的表面电流分别顺时针、逆时针、沿电场方向分布,表明谐振器 1 和谐振器 2 均产生自谐振。谐振器 1 和谐振器 2 的相反电流补偿各自的电场,此时,谐振器之间产生破坏性干涉,导致透射峰值。然而,在低频或高频透射谷,谐振器 1 和谐振器 2 分别工作或均不工作,同时也没有破坏性干涉。因此,这些频率成为透射谷频率。

SRRs 2、SRRs 3 和谐振器 2 的沿 y 方向的横切线表面电流较弱,这是因为 SRRs 和长棒的开口方向不是沿电场方向的,不能直接被单独激发。在透射峰值处,谐振器 1 的表面电流强度显著增大,且高于谐振器 2。这是因为在近场耦合作用下,谐振器 2 的能量被谐振器 1 和谐振器 2 之间的破坏性干涉所激发,从而转移到谐振器 1 上。因此,入射波的能量主要局限于准暗模(即能量耗散低的谐振器 1),从而产生高透射谱。透射峰值频率处的表面电流分布与透射谷频率处的表面电流分布不同,这是由破坏性干涉引起的。

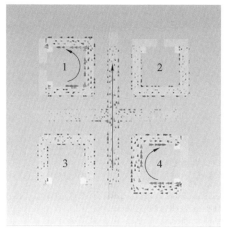

(a) 低频透射谷(8.062 GHz)

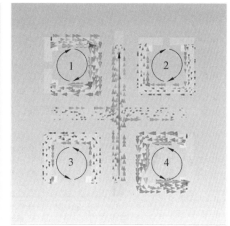

(b) 透射峰(8.518 GHz)

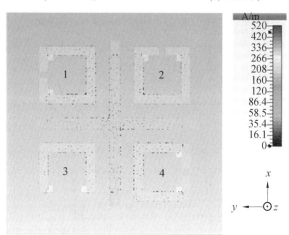

(c) 高频透射谷频率(9.13 GHz)

图 12.3　状态 Ⅰ 时类 EIT 超材料在各处的表面电流分布

2. 可调谐特征

当 SSP 的不同部位被激发时,谐振器 1 和谐振器 2 的谐振响应不同,从而产生不同的类 EIT 的谐振响应。如图 12.4 所示,谐振器 1、谐振器 2 和类 EIT 超材料在状态 Ⅱ 下的透射谱与状态 Ⅰ 下的透射谱不同,其产生原理与前面阐述的一致。经过分析计算,谐振器 1 的 Q 值(19.04) 大于谐振器 2 的 Q 值(10.39)。因此,谐振器 1 和谐振器 2 同样分别是明模和准暗模。

在状态 Ⅱ 中,带宽为 0.760 56 GHz 的透明窗口在 11.26 GHz 处有 0.937 6 的透射峰值。图 12.5 给出了状态 Ⅰ 和状态 Ⅱ 的类 EIT 透射曲线的比较图。状态 Ⅰ 和状态 Ⅱ 之间的传输峰值频率有 2.742 GHz 的移动。

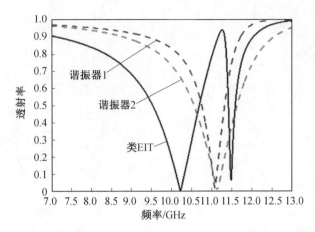

图 12.4   谐振器 1、谐振器 2 和类 EIT 超材料在状态 Ⅱ 下的透射谱

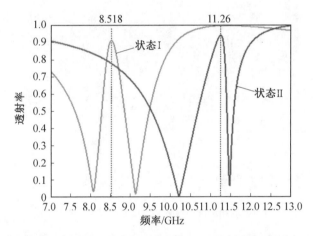

图 12.5   状态 Ⅰ 和状态 Ⅱ 的类 EIT 透射曲线比较图

在图 12.6 中,描述了状态 Ⅱ 时类 EIT 超材料在各处(10.216 GHz 和 11.482 GHz)的表面电流分布。与状态 Ⅰ 一致的分析部分不再赘述,只讨论其中有差异的地方。SRRs 2、SRRs 3 和谐振器 2 中沿 y 方向的横切线的表面电流较强,然而它们在状态 Ⅰ 时较弱。SRRs 1 和 SRRs 4 表面电流相对较弱。谐振器 1 的表面电流方向仍然与谐振器 2 的靠近部位相反。在低频透射谷,表面电流较弱。然而,在高频透射谷,谐振器 1 和谐振器 2 均能工作。

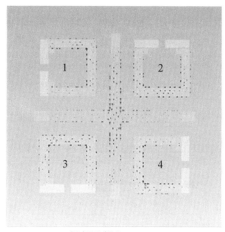
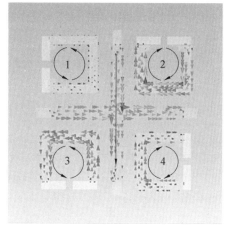

(a) 低频透射谷(10.216 GHz)　　　　　(b) 透射峰(11.26 GHz)

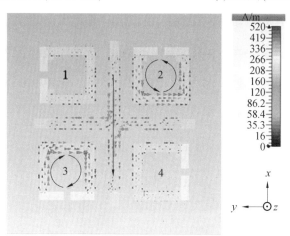

(c) 高频透射谷频率(11.482 GHz)

图 12.6　状态 II 时类 EIT 超材料在各处的表面电流分布

3. 大的群折射率和群延迟

慢波效应是 EIT 的一个重要特征,数值上通过群延迟(t_g)和群折射率(n_g)表现出来。根据以下公式:

$$t_g = -\frac{\mathrm{d}\varphi(\omega)}{\mathrm{d}\omega} \tag{12.3}$$

$$n_g = \left(\frac{c}{h}\right) \times t_g \tag{12.4}$$

式中,φ、ω、c、h 分别为透射相位、角频率、真空中光速和单元结构总厚度,在图 12.7 中描绘了状态 I 和状态 II 的群延迟和群折射率。

在灰色的半波带宽中,群延迟分别在状态 Ⅰ 或状态 Ⅱ 时,从8.254 GHz处的0.503 ns、10.66 GHz 处的 0.239 ns 上升到 8.422 GHz 处的峰值 0.679 ns、11.392 GHz 处的峰值1.314 ns,再下降到8.878 GHz 处的0.362 ns、11.422 GHz处的1.007 ns。与群延迟的变化趋势相似,在状态 Ⅰ 和状态 Ⅱ,群折射率分别在8.422 GHz 和11.392 GHz处达到峰值453 和876.1。这表明波在超材料中的传播时间与在相同厚度的空气中的传播时间相比,分别是其 453 倍和876.1 倍,意味着其在慢光领域有着无限的前景。

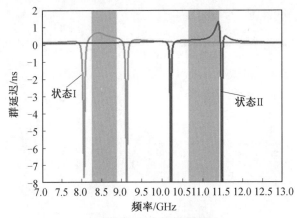

(a) 状态Ⅰ和状态Ⅱ的群延迟

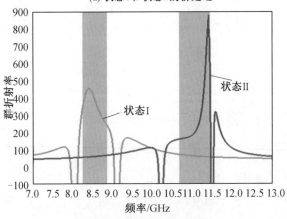

(b) 状态Ⅰ和状态Ⅱ的群折射率

图 12.7 状态 Ⅰ 和状态 Ⅱ 的群延迟和群折射率

然而,慢光器件的应用实际上受到 DBP 的限制

$$DBP = \Delta f \times t_g \tag{12.5}$$

式中,Δf 和 t_g 分别为半波带宽和最大群延迟。通过计算,DBP 在状态 Ⅰ 和状态Ⅱ 时分别达到0.422 和1。大的 DBP 在通信中起着重要的作用。

4. 极化不敏感特性

在图 12.8 中描绘了不同偏振模式下的透射曲线。当线极化角(φ)为 90°时，即 TM 极化时，入射波直接激励 SRRs 2 和 SRRs 3 及谐振器 2 中沿 y 方向的横切线。EIT 产生的原理与上述一致，即与线极化角为 0°（TE 极化）一致。因此，TM 极化的透射谱与 TE 极化的透射谱相同。仅把 x 方向和 y 方向旋转 90°，其近似相同的表面电流也证明了这一点。任意波可分为 TE 波和 TM 波，因此，由于四倍旋转对称，无论偏振角是多少，透射谱都是不变的，正如图 12.8 所示。另外，通过线性极化的矩阵形式(T_{LP})来明确线性极化的独立性，可表示为

$$T_{\mathrm{LP}} = \begin{pmatrix} T_{xx} & T_{xy} \\ T_{yx} & T_{yy} \end{pmatrix} \tag{12.6}$$

式中，$T_{xy} = T_{yx} = 0$。

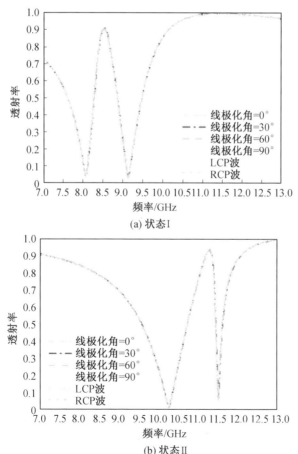

(a) 状态 I

(b) 状态 II

图 12.8　不同入射角线偏振(LP)、左圆偏振(LCP)、右圆偏振(RCP)波下的透射曲线

除了线性极化外,本节还考虑了具有圆极化的类 EIT 效应,其传输矩阵为圆极化(T_{CP}),即

$$T_{CP} = \begin{pmatrix} \dfrac{T_{xx} + T_{yy} + \mathrm{i}(T_{xy} - T_{yx})}{2} & \dfrac{T_{xx} - T_{yy} - \mathrm{i}(T_{xy} + T_{yx})}{2} \\ \dfrac{T_{xx} - T_{yy} + \mathrm{i}(T_{xy} + T_{yx})}{2} & \dfrac{T_{xx} + T_{yy} - \mathrm{i}(T_{xy} - T_{yx})}{2} \end{pmatrix} \quad (12.7)$$

式中,由于结构对称且无交叉耦合项,因此 $T_{xx} = T_{yy}$,$T_{xy} = T_{yx} = 0$。通过简化,$T_{CP} = T_{LP}$。因此,与线性极化一样,圆极化波也有相同的透射曲线,图 12.8 证明了这一点。

x 方向谐振响应的相位延迟或相位失谐与 y 方向相同。任意角度的线极化波可以沿着 x 方向和 y 方向分解成线极化波。同时,任何圆极化波可以被分解为两个在空间和时间上正交的等幅线极化波。因此,线极化波和圆极化波下的透射曲线是相同的。

5. 低损耗特性

损耗可以通过有效折射率 n_{eff} 的虚部 $\mathrm{Im}(n_{\mathrm{eff}})$ 来反映,n_{eff} 可表示为

$$n_{\mathrm{eff}} = \frac{1}{hk}\arccos\left[(1 - S_{11}^2 + S_{21}^2)\frac{1}{2S_{21}}\right] \quad (12.8)$$

式中,h 为结构单元总厚度;k 为波矢量;S_{11} 为反射系数;S_{21} 为透射系数。

图 12.9 描绘了状态 I 和状态 II 的 $\mathrm{Im}(n_{\mathrm{eff}})$ 曲线。在各自的传输峰值频率处,$\mathrm{Im}(n_{\mathrm{eff}})$ 接近于零。因此,类 EIT 超材料满足低损耗特性。

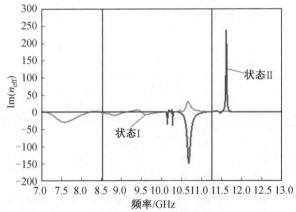

图 12.9 状态 I 和状态 II 的有效折射率 $\mathrm{Im}(n_{\mathrm{eff}})$ 虚部

6. 参数讨论

不同入射角下的透射谱如图 12.10 所示。随着入射角的增大,有多个透射峰或毛刺谐振。在低频处,一个新的透射峰值显而易见,尤其在状态 II 中更为明显。同时,入射角越大,状态 II 的新透射峰值频率越低。

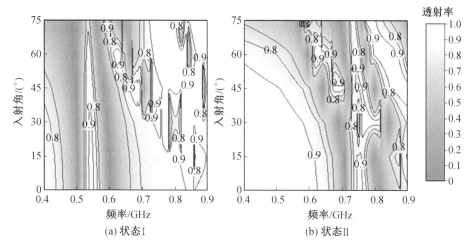

(a) 状态Ⅰ　　　　　　　　　　(b) 状态Ⅱ

图 12.10　不同入射角度下的透射谱

　　一般情况下,根据类 EIT 的原理,耦合距离对传输峰值影响很大。然而,对于提出的类 EIT 超材料来说,这是不适用的。h_2 和 d 分别为谐振器 1 和谐振器 2 在 z 轴和 $x - y$ 平面上的距离。在图 12.11 中,描述了状态 Ⅰ 的 h_2 和 d 引起的透射谱的变化。随着 h_2 的增加,透射区域向较低的频率移动,峰值有所下降。随着 d 的改变,曲线略有变化。这是因为振荡器 1 和谐振器 2 产生自谐振。能量来源于耦合场和入射场,且入射场的能量随耦合距离的变化而保持不变。因此,d 和 h 的增加对透射曲线的影响不大,通过模拟表面电流可以看出这一点。随着 d 的增加,除了半波带宽变小、Q 值变大之外,状态 Ⅱ 的变化趋势与状态 Ⅰ 相似,因此不再单独展示。

　　简单来说,基于 SSP,从理论上设计了一种可调谐慢光结构,它可视为类 EIT 超材料,具有可调性、大的群折射率和 DBP、极化无关和低损耗特征。借助于可调谐的 SSP,可调谐慢光结构可以实现类 EIT 效应并可在状态 Ⅰ 和状态 Ⅱ 之间切换。在状态 Ⅰ 和状态 Ⅱ 下,8.518 GHz 和 11.26 GHz 处的透射区域的透射峰值分别高达 0.909 2 和 0.937 6,这意味着 2.742 GHz 的移动。状态 Ⅰ 或状态 Ⅱ 下,超材料的群延迟为 0.679 ns 或 1.314 ns,群折射率为 453 或 876.1,DBP 为 0.422 或 1,表明其慢光效应显著。因此,在相关的慢光和通信领域,它有着巨大的潜力。无论是圆极化还是任意角度的线极化,透射曲线都保持不变。因此,对于频率选择表面、圆形微波波导系统、光纤系统,甚至是不知其极化状态的未知源,类 EIT 超材料都能一如既往地发挥作用。同时,它的低损耗特性也是值得注意的一点。结果表明,类 EIT 效应随入射角的变化而变化,受耦合距离的影响不是很大。

　　综上所述,所设计的可调谐慢光结构在慢光、传感、开关、通信等方面都具有很大的应用价值。

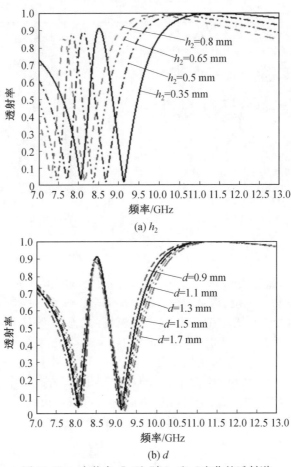

图 12.11　在状态 Ⅰ 下，随 h_2 和 d 变化的透射谱

12.2　可调谐多激励机制电磁诱导透明慢光器件设计

12.2.1　设计的模型与仿真结果

所设计结构的示意图如图 12.12 所示，其中 x 轴、y 轴和 z 轴分别与电场、磁场和波矢量方向一致。立体模型是通过在 $x-z$ 平面绕 z 轴旋转一个衬底和两个谐振器 90° 和移动使衬底的边界相交获得的。合成衬底长（a）为 256 μm，宽（b）为 212 μm，厚（t_1）为 9.6 μm，介电常数和损耗角正切值分别为 4.41 和 0。谐振器的厚度为 0.3 μm（t_2），位于衬底的顶部。通过在每个平面上围绕基板中心旋转 SRR 180°，形成 4 个 SRRs（4SRRs），其半径（r）为 27.6 μm，宽度（w_1）为 11 μm，间隙距离（g_1）为 13.4 μm。第 1 部分和第 2 部分的间隙宽度分别为 0.16 μm（g_2）

和 18.6 μm(g_3)。另外,同一平面上的两个 SRR 之间的间距(n) 为 52.8 μm。基板中心有两个长(l) 为 164 μm、宽(w_2) 为 11.4 μm 的横切线谐振器(2LRs)。第 3 部分宽(c) 为 0.36 μm。4SRR 和 2LRs 之间用 15.7 μm(m) 隔开。表 12.2 给出了所设计结构的具体几何几寸。

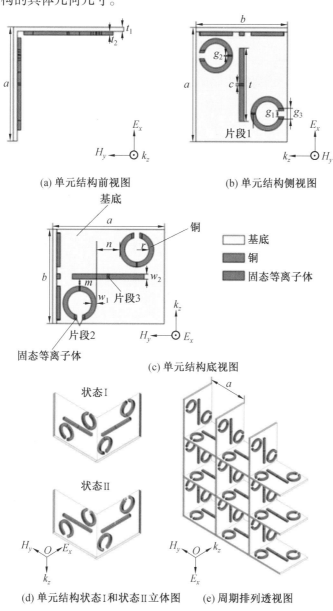

图 12.12　所设计结构的示意图

表 12.2　设计结构的具体几何尺寸

参数	a	b	c	g_1	g_2	g_3	l
数值 /μm	256	212	0.36	13.44	0.16	18.6	164
参数	m	n	r	t_1	t_2	w_1	w_2
数值 /μm	15.7	52.8	27.6	9.6	0.3	11	11.4

SSP 由半导体材料制成的 PIN 单元组成。通过在 PIN 管两端施加激励电压，激发半导体中电子和空穴的运动。SSP 中的载流子浓度随着偏置电压的升高而升高，当偏置电压上升到一定值，使载流子浓度达到一定范围时，其电导率可与金属电导率相比拟。当未被激发为 SSP 时，半导体材料表现为介质。因此，对 SSP 可以通过施加电压来实现从金属到介质的转换。设计的类 EIT 超材料通过选择硅 PIN 二极管阵列，采用金属线连接来引入 SSP。当通过金属线的偏置电压为零时，整个 PIN 表现出高电阻，SSP 处于非激发态。本征区载流子浓度随着偏置电压的增加而增加，当载流子浓度超过 10^{18} cm^{-3} 时，通过金属线施加稳定电压，使 SSP 激发并表现出金属特性。对于这种情况，它的介电常数（ε_p）由 Drude 模型描述：

$$\varepsilon_p(\omega) = \varepsilon_\infty - \frac{\omega_p^2}{\omega^2 + j\omega_c} \tag{12.9}$$

式中，ε_∞ 为介电常数；ω_p 为等离子体频率；ω_c 为碰撞频率。为达到 EIT 超材料的更好性能，在仿真中选择 $\varepsilon_\infty = 12.4$、$\omega_p = 2.9 \times 10^{15}$ rad/s 和 $\omega_c = 1.65 \times 10^{12}$ s^{-1}。

通过是否激励第 1、第 2 和第 3 部分，类 EIT 超材料可以从状态 Ⅰ 切换到状态 Ⅱ。如图 12.12(d) 所示，它们在状态 Ⅰ 中被激发，在状态 Ⅱ 中未被激发。此外，图 12.12(e) 描述了周期排列。在 CST 微波工作室中建立了模型并对结果进行了仿真。在仿真过程中，选择 Floquet 端口，沿 x 轴和 y 轴选择周期边界条件。

12.2.2　结果讨论和分析

1. 原理分析

通过激光触发 EIT，诱导电子能级的连续性，从而引起不同激励路径下的量子干涉，进而控制三能级系统的光学共振响应。明、暗模式与超材料耦合的谐振子模型可以模拟 EIT，生成类 EIT。明模和暗模分别对应原子系统中的激发态和亚稳态。前者可以与远场耦合获得入射场的能量,且质量因子(Q)较小;而后者则相反,其能量通过与明模耦合获得。在所提出的类 EIT 超材料中,延伸方向沿电场的 LR 与入射电场耦合,平面垂直于入射波的 SRRs 与入射磁场耦合。在这种情况下,谐振腔是亮模还是暗模取决于其 Q。下面通过分析状态 Ⅰ 进一步解释其机理。如图 12.13 所示,2LRs 和 4SRRs 分别在 0.507 5 THz 和 0.621 5 THz 处产生谐振响应,透射率分别为 0.086 和 0.034,它们的半波带宽分别为 0.023 438 THz 和 0.081 326 THz。进一步地,Q 的计算公式如式(12.2)所示,其值 2LRs(7.64)小于 4SRRs 的(21.65)。因此 2LRs 为暗模,4SRRs 为明模。在两种模式之间的相互作用下,在 0.544 THz 透射峰值为 0.920 6,在低频谐振 0.501 5 THz 处透射率为 0.009 2,在高频谐振 0.602 5 THz 处透射率为 0.053 1,产生了一个类 EIT 窗口,其半波带宽为 0.067 THz。

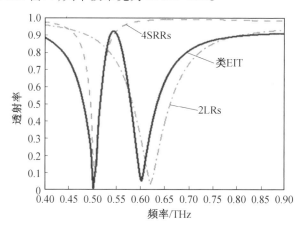

图 12.13　状态 Ⅰ 时类 EIT 超材料、4SRRs 和 2LRs 的透射图谱

图 12.14 所示的表面电流分布可以更具体地阐述其机理。在 0.501 5 THz 和 0.602 5 THz 时,2SRRs 和 LR 的表面电流较强,表明它们可以单独与入射场耦合并获得能量。在 0.544 THz 时,2SRRs 的表面电流比 LR 强,这意味着它不仅可以得到入射磁场的能量,还可以得到 LR 耦合到它的能量。同时,在 0.544 THz 处的总电流较 0.501 5 THz 和 0.602 5 THz 处弱,说明 2SRRs 和 LR 之间存在破坏性干涉,超材料吸收的入射电磁波很少,产生透射峰。此外,高 Q 值的 2SRRs 不易耗散能量,促进了类 EIT 的产生。2SRRs 和 LR 的电流方向相反,表明各自产生的场相互抵消,产生了破坏性干涉。上述结果与明模和准暗模的特征及类 EIT 的形成过程是一致的。

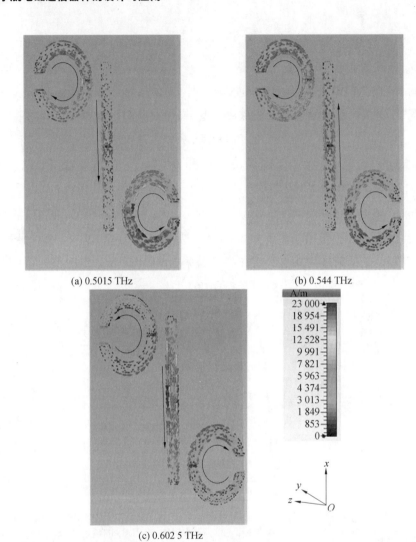

图 12.14　$x-z$ 平面表面电流分布

2. 可重构特性

通过上一小节提到的调节方式,激发态和非激发态影响共振响应和类 EIT 窗口。如图 12.15 所示,状态 Ⅱ 的透射峰值频率为 0.753 5 THz,与状态 Ⅰ 相比,实现了 0.208 5 THz 的频率偏移。状态 Ⅱ 中产生类 EIT 窗口的机制与状态 Ⅰ 一致。状态 Ⅱ 的具体透射曲线如图 12.16 所示,在 0.753 5 THz 处存在透射峰,透射率为 0.928 4;在 0.71 THz 处存在低频谐振谷,透射率为 0.159;在 0.813 5 THz 处存在高频谐振谷,透射率为 0.801;类 EIT 窗口的半波带宽为 0.073 THz。如图 12.17 所示,状态 Ⅱ 的表面电流分析与状态 Ⅰ 相似,不同之处在于 EIT 峰值频率处的整体电流略大,导致透射峰值略高。

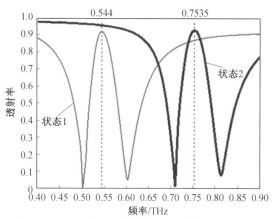

图 12.15　状态 Ⅰ 和状态 Ⅱ 的透射曲线比较图

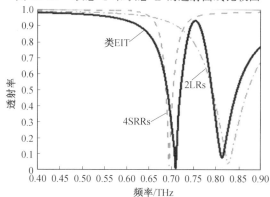

图 12.16　状态 Ⅱ 时类 EIT 超材料、4SRRs 和 2LRs 的透射曲线

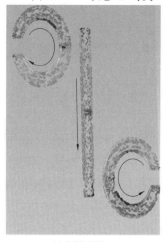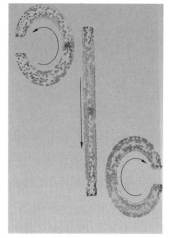

　　(a) 0.071 THz　　　　　　　　　　　　(b) 0.7535 THz

图 12.17　表面电流在 $x-z$ 平面上的分布

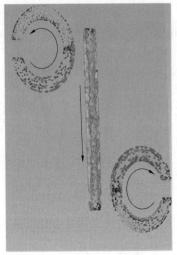
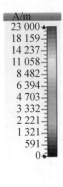

(c) 0.813 5 THz

续图 12.17

3. 大的群折射率和群延迟

在 EIT 窗口内,相位变化剧烈,同时光速变慢,这是 EIT 的重要特征。通过超材料介质的群速度(v_g)由下式计算:

$$v_g = \frac{c}{n_g} \tag{12.10}$$

式中,c 和 n_g 分别为真空中的光速和群折射率。因此,群折射率可以反映慢光效应,相关公式为

$$\tau_g = -\frac{\mathrm{d}\varphi(\omega)}{\mathrm{d}\omega} \tag{12.11}$$

$$n_g = \frac{c}{h}\tau_g \tag{12.12}$$

式中,τ_g 为群延迟;φ 为透射相位;h 为超材料的厚度。类 EIT 超材料的群延迟也可以用来表征慢光效应。

图 12.18 表示状态 Ⅰ 和状态 Ⅱ 下的群延迟和群折射率。在状态 Ⅰ 下标记为灰色的 EIT 窗口中,群延迟和群折射率均在 0.501 5 THz 处达到峰值,分别为723.7 ps 和 1 024.1。同样,在状态 Ⅱ 下标记为灰色的 EIT 窗口内,在 0.71 THz 处达到了 494.7 ps 的群延迟峰值和 70.1 的群折射率峰值。由式(12.10)可知,通过类 EIT 超材料的群速度为状态 Ⅰ 或状态 Ⅱ 通过空气的群速度的 $\dfrac{1}{1\ 024.1}$ 或

$\dfrac{1}{70.1}$,实现了超慢光。在这种情况下,它可以有效地应用于慢光器件、光缓存、光

信号处理和通信。最大时延带宽积(delay-dandwidth product,DBP) 反映了信息存储和传输的效率及慢光效应,其公式为

$$DBP = \Delta f \times \tau_g \tag{12.13}$$

式中,Δf 为半波带宽;τ_g 为群延迟峰值。在状态 Ⅰ 或状态 Ⅱ 下,最大 DBP 分别达到 48.5 或 36.1,标志着通信设备的高效率。

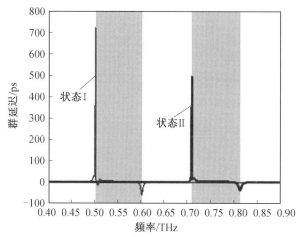

(a) 状态Ⅰ和状态Ⅱ下的群延迟

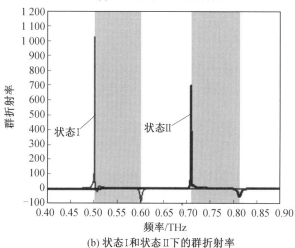

(b) 状态Ⅰ和状态Ⅱ下的群折射率

图 12.18　状态 Ⅰ 和状态 Ⅱ 下的群延迟和群折射率

4. 低损耗特性

如上所述,太赫兹波段的损耗一般较大,这是由 SRR 剩余电流引起的。为了抑制辐射损失,将一个 SRR 绕中心旋转 180°,产生相反的剩余电流,剩余电流相互抵消,上述电流分布图同样证明了这一点。损耗特性可用有效介电常数 ε_{eff} 和

有效磁导率 μ_{eff} 的虚部表示,由计算公式可知

$$\varepsilon_{\text{eff}} = \frac{1}{kh} \sqrt{\frac{(1 - S_{11})^2 - S_{21}^2}{(1 + S_{11})^2 - S_{21}^2}} \arccos\left[\frac{1}{2S_{21}}(1 - S_{11}^2 + S_{21}^2)\right] \qquad (12.14)$$

$$\mu_{\text{eff}} = \frac{1}{kh} \sqrt{\frac{(1 + S_{11})^2 - S_{21}^2}{(1 - S_{11})^2 - S_{21}^2}} \arccos\left[\frac{1}{2S_{21}}(1 - S_{11}^2 + S_{21}^2)\right] \qquad (12.15)$$

式中,k、h 为超材料的波矢量和厚度;S_{11}、S_{21} 分别为反射系数和透射系数。类 EIT 超材料的有效介电常数虚部 $\text{Im}(\varepsilon_{\text{eff}})$ 和有效磁导率虚部 $\text{Im}(\mu_{\text{eff}})$ 如图 12.19 所示。状态 Ⅰ 和状态 Ⅱ 的 $\text{Im}(\varepsilon_{\text{eff}})$ 和 $\text{Im}(\mu_{\text{eff}})$ 在 EIT 峰值频率处接近 0,有相应的颜色标记,表明类 EIT 超材料是低损耗的。

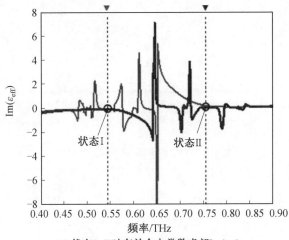

(a) 状态Ⅰ、Ⅱ时有效介电常数虚部 $\text{Im}(\varepsilon_{\text{eff}})$

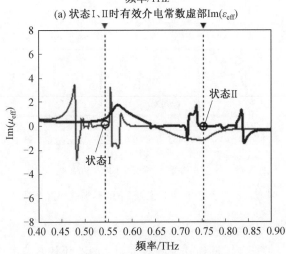

(b) 状态Ⅰ、Ⅱ时有效磁导率虚部 $\text{Im}(\mu_{\text{eff}})$

图 12.19　状态 Ⅰ、Ⅱ 时有效介电常数虚部 $\text{Im}(\varepsilon_{\text{eff}})$ 和有效磁导率虚部 $\text{Im}(\mu_{\text{eff}})$

5. 极化不敏感特性

众所周知,圆极化(circularly polarized,CP)波可以分解为两个相互垂直的等幅线极化(linearly polarized,LP)波。因此,通过分析CP波下的透射谱,极化不敏感特性更有说服力。如图12.20所示,左圆极化(LCP)波和右圆极化(RCP)波下的透射谱完全相同,表明了所述类EIT超材料的偏振不敏感性。在TE波下,$x-z$平面上的LR和2SRRs分别与入射电场和磁场耦合,并相互作用,产生类EIT谱。为了实现极化不敏感,它们被旋转90°。在这种情况下,$y-z$平面上的LR和2SRRs可以与入射场耦合,在TM波下也可以相互作用,与在TE波下相同,这样就产生了TE波下的类EIT谱,如图12.20所示。同时,TE波和TM波可以组合成任意角度的LP波。因此,假设在任意线极化角下的透射谱是相同的,如图12.21所示,类EIT光谱是相似的。因此,如前所述,超材料与由两个LP波组成的CP波无关。

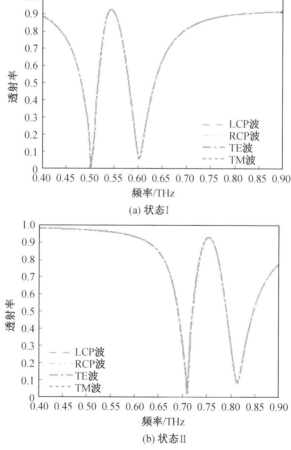

图 12.20　左圆极化(LCP)、右圆极化(RCP)、横向电(TE)波和横向磁(TM)波的透射谱

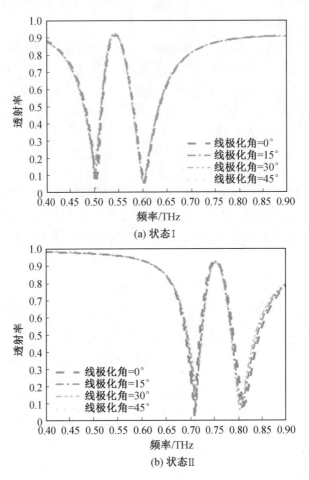

(a) 状态 I

(b) 状态 II

图 12.21　不同线极化角的透射谱

此外,LP 波($\boldsymbol{T}_{\mathrm{LP}}$) 和 CP 波($\boldsymbol{T}_{\mathrm{CP}}$) 的传输矩阵可以解释其与圆极化的独立性,其公式如下:

$$\boldsymbol{T}_{\mathrm{LP}} = \begin{pmatrix} T_{xx} & T_{xy} \\ T_{yx} & T_{yy} \end{pmatrix} \tag{12.16}$$

$$\boldsymbol{T}_{\mathrm{CP}} = \begin{pmatrix} \dfrac{T_{xx} + T_{yy} + \mathrm{i}(T_{xy} - T_{yx})}{2} & \dfrac{T_{xx} - T_{yy} - \mathrm{i}(T_{xy} + T_{yx})}{2} \\ \dfrac{T_{xx} - T_{yy} + \mathrm{i}(T_{xy} + T_{yx})}{2} & \dfrac{T_{xx} + T_{yy} - \mathrm{i}(T_{xy} - T_{yx})}{2} \end{pmatrix} \tag{12.17}$$

其中,交叉耦合项为零及类 EIT 超材料是对称的,所以有 $T_{xx} = T_{yy}$ 和 $T_{xy} = T_{yx} = 0$, 得到简化后公式为

$$T_{\mathrm{CP}} = T_{\mathrm{LP}} = \begin{pmatrix} T_{xx} & 0 \\ 0 & T_{yy} \end{pmatrix} \tag{12.18}$$

CP 波的矩阵与 LP 波的矩阵相同,因此透射谱也是均匀的。此外,通过观察和分析不同极化态下的表面电流和场分布,可以清楚地看到二者的 EIT 产生过程几乎是一致的。

6. 参数对 EIT 特性的影响

不同入射角的类 EIT 图谱如图 12.22 所示,类 EIT 窗口的透射率略有下降,当入射角足够大时,会出现多个透射峰。在状态 Ⅰ 中,透射光谱在入射角小于 30° 的情况下变化不大。然而,当入射角大于 30° 时,在高频处出现新的透射峰,并且随着入射角的增大,新的透射峰更尖锐,数量更多,频率更低。与状态 Ⅰ 相似,在状态 Ⅱ 中,透射峰强度更强,频率随入射角的增大而产生红移。当只有一个谐振腔即发光模式与入射场耦合时,类 EIT 窗口受耦合距离的影响较大。然而,所设计的超材料谐振器,即明模和准暗模,都可以分别与入射场能量耦合。因此,耦合距离(m)对透射窗口的影响不大,如图 12.23 所示。随着 m 的增加,入射场的能量是恒定的。因此,相对于能量只来自明模的暗模,同时来自入射场和明模的准暗模式受 m 的影响较小,形成了更稳定的类 EIT 窗口。但当耦合距离过大时,耦合场的能量会大幅度减小,导致透射窗口发生明显变化。

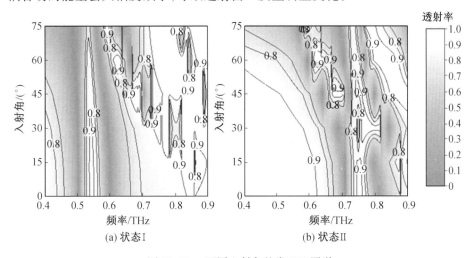

(a) 状态Ⅰ　　　　　　　　　　(b) 状态Ⅱ

图 12.22　不同入射角的类 EIT 图谱

总之,本小节提出了一种同时与入射电场和磁场耦合,且多激励机制实现的类 EIT 超材料,具有良好的慢光效应、低损耗和极化不敏感的可重构性质。以状态 Ⅰ 为例,详细分析了类 EIT 的产生原理。通过引入可调谐超材料(SSP),EIT

峰值频率分别达到 0.208 5 THz 和 0.544 THz,在状态 Ⅰ 中透射率为 0.920 6,在状态 Ⅱ 中 0.753 5 THz 时的透射率为 0.928 4。通过分析状态 Ⅰ 和状态 Ⅱ 的最大群延迟(723.7 ps 和 494.7 ps)、群指数(1 024.1 ps 和 70.1 ps)和 DBP(48.5 ps 和 36.1 ps),给出了极好的慢光效应。此外,类 EIT 超材料通过旋转 SRRs 180° 具有低损耗特性。同时,通过将平面结构扭转成立体结构,实现了极化不敏感,并进行了分析和论证。随着入射角的增大,类 EIT 窗口出现多个峰,耦合距离对类 EIT 的影响不显著。基于以上分析和论证,这种类 EIT 超材料广泛适用于慢光设备、通信、传感器和非线性设备。

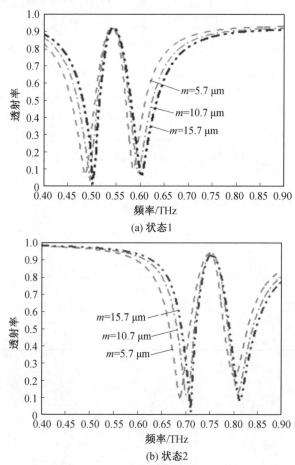

图 12.23 不同参数 m 的类 EIT 图谱

12.3　能实现宽窄带变换的电磁诱导透明慢光器件设计

基于固态等离子体(SSP),本节提出了一种电磁感应透明(EIT)超材料。仿真结果表明,所给定的超材料具有调整、极化不敏感和低损耗的特性。由于 SSP 可以在状态 Ⅰ 下协调,理想的透射率频带可以覆盖 8.033 5 ~ 9.025 31 GHz(窄带)。如果将状态切换到状态 Ⅱ,则理想透射率频带将变为 9.798 2 ~ 12.927 5 GHz(宽带)。由于 SSP 可以根据实际需求在状态 Ⅰ 和状态 Ⅱ 之间来回切换,因此可以实现定制的 EIT 超材料。同时,状态 Ⅰ 和状态 Ⅱ 的最大群延迟分别为 0.943 7 ns 和 0.554 6 ns,最大群折射率分别为 526.60 和 300.45,符合其慢光特性。无论偏振角如何变化,状态 Ⅰ 的两个透射谷值分别为 7.917 2 GHz 和 10.444 6 GHz,透射峰值为 8.209 1 GHz,状态 Ⅱ 的两个透射谷值和一个透射峰值分别为 9.377 7 GHz、13.960 0 GHz 和 10.192 0 GHz,证明得到的 EIT 与极化角无关,损耗因子较低。这种 EIT 超材料在传感、通信、慢光等领域具有优异的性能。

12.3.1　设计模型与仿真

图 12.24 所示为设计模型的各种视图,一个长(l_1)为 11.4 mm 的横切线和两个开口谐振环(外环长(l_2)为 4 mm,内环长(l_4)为 3.6 mm,厚(h_1)为 0.5 mm),放置在由混合材料制成的介质板的底部和顶部(损耗角和电子介电常数分别为 0 和 2.25)。整个单元结构模型具有一个中心对称的结构。在 x - y 平面上,横切线与 SRRs 之间的距离(d)为 1.5 mm,在 SRRs 开口的末端和横切线的两端都有额外的延伸,延伸部分的长度分别为 1.95 mm(w_2)和 0.65 mm(l_0),调整的特性可以通过这些延伸来实现。放置共振环的正方形板长(l)为 16 mm,厚(h)为 1 mm。两条横切线形成谐振器 2,4 个开口谐振器环形成谐振器 1。这种 EIT 超材料的单元配置细节如图 12.24 所示,参数见表 12.3。

如 12.1 节和 12.2 节所述,SSP 可以通过手动操作从介质状态切换到类金属状态,因此所提出的 EIT 超材料可以在两种不同状态(调整的直观表示)中分别处于激发态(称为状态 Ⅰ,如图 12.24(d) 所示)和非激发态(称为状态 Ⅱ,如图 12.24(e) 所示)。为了达到 SSP 的激发态,必须施加激励电压。一般情况下,通常是建立 Drude 模型来描述 SSP 在激发态下的介电常数,其表示如公式(12.1)所示。在以下的仿真中选取的参数分别为 ε_∞ = 12.4、ω_p = 2.9 × 10^{14} rad/s 和 ω_c = 1.65 × 10^{13} s^{-1}。对固态等离子体施加外部电压的方法如图 12.24(g) 所示。图 12.24(f) 为仿真过程中,边界条件和端口设置的示意图,即入射电磁波沿 x - y 平面法向量的 z 轴入射到超材料表面。边界条件以 x 轴和 y 轴为周期。最终结果采用专业仿真软件 CST 进行计算。

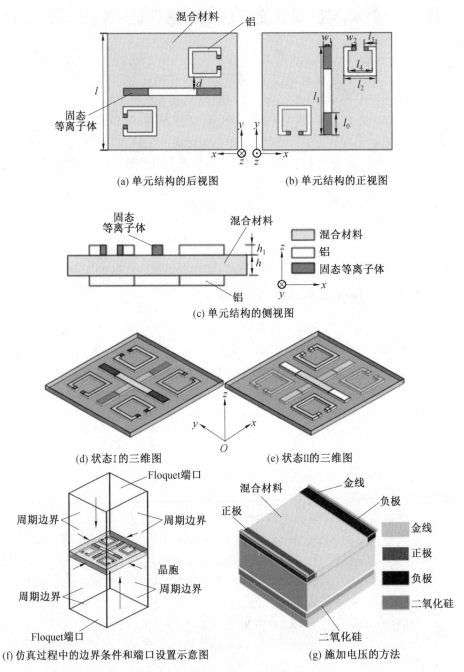

(a) 单元结构的后视图　　　　(b) 单元结构的正视图

(c) 单元结构的侧视图

(d) 状态Ⅰ的三维图　　　　(e) 状态Ⅱ的三维图

(f) 仿真过程中的边界条件和端口设置示意图　　　(g) 施加电压的方法

图 12.24　EIT 超材料的单元配置细节

表 12.3　设计的 EIT 超材料的参数

参数	l	l_1	l_2	l_3	l_4	l_0	d	w_1	w_2	h	h_1
数值/mm	16	11.4	4	1.9	3.6	1.95	1.5	0.5	0.2	1	0.5

12.3.2　结果讨论和分析

1. 类 EIT 超材料的特性

本小节以透射率大于 0.8 作为有效传输窗口的阈值,如图 12.25 所示,状态 Ⅰ 的传输窗为 8.033 5 ~ 9.025 3 GHz,其峰值频率位于 8.313 95 GHz(其透射率高达 0.996 1),相对带宽为 12.11%(为一个窄带)。状态 Ⅱ 的传输窗口为 9.798 2 ~ 12.927 5 GHz,在 10.424 08 GHz 时达到透射峰值 0.976 0,相对带宽为 26.19%(视为一个宽带)。由于 SSP 的工作状态从激发态(状态 Ⅰ)变为非激发态(状态 Ⅱ),因此类 EIT 传输窗口发生频移为 2.115 6 GHz。上述结果表明,所提出的 EIT 超材料得到的传输窗口是可调谐的,即类 EIT 透射窗口可以从窄带调整为宽带。此外,如果窄带和宽带 EIT 窗口的工作频带完全重合,不会给现实应用带来任何便利;两种 EIT 效应的传输窗口如果能在频域上错开一定距离,会给实际应用带来便利。但宽带 EIT 窗口的峰值与窄带 EIT 窗口的谷值基本重合,可以用来实现开关特性的 EIT。

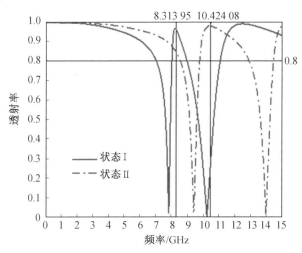

图 12.25　状态 Ⅰ 和状态 Ⅱ 的透射谱比较

2. EIT 的形成机理

EIT 是一个三级原子跃迁系统,当明模、暗模的共振同时发生时,就会产生破坏性干扰,出现 EIT 光谱。直接与入射电磁场耦合和共振的称为明模,不能直接耦合到入射电磁场但可以在大部分能量下耦合的明模称为暗模。同时,明模的能量也可以来自暗模能量。入射电磁波的电场 E 和磁场 H 在 $x-y$ 平面上,E 沿 x 方向,H 沿 y 方向。这是一个典型的电耦合的模型。得到 EIT 的前提是明模和暗模的能量(Q)差异很大,暗模的能量明显高于明模。

谐振器 1 在 7.917 2 GHz 处的透射率为 0.049 8,谐振器 2 在 10.444 6 GHz 处的透射率为 0.015 9。从图 12.26 中也可以看出,在 8.209 1 GHz 时的透射率峰值为 0.996 1;在 7.828 3 GHz 和 10.231 0 GHz 时可产生两个波谷,透射率分别为 0.017 5 和 0.004 2。谐振器 1 和谐振器 2 的半波带宽分别为 0.236 GHz 和 1.231 2 GHz。根据式(12.2),可以得出谐振器 1 的能量 Q_1 为 33.5,谐振器 2 的能量 Q_2 为 8.48。由此,可以得出谐振器 1 是暗模,谐振器 2 是明模。在工作为状态 I 时,入射场的能量首先耦合到谐振器 2,然后从谐振器 2 耦合到谐振器 1。当明模和暗模耦合时,将会得到透射窗口。当谐振器 2 不存在时,能量直接来自于入射场,谐振器 1 产生自谐振。结果发现,谐振器 1 的 Q 值明显大于谐振器 2,满足要求。

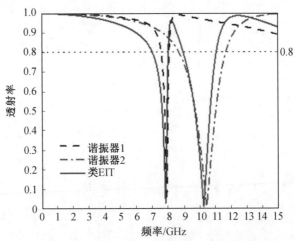

图 12.26　谐振器 1、谐振器 2 和所提出的类 EIT 超材料的透射谱

图 12.27 所示的表面电流分布图可以用来解释 EIT 形成的作用机制。图 12.27(a) 和图 12.27(c) 分别为 7.828 3 GHz 和 10.231 0 GHz 时的表面电流分布图,它们的电流分布主要集中在 SRR 或金属横切线上,显示出单一的电谐振,使得谐振器 1 和谐振器 2 之间不可能产生破坏性的耦合。这些频率只能显示为透射谷,电流流动方向相反,左侧 SRR 电流从顺时针变为逆时针,右侧电流从逆时针变为顺时针。

(a) 低频透射谷(7.828 3 GHz)　　　　(b) 透射峰值(8.209 1 GHz)

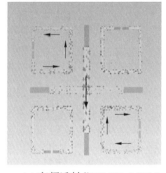

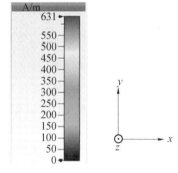

(c) 高频透射谷(10.231 0 GHz)

图 12.27　EIT 超材料工作在状态 Ⅰ 时的表面电流分布图

图 12.27(b) 为透射峰值(8.209 1 GHz) 的表面电流分布图。透射峰处的电流分布在谐振器 1 和谐振器 2 中,两者都发生共振,近场耦合导致明模和暗模之间的破坏性干涉,使最初的不透明的频段打开透明窗口(形成透射窗口)。如图 12.27 所示,横切线的电流方向与入射电场的方向相同,SRR 的电流方向顺时针、逆时针交错。

由图 12.28 可知,谐振器 1 的透射曲线的谷值为 9.510 9 GHz,透射率为 0.013 6 ,半波带宽为 0.330 1 GHz。谐振器 2 的透射曲线的谷值为 14.439 1 GHz,透射率为 0.011 6,半波带宽为 0.770 9 GHz。同样,通过式(12.2) 的计算,谐振器 1 和谐振器 2 的 Q 值分别为 28.82 和 18.73。由上述可知,谐振器 1 为暗模,谐振器 2 为明模。入射电磁波的能量首先耦合到谐振器 2,然后耦合到谐振器 1。图 12.28 还显示了当明模和暗模发生耦合时,能够产生类 EIT 的透射窗口(传输窗口)。在图 12.28 所示类 EIT 透射谱可以看到,存在着两个透射谷点。这两个透射谷点分别位于低频点 9.377 7 GHz 和高频点 13.960 0 GHz,其透射率分别为 0.015 2 和 0.009 2。在状态 Ⅱ 下,所提出的超材料可以产生一个宽带类 EIT 透射窗口。当频率为 10.192 0 GHz 时,类 EIT 透射窗口达到峰值,高达 0.977 7。

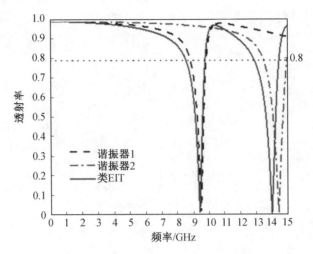

图 12.28　谐振器 1、谐振器 2 和类 EIT 超材料在状态 Ⅱ 下的透射谱

图 12.29(a) 和图 12.29(c) 为类 EIT 超材料在状态 Ⅱ 时的表面电流分布图。从图中可以更直观地看出,图 12.29(a) 中的电流主要集中在 SRR 上,而图 12.29(c) 中的电流主要中在金属横切线上,只能产生相应的磁谐振或者电谐振,即不能对明模、暗模产生破坏性的干扰。图 12.29(b) 为类 EIT 超材料透射峰值的表面电流分布图。谐振器 1 和谐振器 2 有大量的电流分布,可以对明模、暗模产生破坏性的干扰,并产生透射窗口,即实现类 EIT 现象。对比图 12.27(a) 和图 12.29(a) 可知,表面电流都主要分布在 SRR 上,电流方向如图 12.27(a) 和图 12.29(a) 所示。图 12.29(a) 中的表面电流为逆时针方向。比较图 12.27(b) 和图 12.29(b) 可知,右上角和左下角的 SRR 上的表面电流流动方向相反。而图 12.27(c) 和图 12.29(c) 中的表面电流流动方向完全相同。因此,通过图 12.27 和图 12.29 中的表面电流分布图就可以很好地解释状态 Ⅰ 和状态 Ⅱ 的类 EIT 的形成机理。

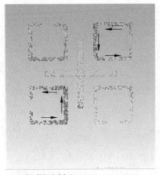 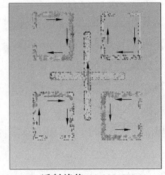

(a) 低频透射谷(9.377 7 GHz)　　　　(b) 透射峰值(10.192 GHz)

图 12.29　类 EIT 超材料在状态 Ⅱ 时的表面电流分布图

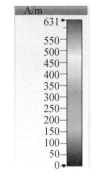

(c) 高频透射谷频率(13.96 GHz)

续图 12.29

3. 大的群折射率和群延迟

慢光效应是 EIT 的一个重要特性,大的群折射率和群延迟可以表征该特性,具体方程式如式(12.10) ~ (12.12) 所示。从图 12.30(a) 可以看出,状态 Ⅰ 的群延迟从低频谷(7.828 3 GHz) 延迟了 − 16.844 9 ns,从高频谷(10.231 0 GHz) 延迟了 − 17.498 4 ns,其群延迟峰值为0.943 7 ns。在状态Ⅱ中,低频谷(9.377 7 GHz) 延迟了 − 16.883 8 ns,高频谷(13.960 0 GHz) 延迟了 − 21.132 6 ns,群延迟峰值为0.554 6 ns。 在物理意义上,群延迟表示每个时刻信号相位的变化速率,即对前一时刻的延迟。群延迟是负数,意味着提前到上一个时间,这被称为慢光效应。慢光效应能减慢光的传播速度,这在光子的存储、量子光学芯片中很有用。图 12.30(b) 所示为状态 Ⅰ 和状态 Ⅱ 的群折射率,其变化趋势与群延迟相同,只是纵坐标的值为群延迟的几倍。状态 Ⅰ 的群折射率在7.944 6 GHz 时的峰值为

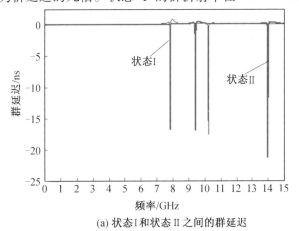

(a) 状态Ⅰ和状态Ⅱ之间的群延迟

图 12.30　状态 Ⅰ 和状态 Ⅱ 的群延迟和群折射率

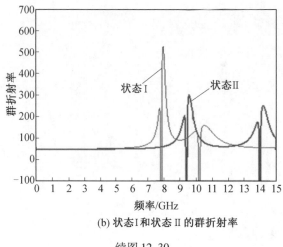

(b) 状态 I 和状态 II 的群折射率

续图 12.30

526.60，状态 II 在 9.582 8 GHz 时的峰值为 300.45。这表明，在这个类 EIT 超材料中，电磁波在相同厚度的空气中移动速度分别为 $\dfrac{1}{526.60}$（状态 I）和 $\dfrac{1}{300.45}$（状态 II）。慢光效应受到时延带宽积（DBP）的限制。根据式（12.13），状态 I 和状态 II 的 DBP 值分别为 0.223 和 0.683。

4. 极化特性与入射角对类 EIT 的影响

图 12.31 显示了不同入射角下状态 I（图 12.31（a））和状态 II（图 12.31（b））的透射率变化频谱。从图 12.31 的等高线图中可以清楚地看到，随着入射角的增大，产生许多毛刺，相同频率的色谱图明显变化。在状态 I 中，随着入射角的增大，15°、30°、45°、60° 的透射峰值和谷值处的频率变化不大。但当入射角等于 30°、45° 和 60° 时，一个新的透射槽出现在高频下，透射率约为 0.5。在状态 II 中，透射峰值和谷值在 15°、30°、45° 和 60° 处产生的频率与 0° 处相同。与状态 I 不同，状态 II 在入射角等于 15°、30° 和 45° 时，能在较低频率下产生新的谷值。同时，在原高频透射谷处，随着入射角的增大，透射谷的透射率不断增加，远低于 0° 状态时的效果。

图 12.32 所示为入射电磁波具有不同极化角的不同工作状态下的透射谱。所设计的类 EIT 超材料模型为对称结构，在状态 I 下，随着入射电磁波极化角的增大，透射谷值分别出现在 7.917 2 GHz 和 10.446 0 GHz 处，透射峰值出现在 8.209 1 GHz 处。在状态 II 下，随着入射电磁波极化角的增大，透射谷值出现在 9.377 7 GHz 和 13.960 0 GHz 处，透射峰值出现在 10.192 0 GHz 处。由图 12.32 可知，所设计的类 EIT 超材料具有很好的极化稳定性。

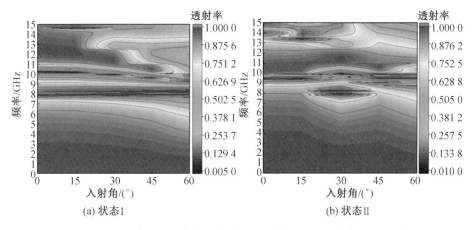

图 12.31　在不同入射角下状态 Ⅰ 和状态 Ⅱ 的透射率变化频谱

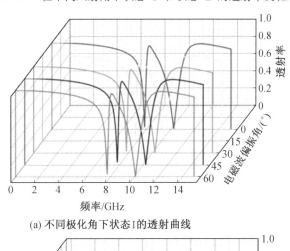

(a) 不同极化角下状态Ⅰ的透射曲线

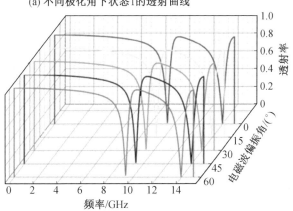

(b) 不同极化角下状态Ⅱ的传输曲线

图 12.32　不同工作状态下的透射谱

5. 低损耗特性与相关参数的讨论

低损耗也是 EIT 的优点之一,它可以用有效折射率的虚部来表示,具体见式 (12.8)。在图 12.33 中,给出了状态 Ⅰ 和状态 Ⅱ 时该类 EIT 超材料的有效折射率曲线。垂直于横坐标的两条虚线分别为透射峰上状态 Ⅰ 和 Ⅱ 时该类 EIT 超材料的有效折射率的虚部 $\text{Im}(n_{\text{eff}})$,它们的值几乎为 0。因此,该类 EIT 超材料具有低损失的性质。

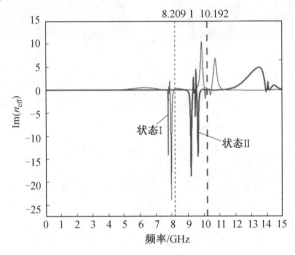

图 12.33　状态 Ⅰ 和状态 Ⅱ 的有效折射率曲线

图 12.34 所示为状态 Ⅰ 和状态 Ⅱ 下透射率的变化曲线。图 12.34(a) 中,d 为金属横切线与 SRR 环之间的耦合距离。在图中 d 的变化范围内,透射频谱曲线随 d 的增加基本不变。这是因为谐振器 1 和谐振器 2 都能单独地产生谐振,能量均来自耦合入射场,耦合的能量由耦合距离决定。但是如果 d 足够大,则可以更改 EIT 窗口。但耦合距离 d 若太大,将无法产生 EIT 窗口。

h 是指放置谐振器的混合材料介质基板的厚度。图 12.34(b) 为状态 Ⅱ 下透射率随 h 变化的曲线。随着 h 的增加,从图 12.34(b) 中可以看出,透射率的峰值持续减小,整体位于频谱向低频的方向移动,其中高频的透射谷更为明显。当 h 为 2 mm、3 mm、4 mm 时,透射峰值分别达到 10.023 9 GHz、9.794 8 GHz 和 9.699 0 GHz(峰值分别为 0.882 3、0.752 4、0.693 8)。由上述研究可知,$h = 1$ mm 的效果更好。状态 Ⅱ 与状态 Ⅰ 有类似的效果,在此不再赘述。

本小节设计了一种基于 SSP 的类 EIT 超材料,使所得到的 EIT 窗口具有可调谐性。当 SSP 谐振结构在不同的工作状态时,所得到的类 EIT 传输窗口可以从窄带调整到宽带,并用表面电流的分布图说明了 EIT 的应用机制。此外,所提出的 EIT 超材料具有极化独立性、低损耗特性、群折射率较大等优良的性能。在工作

状态 Ⅰ 和状态 Ⅱ 下,在 8.209 1 GHz 和 10.192 0 GHz 处,类 EIT 的传输窗口的峰值分别高达 0.996 1 和 0.977 7。此外,给定的超材料具有 0.943 7 ns 和 0.55 46 ns 的群延迟,526.60 和 300.45 的群折射率,时延带宽积分别为 0.223 和 0.683,表明该超材料具有显著的慢光效应,本质上可以视为一种慢光器件。仿真结果还表明,类 EIT 的透射窗口会随入射角和介质基板的厚度而发生变化,而不随耦合距离的变化发生变化。综上所述,这些特性可以应用于调制慢光信号的带宽,如带宽调制器,也可以用作寄存器。例如,在带宽调制器中,可以通过施加电压对窄带和宽带进行调谐,即实现了对带宽调制。

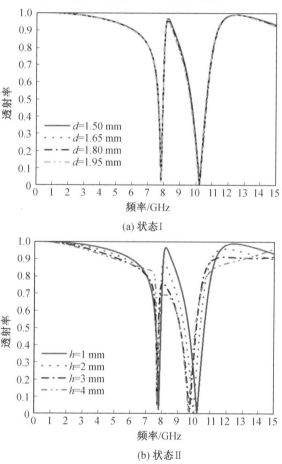

(a) 状态Ⅰ

(b) 状态Ⅱ

图 12.34　透射率随 d 和 h 变化的曲线

第13章

磁性和非线性介质在功能性器件中的新应用

13.1 基于磁性材料的磁调控非互易特性吸波器的设计

13.1.1 旋磁光子晶体吸收器设计和分析

1.旋磁光子晶体吸收器模型设计

图 13.1 展示了由级联广义斐波那契(Fibonacci)序列生成的一维 GMPCs 和相应的替换规则。广义 Fibonacci 序列的递推规则可以写成

$$S_{N+1} = \{S_N^m, S_{N-1}^n\}$$

式中,m 和 n 是指数,表示序列中每个分量的重复次数;N 是递归数(m、n、N 均为正整数)。为了简化描述,使用缩写形式 GF(m,n,N)。

对于 GMPCs 的前半部分,采用初始设置为 $S_1 = \{MM\}$,$S_0 = \{MIM\}$ 的 GF(2,2,3),而在后半部分,采用 $S_1 = \{RI\}$,$S_0 = \{II\}$ 的 GF(1,1,4),其中 R、I、M 分别代表合成介质、空气层和各向异性旋磁铁氧体介质。这些材料的厚度和有效介电常数分别为 $d_R = 1\ \mu m$,$d_I = 6\ \mu m$,$d_M = 6\ \mu m$,$\varepsilon_R = 36$,$\varepsilon_I = 1$,$\varepsilon_M = 15$。值得注意的是,合成介质可以通过折射率接近 6 的介质谐振器来实现,在实际实验中,包含空气层的 GMPCs 可以通过湿法各向异性刻蚀技术来制作。整个结构放置在空气中,外加磁场沿 $+y$ 轴,电磁波以 θ 角从 xOz 平面入射,前向和后向传播的方向由浅色箭头标记。

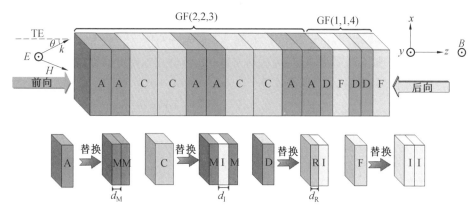

图 13.1　由广义 Fibonacci 序列生成的一维 GMPCs 原理图
（结构下方为色块的替换规则）

为了更明确地描述单向传输性能,引入了变量 P,表示为

$$P = |A_{\text{forward}} - A_{\text{backward}}| \quad P = |A_{\text{forward}} - A_{\text{backward}}| \quad (13.1)$$

式中,A_{forward} 和 A_{backward} 分别是两个相反方向上传输的吸收率。

由于具有可调谐 SSP 超材料,通过激励谐振器的不同部分,实现了类 EIT 的状态 Ⅰ 和状态 Ⅱ 之间的过渡。在状态 Ⅰ 中,只有延伸部分和底部被激发。相反,只有额外部分在状态 Ⅱ 中被激发。因此,从状态 Ⅰ 到状态 Ⅱ 的变化是通过对上述指定部件施加电压来实现的。采用专业仿真软件 CST 微波工作室进行模型构建和数值模拟。如图 12.1(e) 所示,入射波沿 z 轴垂直于类 EIT 超材料表面,x 轴和 y 轴方向设置为周期性边界条件。单元结构的仿真模型及参数分别如图 12.1 和表 12.1 所示。CST 模拟的频率范围为 7 ~ 13 GHz。

2. 旋磁光子晶体吸波器的吸收性能分析

如图 13.2(a) 所示,在 12.24 ~ 18.80 THz、25.25 ~ 50.05 THz、51.13 ~ 74.90 THz 和 76.67 ~ 93.88 THz 几个频段下可以看到所提出的 GMPCs 的单向吸收现象,其最大相对带宽高达 65.87%。较小的入射角使单向吸收性能变差,因为在较小的 θ 下,引起非互易的波矢量分量很小。因此在下面的讨论中,入射角 θ 固定为 75° 以获得更好的单向吸收性能。对于前向传播,TE 波的能量被限制在整个结构中,呈现出显著的吸收现象;对于反向传播,TE 波几乎被 GMPCs 反射。此外,从图 13.2(b) 可以明显看出,在上述频段下,单向参数 P 超过 0.9,TE 波在两个方向上的传播差异达到最大。理想的单向吸收可以归结为外磁场引起的磁光 Voigt 效应。在横向直流磁场的作用下,铁氧体材料的非互易磁导率张量对时间反演对称性的破坏起了很大的作用,产生了强烈的旋磁各向异性。此外,该吸波器的工作频段主要取决于材料及它们的结构参数和排列方式。铁氧体材料的

旋磁比 f_0 控制在 GHz·Oe^{-1} 水平,根据理论计算公式

$$\omega_0 = 2\pi f_0 H_0 \quad \text{和} \quad \omega_m = 2\pi f_0 M_s$$

共振圆频率 ω_0 和特征圆频率 ω_m 可达到太赫兹工作频段。除此以外,每个介质层的光学厚度设置在微米量级,该量级适合于太赫兹甚至红外波段所需的工作尺寸。

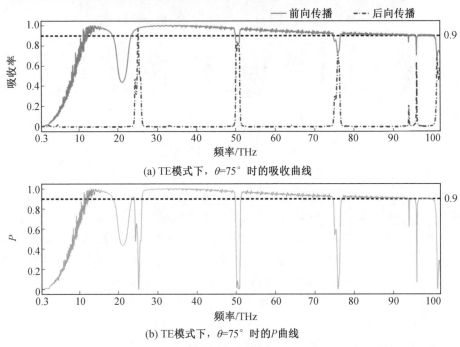

(a) TE模式下,$\theta=75°$ 时的吸收曲线

(b) TE模式下,$\theta=75°$ 时的 P 曲线

图 13.2　一维 GMPCs 的吸收曲线和 P 曲线

(黑点虚线代表值为 0.9 的理想单向吸收水平)

　　与周期结构不同的是,所提出的由广义 Fibonacci 准周期序列排列的结构破坏了拓扑对称性,表现出显著的空间反演不对称性。在打破空间反演对称性的基础上,为了提高系统的非互易性能,引入级联结构,这能使 GMPCs 的前半部分实现理想的吸收,而后半部分实现强反射。对于 GMPCs 的前半部分,考虑到铁氧体材料的旋磁损耗,入射 TE 波与铁氧体和空气层的结合发生相互作用,产生显著的吸收。高折射率和低折射率介质的复合会引起 Bragg 散射,使入射波偏离原来的传播方向,形成光子带隙。因此,级联而成的 GMPCs 对单向传输性能的提升起着至关重要的作用。

　　为了突出广义 Fibonacci 序列的优势,在 GMPCs 中的总层数和元素组成相似的前提下,分别在图 13.3(a)、图 13.3(b) 中绘制了由周期序列和 Thue - Morse 序列形成的其他结构的吸收谱。周期结构的排列被设置为 $(MMMIM)^4(RIII)^4$。对于 Thue - Morse 序列,它可以通过递归法则生成:

$$T_p = T_{p-1} \overline{T}_{p-1}(p_1)$$

式中，$\overline{T}_{p-1}$ 是 T_{p-1} 的互补元素。序列的前、后半部分均取 p 为 3。Thue – Morse 序列的前半部分和后半部分的初始参数分别设置为

$$T_{0f} = \{MM\}, \quad \overline{T}_{0f} = \{MIM\}, \quad T_{0b} = \{RI\}, \quad \overline{T}_{0b} = \{II\}$$

由此可见，周期结构的单向吸收能力不如准周期结构，当频率高于 60 THz 时，在后向传播中存在较多的吸收峰，且前向吸收曲线明显下降。对于 Thue – Morse 准周期结构，虽然后向吸收峰比周期结构的少，但其理想吸收带宽比广义 Fibonacci 结构窄得多。从物理上可以解释，广义 Fibonacci 序列由于其排列相较而言更规则，它的自相似性优于 Thue – Morse 序列。与周期结构相比，准周期结构中空间对称性的破坏更为明显，这使准周期结构成为实现电磁波非对称传输的候选结构。此外，由于准周期广义 Fibonacci 结构的自相似性，所提出的 GMPCs 在电磁波的透射率达到最大且其能量分布集中的频段下，被认为与缺陷模具有同等的效果。

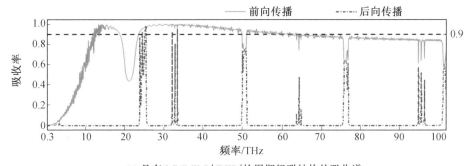

(a) 具有 $(MMMIM)^4(RIII)^4$ 的周期级联结构的吸收谱

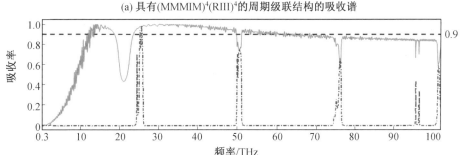

(b) 具有 $T_{0f}=\{MM\}, \overline{T}_{0f}=\{MIM\}, T_{0b}=\{RI\}, \overline{T}_{0b}=\{II\}$ 的Thue–Morse准周期级联结构的吸收谱

图 13.3　TE 模式下 $\theta = 75°$ 时不同结构的吸收谱

（T_{0f} 表示 Thue – Morse 序列前半部分的初始值，T_{0b} 表示 Thue – Morse 序列后半部分的初始值）

为了更直观地观察 TE 波在 GMPCs 中的传播状态，在图 13.4（a）、图 13.4（b）中模拟了前向和后向传播的电场分布图。仿真频点选择 40 THz，与图 13.2（a）

的单向传播所选频点一致。可以看出,对于前向传播,电场完全局限在前五层铁氧体材料中,并具有一定程度的起伏,呈现良好的吸收性能。此外,在后向传播中,入射 TE 波的电场能量逐渐增大,在第二个空气层中达到最大值,随后急剧缩减,很好地验证了反射情形。

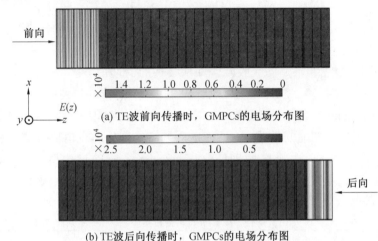

(a) TE波前向传播时,GMPCs的电场分布图

(b) TE波后向传播时,GMPCs的电场分布图

图 13.4　$\theta = 75°$ 且频点为 40 THz,TE 波前向和后向传播时,GMPCs 的电场分布图

当电磁波从空气中入射到一维 GMPCs 时,由于空气介质与吸收材料之间的阻抗差异,部分电磁波会在两层介质的界面上被反射。因此,吸收材料能否获得更高的吸收率取决于其与自由空间的阻抗匹配。如图 13.5 所示,在上述单向吸收区域,归一化表面阻抗实部(r_{eff}) 接近 1 或在 1 附近上下浮动,同时归一化表面阻抗虚部(x_{eff}) 接近于零,这与阻抗匹配条件非常吻合。在这种情况下,电磁波可以从空气中尽可能地传播到最里层的介质中,并且在经过前一次衰减后,可以进入下一层。

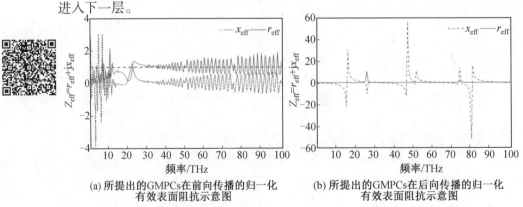

(a) 所提出的GMPCs在前向传播的归一化
有效表面阻抗示意图

(b) 所提出的GMPCs在后向传播的归一化
有效表面阻抗示意图

图 13.5　$\theta = 75°$ 时,所提出的 GMPCs 在两个传播方向的归一化有效表面阻抗示意图

尽管如此,在后向传播方向上,除了图 13.2(a)中显示的三个吸收峰外,r_{eff} 在整个研究范围内保持接近于零,并且 x_{eff} 呈现出几个谐振峰,这说明了后向传播中的阻抗失配。 在图 13.6(a)~(c)中绘制了位于 25.25~25.39 THz、50.56~50.94 THz 和 75.94~76.06 THz 的三个吸收峰周围的结构归一化阻抗在后向传播下的详细情况。可以清楚地看到,当所提出的 GMPCs 主要呈现出吸收特性时,r_{eff} 和 x_{eff} 分别接近于 1 和 0,这说明在后向吸收峰附近的归一化表面阻抗与自由空间匹配良好。由于磁场的存在,旋磁铁氧体产生的 Voigt 磁光效应使 TE 波从铁氧体层入射时,整个结构实现了阻抗匹配,从而易获得单向吸收特性。

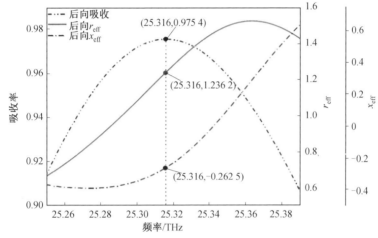

(a) 所提出的GMPCs在25.25~25.39 THz的吸收峰的归一化有效表面阻抗示意图

13.1.2　旋磁光子晶体吸波器的不同参数对吸收性能的影响

1. 磁场和阻尼因子对吸收性能的影响

图 13.7(a)显示了在前向传播中,外部直流磁场强度对所提出的一维 GMPCs 吸收性能的影响。由图可见,随着磁场强度 H_0 的增大,高吸收区域发生蓝移。考虑到共振圆频率 ω_0 与外磁场强度之间满足 $\omega_0 = 2\pi f_0 H_0$ 的关系,随着 H_0 的增大,共振频率 $\omega_{res} = \sqrt{\omega_0(\omega_0 + \omega_m)}$ 有升高的趋势,这使得理想吸收曲线发生蓝移。另外,随着外加磁场强度的增加,前向吸收光谱的蓝移现象也可以归结为旋磁铁氧体材料中有效折射率 n_{Meff_imag} 虚部的变化趋势。n_{Meff_imag} 的存在对电磁波的能量消耗起着重要的作用,从而产生了理想的吸收特性。如图 13.7(b)所示,随着 H_0 的增大,n_{Meff_imag} 虚部曲线向更高的频率移动,这很好地验证了所提出的 GMPCs 中随着 H_0 的增强前向吸收光谱的蓝移现象。此外,随着 H_0 的增大,

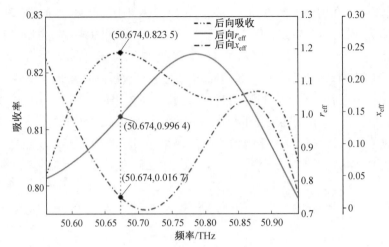

(b) 所提出的GMPCs在50.56~50.94 THz的吸收峰的归一化有效表面阻抗示意图

图 13.6 $\theta = 75°$ 时，所提出的 GMPCs 在后向传播中的三个吸收峰的归一化有效表面阻抗示意图

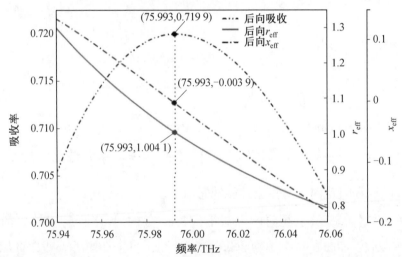

(c) 所提出的GMPCs在75.94~76.06 THz的吸收峰的归一化有效表面阻抗示意图

续图 13.6

缺陷模趋于平缓，表现出可调谐的特性。因此，为了在较低的频率下获得更大的吸收带宽，磁场强度不应盲目增大，而应处于适中水平。

阻尼因子 γ 对吸收特性的影响如图 13.8 所示。随着 γ 的增大，铁氧体有效磁导率虚部增大，材料的磁损耗增大。总体来说，较大的阻尼系数有利于获得较高的吸收率和较宽的吸收区域，且阻尼系数应控制在适当的范围内。

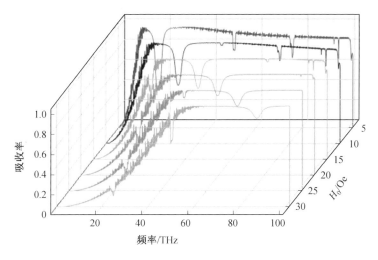

(a) 所提出的GMPCs的前向吸收率与磁场强度的关系

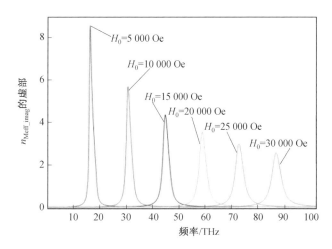

(b) 所提出的GMPCs的有效折射率(n_{Meff_imag})的虚部在不同磁场强度下的曲线图

图 13.7　前向吸收率、有效折射率与磁场强度的关系

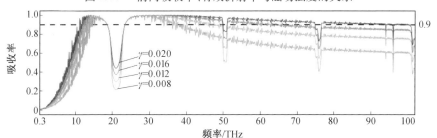

图 13.8　$\theta = 75°$ 时,在 TE 模式下,所提出的 GMPCs 的前向吸收率与阻尼因子的关系曲线

(虚线表示理想吸收率,值为 0.9)

如图 13.9（a）所示，所提出的 GMPCs 的单向吸收性能明显受到磁场强度的影响。当 H_0 超过 61 750 Oe 时，在中、远红外区不存在完全的非互易吸收区。在 H_0 低于 61 750 Oe 的变化范围内，单向吸收区域向高频方向移动，这与图 13.7（a）所示的前向吸收情况相似。此外，由于在 20 THz 以上的窄频段上，两个传播方向的吸收水平几乎一致，出现了几个 P 相对较低的区域，并且这些区域不随 H_0 的增大而改变。图 13.9（b）描述了阻尼因子 γ 对单向传播的影响。随着 γ 的升高，单向吸收区域在低频段略有增强，而在大于 25 THz 的频段范围表现出明显的扩展。因此，γ 在旋磁损耗的调制中起到了一定的作用，它使得所提出的 GMPCs 产生较好的吸收。与调节 H_0 过程中所产生的固定的低 P 频段类似，这些频率高于 20 THz 的区域不随 γ 的改变而改变。总体来说，磁场强度和阻尼因子是影响 GMPCs 单向吸收性能的重要因素。

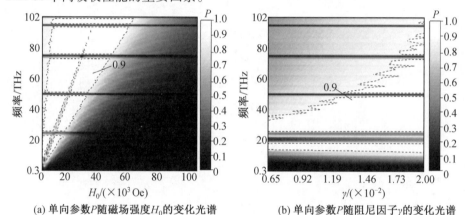

(a) 单向参数 P 随磁场强度 H_0 的变化光谱　　(b) 单向参数 P 随阻尼因子 γ 的变化光谱

图 13.9　$\theta = 75°$ 时，在 TE 模式下，单向参数 P 随不同参数的变化光谱
（理想的单向吸收区域用值为 0.9 的虚线表示）

2. 结构厚度对吸收性能的影响

使用单变量方法，如图 13.10（a）～（c）所示，不同介质的结构厚度也影响单向吸收性能。对于厚度为 d_1 的旋磁材料，单向吸收区的带宽和数量随着 d_1 的增加而增加，这是由于耗散材料越厚，电磁波越难穿透，从而产生阻抗匹配。此外，可以清楚地看到，在中红外和远红外波段实现多波段非互易吸收的临界厚度为 6 μm，这是铁氧体材料的最佳厚度。空气层厚度 d_2 对单向吸收呈现的影响是均匀的，尤其是在低频段，而在高频段出现单向吸收较差的离散区域。因此，在相对完整的单向吸收范围的前提下，选择 $d_2 = 6$ μm。对于人工合成介质，随着 d_3 的增大，单向吸收区域的数量随着带宽的减小而增大。为了简化制造工艺和实现小型化，取 $d_3 = 1$ μm。因此，合理选择结构参数对获得 GMPCs 的单向吸收性能具有重要意义。

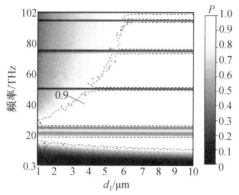

(a) 单向参数 P 随旋磁铁氧体层厚度 d_1 的变化光谱

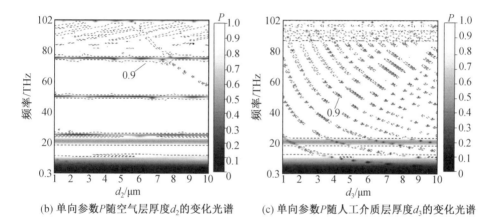

(b) 单向参数 P 随空气层厚度 d_2 的变化光谱　　(c) 单向参数 P 随人工介质层厚度 d_3 的变化光谱

图 13.10　$\theta = 75°$ 时，在 TE 模式下，单向参数 P 随不同介质厚度的变化光谱
（理想的单向吸收区域用值为 0.9 的虚线表示）

综上所述，在横向磁化下，本小节实现了 TE 模式下由广义 Fibonacci 准周期序列组成的一维 GMPCs 的多频单向红外吸波器的设计，即实现了基于磁性材料的磁调控非互易特性吸波器的设计。在外磁场作用下，旋磁铁氧体材料中产生的磁光效应有利于实现 GMPCs 的单向吸收特性，它打破了时间反演对称性。此外，引入级联结构，前半部分负责 TE 波能量的消耗，后半部分负责反射 TE 波，这对空间反演对称性的破坏起着至关重要的作用，从而提高了单向传输能力。此外，本小节还具体讨论了外加磁场强度、阻尼因子及三种介质的结构厚度等因素对单向吸收性能的影响。本小节提出的工作在红外波段的磁可调谐单向吸波器在非互易元件的制造中具有广阔的应用前景。

13.2　非互易光强调制器的设计

13.2.1　理论模型与计算公式

所提出的具有非对称光学双稳态特性的一维光子晶体的结构如图 13.11 所示。值得注意的是,缺陷多层结构被夹在一对布拉格反射镜中,并由排列规则 $(AB)^3 (MAKMKM)(BA)^3$ 形成,其中 A、B、M、K 分别代表 SiO_2、Si、磁化铁氧体和非线性 Kerr(克尔)介质。不同材料的厚度分别为 $d_A = 2\ \mu m, d_B = 1\ \mu m, d_M = 2\ \mu m, d_K = 1\ \mu m$,总厚度为 28 μm。材料的有效介电常数为 $\varepsilon_A = 1.45^2, \varepsilon_B = 3.42^2, \varepsilon_M = 15$。施加的磁场沿 $+y$ 轴,整个结构暴露在空气中。TE 波的传播方向用箭头表示,其中前向传播沿 $+z$ 轴,后向传播沿 $-z$ 轴。

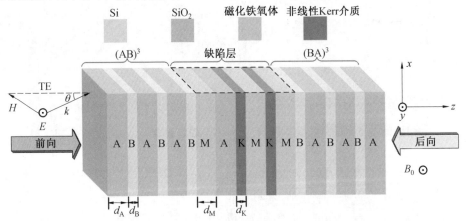

图 13.11　所提出的具有非对称光学双稳态特性的一维光子晶体的结构示意图
(外部磁场方向在图中有标注)

在横向磁化下,磁化铁氧体的磁导率是一个二阶张量,形式如下:

$$\hat{\boldsymbol{\mu}}_M = \begin{pmatrix} \mu_r & 0 & j\mu_k \\ 0 & \mu_0 & 0 \\ -j\mu_k & 0 & \mu_r \end{pmatrix} \tag{13.2}$$

$$\mu_r = 1 + \frac{\omega_m(\omega_0 - j\alpha\omega)}{(\omega_0 - j\alpha\omega)^2 - \omega^2} \tag{13.3}$$

$$\mu_k = \frac{\omega_m\omega}{(\omega_0 - j\alpha\omega)^2 - \omega^2} \tag{13.4}$$

式中,α 是阻尼系数,$\alpha = 0.02$;ω_0 是谐振频率,$\omega_0 = 2\pi\gamma H_0$;$\omega_m$ 是圆频率,$\omega_m = $

$2\pi\gamma M_s$；γ 是旋磁比，$\gamma = 2.8\ \text{GHz}\cdot\text{Oe}^{-1}$；$M_s$ 是饱和磁化，$M_s = 1\ 780\ \text{Oe}$。此处，选择外部磁场强度 H_0 为 $5\ 000\ \text{Oe}$。

在 TE 极化下，磁化铁氧体层的有效折射率计算公式为

$$n_M = \sqrt{\mu_{\text{eff}}\cdot\varepsilon_M} = \sqrt{\frac{\mu_r 2 + (j\mu_k)^2}{\mu_r}\cdot\varepsilon_M} \tag{13.5}$$

由于在 TE 波极化模式下，因此铁氧体层的有效磁导率为标量 μ_0，不受外界磁场的影响。接下来，将重点讨论磁场对光学双稳态（OB）特性的调节作用，这里仅分析 TE 极化下的 OB 特性。

利用麦克斯韦方程组和连续边界条件，可得 TE 极化模式下铁氧体层的传输矩阵为

$$\boldsymbol{M}_M = \begin{pmatrix} \cos(k_z d_M) + \sin(k_z d_M)\cdot\dfrac{k_x\mu_k}{k_z\mu_r} & -\dfrac{j}{\eta_M}\left[1 + \left(\dfrac{k_x\mu_k}{k_z\mu_r}\right)^2\right]\cdot\sin(k_z d_M) \\[3mm] -j\eta_M\cdot\sin(k_z d_M) & \cos(k_z d_M) - \sin(k_z d_M)\cdot\dfrac{k_x\mu_k}{k_z\mu_r} \end{pmatrix}$$
$$\tag{13.6}$$

式中，η_M 为 M 层的导纳，$\eta_M = \sqrt{\dfrac{\mu_0}{\varepsilon_0}}\cdot\sqrt{\dfrac{\mu_{\text{eff}}}{\varepsilon_M}}/\cos\theta_M$；$k^2 = (\omega^2/c^2)\cdot n_M^{\ 2}$；$k_z = k\cos\theta_M$；$k_x = k\sin\theta_M$，$\theta_M$ 为 M 层的入射角。

对于常规介质 A 和 B，传输矩阵为

$$\boldsymbol{M}_i = \begin{pmatrix} \cos\delta_i & -j/\eta_i\sin\delta_i \\ -j\eta_i\sin\delta_i & \cos\delta_i \end{pmatrix} \quad (i = A, B) \tag{13.7}$$

式中，δ_i 和 η_i 是不同介质的相位厚度和导纳，$\delta_i = n_i d_i\cos\theta_i(2\pi/\lambda)$，$\eta_i = \sqrt{\varepsilon_0/\mu_0}\cdot n_i\cos\theta_i$。

对于非线性 Kerr 介质，其折射率与局部电场有关，表达形式为

$$n_K = n_0 + n_2\mid E\mid^2 \tag{13.8}$$

式中，n_0 为线性折射率，$n_0 = 1.5$；n_2 为非线性折射率系数，其形式为 $n_2 = \chi^{(3)}/2n_0$，$\chi^{(3)}$ 为非线性系数，$\chi^{(3)} = 2\times10^{-12}\ \text{m}^2/\text{V}^2$；$E$ 为非线性 Kerr 介质内的电场，$E = (2I/(c\varepsilon_0))^{1/2}$；$I$ 为非线性 Kerr 介质中存在的光强。

考虑到非线性 Kerr 介质的折射率随介质内部电场强度呈现非线性变化，需要对求解光响应的传统传输矩阵法进行修正。在修正的非线性传输矩阵法中，非线性 Kerr 介质被分为 l 个子层，如图 13.12 所示。在这里，做了一个适当近似，如果 l 足够大，则每个子层都可以被认为是均匀的线性介质，其内电场强度保持不变。

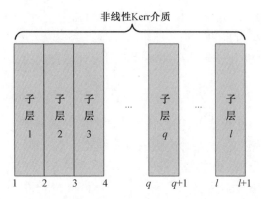

图 13.12　修正的非线性传输矩阵法中,非线性 Kerr 介质的划分图

对于非线性 Kerr 介质中的子层 $q(1 \leqslant q \leqslant l)$,可以通过特征矩阵将第 q 个子层两侧的电场、磁场切向部分联系起来:

$$\begin{pmatrix} E_q \\ H_q \end{pmatrix} = \begin{pmatrix} \cos \delta_q & -\mathrm{j}/\eta_q \sin \delta_q \\ -\mathrm{j}\eta_q \sin \delta_q & \cos \delta_q \end{pmatrix} \cdot \begin{pmatrix} E_{q+1} \\ H_{q+1} \end{pmatrix} = M_q \cdot \begin{pmatrix} E_{q+1} \\ H_{q+1} \end{pmatrix} \qquad (13.9)$$

式中,δ_q 表示第 q 个子层的相位厚度,$\delta_q = n_q d_q \cos \theta_q (2\pi/\lambda)$;$\eta_q$ 表示第 q 个子层的光学导纳,$\eta_q = \sqrt{\varepsilon_0/\mu_0} \cdot n_q \cos \theta_q$。基于上述分割近似原理,子层 q 中的电场强度可近似用 E_{q+1} 表示,因此,第 q 个子层的折射率(n_q) 可通过将 E_{q+1} 代入式(13.8)中求解得到。具体形式如下:

$$n_q = q_0 + n_2 \mid E_{q+1} \mid^2 \qquad (13.10)$$

用后向递推的方法计算整个非线性 Kerr 介质的传输矩阵。对于所提出的光子晶体,在最后一个界面中指定透射光强的值,就可以求解相应的透射电场和磁场。然后,根据排列规则,将传统介质与铁氧体层的传输矩阵相乘,得到非线性 Kerr 介质后界面处局部化电场的值。

利用分割近似原理,按照式(13.9)逐层对非线性 Kerr 介质进行重复迭代计算,可以处理各子层的电场、磁场、折射率和特征矩阵。在迭代计算过程中,将每个子层的特征矩阵相乘,得到整个 Kerr 介质的传输矩阵为

$$\begin{pmatrix} E_1 \\ H_1 \end{pmatrix} = M_1 M_2 M_3 \cdots M_l \cdot \begin{pmatrix} E_{l+1} \\ H_{l+11} \end{pmatrix} = M_k \cdot \begin{pmatrix} E_{l+1} \\ H_{l+11} \end{pmatrix} \qquad (13.11)$$

因此,所提出的一维光子晶体完整的传输矩阵为

$$M_{\mathrm{total}} = (M_A M_B)^3 (M_M M_A M_K M_M M_K M_M)(M_B M_A)^3 \qquad (13.12)$$

利用传输矩阵法,一维光子晶体的透射系数和透射率有如下形式:

$$\begin{cases} t = \dfrac{2\eta_0}{M_{11}\eta_0 + M_{22}\eta_0 + M_{21} + M_{12}\eta_0^2} \\ T = \dfrac{I_{\mathrm{out}}}{I_{\mathrm{in}}} = \mid t \mid^2 \end{cases} \qquad (13.13)$$

式中,η_0 是真空导纳;m_{11}、m_{12}、m_{21}、m_{22} 是 M_{total} 的矩阵元素;I_{out} 和 I_{in} 分别是出射光强和入射光强。

13.2.2　结果分析与讨论

在一维光子晶体中引入包含非线性 Kerr 介质的缺陷多层结构后,强烈的非线性效应使禁带内的缺陷模向入射波频率偏移。因此,当缺陷模频率等于入射 TE 波的频率时,缺陷多层结构中的谐振效应增强了电场强度,从而增强了缺陷层中的非线性效应,使复合结构呈现出理想的 OB 特性。如图 13.13 所示,可以看到,添加非线性材料到一维光子晶体后,在前向传播过程中,缺陷模式出现在 2.77 THz 处;而在后向传播过程中,缺陷模式出现在 2.69 THz 处。因此,在两个传播方向上,分别将入射波频率设置为上述缺陷模频率时,可以得到 OB 现象。

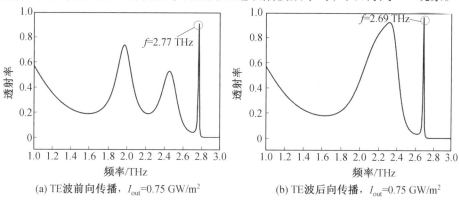

(a) TE波前向传播,$I_{\text{out}}=0.75\ \text{GW/m}^2$　　　　(b) TE波后向传播,$I_{\text{out}}=0.75\ \text{GW/m}^2$

图 13.13　所提出的一维光子晶体在 TE 波从两个相反方向垂直入射的情况下,以相同透射光强出射时的透射率图谱

非对称光学非线性现象如图 13.14 所示。在前向传播中存在 OB 特性,而在后向传播中实现了光学多稳态性(OM)。当入射光强(I_{in})逐渐增大时,透射光强(I_{out})缓慢增大。值得注意的是,当 I_{in} 超过上阈值(I_{up})时,I_{out} 从 A 点快速上升到 B 点,然后随着 I_{in} 的不断增大而增大。相反,当 I_{in} 从一个较大的值下降到下阈值(I_{down})时,I_{out} 从点 C 向下跳跃到点 D,然后随着 I_{in} 的持续减小而减小到零。因此,从 I_{out} 和 I_{in} 之间类似于磁滞回线的关系来看,I_{up} 和 I_{down} 之间是不稳定状态。

在图 13.14 所示前向传播图谱中,完美的 OB 特性出现在 2.77 THz 处,$I_{\text{up}} = 180.5\ \text{MW/m}^2$,$I_{\text{down}} = 108.7\ \text{MW/m}^2$。因此,前向传播的 OB 阈值为 71.8 MW/m²。同时,后向传播出现在 2.69 THz 处,OM 特性如图 13.14(c)所示。第一个上、下阈值分别为 $I_{\text{up1}} = 413.6\ \text{MW/m}^2$、$I_{\text{down1}} = 256.0\ \text{MW/m}^2$,第二个上、下阈值分别为 $I_{\text{up2}} = 20.94\ \text{GW/m}^2$、$I_{\text{down2}} = 0.99\ \text{GW/m}^2$。因此,后向传播的 OM 阈值分别为 157.6 MW/m² 和 19.95 GW/m²。可以看出,在前向传播时实现

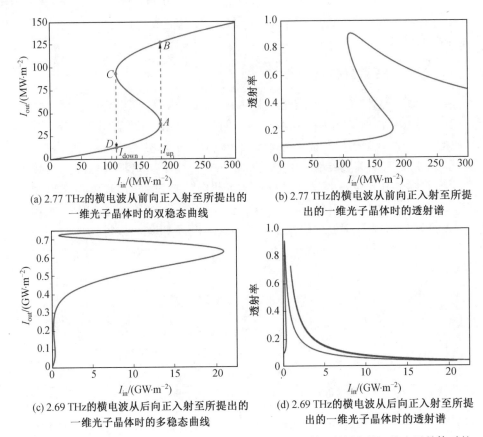

(a) 2.77 THz的横电波从前向正入射至所提出的
一维光子晶体时的双稳态曲线

(b) 2.77 THz的横电波从前向正入射至所提
出的一维光子晶体时的透射谱

(c) 2.69 THz的横电波从后向正入射至所提出的
一维光子晶体时的多稳态曲线

(d) 2.69 THz的横电波从后向正入射至所提
出的一维光子晶体时的透射谱

图13.14　2.77 THz与2.69 THz的横电波从两个方向入射至所提出的一维光子晶体时的
多稳态曲线和透射谱

双稳态的入射光强要比后向传播时低得多。此外,还可以从图13.14(b)和图13.14(d)的透射谱中明确地发现 OB 和 OM 特性。

　　所提出光子晶体的非对称光传输可归因于由外加磁场诱导铁氧体层产生的Voigt 磁光效应。在横向磁化下,铁氧体层的非互易磁导率张量和光子晶体的空间不对称性破坏了时空反演对称性,导致电场强度在前向和后向传播过程中的不同分布。此外,非线性 Kerr 介质的引入进一步加强了非对称光学非线性效应。

　　图13.15 给出了所提出光子晶体在两个传播方向上的电场局域分布。缺陷多层结构中双稳态或多稳态的出现在很大程度上取决于缺陷多层结构中由于共振效应而增强的局域场强。如图13.15(a)和图13.15(b)所示,电场强度分布随着 TE 波传播方向的不同而具有差异。当 TE 波正向入射时,位于缺陷多层结构处的电场强度逐渐增大,在最后三层处达到最大,然后逐渐变弱。类似地,TE 波后向传播时电场强度的变化趋势与前向传播的情况类似。值得注意的是,后向

传播时电场强度在前四个介质层达到峰值,这很好地说明了非对称的光学非线性效应。

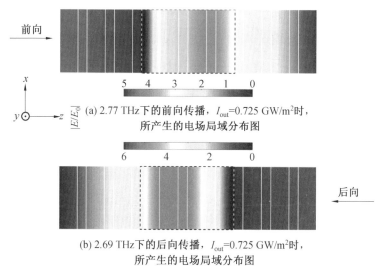

(a) 2.77 THz下的前向传播,I_{out}=0.725 GW/m²时,所产生的电场局域分布图

(b) 2.69 THz下的后向传播,I_{out}=0.725 GW/m²时,所产生的电场局域分布图

图 13.15   TE 波从两个相反的传播方向上垂直入射光子晶体中所产生的电场局域分布图(缺陷多层结构用黑色虚线表示)

13.2.3   物理参数对 OB 特性的影响

下面集中讨论不同物理参数在前向和后向传播过程中对 OB 特性的影响。OB 阈值与磁场强度(H_0)的关系如图 13.16 所示。当 TE 波前向传播时,随着 H_0 从 2 000 Oe 增强到 15 000 Oe,I_{up} 从 93.2 MW/m² 上升到228.1 MW/m²,I_{down} 也从 88.7 MW/m² 上升到 113.6 MW/m²。 总体来说,前向入射的 OB 阈值从 4.5 MW/m² 上升到 114.5 MW/m²,上升速度逐渐减缓。同样,在后向传播中,随着 H_0 从 2 000 Oe 增加到 15 000 Oe,I_{up} 从 229.8 MW/m² 上升到508.7 MW/m²,而 I_{down} 从 202.5 MW/m² 上升到 275.9 MW/m²,OB 阈值也从27.3 MW/m² 上升到 232.8 MW/m²。

此外,由图 13.16(a) 和图 13.16(b) 可以清楚地看出,在无外加磁场情况下前向入射时,I_{up} 为 254.0 MW/m²,而 I_{down} 为 115.5 MW/m²,因此 OB 阈值为 138.5 MW/m²。同样,对于后向入射,I_{up} 为559.8 MW/m²,I_{down} 为285.7 MW/m²,因此 OB 阈值为274.1 MW/m²。 并且,当 H_0 小于 1 700 Oe 时,前向传播中 OB 现象消失;而后向传播中,当 H_0 小于 1 500 Oe 时,OB 现象突然消失。在 H_0 的调制下,所设计的光子晶体中 OB 阈值的变化可归因于 H_0 直接影响铁氧体层的有效磁导率。改变磁场强度会使铁氧体层的折射率及其对应的传输矩阵发生变化,从而改变结构的透射率和光强。从上述结果可以看出,将磁场强度调节到合适的较小范围可以获得较低的 OB 阈值。

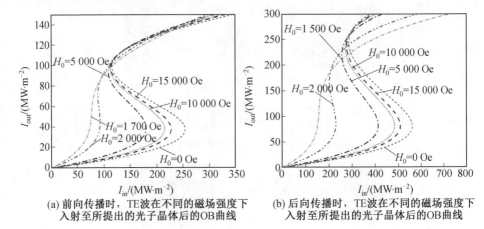

(a) 前向传播时, TE 波在不同的磁场强度下入射至所提出的光子晶体后的 OB 曲线

(b) 后向传播时, TE 波在不同的磁场强度下入射至所提出的光子晶体后的 OB 曲线

图 13.16　在不同的磁场强度下,TE 波从两个相反方向垂直入射至所提出的光子晶体后的 OB 曲线

在前向和后向传播方向上,入射角 θ 对 OB 阈值的影响如图 13.17 所示。值得注意的是,随着 θ 的增大,OB 阈值明显增大。前向传播时,当 θ 从 0° 增加到 45° 时,I_{up} 和 I_{down} 均向较高值移动, 双稳态范围从 71.8 MW/m^2 上升到 536.0 MW/m^2。此外, 后向传播时, 随着 θ 的增大, 双稳态的范围从 378.4 MW/m^2 上升到 2 456.1 MW/m^2。相较而言,所提出的光子晶体在 TE 波后向传播时的双稳态工作范围对 θ 的敏感性要远远高于前向传播。

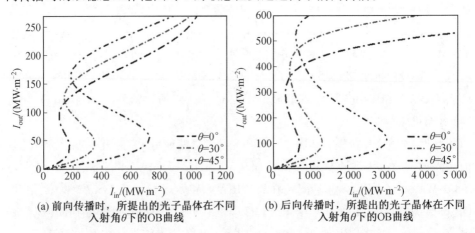

(a) 前向传播时, 所提出的光子晶体在不同入射角 θ 下的 OB 曲线

(b) 后向传播时, 所提出的光子晶体在不同入射角 θ 下的 OB 曲线

图 13.17　在两个相反的传播方向上,所提出的光子晶体在不同入射角 θ 下的 OB 曲线

在前向和后向传播中,非线性 Kerr 介质厚度对 OB 阈值的影响如图 13.18 所示。根据单变量原则,即在探究非线性 Kerr 介质厚度(d_K) 对 OB 阈值的影响时,应保持铁氧体层厚度(d_M) 不变,反之亦然。

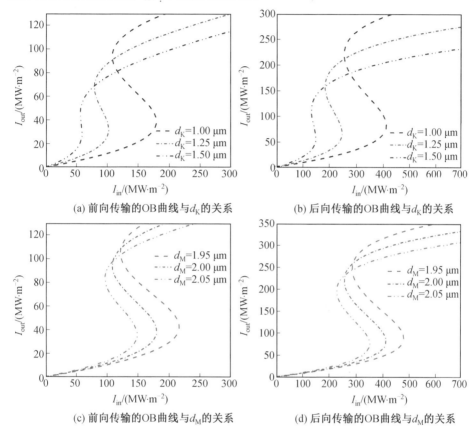

(a) 前向传输的OB曲线与d_K的关系　　　　(b) 后向传输的OB曲线与d_K的关系

(c) 前向传输的OB曲线与d_M的关系　　　　(d) 后向传输的OB曲线与d_M的关系

图 13.18　在两个相反的传播方向上,所提出的光子晶体与非线性 Kerr 介质厚度和铁氧体厚度相关的 OB 曲线

OB 阈值近似与 d_K 成反比。对于前向传播,当 d_K 从 1 μm 增加到 1.5 μm 时,非线性光学系统的双稳态工作范围从 108.7 MW/m^2 下降到 56.5 MW/m^2。与前向传播相比,后向传播具有更明显的变化范围,且变化趋势相同,随着 d_K 从 1 μm 增加到 1.5 μm,OB 阈值从 157.6 MW/m^2 下降到 16.9 MW/m^2。就 d_M 对双稳态范围的调节作用而言,d_M 从 1.95 μm 增加到 2.05 μm,前向传播 OB 阈值从 94.9 MW/m^2 下降到 52.4 MW/m^2,后向传播 OB 阈值从 193.7 MW/m^2 下降到 114.9 MW/m^2。总体来说,为了获得更好的 OB 性能,非线性 Kerr 介质和铁氧体层的厚度应当处于合适范围。

如图 13.19 所示,通过调节非线性 Kerr 介质的非线性系数 $\chi^{(3)}$,可以灵活地改变 OB 阈值。当 $\chi^{(3)}$ 在 1.8×10^{-12} m^2/V^2 到 2.2×10^{-12} m^2/V^2 之间细微变化时,在 TE 波前向传播过程中,光学系统的双稳态工作范围从 79.9 MW/m^2 下降到 65.3 MW/m^2;而在后向传播过程中,光学系统的双稳态工作范围从 175.0 MW/m^2 下降到 143.2 MW/m^2。$\chi^{(3)}$ 的变化对 Kerr 介质的非线性折射率有直接影响,从而影响光子晶体的光学响应。由上述结果可以发现,不同的物理参数对不同 TE 波传播方向下的 OB 阈值的影响有很大区别,这表现出了极好的非对称双稳态现象。

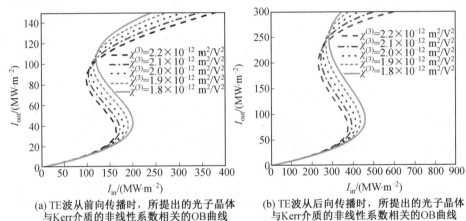

(a) TE波从前向传播时,所提出的光子晶体与Kerr介质的非线性系数相关的OB曲线

(b) TE波从后向传播时,所提出的光子晶体与Kerr介质的非线性系数相关的OB曲线

图 13.19　TE 波从两个相反方向正入射时,所提出的光子晶体与 Kerr 介质的非线性系数相关的 OB 曲线

综上所述,在本小节,利用修正的传输矩阵法,在 TE 极化下,利用两个布拉格反射镜和缺陷多层结构排列而成的一维光子晶体实现了具有较低上、下转换阈值的非对称OB特性,实现了非互易光强调制器的设计。当非线性 Kerr 介质引入光子晶体时,如果 TE 波的入射频率等于缺陷模频率,缺陷多层结构中的电场强度由于共振效应会得到增强,因此,非线性双稳态在所提出的光子晶体中很容易得到。此外,横向磁化下,磁化铁氧体产生的磁光 Voigt 效应破坏了光子晶体的时间反演对称性,且非对称缺陷结构增强了空间不对称性,因此,在前向和后向传播上存在明显的 OB 特性差异。此外,详细分析了外部磁场强度、入射角、非线性 Kerr 介质和磁化铁氧体层厚度、Kerr 介质非线性系数等物理参数对双稳态系统工作范围的影响。这些结论对光子技术中所需要的光学逻辑器件、存储器件和光转换器的设计具有一定的价值。

13.3　基于磁性和非线性介质的相位延迟器的设计

13.3.1　仿真模型及公式

所提出的具有相位延迟功能的一维磁化非线性光子晶体(photonic crystals,PCs)的结构如图 13.20 所示。入射电磁波(electromagnetic waves,EWs)垂直于 xOy 平面,与 z 轴夹角为 θ。此外,EWs 的电场平行于 xOy 平面,并且与 x 轴的夹角为 45°。因此,EWs 可以沿 x 轴和 y 轴分解为 E_x 和 E_y,分别表示 TM 极化和 TE 极化波。外部磁场 B_0 平行于 y 轴。整个结构由磁化等离子体 A、电介质 B、非线性 Kerr 介质 C 和非线性 Kerr 介质 D 四种材料组成,并且被填充有不同的颜色。整个结构的排列可以简写为“$(AB)^N D(AB)C(BA)D(BA)^N$”,N 表示“AB”结构的周期数,它的固定值为 4。这四种材料的厚度由 d_A、d_B、d_C 和 d_D 描述。d 为归一化厚度和频率,设置为 80 mm,则具体值可表示为 $d_A = 0.2d$ mm,$d_B = 0.004d$ mm,$d_C = d_D = 0.43d$ mm,归一化频率 ω_0 为 $2\pi c/d$。n_A、n_B、n_C、n_D 分别代表材料 A、B、C、D 的折射率,其中 $\varepsilon_B = 2.2$,其他具体计算公式和参数将在以下公式推导中详细给出。

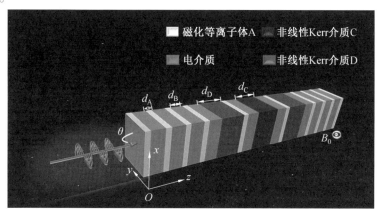

图 13.20　所提出的具有相位延迟功能的一维磁化非线性光子晶体的结构示意图

在外磁场作用下,等离子体的介电常数表现出各向异性,表达式为

$$\hat{\boldsymbol{\varepsilon}}_{mp} = \begin{pmatrix} \varepsilon_1 & 0 & j\varepsilon_2 \\ 0 & \varepsilon_3 & 0 \\ -j\varepsilon_2 & 0 & \varepsilon_1 \end{pmatrix} \tag{13.14}$$

式中

$$\varepsilon_1 = 1 - \frac{\omega_p^2(\omega + j\nu_c)}{\omega[(\omega + j\nu_c)^2 - \omega_c^2]} \qquad (13.14(a))$$

$$\varepsilon_2 = \frac{-\omega_p^2\omega_c}{\omega[(\omega + j\nu_c)^2 - \omega_c^2]} \qquad (13.14(b))$$

$$\varepsilon_3 = 1 - \frac{\omega_p^2}{\omega(\omega + j\nu_c)} \qquad (13.14(c))$$

式中,ω 为入射电磁波的角频率;ν_c 为碰撞频率;ω_p 和 ω_c 分别为等离子体频率和电子回旋频率,计算表达式可分别表示为 $\omega_p = (e^2 n_e / \varepsilon_0 m_e)^{1/2}$ 和 $\omega_c = eB_0 / m_e$,其中 e 和 m_e 分别为电量和质量,B_0 为外磁场,n_e 为等离子体密度,ε_0 为真空介电常数。使用归一化频率 ω_0 对磁化等离子体材料的频域参数进行归一化,初始参数设定为 $\omega_p = 0.45\omega_0$,$\omega_c = 0.86\omega_p$,$\nu_c = 0.001\omega_p$。

对于 TE 极化波,在等离子体层结构中不受外部磁场的影响,因此 TE 极化波下一维磁化等离子体与未磁化等离子体具有相同的性质。相反,由于洛伦兹力,等离子体中 TM 极化的 EWs 会受到外部磁场的影响。

此外,在 TM 极化和 TE 极化下,等离子体层的有效介电常数可分别表示为

$$\varepsilon_{TM} = \frac{\varepsilon_1^2 - \varepsilon_2^2}{\varepsilon_1} \qquad (13.15(a))$$

$$\varepsilon_{TE} = \varepsilon_3 \qquad (13.15(b))$$

基于麦克斯韦方程组和连续边界条件,磁化等离子体在 TM 极化波作用下的传输矩阵可以列为

$$\boldsymbol{M}_{ATM} = \begin{pmatrix} \cos(k_{TMz}d_A) + \dfrac{k_{TMx}\varepsilon_2}{k_{TMz}\varepsilon_1}\sin(k_{TMz}d_A) & -\dfrac{j}{\eta_{TM}}\left[1 + \left(\dfrac{k_{TMx}\varepsilon_2}{k_{TMz}\varepsilon_1}\right)^2\right]\sin(k_{TMz}d_A) \\[3mm] -j\eta_{TM}\sin(k_{TMz}d_A) & \cos(k_{TMz}d_A) + \dfrac{k_{TMx}\varepsilon_2}{k_{TMz}\varepsilon_1}\sin(k_{TMz}d_A) \end{pmatrix}$$

$$(13.16)$$

式中

$$k_{TM} = (\varepsilon_{TM})^{1/2}\omega/c, \quad k_{TMx} = k_{TM}\cdot\sin\theta_A, \quad k_{TMz} = k_{TM}\cdot\cos\theta_A$$

$$\eta_{TM} = (\varepsilon_0/\mu_0)^{1/2}\cdot(\varepsilon_{TM})^{1/2}/\cos\theta_A$$

式中,θ_A 表示入射到磁化等离子体层的 EWs 的角度;μ_0 表示真空中的磁导率;k_{TM} 和 η_{TM} 分别表示波矢量和磁化等离子体在 TM 波下的光学导纳;k_{TMx} 和 k_{TMz} 分别表示波矢量沿 x 轴和沿 z 轴的分量。

其次,对于 TE 偏振波,传输矩阵可以简写为

$$\boldsymbol{M}_{ATE} = \begin{pmatrix} \cos(k_{TEz}d_A) & -\dfrac{j}{\eta_{TE}}\sin(k_{TEz}d_A) \\[3mm] -j\eta_{TE}\sin(k_{TEz}d_A) & \cos(k_{TEz}d_A) \end{pmatrix} \qquad (13.17)$$

式中

$$k_{TE} = (\varepsilon_{TE})^{1/2} \omega/c, \quad k_{TEz} = k_{TE} \cdot \cos\theta_A, \quad \eta_{TE} = (\varepsilon_0/\mu_0)^{1/2} \cdot (\varepsilon_{TE})^{1/2} \cdot \cos\theta_A$$

k_{TM} 和 η_{TM} 分别表示 TE 波下等离子体的波矢量和光导纳。

特别地,电介质 B 的传输矩阵与磁化等离子体在 TE 极化下具有相同的形式,可以被准确地表示为

$$\boldsymbol{M}_B = \begin{pmatrix} \cos(k_{Bz}d_B) & -\dfrac{j}{\eta_B}\sin(k_{Bz}d_B) \\ -j\eta_B\sin(k_{Bz}d_B) & \cos(k_{Bz}d_B) \end{pmatrix} \tag{13.18}$$

电介质 B 的波矢量和光导纳分别用 k_B 和 η_B 表示,其中 $k_B = (\varepsilon_B)^{1/2} \cdot \omega/c$, $k_{Bz} = k_B \cdot \cos\theta_B$,在 TE 极化下 $\eta_B = (\varepsilon_0/\mu_0)^{1/2} \cdot (\varepsilon_B)^{1/2} \cdot \cos\theta_B$,在 TM 极化下 $\eta_B = (\varepsilon_0/\mu_0)^{1/2} \cdot (\varepsilon_B)^{1/2}/\cos\theta_B$。

由于非线性 Kerr 介质的折射率对局部电场具有非线性依赖性,因此适用于非线性传输矩阵法。此外,非线性 Kerr 介质 C 和 D 仅在非线性系数和折射率参数上不同,用传输矩阵方法可以共同求解。为简洁起见,仅以非线性 Kerr 介质 D 为例,详细分析非线性传递矩阵法。

D 的折射率写为

$$n_D = n_d + \frac{\chi_d}{2n_d} \mid E \mid^2 \tag{13.19}$$

式中,n_d 和 χ_d 分别表示线性折射率和非线性系数;($\chi_d/2n_d$) 对应非线性折射率系数。类似地,对于非线性 Kerr 介质 C,其折射率仍满足方程式(13.14) 和式(13.19),相应的折射率、线性折射率和非线性系数分别表示为 n_C、n_c 和 χ_c。两种材料的参数固定为

$$n_d = 1.32, \quad \chi_d = 6 \times 10^{-11} \text{ m}^2/\text{V}^2, \quad n_c = 1.24, \quad \chi_c = 1.5 \times 10^{-12} \text{ m}^2/\text{V}^2$$

此外,E 是指结构中的局部场强,它取决于光强 I,计算公式为 $(2I/cn\varepsilon_0)^{1/2}$。由于非线性层中的折射率和电场强度随结构位置的变化而变化,显然常规传输矩阵难以求解,因此采用划分子层的方法将非线性 Kerr 介质适当逼近于均匀线性电介质,即非线性传输矩阵法。显然,当子层的数量足够多时,这种等价性成立。如图 13.21 所示,非线性 Kerr 介质 D 被划分为 s 层,任何子层 $p(1 < p < s)$ 两侧界面处的电场和磁场的切向分量可以记为 E_p、H_p 和 E_{p+1}、H_{p+1},两个界面的电场与磁场的关系为

$$\begin{pmatrix} E_p \\ H_q \end{pmatrix} = \begin{pmatrix} \cos(k_{pz}d_p) & -\dfrac{j}{\eta_p}\sin(k_{pz}d_p) \\ -j\eta_p\sin(k_{pz}d_p) & \cos(k_{pz}d_p) \end{pmatrix} \begin{pmatrix} E_{p+1} \\ H_{p+1} \end{pmatrix} = \boldsymbol{M}_p \begin{pmatrix} E_{p+1} \\ H_{p+1} \end{pmatrix} \tag{13.20}$$

式中

$$k_p = n_p \cdot \omega/c, \quad k_{pz} = k_p \cdot \cos\theta_p, \quad \eta_p = (\varepsilon_0/\mu_0)^{1/2} \cdot n_p \cdot \cos\theta_p \quad (\text{TE 波})$$

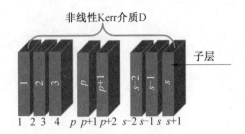

图 13.21　非线性 Kerr 介质 D 的子层划分示意图

$$\eta_p = (\varepsilon_0/\mu_0)^{1/2} \cdot n_p/\cos\theta_p \quad \text{（TM 波）}$$

式中，k_p 表示子层 p 中的波矢量；k_{pz} 表示 z 轴分量；θ_p 表示 p 层的入射角；η_p 表示 p 层的光导纳；M_p 表示 p 层的传输矩阵子层。根据子层充分划分的原理，可以得到第 p 个子层的折射率为 n_p，其中 E_{p+1} 相当于层内的局部场强，具体公式为

$$n_p = n_d + \frac{\chi_p}{2n_d} \mid E_{p+1} \mid^2 \tag{13.21}$$

对于整个非线性 Kerr 介质，采用递归逆推的方法，即设置光子晶体结构最后一个界面的透射光强度 I_o，非线性 Kerr 介质的局部入射电场 E_{s+1} 可以通过方程（13.16）~（13.18）中的磁化等离子体 A 和电介质 B 的传输矩阵求解。然后，利用上面提到的子层逆方法来求解每个子层的传输矩阵。联立每个子层的传输矩阵，即可以得到第一子层的电场 E_1，从而得到整个非线性 Kerr 介质 D 的传输矩阵和两个界面处的电场强度，具体公式为

$$\begin{pmatrix} E_1 \\ H_1 \end{pmatrix} = M_1 M_2 M_3 \cdots M_p M_{p+1} \cdots M_{s-2} M_{s-1} M_s \cdot \begin{pmatrix} E_{s+1} \\ H_{s+1} \end{pmatrix} = M_D \begin{pmatrix} E_{s+1} \\ H_{s+1} \end{pmatrix} \tag{13.22}$$

式中，M_D 表示非线性 Kerr 介质 D 的整个传输矩阵。同理，非线性 Kerr 介质 C 的传递矩阵 M_C 也可由上述解得到，因此整个结构的传输矩阵可列为

$$M_{\text{Total}} = (M_A M_B)^N \cdot M_D \cdot (M_A M_B) \cdot M_C \cdot (M_B M_A) \cdot M_D \cdot (M_B M_A)^N \tag{13.23}$$

值得注意的是，这里 M_A 代表磁化等离子体的传输矩阵，在 TE 或 TM 波下的具体形式如方程式（13.14）、式（13.16）和式（13.17）中所示。

一维光子晶体结构的反射率和透射率是通过传输矩阵方法获得的，即

$$t = \frac{2\eta_0}{m_{11}\eta_0 + m_{12}\eta_0\eta_{Q+1} + m_{21} + m_{22}\eta_{Q+1}} \tag{13.24a}$$

$$r = \frac{m_{11}\eta_0 + m_{12}\eta_0\eta_{Q+1} - m_{21} - m_{22}\eta_{Q+1}}{m_{11}\eta_0 + m_{12}\eta_0\eta_{Q+1} + m_{21} + m_{22}\eta_{Q+1}} \tag{13.24b}$$

$$T = \frac{I_o}{I_i} = \mid t \mid^2 \tag{13.24c}$$

$$R = |\, r\,|^2 \tag{13.24d}$$

式中，r 和 t 分别表示反射系数和透射系数；T 和 R 分别表示反射率和透射率；η_0 表示入射 EWs 的背景介质的光导纳，其中 $\eta_0 = (\varepsilon_0/\mu_0)^{1/2} \cdot n_0 \cdot \cos\theta$（对于 TE 波），$\eta_0 = (\varepsilon_0/\mu_0)^{1/2} \cdot n_0/\cos\theta$（对于 TM 波）；$n_{Q+1}$ 表示整个结构透射时的背景介质，$\eta_0 = (\varepsilon_0/\mu_0)^{1/2} \cdot n_{Q+1} \cdot \cos\theta_{Q+1}$（对于 TE 波），$\eta_0 = (\varepsilon_0/\mu_0)^{1/2} \cdot n_{Q+1}/\cos\theta_{Q+1}$（对于 TM 波）。

此外，复反射系数可以表示为 $r = |\, r\,|\, e^{i\varphi}$，$\varphi$ 表示从一维 PCs 结构反射的 TE 或 TM 波的相移。相位差记为 $\Delta\varphi$，即 TM 的相位（φ_{TM}）减去 TE 的相位（φ_{TE}）。

13.3.2　数值结果与讨论

为了确定获得相位延迟的最佳入射角，图 13.22 给出了相位差随角度和频率偏移的示意图。由于非线性 Kerr 介质的非线性能量泵浦作用，角度极限设置为 56°。值得一提的是，在所提出的一维 PC 结构中很容易获得相位延迟，可以在 0°～56° 范围内产生 180° 或 −180° 的特定 $\Delta\varphi$。此外，角度对 $\Delta\varphi$ 也有明显的调谐效应，这意味着相位延迟的带宽可以精确调整。在实际应用中，只需控制入射角即可获得特定的相位，那么 EWs 的极化方式便可以很好地调整，有利于在特定的宽带相位阻断器和信息通信中的应用。此外，还发现当角度从 0° 增加到 45° 时，相位延迟的带宽变窄。为了获得更宽的相位延迟带宽，角度值应该比较大。具体来说，在 49°～56° 范围内，180° 相位的覆盖带宽显著增强。因此，在讨论特定的相位延迟时，首先将角度固定为 54°。当 θ 固定为 54° 时，归一化厚度 d 取 80 mm，则归一化频率为 $\omega_0 = 2\pi c/d$，另外，磁化等离子体参数为 $\omega_p = 0.45\omega_0$、$\omega_c = 0.86\omega_p$ 和 $\nu_c = 0.001\omega_p$。结构反射的相位延迟如图 13.23 所示。

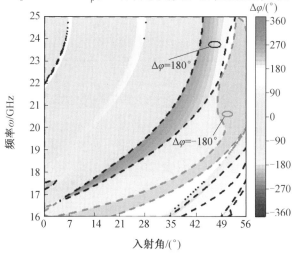

图 13.22　在 16 GHz 和 25 GHz 时相位差随入射角变化的示意图

图 13.23(a) 显示了 TE 极化波和 TM 极化波随频率变化的相位 φ；图 13.23(c) 所示是 TE 极化波和 TM 极化波随频率变化的反射率 R 的曲线，其中 R 的变化决定了相位的变化趋势。进一步地，随频率变化的相位差 $\Delta\varphi$ 的曲线，如图 13.23(b) 所示，基准线为 $\Delta\varphi = 180°$ 和 $\Delta\varphi = -180°$。在 16.6 ~ 16.85 GHz 的反射区，$\Delta\varphi$ 约为 180°。由于 TM 波的 R 在 16.75 GHz 后突然下降，因此 $\Delta\varphi$ 不再保持 180°。接下来，在 TE 极化波和 TM 极化波反射带中，大约在 18.35 ~ 18.85 GHz 的范围内，$\Delta\varphi$ 变为 180°。特别地，随着 TE 极化波和 TM 极化波相位差值的减小，$\Delta\varphi$ 在 21.25 ~ 23.1 GHz 范围内切换到 $-180°$。因此，在所提出 PC 结构的反射带中可以很容易地获得具有一定带宽的相位延迟。

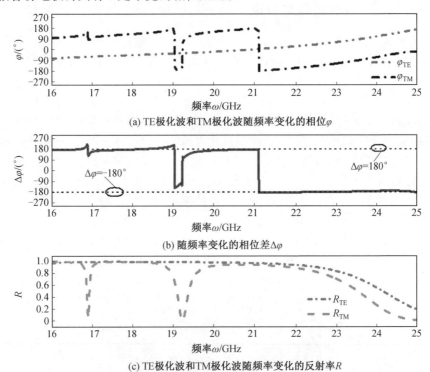

(a) TE极化波和TM极化波随频率变化的相位 φ

(b) 随频率变化的相位差 $\Delta\varphi$

(c) TE极化波和TM极化波随频率变化的反射率 R

图 13.23　结构反射的相位延迟示意图

考虑到非线性 Kerr 介质的引入，下面进一步讨论光强 I_0 对相位延迟的影响。其他参数不变，光强改变，计算 16 ~ 25 GHz 频率范围对应在 0.01 ~ 0.8 MW/m² 的相位差。相位差随 I_0 在 16 ~ 25 GHz 范围内的变化如图 13.24 所示。结果表明，光强对相位延迟带宽有明显的调谐作用，其总体趋势可简单描述为：随着 I_0 的增大，相位延迟的带宽会减小。值得一提的是，0.01 ~ 0.8 MW/m² 范围内都有180°或 $-180°$ 的相位延迟。因此，在这种情况下，合适的光强更有利于相位延迟的功能实现。为了定量讨论这种调谐效果，图 13.25(a) ~ (c) 分别

给出了 I_o 取 0.8 MW/m², 0.2 MW/m² 和 0.02 MW/m² 时,相位差变化的示意图。图 13.25(a) 表明在 19.9 ~ 20.65 GHz 范围内, $\Delta\varphi$ 约为 180°,因此相位延迟带宽在 I_o = 0.8 MW/m² 时约为 0.75 GHz。在图 13.25(b) 中,当 I_o = 0.2 MW/m² 时,在 16.6 ~ 16.85 GHz 和 18.35 ~ 18.85 GHz 范围内, $\Delta\varphi$ 约为 180°,总相位延迟带宽被计算为 0.75 GHz;此外, $\Delta\varphi$ 在 21.25 ~ 23.1 GHz 范围内变为 − 180°,这也满足相位延迟。因此, I_o = 0.2 MW/m² 时的相位延迟带宽为 1.85 GHz。当 I_o = 0.2 MW/m² 时,总相位延迟带宽为 2.6 GHz,这比 0.8 MW/m² 时的带宽更宽。如图 13.25(c) 所示,当 I_o 下降到 0.02 MW/m² 时,在 17.76 ~ 18.5 GHz 范围内, $\Delta\varphi$ 约为 180°,相位延迟带宽为 0.74 GHz;此外, $\Delta\varphi$ 在 21.24 ~ 23.22 GHz 范围内变为 − 180°,相位延迟带宽为 1.98 GHz。因此,总相位延迟带宽约为 2.72 GHz。

通过比较三种不同光强下的相位延迟带宽,发现光强越大,带宽越小,这在一定程度上限制了相位延迟器的应用;此外,光强越小,带宽越大。显然光强较小是有利的,但考虑到激发非线性效应的光强不能太小,因此在大多数情况下需要牺牲一定的带宽来满足非线性特性。

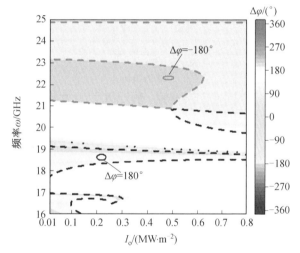

图 13.24　相位差随 I_o 在 16 ~ 25 GHz 范围内变化的示意图

许多研究表明,磁化等离子体是一种良好的可调材料,如果将其引入到 PC 结构中,可以使原有的不可调结构实现等离子体密度和外磁场等物理量的可调谐特性。为了更具体地描述这种可调谐特性,下面详细研究等离子体频率 ω_p 对相位差的调整。图 13.26 显示了相位差在 16 ~ 25 GHz 范围内随 ω_p 变化的示意图。其他参数保持初始设置,随着 ω_p 从 0 变到 $0.45\omega_0$,对相位差的调谐效果明显,特别是对于 180° 和 − 180° 相位延迟的特定带宽。 ω_p 从 0 变化到 $0.45\omega_0$, $\Delta\varphi$ = 180° 的带宽呈下降趋势,而 $\Delta\varphi$ = − 180° 的带宽则先减小后逐渐增大。特别是在 ω_p 为 $0.225\omega_0$ ~ $0.405\omega_0$ 的范围内, $\Delta\varphi$ = 180° 和 $\Delta\varphi$ = − 180° 的带宽比较窄。一般来说, ω_p 对 $\Delta\varphi$ 有非常明显的调谐作用,同时适当修改 ω_p 可以很好地控

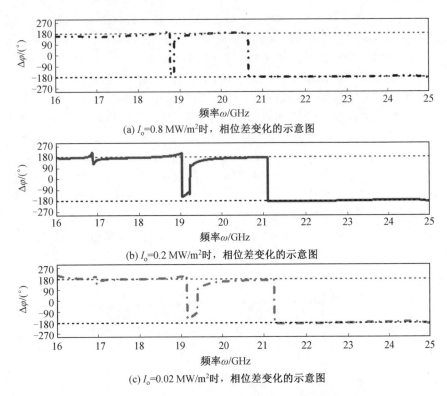

(a) I_o=0.8 MW/m² 时, 相位差变化的示意图

(b) I_o=0.2 MW/m² 时, 相位差变化的示意图

(c) I_o=0.02 MW/m² 时, 相位差变化的示意图

图 13.25 I_o 不同时, 16 ~ 25 GHz 范围内相位差变化的示意图

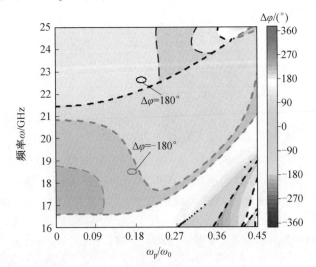

图 13.26   相位差随 ω_p 在 16 ~ 25 GHz 范围内变化的示意图

制特定相位延迟的带宽。为了进行更准确的数值分析, 图 13.27 分别绘制了 ω_p =

$0.45\omega_0$、$\omega_p = 0.35\omega_0$ 和 $\omega_p = 0.25\omega_0$ 时相位差 $\Delta\varphi$ 的变化曲线。如图 13.27(a) 所示,当 $\omega_p = 0.45\omega_0$ 时,$\Delta\varphi$ 在 16.6 ~ 16.85 GHz 和 18.35 ~ 18.85 GHz 范围内约为 180°,相位延迟带宽为 0.75 GHz。此外,$\Delta\varphi$ 在 21.25 ~ 23.1 GHz 范围内变化为 − 180°,也满足相位延迟要求,相位延迟带宽约为 1.85 GHz。因此总带宽为 2.6 GHz。当 ω_p 减小到 $0.35\omega_0$ 时,从频谱上可以看出 180° 相位差的范围部分消失,因此相位延迟的带宽变窄;并且 − 180° 相位延迟仅发生在 19.185 ~ 19.29 GHz 范围内,相位延迟带宽仅为 0.105 GHz。此外,当 ω_p 继续减小到 $0.25\omega_0$ 时,总相位延迟带宽约为 0.135 GHz。显然,这种极其狭窄的情况是不会发生的,所以选择一个更合适的等离子体频率 ω_p 值是非常关键的。

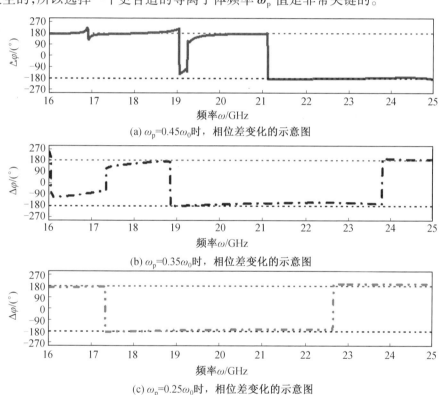

(a) $\omega_p = 0.45\omega_0$ 时,相位差变化的示意图

(b) $\omega_p = 0.35\omega_0$ 时,相位差变化的示意图

(c) $\omega_p = 0.25\omega_0$ 时,相位差变化的示意图

图 13.27　ω_p 不同时,16 ~ 25 GHz 范围内相位差变化的示意图

特定的外磁场调谐可以加速或移动等离子体并改变其性质,从而达到调节相位差的目的。特别地,磁化等离子体的回旋频率 ω_c 被用来描述外部磁场的调谐效应。图 12.28 展示了相位差随 ω_c 在 16 ~ 25 GHz 范围内的变化。图中不同颜色分布反映了 $\Delta\varphi$ 的变化。当 ω_c 从 0 变到 $0.9\omega_p$ 时,相应的 $\Delta\varphi$ 变化很明显,但是 180° 或 − 180° 范围很小,分布也是离散的,仅相对集中在 0.8 ~ 0.9 GHz 范围内。选取三种具体的磁场强度进行详细讨论,对应的相位差曲线如图 12.29 所示。图 12.29(a) 中,$\omega_c = 0.86\omega_p$ 为相位延迟初始设定参数,如前所述,总相位延

迟带宽是2.6 GHz。如图12.29(b)所示,当ω_c变为$0.66\omega_p$时,180°的带宽约为0.33 GHz,范围为20.61 ~ 20.94 GHz。随着ω_c继续减小到$0.46\omega_p$,带宽略微增加到0.337 GHz,并且相位延迟移至较低频率,即20.523 ~ 20.86 GHz。结果表明,外磁场对相位差有一定的影响,但由于磁化等离子体中的TE极化波不受外磁场的影响,这种调谐影响远不如等离子体频率。

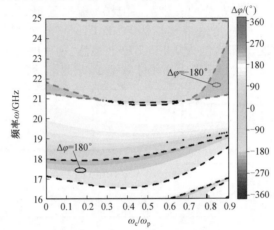

图13.28　相位差随ω_c在16 ~ 25 GHz范围内变化的示意图

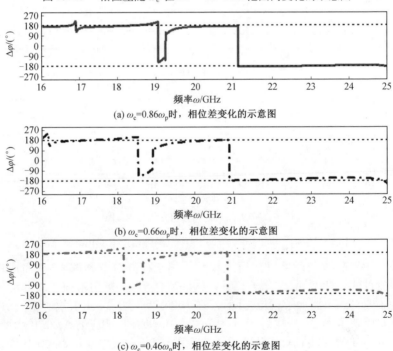

(a) $\omega_c=0.86\omega_p$时,相位差变化的示意图

(b) $\omega_c=0.66\omega_p$时,相位差变化的示意图

(c) $\omega_c=0.46\omega_p$时,相位差变化的示意图

图13.29　ω_c不同时,相位差随ω_c在16 ~ 25 GHz范围内变化的示意图

13.3.3　技术小结

本节设计了包含非线性 Kerr 介质的缺陷层,以及磁化等离子体和一般电介质交替和周期性排列的一维光子晶体结构。通过传统传输矩阵和非线性传输矩阵的组合对光子晶体结构进行数值分析,得到总带宽为 2.6 GHz 的相位延迟,其中 TE 极化波和 TM 极化波之间的相位差在 16.6 ~ 16.85 GHz 和 18.35 ~ 18.85 GHz 范围内约为 180°,在 21.25 ~ 23.1 GHz 范围内约为 - 180°。此外,进一步研究了入射角、光强、外磁场和等离子体频率对该相位延迟带宽的调谐作用。结果表明,这些参数对相位延迟带宽有显著的调谐作用。该研究在可调谐宽带波片或相位延迟器的制造中具有重要作用。

参 考 文 献

[1] SMITH D R,KROLL N. Negative refractive index in left-handed materials[J]. Physical Review Letters,2000,85(14): 2933-2936.

[2] SMITH D R,PENDRY J B,WILTSHIRE M C K. Metamaterials and negative refractive index[J]. Science,2004,305(5685): 788-792.

[3] GRBIC A,ELEFTHERIADES G V. Experimental verification of backward-wave radiation from a negative refractive index metamaterial[J]. Journal of Applied Physics,2002,92(10): 5930-5935.

[4] ZHANG S,FAN W J,PANOIU N C,et al. Experimental demonstration of near-infrarednegative-index metamaterials[J]. Physical Review Letters, 2005,95(13): 137404.

[5] SCHURIG D,MOCK J J,JUSTICE B J,et al. Metamaterial electromagnetic cloak at microwave frequencies[J]. Science,2006,314(5801): 977-980.

[6] CAI W,CHETTIAR U K,KILDISHEV A V,et al. Optical cloaking with metamaterials[J]. Nature Photonics,2007,1: 224-227.

[7] R S A,POPA B I,SCHURIG D,et al. Full-wave simulations of electromagnetic cloaking structures[J]. Physical Review E,2006,74(3): 036621.

[8] REED E J,SOLJAČIĆ M,JOANNOPOULOS J D. Reversed Doppler effect in photonic crystals[J]. Physical Review Letters,2003,91(13): 133901.

[9] LEE S H,PARK C M,SEO Y M,et al. Reversed Doppler effect in double negative metamaterials[J]. Physical Review B,2010,81(24): 241102.

[10] LEONG K M H,LAI A,ITOH T. Demonstration of reverse Doppler effect using a left-handed transmission line[J]. Microwave and Optical Technology Letters,2006,48(3): 545-547.

[11] MARQUÉS R,MEDINA F,RAF Ⅱ-EL-IDRISSI R. Role of bianisotropy in negative permeability and left-handed metamaterials[J]. Physical Review

B,2002,65(14):144440.

[12] SHELBY R A,SMITH D R,NEMAT-NASSER S C,et al. Microwave transmission through a two-dimensional,isotropic,left-handed metamaterial [J]. Applied Physics Letters,2001,78(4):489-491.

[13] MARQUÉS R,MARTEL J,MESA F,et al. Left-handed-media simulation and transmission of EM waves in subwavelength split-ring-resonator-loaded metallic waveguides[J]. Physical Review Letters,2002,89(18):183901.

[14] POWELL D A,SHADRIVOV I V,KIVSHAR Y S. Nonlinear electric metamaterials[J]. Applied Physics Letters,2009,95(8):084102.

[15] O'HARA J F,SMIRNOVA E,CHEN H T,et al. Properties of planar electric metamaterials for novel Tera Hertz applications[J]. Journal of Nanoelectronics and Optoelectronics,2007,2(1):90-95.

[16] ENKRICH C,WEGENER M,LINDEN S,et al. Magnetic metamaterials at telecommunication and visible frequencies[J]. Physical Review Letters, 2005,95(20):203901.

[17] KLEIN M W,ENKRICH C,WEGENER M,et al. Second-harmonic generation from magnetic metamaterials[J]. Science,2006,313 (5786): 502-504.

[18] JOANNOPOULOS J D,VILLENEUVE P R,FAN S H. Photonic crystals: putting a new twist on light[J]. Nature,1997,386:143-149.

[19] KOSAKA H,KAWASHIMA T,TOMITA A,et al. Superprism phenomena in photonic crystals[J]. Physical Review B,1998,58(16):R10096-10099.

[20] CAMPBELL M,SHARP D N,HARRISON M T,et al. Fabrication of photonic crystals for the visible spectrum by holographic lithography[J]. Nature, 2000,404(6773):53-56.

[21] VESELAGO V G. The electrodynamics of substances with simultaneously negative values of ε and μ[J]. Soviert Physics Uspekhi,1968,10(4): 509-514.

[22] PENDRY J B,HOLDEN A J,STEWART W J,et al. Extremely low frequency plasmons in metallic mesostructures[J]. Physical Review Letters,1996, 76(25):4773-4776.

[23] PENDRY J B,HOLDEN A J,ROBBINS D J,et al. Magnetism from conductors and enhanced nonlinear phenomena[J]. IEEE Transactions on Microwave Theory and Techniques,1999,47(11):2075-2084.

[24] SMITH D R,PADILLA W J,VIER D C,et al. Composite medium with simultaneously negative permeability and permittivity[J]. Physical Review Letters,2000,84(18):4184-4187.

［25］SHELBY R A,SMITH D R,SCHULTZ S. Experimental verification of a negative index of refraction［J］. Science,2001,292(5514)：77-79.

［26］LINDEN S,ENKRICH C,WEGENER M,et al. Magnetic response of metamaterials at 100 terahertz［J］. Science,2004,306(5700)：1351-1353.

［27］AYDIN K,GUVEN K,SOUKOULIS C M,et al. Observation of negative refraction and negative phase velocity in left-handed metamaterials［J］. Applied Physics Letters,2005,86(12)：124102.

［28］ZHANG S,PARK Y S,LI J,et al. Negative refractive index in chiral metamaterials［J］. Physical Review Letters,2009,102(2)：023901.

［29］LUO C Y,JOHNSON S G,JOANNOPOULOS J D,et al. All-angle negative refraction without negative effective index［J］. Physical Review B,2002, 65(20)：201104.

［30］CUBUKCU E,AYDIN K,OZBAY E,et al. Electromagnetic waves：Negative refraction by photonic crystals［J］. Nature,2003,423(6940)：604-605.

［31］BERRIER A,MULOT M,SWILLO M,et al. Negative refraction at infrared wavelengths in a two-dimensional photonic crystal［J］. Physical Review Letters,2004,93(7)：073902.

［32］LU Z L,MURAKOWSKI J A,SCHUETZ C A,et al. Three-dimensional subwavelength imaging by a photonic-crystal flat lens using negative refraction at microwave frequencies［J］. Physical Review Letters,2005, 95(15)：153901.

［33］ELEFTHERIADES G V,IYER A K,KREMER P C. Planar negative refractive index media using periodically L-C loaded transmission lines［J］. IEEE transactions on Microwave Theory and Techniques,2002,50(12)： 2702-2712.

［34］GRBIC A,ELEFTHERIADES G V. Overcoming the diffraction limit with a planar left-handed transmission-line lens［J］. Physical Review Letters, 2004,92(11)：117403.

［35］SHALAEV V M,CAI W S,CHETTIAR U K,et al. Negative index of refraction in optical metamaterials［J］. Optics Letters,2005,30(24)： 3356-3358.

［36］SHARMA Y,PRASAD S,SINGH V. Dispersion behavior of electromagnetic wave near the resonance in 1D magnetized ferrite photonic crystals［J］. Optical and Quantum Electronics,2018,50(11)：410.

［37］DOLLING G,WEGENER M,SOUKOULIS C M,et al. Negative-index metamaterial at 780 nm wavelength［J］. Optics Letters,2007,32(1)：53-55.

［38］LIU Z W,LEE H,XIONG Y,et al. Far-field optical hyperlens magnifying sub-diffraction-limited objects[J]. Science,2007,315(5819): 1686.

[39] LEE H,LIU Z W,XIONG Y,et al. Development of optical hyperlens for imaging below the diffraction limit[J]. Optics Express,2007, 15(24): 15886-15891.

[40] DING P,LIANG E J,CAI G W,et al. Dual-band perfect absorption and field enhancement by interaction between localized and propagating surface plasmons in optical metamaterials[J]. Journal of Optics,2011, 13(7): 075005.

[41] YAO Y,SHANKAR R,KATS M A,et al. Electrically tunable metasurface perfect absorbers for ultrathin mid-infrared optical modulators[J]. NanoLetters,2014,14(11): 6526-6532.

[42] ZHU J,CHRISTENSEN J,JUNG J,et al. A holey-structured metamaterial for acoustic deep-subwavelength imaging[J]. Nature Physics,2011,7: 52-55.

[43] DENG K,DING Y Q,HE Z J,et al. Theoretical study of subwavelength imaging by acoustic metamaterial slabs[J]. Journal of Applied Physics, 2009,105(12): 124909.

[44] CHEN H T,PADILLA W J,ZIDE J M,et al. Ultrafast optical switching of terahertz metamaterials fabricated on ErAs/GaAs nanoisland superlattices[J]. Optics Letters,2007,32(12): 1620-1622.

[45] KAFESAKI M,SHEN N H,TZORTZAKIS S,et al. Optically switchable and tunable terahertz metamaterials through photoconductivity[J]. Journal of Optics,2012,14(11): 114008.

[46] HAN N R,CHEN Z C,LIM C S,et al. Broadband multi-layer terahertz metamaterials fabrication and characterization on flexible substrates[J]. Optics Express,2011,19(8): 6990-6998.

[47] DICKEN M J,AYDIN K,PRYCE I M,et al. Frequency tunable near-infrared metamaterials based on VO$_2$ phase transition[J]. Optics Express,2009, 17(20): 18330-18339.

[48] WANG F M,LIU H,LI T,et al. Metamaterial of rod pairs standing on gold plate and its negative refraction property in the far-infrared frequency regime[J]. Physical Review E,2007,75(1): 016604.

[49] MAAS R,PARSONS J,ENGHETA N,et al. Experimental realization of an epsilon-near-zero metamaterial at visible wavelengths[J]. Nature Photonics, 2013,7: 907-912.

[50] FEDOTOV V A,ROSE M,PROSVIRNIN S L,et al. Sharp trapped-mode resonances in planar metamaterials with a broetry[J]. Physical Review Letters,2007,99(14): 147401.

［51］CHEN H T,O'HARA J F,TAYLOR A J,et al. Complementary planar terahertz metamaterials［J］. Optics Express,2007,15(3): 1084-1095.

［52］ALICI K B,OZBAY E. A planar metamaterial: polarization independent fishnet structure［J］. Photonics and Nanostructures-Fundamentals and Applications,2008,6(1): 102-107.

［53］SHEN N H,KAFESAKI M,KOSCHNY T,et al. Broadband blueshift tunable metamaterials and dual-band switches［J］. Physical Review B,2009, 79(16): 161102.

［54］JU L,GENG B S,HORNG J,et al. Graphene plasmonics for tunable terahertz metamaterials［J］. Nature Nanotechnology,2011,6(10): 630-634.

［55］MELIK R,UNAL E,KOSKU PERKGOZ N,et al. Flexible metamaterials for wireless strain sensing［J］. Applied Physics Letters,2009,95(18): 181105.

［56］LI G X,CHEN S M,WONG W H,et al. Highly flexible near-infrared metamaterials［J］. Optics Express,2012,20(1): 397-402.

［57］BILOTTI F,NUCCI L,VEGNI L. An SRR based microwave absorber［J］. Microwave and Optical Technology Letters,2006,48(11): 2171-2175.

［58］LANDY N I,SAJUYIGBE S,MOCK J J,et al. Perfect metamaterial absorber［J］. Physical Review Letters,2008,100(20): 207402.

［59］LI H,YUAN L H,ZHOU B,et al. Ultrathin multiband gigahertz metamaterial absorbers［J］. Journal of Applied Physics,2011,110(1): 014909.

［60］WANG W Y,CUI Y X,HE Y R,et al. Efficient multiband absorber based on one-dimensional periodic metal-dielectric photonic crystal with a reflective substrate［J］. Optics Letters,2014,39(2): 331-334.

［61］MATTIUCCI N, TRIMM R,D'AGUANNO G,et al. Tunable,narrow-band, all-metallic microwave absorber［J］. Applied Physics Letters,2012, 101(14): 141115.

［62］CUI Y X,XU J,HUNG F K,et al. A thin film broadband absorber based on multi-sized nanoantennas［J］. Applied Physics Letters,2011,99(25): 253101.

［63］CHENG C W,ABBAS M N,CHIU C W,et al. Wide-angle polarization independent infrared broadband absorbers based on metallic multi-sized disk arrays［J］. Optics Express,2012,20(9): 10376-10381.

［64］SHEN X P,CUI T J,ZHAO J M,et al. Polarization-independent wide-angle triple-band metamaterial absorber［J］. Optics Express,2011,19(10): 9401-9407.

［65］WANG G Z,WANG B X. Five-band terahertz metamaterial absorber based on a four-gap comb resonator［J］. Journal of Lightwave Technology,2015,

33(24):5151-5156.

[66] LIU Y H,GU S,LUO C R,et al. Ultra-thin broadband metamaterial absorber[J]. Applied Physics A,2012,108(1):19-24.

[67] WANG G D,LIU M H,HU X W,et al. Broadband and ultra-thin terahertz metamaterial absorber based on multi-circular patches[J]. The European Physical Journal B,2013,86(7):304.

[68] YE Y Q,JIN Y,HE S L. Omnidirectional,polarization-insensitive and broadband thin absorber in the terahertz regime[J]. Journal of the Optical Society of America B,2010,27(3):498-504.

[69] DING F,CUI Y X,GE X C,et al. Ultra-broadband microwave metamaterial absorber[J]. Applied Physics Letters,2012,100(10):103506.

[70] LIN Y Y,CUI Y X,DING F,et al. Tungsten based anisotropic metamaterial as an ultra-broadband absorber[J]. Optical Materials Express,2017,7(2):606-617.

[71] CHENG Y Z,WANG Y,NIE Y,et al. Design,fabrication and measurement of a broadband polarization-insensitive metamaterial absorber based on lumped elements[J]. Journal of Applied Physics,2012,111(4):044902.

[72] CHEN J F,HUANG X T,ZERIHUN G,et al. Polarization-independent,thin, broadband metamaterial absorber using double-circle rings loaded with lumped resistances[J]. Journal of Electronic Materials,2015,44(11):4269-4274.

[73] COSTA F,MONORCHIO A,MANARA G. Analysis and design of ultra thin electromagnetic absorbers comprising resistively loaded high impedance surfaces[J]. IEEE Transactions on Antennas and Propagation,2010, 58(5):1551-1558.

[74] CHEN J F,HU Z Y,WANG G D,et al. High-impedance surface-based broadband absorbers with interference theory[J]. IEEE Transactions on Antennas and Propagation,2015,63(10):4367-4374.

[75] XU Z C,GAO R M,DING C F,et al. Photoexited switchable metamaterial absorber at terahertz frequencies[J]. Optics Communications,2015,344:125-128.

[76] YANG J F,QU S B,MA H,et al. Dual-band tunable infrared metamaterial absorber with VO_2 conformal resonators[J]. Optics Communications,2017, 402:518-522.

[77] ZHANG H F,TIAN X L,LIU G B,et al. A gravity tailored broadband metamaterial absorber containing liquid dielectrics[J]. IEEE Access,2019, 7:25827-25835.

[78] KING-SMITH R D,VANDERBILT D. Theory of polarization of crystalline solids. [J]. Physical Review B Condensed Matter,1993,47(3):1651-1654.

[79] DAVIS J A,MORENO I,TSAI P. Polarization eigenstates for twisted-nematic liquid-crystal displays[J]. Applied Optics,1998,37(5):937-945.

[80] SHIMUZI M,MUKAIHARA T,KOYAMA F,et al. Polarisation control for surface emitting lasers[J]. Electronics Letters,1991,27(12):1067.

[81] CHAVEZ-PIRSON A,ANDO H,SAITO H,et al. Polarization properties of a vertical cavity surface emitting laser using a fractional layer superlattice gainmedium[J]. Applied Physics Letters,1993,62(24): 3082-3084.

[82] PARK M S,AHN B T,YOO B S,et al. Polarization control of vertical-cavity surface-emitting lasers by electro-optic birefringence[J]. Applied Physics Letters,2000,76(7):813-815.

[83] HAO J M,YUAN Y,RAN L X,et al. Manipulating electromagnetic wave polarizations by anisotropic metamaterials[J]. Physical Review Letters, 2007,99(6): 063908.

[84] WANG Q,KONG X K,YAN X X,et al. Flexible broadband polarization converter based on metasurface at microwave band[J]. Chinese Physics B, 2019,28(7): 074205.

[85] ZHANG L B,ZHOU P H,CHEN H Y,et al. Ultrabroadband design for linear polarization conversion and asymmetric transmission crossing X- and K-band[J]. Scientific Reports,2016,6: 33826.

[86] ZHAO Y,ALÙ A. Manipulating light polarization with ultrathin plasmonic metasurfaces[J]. Physical Review B,2011,84(20): 205428.

[87] REN L S,JIAO Y C,LI F,et al. A dual-layer T-shaped element for broadband circularly polarized reflectarray with linearly polarized feed[J]. IEEE Antennas and Wireless Propagation Letters,2011,10: 407-410.

[88] JIANG Y N,WANG L,WANG J,et al. Ultra-wideband high-efficiency reflective linear-to-circular polarization converter based on metasurface at terahertz frequencies[J]. Optics Express,2017,25(22): 27616-27623.

[89] ZANGX F,LIU S J, GONG H,et al. Dual-band superposition induced broadband terahertz linear-to-circular polarization converter[J]. Journal of the Optical Society of America B. Optical Physics,2018,35(4): 950-957.

[90] MA X L,HUANG C,PU M B,et al. Multi-band circular polarizer using planar spiral metamaterial structure[J]. Optics Express,2012,20(14): 16050-16058.

[91] LI Y F,ZHANG J Q,QU S B,et al. Achieving wide-band linear-to-circular polarization conversion using ultra-thin bi-layered metasurfaces[J]. Journal

of Applied Physics,2015,117(4): 044501.

[92] CHENG Y Z,GONG R Z,WU L. Ultra-broadband linear polarization conversion via diode-lietric transmission with composite metamaterial for Terahertz waves[J]. Plasmonics,2017,12(4):1113-1120.

[93] XU H X,SUN S L,TANG S W,et al. Dynamical control on helicity of electromagnetic waves by tunable metasurfaces[J]. Scientific Reports, 2016,6: 27503.

[94] LI Y P,ZHANG H F,YANG T,et al. A multifunctional polarization converter base on the solid-state plasma metasurface[J]. IEEE Journal of Quantum Electronics,2020,56(2): 1-7.

[95] STANKOVICH S,DIETT G H,et al. Graphene-based composite materials[J]. Nature,2006,442(2):282-286.

[96] NETO A H C. The electronic properties of graphene[J]. Physica Status Solidi,2010,244(11): 4106-4111.

[97] ZHU Y W,MURALIS,CAI W W,et al. Graphene and graphene oxide: synthesis,properties,and applications[J]. Cheminform,2010,22(35): 3906-3924.

[98] YU X,GAO X,QIAO W,et al. Broadband tunable polarization converter realized by graphene-based metamaterial[J]. IEEE Photonics Technology Letters,2016,28(21): 2399-2402.

[99] QIN Y,XIONG X Y Z,SHA W E I, et al. Electrically tunable polarizer based on graphene-loaded plasmonic cross antenna[J]. Journal of Physics Condensed Matter,2018,30(14):144007.

[100] POOLE D C,BARSTOW T J,GAESSER G A,et al. VO_2 slow component: physiological and functional significance. [J]. Medicine & Science in Sports & Exercise,1994,26(11): 1354-1358.

[101] EYERT V. The metal-insulator transitions of VO_2:a band theoretical approach[J]. Annalen Der Physik,2002,11(9): 650-704.

[102] KIM H T,CHAE B G,YOUN D H,et al. Mechanism and observation of Mott transition in VO_2-based two- and three-terminal devices[J]. New Journal of Physics,2004,6:52.

[103] WITHERS P C. Measurement of VO_2,VCO_2,and evaporative water loss with a flow-through mask[J]. Journal of Applied Physiology Respiratory Environmental & Exercise Physiology,1977,42(1): 120-123.

[104] WANG D C,ZHANG L C,GU Y H,et al. Switchable ultrathin quarter-wave plate in terahertz using active phase-change metasurface[J]. Scientific Reports,2015,5: 15020.

［105］ ZHAO J C,CHENG Y Z,CHENG Z Z. Design of a photo-excited switchable broadband reflective linear polarization conversion metasurface for Terahertz waves［J］. IEEE Photonics Journal,2018,10(1)：1-10.

［106］ MARROCCO G. The art of UHF RFID antenna design：impedance-matching and size-reduction techniques［J］. IEEE Antennas and Propagation Magazine,2008,50(1)：66-79.

［107］ CHU Q X,YANG Y Y. A compact ultrawideband antenna with 3.4/5.5 GHz dual band-notched characteristics［J］. IEEE Transactions on Antennas & Propagation,2008,56(12)：3637-3644.

［108］ SOHRABI F,YU W. Hybrid digital and analog beamforming design for large-scale antenna arrays［J］. IEEE Journal of Selected Topics in Signal Processing,2016,10(3)：501-513.

［109］ ZHANG R,LIM T J,LIANGY C,et al. Multi-antenna based spectrum sensing for cognitive radios：A GLRT approach［J］. IEEE Transactions on Communications,2010,58(1)：84-88.

［110］ LEE J N,PARK J K,CHOI I H. A compact filter-combined ultra-wide band antenna for UWB applications［J］. Microwave and Optical Technology Letters,2008,50(11)：2839-2845.

［111］ QUAN X L,LI R L. A broadband dual-polarized omnidirectional antenna for base stations［J］. IEEE Transactions on Antennas & Propagation,2013,61(2)：943-947.

［112］ AHN C H,OH S W,CHANG K. A dual-frequency omnidirectional antenna for polarization diversity of MIMO and wireless communication applications［J］. IEEE Antennas & Wireless Propagation Letters,2009,8：966-969.

［113］ NIU X B,LIANG J G,WU G C,et al. Compact dual-band ACS-fed monopole omnidirectional antenna for 2.4/5.2/5.8 GHz WLAN applications［J］. Frequenz,2016,70(5/6)：211-218.

［114］ ARRAWATIA M,BAGHINI M,KUMAR G. Broadband bent triangular omnidirectional antenna for RF energy harvesting［J］. IEEE Antennas and Wireless Propagation Letters,2016,15(1)：36-39.

［115］ DAI X W,WANG Z Y,LIANG C H,et al. Multiband and dual-polarized omnidirectional antenna for 2G/3G/LTE application［J］. IEEE Antennas and Wireless Propagation Letters,2013,12：1492-1495.

［116］ QUAN X L,LI R L,FAN Y,et al. Analysis and design of a 45 slant-polarized omnidirectional antenna［J］. IEEE Transactions on Antennas and Propagation,2014,62(1)：86-93.

[117] RANVIER S,DUDOROV S,KYRO M,et al. Low-cost planar omnidirectional antenna for mm-wave applications[J]. IEEE Antennas and Wireless Propagation Letters,2008,7: 521-523.

[118] WONG K L,CHIOU T W. Broad-band single-patch circularly polarized microstrip antenna with dual capacitively coupled feeds[J]. IEEE Transactions on Antennas & Propagation,2001,49(1): 41-44.

[119] YANG F,RAHMAT-SAM II Y. A low-profile circularly polarized curl antenna over an electromagnetic bandgap (EBG) surface[J]. Microwave & Optical Technology Letters,2001,31(4): 264-267.

[120] STRASSNER B,CHANG K. 5.8- GHz circularly polarized rectifying antenna for wireless microwave power transmission[J]. IEEE Transactions on Microwave Theory and Techniques,2002,50(8): 1870-1876.

[121] HUANG J. A Ka-band circularly polarized high-gain microstrip array antenna[J]. IEEE Transactions on Antennas and Propagation,1995, 43(1): 113-116.

[122] KAIVANTO E K,BERG M,SALONEN E,et al. Wearable circularly polarized antenna for personal satellite communication and navigation[J]. IEEE Transactions on Antennas & Propagation,2011,59(12): 4490-4496.

[123] MINATTI G,MACI S,DE V P,et al. A circularly-polarized isoflux antenna based on anisotropic metasurface[J]. IEEE Transactions on Antennas and Propagation,2012,60(11): 4998-5009.

[124] MIURA Y,HIROKAWA J,ANDO M,et al. A high-efficiency circularly-polarized aperture array antenna with a corporate-feed circuit in the 60 GHz band[J]. Ieice Transactions on Electronics,2011, E94-C(10): 1618-1625.

[125] FENG S,NISHIYAMA E,AIKAWA M. Broad-band circularly polarized ring-slot array antenna for simultaneous use of the orthogonal polarizations[J]. ICE Transactions on Electronics,2010,e93-c(7): 1105-1110.

[126] HE Y J,HE W,WONG H. A wideband circularly polarized cross-dipole antenna[J]. IEEE Antennas and Wireless Propagation Letters,2014, 13: 67-70.

[127] JUNG Y K,LEE B. Dual-band circularly polarized microstrip RFID reader antenna using metamaterial branch-line coupler[J]. IEEE Transactions on Antennas & Propagation,2012,60(2): 786-791.

[128] CHANG T N, LIN J M. Circularly polarized antenna having two linked slot-rings[J]. IEEE Transactions on Antennas and Propagation,2011,

59(8):3057-3060.

[129] LUO Y,CHU Q X,ZHU L. A low-profile wide-beamwidth circularly-polarized antenna via two pairs of parallel dipoles in a square contour[J]. IEEE Transactions on Antennas & Propagation,2015,63(3): 931-936.

[130] ZHANG B,ZHANG Y P,TITZ D,et al. A circularly-polarized array antenna using linearly-polarized sub grid arrays for highly-integrated 60- GHz radio[J]. IEEE Transactions on Antennas & Propagation,2013,61(1): 436-439.

[131] ZOHUR A,MOPIDEVI H,RODRIGO D,et al. RF MEMS reconfigurable two-band antenna[J]. IEEE Antennas and Wireless Propagation Letters, 2013,12: 72-75.

[132] NIKOLAOU S,KINGSLEY N D,PONCHAK G E,et al. UWB elliptical monopoles with a reconfigurable band Notch using MEMS switches actuated without bias lines[J]. IEEE Transactions on Antennas and Propagation, 2009,57(8): 2242-2251.

[133] HINSZL,BRAATEN B D. A frequency reconfigurable transmitter antenna with autonomous switching capabilities[J]. IEEE Transactions on Antennas and Propagation,2014,62(7): 3809-3813.

[134] CHEN S H,ROW J S,WONG K L. Reconfigurable square-ring patch antenna with pattern diversity[J]. IEEE Transactions on Antennas and Propagation,2007,55(2): 472-475.

[135] SARRAZIN J,MAHE Y,AVRILLON S,et al. Pattern reconfigurable cubic antenna[J]. IEEE Transactions on Antennas and Propagation,2009, 57(2): 310-317.

[136] NIKOLAOU S,BAIRAVASUBRAMANIAN R,LUGO C,et al. Pattern and frequency reconfigurable annular slot antenna using PIN diodes[J]. IEEE Transactions on Antennas and Propagation,2006,54(2): 439-448.

[137] JIANG Z Y,YANG F. Reconfigurable sensing antennas integrated with thermal switches for wireless temperature monitoring[J]. IEEE Antennas and Wireless Propagation Letters,2013,12: 914-917.

[138] PERRUISSEAU-CARRIER J,TAMAGNONE M,GOMEZ-DIAZ J S,et al. Resonant and leaky-wave reconfigurable antennas based on graphene plasmonics[C] // 2013 IEEE Antennas and Propagation Society International Symposium (APSURSI). July 7-13, 2013, Orlando, FL, USA. IEEE,2013: 136-137.

[139] LIU L,LANGLEY R J. Liquid crystal tunable microstrip patch antenna[J]. Electronics Letters,2008,44(20): 1179-1181.

[140] YANG S L S,KISHK A A,LEE K F. Frequency reconfigurable U-slot microstrip patch antenna[J]. IEEE Antennas Wireless Propagation Letters,2008,7(1):127-129.

[141] GAEBLER A,MOESSINGER A,GOELDEN F,et al. Liquid crystal-reconfigurable antenna concepts for space applications at microwave and millimeter waves[J]. International Journal of Antennas & Propagation,2009(6):379-386.

[142] KELLEY M,KOO C,MCQUILKEN H,et al. Frequency reconfigurable patch antenna using liquid metal as switching mechanism[J]. Electronics Letters,2013,49(22):1370-1371.

[143] MAZLOUMAN S J,JIANG X J,MAHANFAR A,et al. A reconfigurable patch antenna using liquid metal embedded in a silicone substrate[J]. IEEE Transactions on Antennas & Propagation,2011,59(12):4406-4412.

[144] JIN G P,ZHANG D L,LI R L. Optically controlled reconfigurable antenna for cognitive radio applications[J]. Electronics Letters,2011,47(17):948-950.

[145] SATHI V,EHTESHAMI N,NOURINIA J. Optically tuned frequency-reconfigurable microstrip antenna[J]. IEEE Antennas Wireless Propagation Letters,2012,11:1018-1020.

[146] ZHOU B,GENG J P,BAI X D,et al. An omnidirectional circularly polarized slot array antenna with high gain in a wide bandwidth[J]. IEEE Antennas & Wireless Propagation Letters,2015,14:666-669.

[147] ZHOU B,GENG J P,LI Z,et al. Dual circularly polarized omnidirectional antenna with slot array on coaxial cylinder[J]. International Journal of Antennas and Propagation,2015:127820.

[148] NARBUDOWICZ A,BAO X L,AMMANN M J. Dual-band omnidirectional circularly polarized antenna[J]. IEEE Transactions on Antennas & Propagation,2013,61(1):77-83.

[149] PARK B C,LEE J H. Dual-band omnidirectional circularly polarized antenna using zeroth- and first-order modes[J]. Antennas & Wireless Propagation Letters IEEE,2012,11:407-410.

[150] WU D,CHEN X,YANG L,et al. Compact and low-profile omnidirectional circularly polarized antenna with four coupling arcs for UAV applications[J]. IEEE Antennas & Wireless Propagation Letters,2017,16:2919-2922.

[151] QUAN X L,LI R L,TENTZERIS M M. A broadband omnidirectional circularly polarized antenna[J]. IEEE Transactions on Antennas &

Propagation,2013,61(5):2363-2370.

[152] SAKAGUCHI K,HASEBE N. A circularly polarized omnidirectional antenna[C]// Antennas and Propagation,Eighth International Conference on. IET,1993.

[153] SHI J,WU X,QING X,et al. An omnidirectional circularly polarized antenna array[J]. IEEE Transactions on Antennas and Propagation,2016, 64(2):574-581.

[154] PAN Y M,LEUNG K W. Wideband circularly polarized dielectric bird-nest antenna with conical radiation pattern[J]. IEEE Transactions on Antennas and Propagation,2013,61(2):563-570.

[155] LI B,LIAO S W,XUE Q. Omnidirectional circularly polarized antenna combining monopole and loop radiators[J]. IEEE Antennas & Wireless Propagation Letters,2013,12:607-610.

[156] SHI Y Z,LIU J H. Wideband and low-profile omnidirectional circularly polarized antenna with slits and shorting-vias[J]. IEEE Antennas and Wireless Propagation Letters,2015,15:686-689.

[157] CHU Q X,YE M,LI X R. A low-profile omnidirectional circularly polarized antenna using planar sector-shaped endfire elements[J]. IEEE Transactions on Antennas & Propagation,2017,65(5):2240-2247.

[158] YU D,GONG S X,WAN Y T,et al. Wideband omnidirectional circularly polarized patch antenna based on vortex slots and shorting vias[J]. IEEE Transactions on Antennas & Propagation,2014,62(8):3970-3977.

[159] LIU J H,XUE Q,WONG H,et al. Design and analysis of a low-profile and broadband microstrip monopolar patch antenna[J]. IEEE Transactions on Antennas & Propagation,2013,61(1):11-18.

[160] HSIAO F R,WONG K L. Low-profile omnidirectional circularly polarized antenna for WLAN access points[J]. Microwave and Optical Technology Letters,2005,46(3):227-231.

[161] LIN W,ZIOLKOWSKI R W. Compact,high directivity,omnidirectional circularly polarized antenna array[J]. IEEE Transactions on Antennas & Propagation,2019,67(7):4537-4547.

[162] PAN Y M,ZHENG S Y,HU B J. Wideband and low-profile omnidirectional circularly polarized patch antenna[J]. IEEE Transactions on Antennas & Propagation,2014,62(8):4347-4351.

[163] CAI Y M,GAO S,YIN Y Z,et al. Compact-size low-profile wideband circularly polarized omnidirectional patch antenna with reconfigurable polarizations[J]. IEEE Transactions on Antennas & Propagation,2016,

64（5）：2016-2021.

［164］FAN Y，CUI Y H，LI R L. Polarization reconfigurable omnidirectional antenna using crossed dipoles［C］∥ IEEE International Symposium on Antennas and Propagation & USNC/URSI National Radio Science Meeting. July 19-24，2015. Vancouver，BC，Canada. IEEE，2015：2314-2317.

［165］FAN Y，LIU X Y，LI R L. A broadband circularly polarized omnidirectional antenna with circular open-loops［C］∥ 2016 IEEE International Conference on Computational Electromagnetics（ICCEM）. February 23-25，2016. Guangzhou，China. IEEE，2016：201-207.

［166］HU Z X，SHEN Z X，WU W. Reconfigurable leaky-wave antenna based on periodic water grating［J］. IEEE Antennas and Wireless Propagation Letters，2014，13：134-137.

［167］ZOU M，SHEN Z X，PAN J. Frequency-reconfigurable water antenna of circular polarization［J］. Applied Physics Letters，2016，108（1）：014102.

［168］HUANG T，LIU G B，ZHANG H F，et al. A new adjustable frequency waveguide circularly polarized antenna based on the solid-state plasma［J］. Applied Physics A，2019，125：660.

［169］LUO Y B，ZENG Q S，YAN X，et al. Graphene-based multi-beam reconfigurable THz antennas［J］. IEEE Access，2019，7：30802-30808.

［170］VARSHNEY G，VERMA A，PANDEY V S，et al. A proximity coupled wideband graphene antenna with the generation of higher order TM modes for THz applications［J］. Optical Materials，2018，85：456-463.

［171］钟顺时. 微带天线理论与应用［M］. 西安：西安电子科技大学出版社，1991.

［172］王新稳. 微波技术与天线［M］. 4 版. 北京：电子工业出版社，2016.

［173］CHANG K. Handbook of RF/microwave components and engineering［M］. New Jersey：John Wiley & Sons Inc. ，2003.

［174］RATAJCZAK P，BARACCO J M，BRACHAT P. Adjustable high impedance surface for active reflectarray applications［C］∥ 2nd European Conference on Antennas and Propagation CEu（AP 2007）. Edinburgh，UK. Institution of Engineering and Technology，2007：1256-1259.

［175］李华. 微带反射阵列天线的研究［D］. 成都：电子科技大学，2011.

［176］NAYERI P，YANG F，ELSHERBENI A Z. A broadband microstrip reflectarray using sub-wavelength patch elements［J］. Antennas and Wireless Propagation，2009：1-4.

［177］RIEL M，LAURIN J J. Design of an electronically beam scanning reflectarray using aperture-coupled elements［J］. IEEE Transactions on

Antennas and Propagation,2007,55(5)：1260-1266.

[178] RATAJCZAK P,BARACCO J M,BRACHAT P. New measurement method of the reflection phase coefficient of high impedance surface[C] // European Conference on Antennas and Propagation,2010：1-40.

[179] PIAZZA D,KIRSCH N J,FORENZA A,et al. Design and evaluation of a reconfigurable antenna array for MIMO systems[J]. IEEE Transactions on Antennas and Propagation,2008,56(3)：869-881.

[180] ANAGNOSTOU D E,ZHENG G,CHRYSSOMALLIS M T,et al. Design, fabrication,and measurements of an RF-MEMS-based self-similar reconfigurable antenna[J]. IEEE Transactions on Antennas and Propagation,2006,54(2)：422-432.

[181] 王安国,张佳杰,王鹏,等. 可重构天线的研究现状与发展趋势[J]. 电波科学学报,2008,23(5)：997-1002,1008.

[182] 邰佑诚. 天线与电波传播[M]. 大连:大连海事大学出版社,2002.

[183] STUTZMAN W,THIELE G. Antenna theory and design[J]. Electronics and Power,1981,28(3)：267.

[184] 宋铮,张建华,黄冶. 天线与电波传播[M]. 2版. 西安:西安电子科技大学出版社,2011.

[185] BALANIS C. Antenna theory：analysis and design[M]. New Jersey:John Wiley & Sons,Inc.,1982.

[186] 莫锦军,刘少斌,袁乃昌. 等离子体隐身机理研究[J]. 现代雷达,2002, 24(3)：9-12.

[187] 陆全康. 固态等离子体物理[J]. 自然杂志,1986(3)：25-29.

[188] STIX T H,SCOTT F R. The theory of plasma waves[J]. American Journal of Physics,1963(31)：816.

[189] 唐恩凌,张静. 等离子体隐身技术及发展现状[J]. 飞航导弹, 2008(5)：13-15.

[190] KEATCH R. Principles of plasma discharges and material processing[J]. Microelectronics Journal,1996,27(8)：804.

[191] BERRY D G,MALECH R G,KENNEDY W A. The reflectarray antenna[J]. IEEE Transactions on Antennas and Propagation,1963, 11(6)：645-651.

[192] PHELAN H R. Spiraphase reflectarray formultitarget radar[J]. Microwave Journal,1977,20：67.

[193] MALAGISI C S. Electronically scanned microstrip antenna array：U S 4053895[P]. 1977-10-11.

[194] MONTGOMERY J. A microstrip reflectarray antenna element[J]. Annales

Dastrophysique,1978：113-159.

[195] CHANG D C,HUANG M C. Microstrip reflectarray antenna with offset feed[J]. Electronics Letters,1992,28(16)：1489-1491.

[196] 戴新峰. 微带反射阵研究与设计[D]. 南京:南京理工大学,2003.

[197] ENCINAR J A,ZORNOZA J A. Broadband design of three-layer printed reflectarrays[J]. IEEE Transactions on Antennas and Propagation,2003, 51(7)：1662-1664.

[198] CHAHARMIR R,SHAKER J,CUHACI M. Development of dual-band circularly polarised reflectarray[J]. IEE Proceedings-Microwaves,Antennas and Propagation,2006,153(1)：49-54.

[199] 陈红辉,章文勋,吴知航,等. 三层贴片宽频带正交线极化变换微带反射阵[J]. 电波科学学报,2008,23(2)：225-228.

[200] 钟显江. 平面空馈阵列天线的设计与研究[D]. 西安:西安电子科技大学,2016.

[201] 陈阳. 几种空馈阵列天线的设计与研究[D]. 西安:西安电子科技大学,2014.

[202] CHEN Y,CHEN L,YU J F,et al. A C-band flat lens antenna with double-ring slot elements[J]. IEEE Antennas & Wireless Propagation Letters,2013,12：341-344.

[203] CHEN Y,CHEN L,WANG H,et al. Dual-band crossed-dipole reflectarray with dual-band frequency selective surface[J]. IEEE Antennas & Wireless Propagation Letters,2013,12：1157-1160.

[204] CHENG C C,ABBASPOUR-TAMIJANI A. Design and experimental verification of steerable reflect-arrays based on two-bit antenna- filter- antenna elements[C] // 2009 IEEE MTT－S International Microwave Symposium Digest. June 7-12,2009. Boston,MA, USA. IEEE,2009：1181-1184.

[205] KAMODA H,IWASAKI T,TSUMOCHI J,et al. 60- GHz electronically reconfigurable large reflectarray using single-bit phase shifters[J]. IEEE Transactions on Antennas and Propagation,2011,59(7)：2524-2531.

[206] TAHIR F,AUBERT,HERVÉ. Equivalent electrical circuit model for design and optimization of MEMS-controlled reflectarray phase shifter cells[C] // IEEE European Conference on Antennas and Propagation,2011：240-243.

[207] GUCLU C,PERRUISSEAU-CARRIER J,CIVI O A.Dual frequency reflectarray cell using split-ring elements with RF MEMS switches[C] // 2010 IEEE Antennas and Propagation Society International Symposium. July 11-17,2010. Toronto, ON,UK. IEEE, 2010：1-4.

[208] SIEVENPIPER D, SCHAFFNER J, LEE J J, et al. A steerable leaky-wave antenna using a tunable impedance ground plane[J]. EEE Antennas and Wireless Propagation Letters, 2002, 1: 179-182.

[209] XUE F, LIU S B, ZHANG H F, et al. A novel reconfigurable electromagnetically induced transparency based on S-PINs[J]. International Journal of Modern Physics B, 2018, 32(4): 185003.

[210] HUM S V, OKONIEWSKI M, DAVIES R J. Realizing an electronically tunable reflectarray using varactor diode-tuned elements[J]. IEEE Microwave and Wireless Components Letters, 2005, 15(6): 422-424.

[211] CHRISTODOULOU C G, TAWK Y, LANE S A, et al. Reconfigurable antennas for wireless and space applications[J]. Proceedings of the IEEE, 2012, 100(7): 2250-2261.

[212] JUNG C, LEE M, LI G P, et al. Reconfigurable scan-beam single-arm spiral antenna integrated with RF-MEMS switches[J]. IEEE Transactions on Antennas and Propagation, 2006, 54(2): 455-463.

[213] TAWK Y, CHRISTODOULOU C G, COSTANTINE J. Radiation and frequency reconfiguration using tilted printed monopoles[C] // 2013 IEEE Antennas and Propagation Society International Symposium (APSURSI). July 7-13, 2013. Orlando, FL, USA. IEEE, 2013: 1442-1443.

[214] JALALI M S, SOLEIMANI M, MAHANFAR A, et al. Pattern reconfigurable square ring patch antenna actuated by hemispherical dielectric elastomer[J]. Electronics Letters, 2011, 47(3): 164-165.

[215] TAWK Y, ALBRECHT A R, HEMMADY S, et al. Optically pumped reconfigurable antenna systems(OPRAS)[C] // 2010 IEEE Antennas and Propagation Society International Symposium. July 11-17, 2010. Toronto, ON, UK. IEEE, 2010: 1-4.

[216] HU W, ISMAIL M Y, CAHILL R, et al. Liquid-crystal-based reflectarray antenna with electronically switchable monopulse patterns[J]. Electronics Letters, 2007, 43(14): 744-745.

[217] WENG L K, RADER M, ALEXEFF I. A conceptual study of stealth plasma antenna[C] // IEEE International Conference on Plasma Science. IEEE, 1996: 1134-1141.

[218] ALEXEFF I, KANG W L, RADER M, et al. A plasma stealth antenna for the US Navy[C] // IEEE International on Plasma Science, Anniversary IEEE Conference Record, 1998: 81-90.

[219] BORG G G, HARRIS J H, MARTIN N M, et al. Plasmas as antennas: Theory, experiment and applications[J]. Physics of Plasmas, 2000,

7(5)：2198-2202.

[220] ALPHONES A,TSUTSUMI M. Leaky wave radiation of millimetre waves by photoinduced plasma grating in a semiconductor slab[J]. IEE Proceedings-Microwaves,Antennas and Propagation,1999,146(1)：77-83.

[221] CHAHARMIR M R,SHAKER J,CUHACI M,et al. Novel photonically-controlled reflectarray antenna[J]. IEEE Transactions on Antennas and Propagation,2006,54(4)：1134-1141.

[222] HAYES D. Solid state plasma antennas[C] // IET Colloquium on Antennas,Wireless and Electromagnetics 2014. London, UK. Institution of Engineering and Technology,2014：1671-1678.

[223] FATHY A E,ROSEN A,OWEN H S,et al. Silicon-based reconfigurable antennas-concepts,analysis,implementation,and feasibility[J]. IEEE Transactions on Microwave Theory and Techniques,2003,51(6)：1650-1661.

[224] 童利民. 纳米光子学研究前沿[M]. 上海：上海交通大学出版社,2014.

[225] KRAWCZYK M,GRUNDLER D. Review and prospects of magnonic crystals and devices with reprogrammable band structure[J]. Journal of Physics：Condensed Matter,2014,26(12)：123202.

[226] WANG Z K,ZHANG V L,LIM H S,et al. Observation of frequency band gaps in a one-dimensional nanostructured magnonic crystal[J]. Applied Physics Letter,2009,94(8)：083112.

[227] VALA A S,HOSEINI N,SEDGHI A A,et al. Detailed study of the flat bands appeared in two-dimensional magnetic photonic crystals with square symmetry[J]. Optics Communications,2011,284(19)：4514-4519.

[228] AL-WAHSH H,AKJOUJ A,DJAFARI-ROUHANI B,et al. Large magnonic band gaps and defect modes in one-dimensional comblike structures[J]. Physcal Review B,1999,59(13)：8709-8719.

[229] WHEELER N V,LIGHT P S,COUNY F S,et al. Slow and superluminal light pulses Via EIT in a 20-m acetylene-filled photonic microcell[J]. Journal of Lightwave Technology,2010,28(6)：870-875.

[230] VASSEUR J O,DOBRZYNSKI L,DJAFARI-ROUHANI B,et al. Magnon band structure of periodic composites[J]. Physcal Review B,1996,54(2)：1043-1049.

[231] KRUGLYAK V V,HICKEN R J,KUCHKO A N,et al. Spin waves in a periodically layered magnetic nanowire[J]. Journal of Applied Physics,2005,98(1)：014304.

[232] TIWARI R P,STROUD D. Magnetic superlattice with two-dimensional

periodicity as a waveguide for spin waves[J]. Physcal Review B,2010,81(22):220403.

[233] YANG H,YUN G H,CAO Y J. Point defect states of exchange spin waves in all-ferromagnetic two-dimensional magnonic crystals[J]. Journal of Applied Physics,2012,111(1):013908.

[234] 曹永军,谭伟,刘燕. 二维磁振子晶体中点缺陷模的耦合性质研究[J]. 物理学报,2012,61(11):477-481.

[235] 曹永军,云国宏,那日苏. 平面波展开法计算二维磁振子晶体带结构[J]. 物理学报,2011,60(7):707-710.

[236] ZHELUDEV N I,EMEL Y V I. Phase matched second harmonic generation from nanostructured metallic surfaces[J]. Journal of Optics A-Pure and Applied Optics,2004,6(1):26-28.

[237] WANG Y X,ZHANG K,YUAN Y Y,et al. Planar vortex beam generator for circularly polarized incidence based on FSS[J]. IEEE Transactions on Antennas and Propagation,2020,68(3):1514-1522.

[238] SHADRIVOV I V,MORRISON S K,KIVSHAR Y S. Tunable split-ring resonators for nonlinear negative-index metamaterials[J]. Optics Express,2006,14(20):9344-9349.

[239] TANG S W,CHO D J,XU H,et al. Nonlinear responses in optical metamaterials: theory and experiment[J]. Opt. Express,2011,19(19):18283-18293.

[240] DANI K M,KU Z,UPADHYA P C,et al. Subpicosecond optical switching with a negative index metamaterial[J]. Nano Letters,2009,9(10):3565-3569.

[241] WURTZ G A,POLLARD R,HENDREN W,et al. Designed ultrafast optical nonlinearity in a plasmonic nanorod metamaterial enhanced by nonlocality[J]. Nature Nanotechnology,2011,6(2):107-111.

[242] LU H,LI Y H,FENG T H,et al. Optical Tamm states in hetero-structures with highly dispersive planar plasmonic metamaterials[J]. Applied Physics Letters,2013,102(11):111909.

[243] FENG T H,YANG F,LI Y H,et al. Light tunneling effect tuned by a meta-interface with electromagnetically-induced-transparency-like properties [J]. Applied Physics Letters,2013,102(25):251908.

[244] SUN Y,TONG Y W,XUE C H,et al. Electromagnetic diode based on nonlinear electromagnetically induced transparency in metamaterials[J]. Applied Physics Letters,2013,103(9):091904.

[245] KONG X K,LIU S B,ZHANG H F,et al. Tunable bistability in photonic

multilayers doped by unmagnetized plasma and coupled nonlinear defects[J]. IEEE Journal of Selected Topics in Quantum Electronics, 2013,19(1):8401407.

[246] YU N,CAPASSO F. Flat optics:controlling wavefronts with optical antenna metasurfaces[C] // 2013 IEEE Antennas and Propagation Society International Symposium (APSURSI). July 7-13, 2013. Orlando, FL, USA. IEEE, 2013:41-47.

[247] SIEVENPIPER D,ZHANG L J,BROAS R F J,et al. High-impedance electromagnetic surfaces with a forbidden frequency band[J]. Microwave Theory & Techniques IEEE Transactions on,1999,47(11):2059-2074.

[248] GRADY N K,HEYES J E,CHOWDHURY D R,et al. Terahertz metamaterials for linear polarization conversion and anomalous refraction[J]. Science,2013,340(6138):1304-1307.

[249] GENEVET P,YU N F,AIETA F,et al. Ultra-thin plasmonic optical vortex plate based on phase discontinuities[J]. Applied Physics Letters,2012, 100(1):013101.

[250] SUN S L,HE Q,XIAO S Y,et al. Gradient-index meta-surfaces as a bridge linking propagating waves and surface waves[J]. Nature Materials,2012, 11(5):426-431.

[251] YU N F,GENEVET P,KATS M A,et al. Light propagation with phase discontinuities:generalized laws of reflection and refraction[J]. Science, 2011,334(6054):333-337.

[252] 孙树林,何琼,周磊. 电磁超表面[J]. 物理,2015,44(6):366-376.

[253] ZHU B O,ZHAO J M,FENG Y J. Active impedance metasurface with full 360° reflection phase tuning[J]. Scientific Reports,2013,3:3059.

[254] LIU S,XU H X,ZHANG H C,et al. Tunable ultrathin mantle cloak via varactor-diode-loaded metasurface[J]. Optics Express,2014,22(11): 13403-13417.

[255] 余积宝,马华,王甲富,等. 基于开口椭圆环的高效超宽带极化旋转超表面[J]. 物理学报,2015,64(17):377-383.

[256] YABLONOVITCH E. Inhibited spontaneous emission in solid-state physics and electronics[J]. Physical Review Letters,1987,58(20):2059-2062.

[257] JOHN S. Strong localization of photons in certain disordered dielectric superlattices[J]. Physical Review Letters,1987,58(23):2486-2489.

[258] YANG D Q,WANG C,JI Y F. Silicon on-chip 1D photonic crystal nanobeam bandstop filters for the parallel multiplexing of ultra-compact integrated sensor array[J]. Optics Express,2016,24(15):16267-16279.

[259] WANG Y Y,CHEN D Y,ZHANG G,et al. A super narrow band filter based on silicon 2D photonic crystal resonator and reflectors[J]. Optics Communications,2016,363: 13-20.

[260] ZHANG H F,LIU S B,LI H M. A comparative study of band Faraday effects in 3D magnetized photonic crystals with different high-symmetry lattices with uniaxial materials[J]. Electromagnetic Wave,2014, 28(2): 165-183.

[261] RYBIN M V,KHANIKAEV A B,INOUE M,et al. Fano resonance between Mie and Bragg scattering in photonic crystals[J]. Physical Review Letters, 2009,103(2):023901.

[262] LIU G B,ZHANG H F. A multifrequency electromagnetic modulator based on the solid-state plasma metamaterial[J]. IEEE Transactions on Plasma Science,2020,48(9): 3246-3252 .

[263] LEUNG K M,LIU Y F. Full vector wave calculation of photonic band structures in face-centered-cubic dielectric media[J]. Physical Review Letters,1990,65(21): 2646-2649.

[264] ZHANG H F,DING G W,LI H M,et al. Complete photonic band gaps and tunable self-collimation in the two-dimensional plasma photonic crystals with a new structure[J]. Physics of Plasmas,2015,22(2): 022105.

[265] BUSCH K,JOHN S. Liquid-crystal photonic-band-gap materials: the tunable electromagnetic vacuum[J]. Physical Review Letters,1999, 83(5): 967-970.

[266] SUSA N. Large absolute and polarization-independent photonic band gaps for various lattice structures and rod shapes[J]. Journal of Applied Physics,2002,91(6): 3501-3510.

[267] KIM S H,KIM S,KEE C S. Photonic crystals composed of virtual Pillars with magnetic walls: Photonic band gaps and double Dirac cones[J]. Physical Review B,2016,94(8): 085118.

[268] MENG F,LI Y F,LI S,et al. Achieving large band gaps in 2D symmetric and asymmetric photonic crystals[J]. Journal of Lightwave Technology, 2017,35(9): 1670-1676.

[269] GONDEK E,KARASIЙSKI P. One-dimensional photonic crystals as selective back reflectors[J]. Optics & Laser Technology,2013,48: 438-446.

[270] QIANG H X,JIANG L Y,LI X Y. Design of broad omnidirectional total reflectors based on one-dimensional dielectric and magnetic photonic crystals[J]. Optics and Laser Technology,2010,42(1): 105-109.

[271] KUMAR A,KUMAR N,THAPA K B. Tunable broadband reflector and narrowband filter of a dielectric and magnetized cold plasma photonic crystal[J]. The European Physical Journal Plus,2018,133(7):250.

[272] ZHUANG Y Y, CHEN H M, JI K. Cascaded chirped narrow bandpass filter with flat-top based on two-dimensional photonic crystals[J]. Applied Optics,2017,56(14):4185-4190.

[273] ZHANG H F,LIU S B,KONG X K,et al. Enhancement of omnidirectional photonic band gaps in one-dimensional dielectric plasma photonic crystals with a matching layer[J]. Physics of Plasmas,2012,19(2):022103.

[274] YU G X,FU J J,DU W W,et al. Design of the multichannel filter based on one-dimensional defect plasma photonic crystal[J]. Optik,2018,172:401-405.

[275] DZAHERY Z,HASANBEIGI A. Analysis of plasma-magnetic photonic crystal with a tunable band gap[J]. Physics of Plasmas,2013,20(4):043505.

[276] KONG X K,LIU S B,ZHANG H F,et al. A novel tunable filter featuring defect mode of the TE wave from one-dimensional photonic crystals doped by magnetized plasma[J]. Physics of Plasmas,2010,17(10):103506.

[277] HOJO H,MASEA. Dispersion relation of electromagnetic waves in one-dimensional plasma photonic crystals[J]. Journal of Plasma & Fusion Research,2004,80(2):89-90.

[278] PRASAD S,SINGH V,SINGH A K. A comparative study of dispersion relation of EM waves in ternary one-dimensional plasma photonic crystals having two different structures[J]. Optik-International Journal for Light and Electron Optics,2011,122(14):1279-1283.

[279] KONG X K,YANG H W,LIU S B. Anomalous dispersion in one-dimensional plasma photonic crystals[J]. Optik-International Journal for Light and Electron Optics,2010,121(20):1873-1876.

[280] GUO B,PENG L,QIU X M. Tunability of one-dimensional plasma photonic crystals with an external magnetic field[J]. Plasma Science & Technology,2013,15(7):609-613.

[281] GUO B,XIE M Q,QIU X M,et al. Photonic band structures of 1-D plasma photonic crystal with time-variation plasma density[J]. Physics of Plasmas,2012,19(4):044505.

[282] SHIVESHWARI L,MAHTO P. Photonic band gap effect in one-dimensional plasma dielectric photonic crystals[J]. Solid State Communications,2006,138(3):160-164.

［283］BIN G. Transfer matrix for obliquely incident electromagnetic waves propagating in one dimension plasma photonic crystals［J］. Plasma Science and Technology,2009,11(1)：18-22.

［284］BAI G Y, DONG L J, FENG S,et al. Faraday effects in one-dimensional magneto-optical photonic crystals［J］. Optical Materials,2012,35(2)：252-256.

［285］DASGUPTA B,DASGUPTA P,JANAKI M S,et al. Relaxed states of a magnetized plasma with minimum dissipation［J］. Physical Review Letters,1998,81(15)：3144-3147.

［286］HOWES G G,COWLEY S C,DORLAND W,et al. A model of turbulence in magnetized plasmas：implications for the dissipation range in the solar wind［J］. Journal of Geophysical Research：Space Physics,2008,113(A5)：95-103.

［287］TAO H,LANDY N I,BINGHAM C M,et al. A metamaterial absorber for the terahertz regime：design,fabrication and characterization［J］. Optics Express,2008,16(10)：7181-7188.

［288］VAFAPOUR Z. Large group delay in a microwave metamaterial analog of electromagnetically induced reflectance［J］. Journal of the Optical Society of America. A,2018,35(3)：417-422.

［289］ZHANG F L,ZHAO Q,LAN C W,et al. Magnetically coupled electromagnetically induced transparency analogy of dielectric metamaterial［J］. Applied Physics Letters,2014,104(13)：131907.

［290］TANABE T,NOTOMI M,MITSUGI S,et al. All-optical switches on a silicon chip realized using photonic crystal nanocavities［J］. Applied Physics Letters,2005,87(15)：151112.

［291］NAGEL W. Radiative transfer in a strongly magnetized plasma. I - Effects of anisotropy. II - Effects of Comptonization［J］. The Astrophysical Journal,1981,251(1)：278-296.

［292］章海锋,郑建平,朱荣军.可调谐一维三元磁化等离子体光子晶体禁带特性研究［J］.核聚变与等离子体物理,2012,32(2)：133-139.

［293］PRASAD S,SHARMA Y,SHUKLA S,et al. Properties of density of modes in one dimensional magnetized plasma photonic crystals［J］. Physics of Plasmas,2016,23(3)：032123.

［294］SHUKLA S,PRASAD S,SINGH V . Investigation of magneto-optical effects on properties of surface modes in one dimensional magnetized plasma photonic crystals［J］. Physics of Plasmas,2016,23(9)：2059-2063.

［295］郝东山.Compton 散射对 1 维 3 元非磁化等离子体光子晶体禁带影响［J］.

激光技术,2013,37(4):515-518.

[296] 刘崧,钟双英,刘三秋. A study of properties of the photonic band gap of unmagnetized plasma photonic crystal[J]. 英文版 等离子体科学和技术,2009,11(1):14.

[297] KHANIKAEV A B,STEEL M J. Low-symmetry magnetic photonic crystals for nonreciprocal and unidirectional devices[J]. Optics Express,2009,17(7):5265-5272.

[298] LUO J,XU P,GAO L. Electrically controllable unidirectional transmission in a heterostructure composed of a photonic crystal and a deformable liquid droplet[J]. Solid State Communications,2012,152(7):577-580.

[299] LIN X S,WU W Q,ZHOU H,et al. Enhancement of unidirectional transmission through the coupling of nonlinear photonic crystal defects[J]. Optics Express,2006,14(6):2429-2439.

[300] CAKMAK A O,COLAK E,SEREBRYANNIKOV A E,et al. Unidirectional transmission in photonic-crystal gratings at beam-type illumination[J]. Optics Express,2010,18(21):22283-22298.

[301] YOKOI H, MIIUMOTO T, SHINJ N, et al. Demonstration of an optical isolator with a semiconductor guiding layer that was obtained by use of a nonreciprocal phase shift[J]. Applied Optics,2000,39(33):6158-6164.

[302] SHI Y,YU Z F,FAN S H. Limitations of nonlinear optical isolators due to dynamic reciprocity[J]. Nature Photonics,2015,9:388-392.

[303] YU Z,FAN S. Complete optical isolation created by indirect interband photonic transitions[C]. Proceedings of SPIE - The International Society for Optical Engineering, China,2009,3(5):91.

[304] YANNOPAPAS V. One-way photonic band gaps and optical isolation with three-dimensional photonic crystals of low symmetry[J]. Physical Review A,2013,88(4):043837.

[305] JIAO H C, FENG L S, WANG J J,et al. Transmissive single-beam-splitter resonator optic gyro based on a hollow-core photonic-crystal fiber[J]. Optics Letters,2017,42(15):3016-3019.

[306] LIU T,ZAKHARIAN A R,FALLAHI M,et al. Design of a compact photonic-crystal-based polarizing beam splitter[J]. IEEE Photonics Technology Letters,2005,17(7):1435-1437.

[307] QI L M,YANG Z Q,LAN F,et al. Properties of obliquely incident electromagnetic wave in one-dimensional magnetized plasma photonic crystals[J]. Physics of Plasmas,2010,17(4):042501.

[308] JAMSHIDI-GHALEH K,EBRAHIMPOUR Z. One-way absorption behaviour

in defective 1D dielectric-metal photonic crystal[J]. European Physical Journal D,2013,67(2): 27.

[309] GHASEMPOUR A. Nonreciprocal electromagnetic wave propagation in one-dimensional ternary magnetized plasma photonic crystals[J]. Journal of the Optical Society of America B,2014,31(2): 332-339.

[310] 方云团,胡坚霞,何韩庆. 基于磁光效应和金属等离子体调制下的非互易微腔模式光学隔离器[J]. 光子学报,2015,44(6):69-75.

[311] CHANG T W,HUANG C H,HOU D J,et al. Analysis of unidirectional absorption in a defective superconducting photonic crystal[J]. IEEE Photonics Journal,2017,9(4): 1-9.

[312] KING T C, HUANG Z H, HUNG C H,et al. Investigation of one-way absorption properties in an asymmetric photonic crystal containing a semiconductor defect[J]. Applied Optics,2018,57(12): 3115-3118.

[313] SHALAEV M I,DESNAVI S,WALASIK W,et al. Reconfigurable topological photonic crystal[J]. New Journal of Physics,2018,20(2): 023040.

[314] WU T H,WU J P,CHIU Y J. Novel ultra-wideband(UWB)photonic generation through photodetection and cross-absorption modulation in a single electroabsorption modulator[J]. Optics Express,2010, 18(4): 3379-3384.

[315] YIN X,LONG C,LI J H,et al. Ultra-wideband microwave absorber by connecting multiple absorption bands of two different-sized hyperbolic metamaterial waveguide arrays[J]. Scientific Reports,2015,5: 15367.

[316] HALDANE F D,RAGHU S. Possible realization of directional optical waveguides in photonic crystals with broetry[J]. Physical Review Letters, 2008,100(1): 013904.

[317] WANG Z,CHONG Y D,JOANNOPOULOS J D,et al. Reflection-free one-way edge modes in a gyromagnetic photonic crystal[J]. Physical Review Letters,2007,100(1): 013905.

[318] AO X Y,LIN Z F,CHAN C T. One-way edge mode in a magneto-optical honeycomb photonic crystal[J]. Physical Review B Condensed Matter, 2009,80(3): 033105.

[319] POO Y,WU R X,LIN Z F,et al. Experimental realization of self-guiding unidirectional electromagnetic edge states[J]. Physical Review Letters, 2011,106(9): 093903.

[320] YU Z F,VERONIS G,WANG Z,et al. One-way electromagnetic waveguide formed at the interface between a plasmonic metal under a static magnetic

field and a photonic crystal[J]. Physical Review Letters,2008,100(2):
023902.

[321] FU J X,LIU R J,LI Z Y. Experimental demonstration of tunable gyromagnetic photonic crystals controlled by dc magnetic fields[J]. Epl, 2010,89(6):64003.

[322] HE C,CHEN X L,LU M H,et al. Tunable one-way cross-waveguide splitter based on gyromagnetic photonic crystal[J]. Applied Physics Letters,2010, 96(11):111111.

[323] HUANG C,JIANG C. Nonreciprocal photonic crystal delay waveguide[J]. Journal of the Optical Society of America B,2009,26(10):1954-1958.

[324] ZHANG S,GENOV D A,WANG Y,et al. Plasmon-induced transparency in metamaterials[J]. Physical Review Letters,2008,101(4):047401.

[325] MENG F Y,WU Q,ERNI D,et al. Polarization-independent metamaterial analog of electromagnetically induced transparency for a refractive-index-based sensor[J]. IEEE Transactions on Microwave Theory and Techniques,2012,60(10):3013-3022.

[326] JIN X R,PARK J,ZHENG H Y,et al. Highly-dispersive transparency at optical frequencies in planar metamaterials based on two-bright-mode coupling[J]. Optics Express,2011,19(22):21652-21657.

[327] ZHU L,MENG F Y,FU J H,et al. Multi-band slow light metamaterial[J]. Optics Express,2012,20(4):4494-4502.

[328] HE X J, WANG J M, TIAN X H,et al. Dual-spectral plasmon electromagnetically induced transparency in planar metamaterials based on bright-dark coupling[J]. Optics Communications,2013,291:371-375.

[329] YU S W,SHI J H,ZHU Z,et al. Multi-peak electromagnetically induced transparency in concentric multiple-ring metamaterials[J]. Journal of Optics,2013,15(7):075103.

[330] HAN S,YANG H,GUO L. Ultra-broadband electromagnetically induced transparency using tunable self-asymmetric planar metamaterials[J]. Journal of Applied Physics,2013,114(16):163507.

[331] LU Y H,RHEE J Y,JANG W H,et al. Active manipulation of plasmonic electromagnetically-induced transparency based on magnetic plasmon resonance[J]. Optics Express,2010,18(20):20912-20917.

[332] GU J Q,SINGH R,LIU X J,et al. Active control of electromagnetically induced transparency analogue in terahertz metamaterials[J]. Nature Communications,2012,3:1151.

[333] ROY C D,SINGH R,TAYLOR A J,et al. Ultrafast manipulation of near

field coupling between bright and dark modes in terahertz metamaterial[J]. Applied Physics Letters,2013,102(1): 011122.

[334] KURTER C,TASSIN P,ZHURAVEL A P,et al. Switching nonlinearity in a superconductor-enhanced metamaterial[J]. Applied Physics Letters,2012, 100(12): 121906.

[335] PAPASIMAKIS N,FU Y H,FEDOTOV V A,et al. Metamaterial with polarization and direction insensitive resonant transmission response mimicking electromagnetically induced transparency[J]. Applied Physics Letters,2009,94(21): 211902.

[336] CAO W,SINGH R,ZHANG C H,et al. Plasmon-induced transparency in metamaterials: Active near field coupling between bright superconducting and dark metallic mode resonators[J]. Applied Physics Letters,2013, 103(10): 101106.

[337] CHENG Y Z,GONG R,NIE Y,et al. A wideband metamaterial absorber based on a magnetic resonator loaded with lumped resistors[J]. Chinese Physics B,2012,21(12): 127801.

[338] WEN Q Y,XIE Y S,ZHANG H W,et al. Transmission line model and fields analysis of metamaterial absorber in the terahertz band[J]. Optics Express,2009,17(22): 20256-20265.

[339] 王国栋.电磁超材料的设计及其吸波性能的研究[D]. 武汉:华中科技大学,2014.

[340] GAO X,HAN X,CAO W P,et al. Ultrawideband and high-efficiency linear polarization converter based on double V-shaped metasurface[J]. IEEE Transactions on Antennas & Propagation,2015,63(8): 3522-3530.

[341] 于惠存,曹祥玉,高军,等. 一种超宽带反射型极化转换超表面设计[J]. 空军工程大学学报(自然科学版),2018,19(3): 60-65.

[342] LIN B Q,WU J L,DA X Y,et al. A linear-to-circular polarization converter based on a second-order band-pass frequency selective surface[J]. Applied Physics A,2016,123(1):43.

[343] 卞磊. 宽带圆极化微带天线分析与设计[D]. 南京:南京理工大学,2008.

[344] 薛海皋. 宽带圆极化天线研究[D]. 上海:上海大学,2016.

[345] 傅强之. 一种宽带圆极化数字型缝隙天线的设计[J]. 数字技术与应用,2020,38(1):163-165.

[346] 马中华,邢海涛,陈彭. 基于 SIW 圆极化汽车雷达天线的设计[J]. 集美大学学报(自然科学版),2017,22(4):75-80.

[347] 任冬梅,庄頔,崔奉云,等. 同轴线直馈的 T2 模四臂螺旋全向圆极化天线[J]. 强激光与粒子束,2015,27(9): 183-186.

[348] 宋元俊,杨俊杰,杜成珠.一种新型共面波导馈电宽带圆极化天线[J].仪表技术,2018(6):5-7,16.

[349] POZAR D M,METZLER T A. Analysis of a reflectarray antenna using microstrip patches of variable size[J]. Electronics Letters,1993,29(8):657-659.

[350] KONG X K,LI H M,BIAN B R,et al. Microwave tunneling in heterostructures with electromagnetically induced transparency-like metamaterials based on solid state plasma[J]. European Physical Journal Applied Physics,2016,74(3):30801.

[351] KONG X K,MO J J,YU Z Y,et al. Reconfigurable designs for electromagnetically induced transparency in solid state plasma metamaterials with multiple transmission windows[J]. International Journal of Modern Physics B,2016,30(14):1650070.

[352] ZENG L,ZHANG H F,LIU G B,et al. Broadband linear-to-circular polarization conversion realized by the solid state plasma metasurface[J]. Plasmonics,2019,14(6):1679-1685.

[353] BAO Q L,LOH K P. Graphene photonics,plasmonics,and broadband optoelectronic devices[J]. ACS Nano,2012,6(5):3677-3694.

[354] ANDRYIEUSKI A,LAVRINENKO A V. Graphene metamaterials based tunable terahertz absorber:effective surface conductivity approach[J]. Optics Express,2013,21(7):9144-9155.

[355] GAO X,YU X Y,CAO W P,et al. Ultra-wideband circular-polarization converter with micro-split Jerusalem-cross metasurfaces[J]. Chinese Physics B,2016,25(12):128102.

[356] YAO G,LING F R,YUE J,et al. Dynamically electrically tunable broadband absorber based on graphene analog of electromagnetically induced transparency[J]. IEEE Photonics Journal,2016,8(1):1-8.

[357] WITHAYACHUMNANKUL W,ABBOTT D. Metamaterials in the terahertz regime[J]. IEEE Photonics Journal,2009,1(2):99-118.

[358] AMIN M,FARHAT M,HAKAN B. An ultra-broadband multilayered graphene absorber[J]. Optics Express,2013,21(24):29938-29948.

[359] HA S D,ZHOU Y,FISHER C J,et al. Electrical switching dynamics and broadband microwave characteristics of VO_2 radio frequency devices[J]. Journal of Applied Physics,2013,113(18):184501.

[360] NAOREM R,DAYAL G,RAMAKRISHNA S,et al. Thermally switchable metamaterial absorber with a VO_2 ground plane[J]. Optics Communications,2015,346:154-157.

［361］LI W,CHANG S J,WANG X H,et al. A thermally tunableterahertz bandpass filter with insulator-metal phase transition of VO$_2$ thin film［J］. Optoelectronics Letters,2014,10(3)：180-183.

［362］PANG Y Q,CHENG H F,ZHOU Y J,et al. Ultrathin and broadband high impedance surface absorbers based on metamaterial substrates［J］. Optics Express,2012,20(11)：12515-12520.

［363］CAI H L,CHEN S,ZOU C W,et al. Multifunctional hybrid metasurfaces for dynamic tuning of terahertz waves［J］. Advanced Optical Materials,2018, 6(14)：1800257.

［364］何程. 光子晶体中非互易性质研究［D］. 南京：南京大学,2011.

［365］YUAN J L, LIU S B, BIAN B R, et al. A novel high-selective bandpass frequency selective surface with multiple transmission zeros［J］. Journal of Electromagnetic Waves & Applications,2014,28(17)：2197-2209.

［366］PIANELLI A,KOWERDZIEJ R,DUDEK M,et al. Graphene-based hyperbolic metamaterial as a switchable reflection modulator［J］. Optics Express,2020,28(5)：6708-6718.

［367］GUCLU C,CAMPIONE S,CAPOLINO F. Hyperbolic metamaterial as super absorber for scattered fields generated at its surface［J］. Physical Review B,2012,86(20)：205130.

［368］TUTTLE S G,WEBB B W,MCQUAY M Q. International journal of heat and mass transfer［J］. International Journal of Heat & Mass Transfer,2005, 48(48)：1236-1251.

名词索引